高等学校教材

空调制冷系统运行管理与节能

主　编　唐中华
副主编　付　腾　李萌颖
参　编　樊　荔　赖　举　李建南　林　松　毛　辉
　　　　漆群富　徐洪池　张光鹏（按姓氏拼音排序）
主　审　陈海焱

机 械 工 业 出 版 社

本书阐述了空调制冷系统的原理、类型，介绍了空调辅助设备、锅炉、供热系统及各类冷水机组的运行管理与安全维护；详细介绍了冷库、制冷设备、制冷装置的安全运行及维护管理；在节能新技术中首先对供热空调系统节能技术进行介绍，然后详细介绍了制冷机、锅炉、水泵、风机、冷却塔、电动机等各种机器设备的节能；同时还介绍了冷热电联产技术、余热利用等知识。

本书既适用于大学本、专科院校建筑环境与设备专业、制冷空调专业的教学，内容经取舍后亦可用于制冷空调专业中专学生的教学，还可供暖通空调工程技术人员与公用建筑物业管理人员参考使用。

图书在版编目（CIP）数据

空调制冷系统运行管理与节能/唐中华主编. —北京：机械工业出版社，2008.8（2025.7重印）

高等学校教材

ISBN 978-7-111-24858-3

Ⅰ. 空…　Ⅱ. 唐…　Ⅲ. 空气调节系统：制冷系统-高等学校-教材
Ⅳ. TU831.3

中国版本图书馆 CIP 数据核字（2008）第 122601 号

机械工业出版社（北京市百万庄大街 22 号　邮政编码 100037）
责任编辑：李俊玲　陈紫青　责任校对：申春香
封面设计：马精明　　　　　责任印制：常天培
河北虎彩印刷有限公司印刷
2025 年 7 月第 1 版·第 9 次印刷
184mm×260mm·20.25 印张·498 千字
标准书号：ISBN 978-7-111-24858-3
定价：49.90 元

电话服务　　　　　　　　网络服务
客服电话：010-88361066　机 工 官 网：www.cmpbook.com
　　　　　010-88379833　机 工 官 博：weibo.com/cmp1952
　　　　　010-68326294　金 书 网：www.golden-book.com
封底无防伪标均为盗版　机工教育服务网：www.cmpedu.com

序

　　世纪之交，当我们融入经济全球一体化与全球城市化的同时，能源供求矛盾日益突出，能源危机已成为制约我国经济发展的主要障碍。根据近30年来能源界的研究和实践，目前普遍认为建筑节能是各种节能途径中潜力最大、最为直接有效的方式，而暖通空调的能耗占建筑能耗的30%~40%。随着建筑行业和市场经济的不断发展，暖通空调系统得以广泛应用，用于暖通空调系统的能耗也将进一步增大，这势必使得能源供求矛盾进一步激化。另一方面，现有的暖通空调系统所使用的能源基本上是高品位的不可再生能源，其中电能占绝大比例。这些能源的大量使用，不仅使得地球资源日益匮乏，同时也带来严重的环境问题。根据暖通空调行业的研究成果，现有空调系统的能耗是惊人的，如果采用相应的节能技术，将现有空调系统节能20%~50%是完全可能的。本书以此为着眼点，在空调系统运行管理和制冷系统运行管理等章节充分体现了节能观念，并详细、全面地阐述了供热空调系统中节能新技术的应用。

　　众所周知，设计方案对暖通空调工程设计的成败乃至整个工程的使用和节能关系重大。暖通空调系统庞大而复杂，系统设计的优劣直接影响到系统的经济运行和耗能情况。所以，设计人员在确定空调设计方案时需结合工程的具体情况，考虑负荷特性、建筑使用功能和环境控制特点等多方因素，采用适当的节能手段，如本书所提到的冷热电联产技术、排风热回收装置、热泵技术等，确保系统的运行与被控制的环境有最佳的配合，以达到在有良好的环境控制质量条件下既经济又节能的目的。

　　除设计施工外，运行管理也起着重要的节能作用。在实际运行中发现，有些单位的空调系统，一年四季只有开机关机和冬夏季转换操作，显然系统达不到相应的节能效果。但由于空调制冷系统的运行管理是一门综合性技术，需要有空调、机械及电气自控等多方面的技术知识，所以管理起来就比较复杂。为适应行业发展的需要，该书着重介绍了系统的运行管理、设备的维护管理及自动控制系统的运行管理等方面的知识，使读者阅读后能全面了解空调运行管理方面的有关知识，以便在实践中能把各个方面有机地联系起来，协调一致，进行科学管理。

　　空调制冷行业迅速发展的同时，其节能已成为社会关注的重要课题，这就要求该专业的学生在校期间就应树立"节能降耗"思想，全面掌握节能技术，毕业后不管是从事设计施工还是运行管理都能将节能理念付诸实践，真正做到暖通空调行业的可持续发展。

　　编者本着从实际需要出发、以适用为目的的原则，编写了此书，内容系统全面，实用性和可读性强，对本、专科学生及空调制冷类工程技术人员富有参考价值。期望该书的出版对暖通空调系统的设计到使用都能提供有益的借鉴，在节约能源、减少环境污染、改善居住环境等方面作出一定的贡献。

前　　言

　　本书以成熟技术和资料为基础，结合 21 世纪对制冷空调及其设备节能技术提出的新要求，使读者在掌握基本理论的基础上学会分析、判断和解决问题的能力，从而大大提高操作技术和管理水平，并从中获得当今最新成就和今后发展方向的信息。本书集基本原理和操作及管理技能为一体，对制冷空调大、中型设备及相应的系统运行论述较多，突出了新技术、新标准和新成果，体现了安全和节能的重点，它主要包括三部分内容，第一篇空调系统运行管理，除了介绍空调系统的原理、类型及各类冷水机组的运行管理外，还介绍了空调辅助设备、锅炉、供热系统、自动控制的运行管理及水质管理；第二篇制冷系统运行管理，着重介绍冷库制冷系统、其它制冷装置、制冷设备的安全运行及维护管理；第三篇节能新技术，首先介绍了供热空调系统节能的概念，然后详细介绍了制冷机、锅炉、水泵、风机、冷却塔、电动机等各种机器设备的节能措施，此外，还介绍了冷热电联产技术、余热利用、低温热水地板辐射采暖技术等知识。

　　本书既是融理论分析和实际应用于一体的教学用书，也是制冷空调工程技术人员必备的，在制冷空调系统操作、安全运行及维护管理，甚至于系统设计、研究、产品研发和设备使用方面具有实际应用价值的重要参考书籍；既适用于大学本、专科院校建筑环境与设备工程、制冷空调工程专业的教学，内容经取舍后亦可用于制冷空调专业中专学生的教学。

　　本书由西南科技大学唐中华担任主编，并与付腾、李萌颖共同编写了第十一、十二、十三、十四、十五章；其他编写分工为第一章、第二章和第三章分别由李建南、樊荔和漆群富编写；第四章、第五章和第六章由毛辉和西南交通大学机械工程学院张光鹏共同编写；第七章由林松编写；第八章、第九章和第十章由徐洪池和赖举共同编写。全书由唐中华、付腾、李萌颖统稿。

　　本书承西南科技大学陈海焱教授审阅，并得到多方面的指正，谨致谢意。

　　在编写过程中，研究生段莉、温玉杰、冀晓霞、解丽君、文倩为本书整理成稿做了较多的辅助性工作，谨致谢意。

　　由于作者水平有限，难免有错误和不妥之处，恳请批评指正。

编　者

目 录

第一篇

空调系统运行管理

第一章　中央空气调节系统的运行管理

中央空气调节系统主要由冷热源、空气处理装置、管道系统、末端装置、控制系统等组成，通常用于有大面积空调要求的场所，其目的是满足人体的舒适性或生产的工艺性要求。它的使用好坏，除了设计、安装、调试必须满足规范及性能参数外，其运行管理也起着重要的作用，如果运行管理工作没有做好，不仅会造成空调效果不理想，还会出现能耗大、设备故障多等问题，从而影响对空调的使用和生产的要求，浪费能源。

第一节　空气调节系统的类型

空气调节系统（以下称作空调系统）按不同的分类方法可以分为以下几种类型。

1. 按空气处理设备的情况分类

（1）集中式空调系统　集中式空调系统是指在同一空气处理器内对空气进行过滤、冷却（或加热）、去湿（或加湿）等处理，然后进行输送和分配的空调系统。

集中式空调系统的特点是空气处理设备和风机等集中布置在空调机房内，对空气进行集中处理，通过风管系统送至空调场所。其处理空气量大，运行可靠，便于管理和维修，但机房占地面积较大。集中式空调系统需配有集中的冷源和热源，即冷冻站和热交换站。

（2）半集中式空调系统　半集中式空调系统又称为混合式空调系统，它首先将空调房间需要的新鲜空气进行集中处理，然后由风管系统送入各房间，与空调房间内的空气处理装置如诱导器或风机盘管处理的回风混合后再送入空调区域或房间中，从而使各空调区域或房间可根据各自的要求，获得较为理想的空气调节效果。这种系统适用于空调房间多，且各房间空气参数要求不同的建筑物中。

集中式空调系统和半集中式空调系统也可称为中央空调系统。

（3）分散式空调系统　分散式空调系统又称局部式空调系统或独立式空调系统。它的特点是将空气处理设备分散放置在各空调房间内。常见的分体式空调器、柜机等都属于此类。

2. 按集中式空调系统处理的空气来源分类

（1）循环式空调系统　循环式空调系统又称为封闭式空调系统。它是指空调系统在运行过程中全部采用处理循环风来调节的方式。此系统不设新风口和排风口，故只适用于人员很少进入或不进入，只需要保障设备安全运行而进行的空气调节的特殊场所。

（2）直流式空调系统 直流式空调系统又称为全新风空调系统，是指系统在运行过程中全部采用新风，不用室内空气作为回风使用的空调系统。直流式空调系统多用于需要严格保证空气质量的场所或产生有毒有害气体，不宜使用回风的场所。

（3）一次回风空调系统 一次回风空调系统是指将来自室外的新风和来自室内的回风按一定比例混合，经过空气处理设备处理后再送入空调房间的空调系统。一次回风空调系统在舒适性空调、工艺性空调中被广泛应用。

（4）二次回风空调系统 二次回风空调系统是将室内回风分为两部分，其中一部分（一次回风）与新风混合经过空气处理设备处理后，与另一部分没经过处理的空气（二次回风）混合，然后送入空调房间内。二次回风空调系统与一次回风空调系统相比较更为经济、节能。

第二节　集中式空调系统的运行管理

集中式空调系统是典型的全空气系统，它广泛应用于有舒适性和工艺性要求的各类空调工程中，是影剧院、大会堂、星级宾馆、大型商场、高档别墅以及对空气环境有特殊要求（恒温、恒湿、洁净）的各类工业厂房中应用最为广泛的空调系统。

一、集中式空调系统的组成

图 1-1 所示为喷淋式集中空调系统的空气处理装置结构示意图。

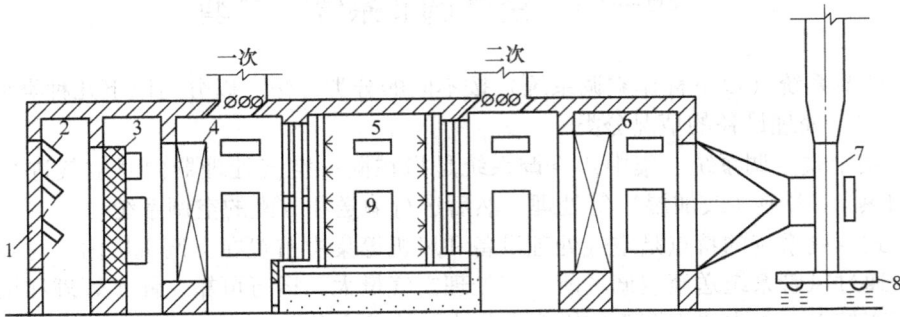

图 1-1　喷淋式集中空调系统空气处理装置结构示意图
1—新风百叶窗　2—保温窗　3—空气过滤器　4—预热器　5—喷水室
6—再热器　7—送风机　8—减震器　9—密封门

1. 空气处理设备

空气处理设备主要包括空气过滤器、预热器、喷水室（或表面换热器）和再热器等，是对空气进行过滤和各种热湿处理的主要设备。其作用是使室内空气到达预定的温度、湿度等。

2. 空气输送设备

空气输送设备主要包括送风机（回风机）、风道系统以及风量调节阀、防火阀、消声器和风机减振器等配件。空气输送设备的作用是将经过处理的空气按照空调房间的要求进行送风或回风。

3. 空气分配装置

它包括设在空调房间内的各种形式的送风口（例如百叶窗口、散流器）和回风口。空气分配装置的作用是合理组织室内气流，以保证工作区内有均匀的温度、湿度、气流速度和洁净度。

集中式空调系统除了上述三个主要部分外，还有为空气处理服务的冷、热源和冷、热媒管道系统以及自动控制和自动检测系统等。

二、集中式空调系统的基本形式

一般民用建筑和生产厂家使用的集中式空调系统主要有：一次回风空调系统和二次回风空调系统。

1. 一次回风空调系统

一次回风系统的结构示意图如图 1-2 所示。

（1）夏季空气处理过程 集中式一次回风空调系统，如果采用表冷器来对空气进行热湿处理，其处理过程的焓湿图如图 1-3 所示。

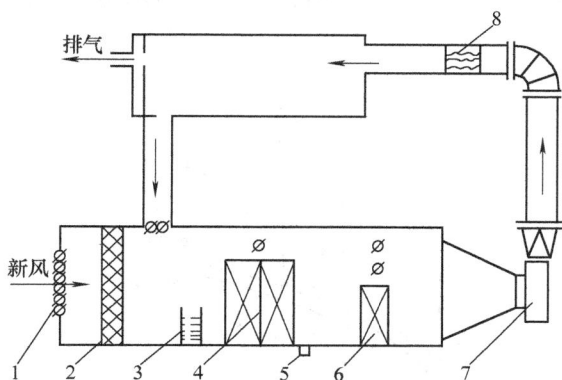

图 1-2 一次回风空调系统结构示意图
1—新风口 2—过滤网 3—电极加湿器 4—表面冷却器
5—排水口 6—二次加热器 7—送风机 8—精加热器

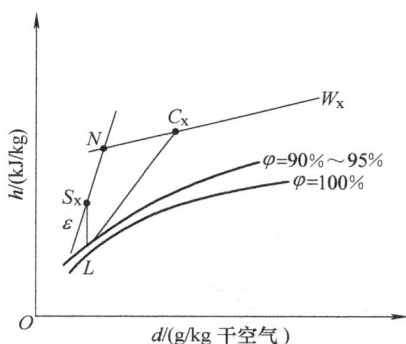

图 1-3 一次回风空调系统夏季空气处理过程焓湿图

W_x 状态的新风经新风百叶窗进入空调系统，首先经过过滤器，然后与室内处于 N 状态的空气（一次回风）进行混合得到状态点 C_x。混合后的空气与表冷器进行热湿交换，达到机器露点 L 后经过再热器升温到 S_x 状态，送风机将 S_x 状态点的空气送入空调房间后，吸收房间内空气中的余热和余湿，变为室内空气状态点 N。此时空气分为两部分，一是为了满足房间内卫生要求而被直接排放，另一部分作为一次回风回到空调系统进行再循环使用。

根据焓湿图，为了把一定量的空气从 C_x 点降温去湿到状态点 L 点，所需的制冷量设为 Q_0，那么

$$Q_0 = G(h_{C_x} - h_L) \tag{1-1}$$

制冷量 Q_0 由三个方面组成：①室内冷负荷；②室外新风冷负荷；③空气的再热负荷。

空调系统在夏季运行过程中利用回风，可节省系统的制冷量，节省制冷量的多少与一次回风量的多少成正比。但过多的采用回风量，难以保证空调房间内空气的卫生条件，使室内空气的品质恶化，所以回风量必须有上限限制。

室外新风量在空调工程中可以用百分比来表示：

$$m = \frac{G_{wx}}{G} \times 100\% \tag{1-2}$$

式中　　G_{wx}——新风量（kg/s）；

　　　　G——总风量（kg/s）。

空调工程设计中，系统的新风量一般控制在 15% ～20% 。

对于一般舒适性空调系统，在满足空调精度的情况下，为了节能，可采用最大送风温差送风，即用机器露点作为送风状态。这样既可免去再加热过程，使制冷系统负荷降低；又可以减少系统风量，节省空调系统运行费用。

（2）冬季空气处理过程　　冬季，集中式一次回风空调系统的空气状态混合点基本与夏季状态混合点相同，只不过随不同地区的气温差异，有时将新风先加热，然后再与室内回风混合（如北方地区），或先混合再加热；有时是直接和一次回风混合，而取消一次加热过程（如南方）。图 1-4a 所示是我国南方地区冬季空气处理方案示意图；图 1-4b 所示是我国北方地区冬季空气处理方案示意图。

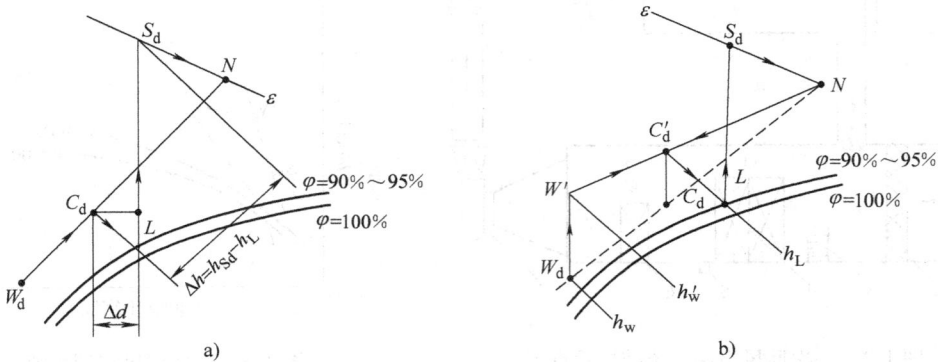

图 1-4　一次回风空调系统冬季空气处理方案

冬季，南方地区在进行空气处理时，要先将室外新风 W_d 与室内回风混合达到混合状态点 C_d，然后将混合空气等温加湿到状态点 L，然后等湿升温到送风状态点 S_d。

若采用喷循环水来处理空气，则应尽可能用改变一次回风与新风比的办法，使混合点 C_d 落在 h_L 线上，这样可以省去一次加热过程。

冬季，北方地区由于寒冷，使室外新风的焓值很低。因此，在进行空气处理时，必须先对新风加热后再与室内一次回风混合，混合后再绝热加湿，达到状态点 L，然后等湿升温到送风状态点 S_d。

冬季北方地区的处理方案图中的虚线部分说明空调系统也可以采用先混合再加热，然后再绝热加湿到"露点"的处理办法。

2. 二次回风空调系统

为了提高空调装置运行的经济性，往往采用二次回风空调系统。二次回风空调系统与一次回风空调系统相比，在新风百分比同样的情况下，两者的回风量是相同的。在前面我们分析一次回风夏季处理方案时发现这样一种情况：一方面要将混合后的空气干燥除湿，冷却到机器露点状态；另一方面又要用二次加热器将处于机器露点温度状态的空气升温到送风状态，才能向空调房间送风。这样"一冷一热"的处理方法造成了能源的很大浪费。二次回风空调系统采用二次回风代替再热装置，克服了一次回风的缺点，减少了系统的能耗。图 1-5 所示为集中式单风道二次回风空调系统示意图。

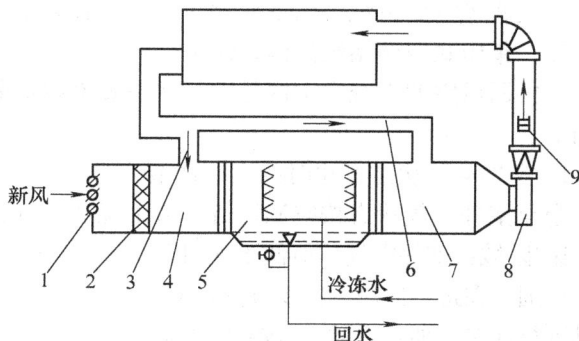

图 1-5　集中式单风管二次回风空调系统示意图
1—新风口　2—过滤器　3—一次回风管　4—一次混合室　5—喷雾室　6—二次回风管　7—二次回风室　8—风机　9—电加热器

（1）二次回风夏季运行工况　从一次回风系统夏季运行工况图中的虚线可以看出，在夏季运行时，一方面要用冷水进行喷淋或采用表面冷却器把空气处理到露点；另一方面又要用二次加热器把处于露点温度状态的空气升温到 S_x 点后才送风，造成能量的很大浪费。为了解决这一问题，二次回风系统采用了将一部分室内循环空气与一定量的处于露点温度状态的空气混合，直接得到送风状态点 S_x 点，而不用再热器对空气进行加热升温处理。

二次回风空调系统夏季运行工况示意图如图 1-6 所示。过 N 点做热湿比线，并延长与 $\varphi = 90\% \sim 95\%$ 的相对湿度线相交于 L' 点，L' 点就是二次回风系统的露点温度。S_x 点既是系统的送风状态点，又是二次回风混合点 C''。这样处理的结果可以将二次加热过程去掉，达到节能运行的目的。

（2）二次回风空调系统冬季运行工况　二次回风系统冬季的送风量与夏季相同，一次回风量与二次回风量的比值也保持不变。冬季在寒冷的地区，当室外新风与回风按最小新风比混合后，其混合后空气的焓值还是低于所需要的机器露点焓值时，就要使用预热器加热混合后的空气，使其焓值等于需要的机器露点焓值。其运行工况示意图如图 1-7 所示。

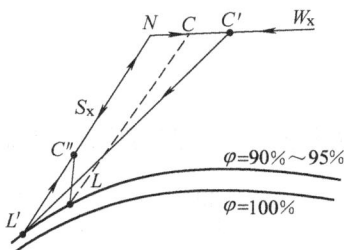

图 1-6　二次回风空调系统夏季运行工况示意图

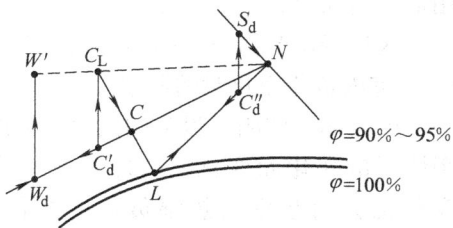

图 1-7　二次回风空调系统冬季运行工况示意图

冬季室外 W_d 状态的空气与室内一次回风混合后达到状态点 C'_d（或先加热再混合，如图中虚线）。由于参与一次混合的回风量少于一次回风系统的回风量，所以 C_d 的焓值也低于一次回风的混合点 C 的焓值。于是 C_d 状态点的空气等湿加热到 h_L 线上，再绝热加湿到冬季"露点"与二次回风混合到 C''_d 点，通过加热到达送风状态 S_d；若是先加热后混合，则如图 1-7 中的虚线所示。

从前面分析的夏季空气处理方案来看，二次回风和一次回风空调系统都能节约冷量，尤其是二次回风空调系统可以不使用热源，并省去了冷热量的互耗，节能效果更明显。

三、集中式空调系统的运行调节

一次回风空调系统在室内外空气状态及室内负荷变化的条件下，空调系统的运行调节措施如下。

1. 室外空气状态变化时的运行调节

全年室外空气状态按空调运行调节工况通常分为五区，如图1-8所示。

第I区域：室外空气焓值低于 h_N 以下的范围，在这一区域，需要预热器对新风进行加热，加热后的空气焓值达到 h_N，然后与回风混合，再经绝热加湿到机器露点，经再热器加热到送风状态点 O 送入室内。随着室外空气焓值的增加，预热量逐步减小，当室外空气焓值等于 h_N 时，关闭预热器。

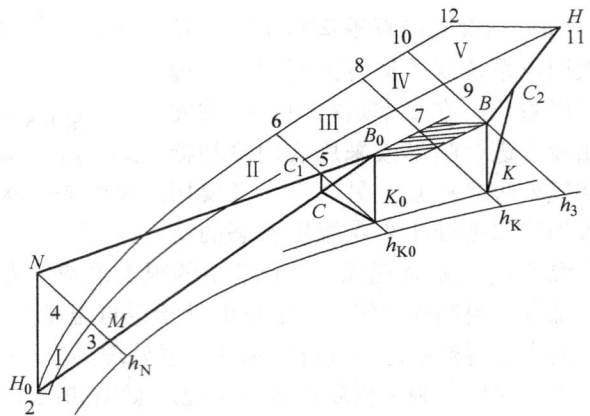

图1-8 全年性调节

第II区域：室外空气焓值在 $h_N \sim h_{K0}$ 之间，该区域采用改变新回风混合比进行调节。随着室外空气焓值的增加，应逐渐加大新风量，减小回风量，直至关闭回风阀。

第III区域：室外空气焓值在 $h_{K0} \sim h_K$ 之间，这一区域可以采用改变室内参数的设定值，调节新回风比进行调节。

第IV区域：室外空气焓值在 $h_K \sim h_B$ 之间，该区域的调节方法是采用全新风，改变喷水温度，随着室外空气焓值的增加，喷水温度逐渐降低，这一阶段需要使用冷冻水。

第V区域：室外空气焓值在 $h_B \sim h_H$ 之间，该区域也采用改变喷水温度的调节方法，应采用最小新风比，以省冷量。

各区运行调节情况可归纳为图1-9。

2. 室内负荷变化时的调节

室内人体、照明、设备的散热、散湿量，随着室内人数的多少，照明装置的开启和设备使用情况的变化而变化；室外气象条件的变化也会引起室内热湿负荷的变化。为了保证室内温、湿度的控制要求，必须根据室内热湿负荷的变化情况对中央空调系统进行相应的调节。

对于以人体散湿为主的舒适性空调，湿负荷变化产生的影响很小，通常不考虑。而主要对热负荷引起的室温的变化进行调节。其常用的调节方式有：质调节、量调节、混合调节三种。

（1）质调节 质调节是只改变送风

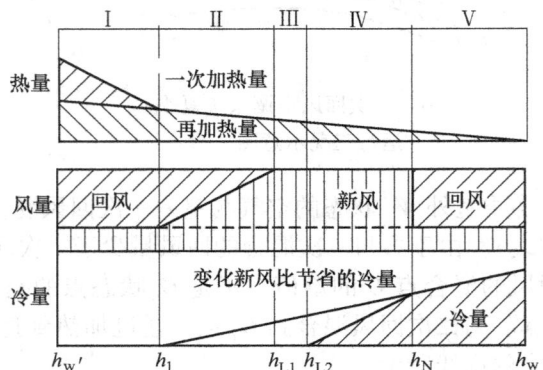

图1-9 一次回风空调系统全年运行调节图

状态参数，不改变送风量的调节方式。要改变送风状态参数，可以通过调节新回风量的混合比例、冷冻水量或水温来实现，以保持室内空气状态在控制范围内。

如图 1-10 所示，在设计工况时，送风状态点为 L，热湿比为无穷大，室内空气的状态点为 N，室外空气状态点为 W，新回风混合点为 C。当室内空调冷负荷减小时，在送风量 G 不变的情况下，如果仍按状态点 L 送入房间，则由式

$$G = Q / (h_N - h_L) \qquad (1-3)$$

可知，如图 1-11，室内空气状态点 N 要变为 N'，室内的温度降低。为了在 Q 减小的

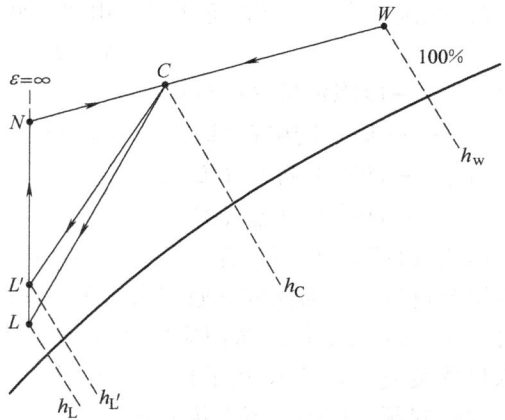

图 1-10　调节进水温度改变送风状态点

情况下仍保持 N 不变，可以采取提高送风温度的措施来解决，即 L 点变为 L'。提高送风温度的措施有下列三种：

1）房间送风量不变，调节新回风比。增大新风量，减小回风量，可以使新回风混合状态点从 C 点变为 C' 点，如图 1-11 所示。由于处理混合空气的冷量 Q_0 仍保持不变，则有

$$Q_0 = G(h_C - h_L) = G(h'_C - h'_L) \qquad (1-4)$$

通过上式可以求出 h'_C。由热平衡方程：

$$G'_W h_W + G'_N h_N = G h'_C \qquad (1-5)$$

质量平衡方程：

$$G = G'_W + G'_N \qquad (1-6)$$

求出增大后的新风量 G'_W 和减小后的回风量 G'_N，然后相应调节新风阀和回风阀的开度。将室内温度与新回风比例或新回风阀门的开度用表或曲线关系图表示。在实际运行调节工作中仅借助图表就可以方便、准确地进行调节操作。这种调节方法在室内负荷降低的情况下，消耗的冷量却没有减少，而要求的冷冻水温度更低一些，因此从节能角度来讲是不利的。

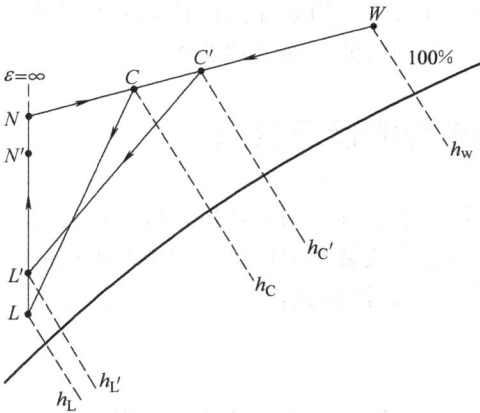

图 1-11　调节新回风比改变送风状态点

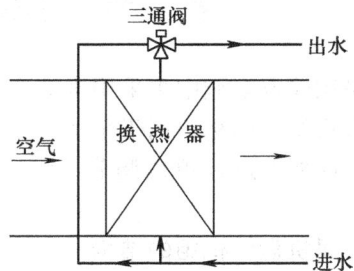

图 1-12　用三通阀调进水量

2）水温不变，调节冷冻水量。由热平衡知冷冻水与空气的热交换关系式为

$$G(h_c - h_L) = Wc(t_{w2} - t_{w1}) \tag{1-7}$$

式中 W——冷冻水量（kg/s）；

c——水的比热容 [kJ/(kg·K)]；

t_{w1}——冷冻水初温（℃）；

t_{w2}——冷冻水终温（℃）。

由式（1-7）知，h_L 增大至 h'_L，减小冷冻水量 W 即可；反之增大冷冻水量 W。冷冻水量的调节可以由直通阀或三通阀来实现，如图 1-12 所示。采用直通阀调节时，干管的水量也会发生相应的变化，从而影响水系统其他设备水量的变化，产生相互干扰。三通阀可以避免上述的问题，达到互不干扰的效果。

3）水量不变，调节水温。由式（1-7）可以看出，要使 h_L 增大至 h'_L，提高 t_{w1} 即可，反之降低 t_{w1}。水温通常是通过改变回水量与冷冻水量的比例进行调节，如图 1-13 所示。

（2）量调节　量调节是只改变送风量，不改变送风参数的调节方法。在空调系统中，可以通过调节风机的送风量或调节风管上的调节阀来改变风量，使之适应室内负荷的变化，从而保持室内空气状态在控制范围内。

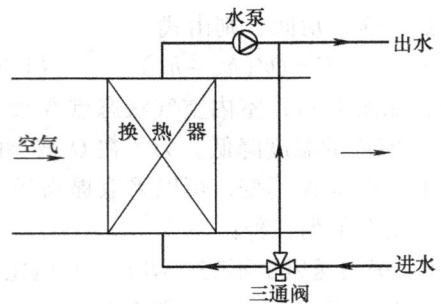

图 1-13　用三通阀加水泵调进水温度

空调系统的风量常采用改变风机的转速来调节，而调节风阀会增加流动阻力，从而增加电能消耗。

改变系统风量时，应注意系统风量的减少对房间气流组织的影响。风量减少过多，会影响室内气流分布的均匀性和稳定性，进而影响空调的效果。所以规定房间的最小送风量不小于设计送风量的50%；同时为了保证人体对室内空气品质的要求，还应满足房间的最小新风量和换气次数的要求。据此确定房间的最小送风量，即是风量调节的最小值。

（3）混合调节　混合调节是指既改变送风状态，又改变送风量的调节方法。由于质调节和量调节的使用都受一定的调节范围限制，如冷冻水温、最大送风温差、最小送风量等，采用混合调节可以避免上述问题，有效控制房间的空气状态。但要注意两种调节效果的一致性，否则所产生的调节作用相互抵消，不仅达不到调节的目的，而且浪费能源。

第三节　半集中式空调系统的运行管理

在民用建筑空调中多采用半集中式空调系统，即风机盘管加独立新风系统。风机盘管是风机盘管机组的简称，属于小型空气处理机组。风机盘管安装在空调系统的末端即房间，可以灵活、简便地进行单机调节，以适应房间的负荷变化，控制其温、湿度等参数在一定范围内。

一、风机盘管机组的结构

风机盘管机组由风机、风机电动机、盘管、空气过滤器、凝水盘和箱体等构件组成，如图 1-14 所示。

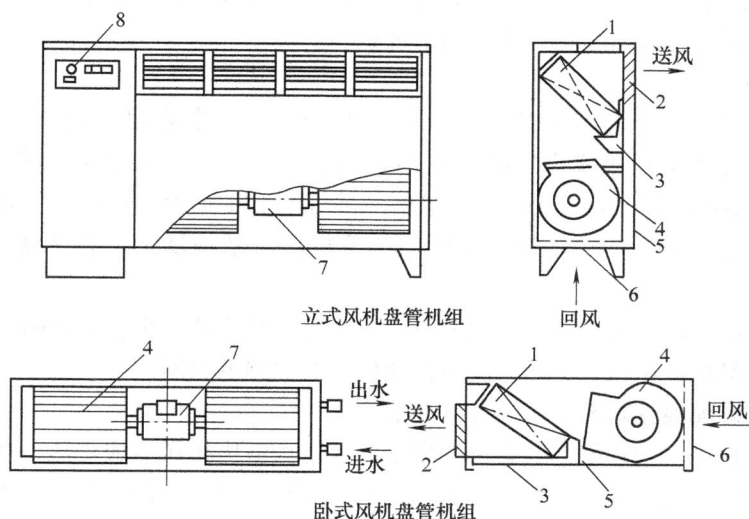

图 1-14 风机盘管机组的结构

1—盘管 2—出风格栅 3—凝水盘 4—风机 5—箱体 6—空气过滤器 7—电动机 8—控制器

风机常用离心式和贯流式风机，风量为 $250m^3/h \sim 2500m^3/h$。叶轮材料多为镀锌钢板制作，还可用铝板及工程塑料等。

电动机为单相电容运转式，通过调节电动机的输入电压来调节其转速。电动机通常有高、中、低三档转速，从而有相应的高、中、低三档风量可以进行调节。国产系列电动机均采用含油轴承，使用时不用加注润滑油，并可连续运行 10000h 以上。

盘管一般采用外径为 10mm、壁厚为 0.5mm 的紫铜管制作，用铝片作为其肋片（翅片），铝片厚度 $0.15 \sim 0.2mm$，片距 $2 \sim 2.3mm$ 左右。紫铜管与肋片间采用胀管连接工艺，盘管的排数有二排、三排、四排等类型。

二、风机盘管机组的运行调节

风机盘管机组的运行调节方式很多，目前常用的有风量调节和水量调节两种方式。

1. 风量调节

通过调节电动机的转速来改变风机盘管机组的送风量，有有级调速（三级）和无级自动调速等方法。

（1）有级调速 高、中、低三档手动调节风量是风机盘管机组最常用的调节方法。用户可以根据自己的需要来选择盘管的送风挡。其不足是调节挡较少，室内的状态参数变化较大，对室内负荷的变化适应性较差。

（2）无级自动调速 无级自动调速是借助一个电子温控器来完成的，用户在启动风机盘管后根据自己的要求设定一个室温即可。温控器的温度传感器会适时检测室内温度，通过与设定室温的比较来自动调节风机盘管的输入电压，从而对风机的转速进行无级调节。温差越大，风机的转速越高，送风量越大；反之，送风量就小。如此实现风机盘管送风量的自动控制和无级调节，使室温控制在设定的范围内。无级自动调速对室内负荷的适应性较好，能免去用户的调节操作和不及时调节造成的不舒适感，是一种比较平缓的细调节方法。

风量调节法比较简单，操作方便，容易实现。但在风量过小时会使室内的气流分布受影响，造成送风口附近与较远位置产生较大的区域温差。在夏季，风量太小，会造成送风温度过低，使风机盘管外壳表面结露，出现滴水现象。

2. 水量调节

水量调节是通过改变盘管水流量来实现调节的方式，常采用二通或三通电动调节阀调节进入盘管水量的方法来实现。随着室内负荷的变化，改变由温控器控制的比例式电动二通或三通阀阀门的开度，调节进入盘管的水量，以适应室内负荷的变化，保持室内的空气状态在设定的范围内。由于此类阀门的价格高、结构复杂、易堵塞、有水流噪声，故使用较少。

风机盘管目前大量采用的是风量调节方法，水路上只安装一个二通电磁阀，根据风机盘管是否使用或室温是否达到设定的温度值来相应控制水路的通断。

三、风机盘管加独立新风系统的运行调节

使用风机盘管的空调系统，其新风的供给方式有：室内排风造成负压，通过门窗渗入新风；风机盘管自接管引入新风；独立的新风供给系统。其中以独立的新风供给系统使用最多，它与风机盘管配合就组成了空气-水空调系统中的一种主要的形式，即风机盘管加独立新风系统，参见图1-1。其负担室内负荷的方式一般有三种：新风处理后的焓值与室内空气焓值相等，不承担室内负荷；新风处理后的焓值低于室内空气焓值，承担部分室内负荷；新风系统只承担围护结构传热负荷，风机盘管承担其他瞬时变化负荷。

室内冷、热负荷可分为瞬变负荷和渐变负荷两部分。瞬变负荷指室内照明、设备、人员散热及太阳辐射热等。这些瞬时发生的热变化，使各房间产生不同的瞬变负荷，而且变化无规律，用户可以根据自己的舒适性感受设定温度。因此，由风机盘管来消除瞬变负荷既满足用户各自的温度要求，又使调节简便、适用。

渐变负荷是指通过房间围护结构的室内外温差传热形成的负荷。这部分负荷的变化仅与室内外温度有关。可以认为一个季节室内温度基本不变，室外温度虽然有一定变化，但对所有房间基本是一样的。因此，可以通过调节独立新风系统的送风温度来消除室外温度变化对室内温度的影响，即由新风系统来承担渐变负荷。新风送风温度 t_1 由下式确定：

$$t_1 = t_n - 0.99T(t_w - t_n + m) \tag{1-8}$$

式中　t_n——室内温度（℃）；

　　　t_w——室外温度（℃）；

　　　T——围护结构的室内外温差每相差1℃的传热量（W/℃）；

　　　m——当量温差，常取5℃。

对于普遍使用的双水管的风机盘管机组，在同一时间内只能供应所有机组同一温度的水，在过渡季节运行时，随着室外空气温度的降低，应集中调节新风的加热量，逐渐提高新风的温度，以抵消传热负荷变化带来的冷负荷，从而使进入盘管机组中的水温保持不变，此时风机盘管机组依靠水量调节方法来消除室内的瞬变负荷的影响。当室外空气温度降低到某一值时，只采用新风就能吸收室内的显热负荷。此时只要向机组盘管内送入热水，即可适应过渡季节调整的需求。此后，随着显热冷负荷的进一步减少，只需调节盘管中的供水温度，即可保持室内的空气参数要求。

四、风机盘管的运行管理

风机盘管的运行管理工作主要是维护保养,其各部件的工作状态和工作质量的好坏直接影响室内空调效果、噪声高低、空气品质等。因此必须做好以下重要部件的日常维护保养。

1. 空气过滤器

风机盘管的空气过滤器能起到一定的过滤空气作用,采用化纤材料或金属网做成。过滤器的网孔发生堵塞,会降低风机盘管的送风量,供给房间的冷(热)量相应减少,进而影响室内空气状态。一般情况下,空气过滤器每月应清洗一次,清洗方法有吸尘器吸尘、清水冲洗、药水刷洗等。

2. 集水盘

对空气进行降温去湿处理,空气中产生的凝结水滴落在集水盘中,然后通过排水口排除。由于会有细小的粉尘沉积在集水盘中,也会使排水口堵塞或排水不畅,造成凝结水溢出;凝结水的积存,是产生细菌、病毒的最佳场所,严重影响室内空气的品质。所以集水盘每年要清洗两次,清洗方法可采用水冲刷,如需消毒杀菌,可再用消毒水刷洗一次。

3. 盘管

盘管外表面积灰、积尘会降低其传热性能,减少换热量,严重的甚至堵塞肋片间空气通道,增加空气流动阻力,减少送风量,使风机盘管的性能降低。因此也需注意盘管的清洁工作,通常一年做一次清洁,其方法参照空气过滤器的清洗方法。

4. 常见问题和故障、原因分析与解决方法

风机盘管在安装、维护保养和检修不到位时都会影响其使用性能,因此对风机盘管在运行中产生的问题及故障要能准确地判断出原因,及时解决。其常见的问题和故障的原因分析及排除方法见表 1-1。

表 1-1　风机盘管常见问题和故障、原因分析及排除方法

问题或故障	原 因 分 析	排 除 方 法
风机运转而送风量较小或不送风	1. 送风挡位设置不当 2. 空气过滤器积尘太多 3. 盘管肋片间积尘太多 4. 风机电压偏低 5. 风机反转	1. 调整送风挡位 2. 清洗空气过滤器 3. 清洗盘管肋片 4. 查明电压偏低的原因并对症解决 5. 调换电机接线
振动或噪声偏大	1. 风机的噪声偏大 2. 送风口与外接管不是软接 3. 盘管与供、回水管,滴水盘与排水管不是软接 4. 送风口百叶松动	1. 见风机的运行管理 2. 采用软接 3. 采用软接 4. 紧固
送风温度不够冷或热	1. 温度挡位设置不当 2. 盘管内有空气 3. 供水温度或供水量不满足要求 4. 盘管肋片氧化	1. 调整温度挡位 2. 排除盘管内空气 3. 调整水温、水量 4. 更换盘管
机组外壳结露或滴水盘结露	1. 机组内贴保温材料破损或与内壁脱离 2. 机组外壳破损漏风 3. 滴水盘底部保温层破损或与盘底脱离	1. 修补或粘贴好 2. 修补 3. 修补或粘贴好

（续）

问题或故障	原 因 分 析	排 除 方 法
漏水	1. 滴水盘排水不畅或堵塞造成溢水 2. 滴水盘倾斜，容量减小 3. 放空气阀未关闭 4. 各管接头连接不严密而漏水	1. 疏通排堵，增加排水坡度 2. 调整，使排水口处最低 3. 关闭排空气阀 4. 连接严密
有异物送出	1. 空气过滤网破损 2. 盘管机组或风管内积尘太多 3. 盘管肋片氧化或风机表面锈蚀 4. 盘管机组或风管内保温材料破损	1. 更换过滤器 2. 清洁机组或风管 3. 更换盘管或风机 4. 修补或更换

第二章　冷水机组的运行管理

第一节　螺杆式冷水机组的运行管理

一、螺杆式冷水机组开机前的准备工作

1）电气系统检查。电气系统检查前，必须断开所有电源，且必须使用电压表或相位探测器来确定机组电源已被隔离。

① 将电控柜的电源总开关置"关"位置。

② 检查电线切面大小是否符合所需负荷。

③ 检查电气设备是否已适当接地。

④ 检查并拧紧所有的电气设备接头，应保证接头紧固不松动。

注意：振动可能引起螺栓松脱。以上检查结束后，可以送电到机组。此时机组已带电，但机组为停机状态；

⑤ 将电控柜的电源总开关置"开"位置。

⑥ 用电压表检查输入电压。电压范围：380（1±10%）V，L1—L2—L3 间允许电压不平衡率为2%。

⑦ 检查水侧系统之安全装置及线路是否符合电气图指示。

⑧ 检查压缩机油加热器电压，以确定油箱为加热状态，并留意油箱是否已升温。

注意：用手感觉。

2）辅助设备检查。检查所有的辅助设备与末端装置，其中包括冷却水泵及循环系统、冷水泵及循环系统、空气处理设备（变风量空调机、盘管等）。辅助设备的要求参看有关制造厂的使用说明书。

3）水系统检查。启动冷却水泵、冷却塔风机、冷水泵，打开各水系统的水路阀门，同时检查"空调系统"中的冷水、冷却水是否正常循环，排尽水系统中的空气。

4）冷媒循环系统检查。打开压缩机吸（排）气截止阀（开足），打开机组冷凝器的出液阀。

注意：冷凝器顶部设有排空阀，仅限设备维修时用于排放制冷系统中的不凝性气体，不能随便将此阀打开。

5）检查制冷系统管路、接头及法兰有无泄漏，应保证系统无泄漏。

6）查看显示屏的温度设定值（冷水出口温度）是否满足要求。

7）检查压缩机油槽加热器是否发热并已通电 8h 以上。

二、螺杆式冷水机组的正常开机操作

螺杆式冷水机组的开机操作分自动开机和手动开机。

1. 开机操作程序

（1）自动开机操作

1）将控制柜的电源总开关扳到"开"的位置。

2）参照控制系统说明书对各设定信息进行检查。检查是否有故障报警及帮助信息并进行必要处理，保证安全装置及连锁装置的正常工作状态。

3）检查各传感器是否已安装在正确的位置上。

4）开启末端设备。

5）按开机键，如压缩机保护模块动作，则进行压缩机相序、缺相及电压检查；如压缩机可启动，则启动时要立即观察低压表及高压表指针转动方向，低压表压力应在压缩机启动时急剧减小，高压表压力应急剧上升，反之，则需立即断电、停机，进行相序检查，以免压缩机反转而损坏压缩机。

注意：由于压缩机的特殊性，正确的相位连接非常重要，否则压缩机反转会导致严重损坏。

6）按开机键后，压缩机启动正常，则要根据显示信息观察、判断机组是否正常运行。

（2）手动开机操作

1）确认机组中各有关阀门所处的状态是否符合开机要求。

2）向机组电气控制装置供电，并打开电源开关，使电源控制指示灯点亮。

3）启动冷却水泵、冷却塔风机和冷水泵，三者的指示灯应点亮。

4）检查润滑油温度是否达到30℃，若达不到，就应打开电加热器开关进行加热，同时可启动油泵，使润滑油循环，油温均匀升高。

5）油泵启动运行后，将能量调节控制阀置于减载位置，并确定滑阀处于零位。

6）调节油压调节阀，使油压达到0.5～0.6MPa。

7）闭合压缩机，启动控制电源开关，打开压缩机吸气阀，经延时后压缩机启动运行；压缩机运行以后，进行润滑油压力调整，使其高于排气压力0.15～0.3MPa。

8）闭合供液管路中的电磁阀控制电路，启动电磁阀，向蒸发器供液态制冷剂，将能量调节装置置于加载位置，并随时间的推移逐级加载，同时观察吸气压力，通过调节膨胀阀，使吸气压力稳定在0.3～0.56MPa（表压力）范围内。

9）当润滑油温度达到45℃时，断开电加热器电源，同时打开油冷却器冷却水的进、出口阀，使压缩机运行过程中，油温控制在45～55℃之间。

10）若冷却水温度较低，可暂时将冷却塔的风机关闭。

11）将喷油阀开启1/2～1圈，同时应使吸气阀和机组的出液阀处于全开位置。

12）将能量调节装置调节至100%的位置，同时调节膨胀阀使吸气过热度保持在6℃以上，液体过冷度在5℃左右。

2. 开机后的检查

1）检查电源电压的电压范围及不平衡率。

2）观察压缩机、冷水泵、冷却水泵、冷却塔风机运行时的声音和振动情况。

3）检查冷水温度及水流量，根据蒸发温度、冷凝温度及冷水进、出口温度差、流量，计算核实机组制冷量。

4）对吸气过热度及液体过冷度进行检查。方法：通过低压表读出低压温度，并用接触式感温计量出吸入管温度，两者之差即为吸气过热度；通过高压表读出高压温度，并用接触式感温计量出离冷凝器较远的液态管温度，两者之差为液体过冷度。

5）用检漏仪检查所有可能漏冷媒的安装连接位置，如压力表、止回阀等，防止泄漏。在拆装压力表或各阀门时，切记将密封垫封回。

6）当机组运行一段时间后，检查润滑油的油温、油压、油位，检查液镜。

7）检查压缩机吸气压力、排气压力和排气温度是否正常，并确定蒸发器、冷凝器的工作压力（参照制冷剂的饱和压力蒸气表）。

8）对水流量开关动作进行检查。减少流量至额定流量 50% 以下时，流量开关应动作，进行断水保护。

三、螺杆式冷水机组正常运行的标志

1）压缩机排气压力为 $10.8 \times 10^5 \sim 14.7 \times 10^5$ Pa（表压）。

2）压缩机排气温度为 $45 \sim 90$℃，最高温度不得超过 105℃。

3）压缩机的油压比排气压力高 $0.5 \times 10^5 \sim 2.94 \times 10^5$ Pa（表压）。

4）压缩机的油温为 $35 \sim 55$℃。

5）压缩机润滑油的油位不得低于油视镜的 1/3。

6）压缩机的运行电流在额定值范围内，避免电动机的烧毁。

7）压缩机运行声音平稳、均匀，不应有敲击声和异常的声音。

8）压缩机的冷凝温度应比冷却水温度高 $3 \sim 5$℃，冷凝温度一般控制在 40℃左右，冷却水进口温度在 32℃以下。

9）压缩机机组的蒸发温度应比冷水的出水温度低 $3 \sim 5$℃。

10）机组在正常运行中，任何部位都不应有油迹，否则意味着泄漏，须立即检漏修补。

四、螺杆式冷水机组的停机操作

1. 正常停机

1）缓慢关闭压缩机的吸气阀。

2）关闭冷凝器至蒸发器的供液阀和冷凝器的出液阀。

3）曲轴箱内的压力降低后进行逐级卸载。

4）卸载完毕，停止压缩机和油泵的运转。

5）关闭制冷压缩机的排气阀。

6）压缩机停止运转 15min 后，关闭冷水系统和冷却水系统。

2. 事故停机

1）停止压缩机的运转，关闭压缩机的吸气阀，调查事故原因。

2）停止油泵工作，关闭油冷却器的冷却水进口阀。

3）关闭冷水系统和冷却水系统。

4）切断总电源，排除事故。

3. 长期停机

1）逐渐关闭机组的出液阀，使机组卸载，将制冷剂全部抽入冷凝器中。为使机组不会因为吸气压力过低而停机，可将低压压力继电器设定值调至 0.15MPa。当吸气压力减至 0.15MPa 时，压缩机停机，再将压力设定值调回规定值。

2）关闭供液管上的截止阀。

3）断开机组电源。

4）关闭压缩机吸、排气阀门。

5）在所有关闭的阀门上注明：再次开机前需打开。

6）切断水路，并排尽蒸发器、冷凝器及水管路中的所有存水，以防低温时将管路冻裂。

7）停机期间，定期启动润滑油泵，润滑压缩机工作面，以利于下次开机。

五、螺杆式冷水机组的维护与保养

1. 整机保养与维护

1）机房应避免高温，保持干燥，通风良好，并留有排水沟，能及时将积水排走。

2）定期清除机组表面和各暴露管道上的灰尘，便于及时发现泄漏并进行修理。必须特别注意容易锈蚀的部位，必要时涂抹防锈漆保护。

3）经常检查机组的紧固件是否松动，若有松动要及时紧固，以避免机组振动引起的噪声和对管道的破坏。

4）经常检查设备的电源线电压和相电压的不平衡是否在规定的范围以内。

5）定期检查机组电气柜中的紧固件是否松动。特别是机组电气柜运行一段时间后，电线和电缆的冷热不同最容易引起紧固件的松动，从而影响机组的电气性能，损坏元件。紧固电气接头紧固件时必须切断电源。

6）保持机组的热交换器、低压管道的保温隔热设施的完整性，若发现保温层损坏、脱落，应及时修补，减少机组的不必要的能量消耗。

7）定期在设备各阀的阀杆上涂少许黄油，在机组的控制柜的开门转轴及门锁上滴几滴润滑油，避免活动部件锈蚀。

8）周期性查看机组的主要的温度和压力值，检查机组运行是否正常。对蒸发压力、冷凝压力、吸排气温度、冷却水进出口温度、冷冻水进出口温度、每台压缩机的电流、实际工作电压等进行定时记录。

9）如机组放置在温度低于0℃的环境中或长期停机，应将蒸发器和冷凝器中的存水全部放掉，以避免冻结破坏管道。

2. 机组常用的维修方法

（1）检漏 一般情况检漏可以使用卤素检漏仪或电子检漏仪，也可采用肥皂水检漏法。采用肥皂水检漏法检漏后，必须及时清除机组被检漏部件上残余的肥皂水，避免其对被检部件的腐蚀。检漏时要重点检查外观有油迹和运行时有响声的部件以及焊缝、接管螺母和法兰等部位。

发现泄漏要及时修补，根据具体的泄漏情况，更换部件或修补焊缝。无论哪种情况，在处理之前都应首先将此带压部分与系统进行局部隔离（视情况关闭相应的阀门），然后将该部分的气体释放，待该部分的压力与大气压力相等时才能进行修补。切不可在有压的情况下，拆卸接头或进行焊接修补。

（2）补充润滑油 机组在稳定运行时正常的油位应该在压缩机油视镜的1/4处，油量不足，会造成压缩机的损坏，应及时补充。操作方法如下：

1）停止压缩机的运行，关闭压缩机的吸、排气阀，同时使机组的冷却水和冷水正常运行，以免造成冷凝压力过高和蒸发器的冻结。

2）用抽氟机从排气管上的多用通道将压缩机中的气态制冷剂抽至冷凝器上部的放空阀处，直至压缩机的高压压力表指针接近零。

3）用真空泵对压缩机抽真空，再连接管道与压缩机底部的入油阀，管道另一端置于油桶内，利用大气压力将油压入压缩机内。

4）油量合适后，用真空泵从排气管上的多用通道抽真空至绝对压力 5.33kPa。

5）打开压缩机的排气阀，逐步开大吸气阀，待机组压力升高后便可开机。

（3）更换润滑油　机组运行中会有多种原因造成润滑油的污染，但更换润滑油必须取样检验，确认确实有必要时才能进行。更换润滑油的操作与补充润滑油的操作基本一致，只是在抽真空前，要打开机组的放油阀放油，同时从油冷却器、油分离器底部的螺塞处放油和排污，将机组中被污染的润滑油排尽后，才能进行抽真空和加油操作。

（4）充注制冷剂　制冷剂的充注一般是在机组新安装或大修后进行，需用真空泵对机组进行真空处理，待机组的真空度达到要求后，可向机组充注制冷剂。操作方法如下：

1）打开机组的冷凝器、蒸发器的进、出水阀门。

2）启动冷却水泵、冷水泵、冷却塔风机，使冷却水系统和冷水系统处于正常的工作状态。

3）将制冷剂钢瓶置于磅秤上称重，并记下总重量。

4）将加氟管一头拧紧在氟瓶上，另一头与机组的加液阀虚接，然后打开氟瓶瓶阀。当看到加液阀与加氟管虚接口有氟雾喷出时，应迅速拧紧虚接口。

5）打开冷凝器的出液阀、制冷剂注入阀、节流阀，关闭压缩机吸气阀，制冷剂在氟瓶与机组内压差的作用下进入机组。当机组内压力升至 0.4MPa（表压）时，暂时将注入阀关闭，然后使用电子卤素检漏仪对机组的各个阀口和管道接口进行检漏，在确认机组各处无泄漏后，将注入阀再次打开，继续向机组充注制冷剂。

6）当机组内制冷剂压力与氟瓶内压力平衡后，可将压缩机的吸气阀稍微打开一些，使制冷剂进入压缩机。当压力再次平衡，可启动压缩机，按正常的开机程序，使机组处于正常的低负荷运行状态（此时应关闭冷凝器的出液阀），同时观察磅秤上的称量值，当达到规定的充注量时，关闭氟瓶瓶阀，再关闭注入阀，制冷剂的充注结束。

（5）补充制冷剂　机组在运行中一般不会消耗制冷剂，但机组的泄漏和误操作可能会引起制冷剂的不足，当确定需要对机组补充制冷剂时，按以下方法操作：

1）对机组进行检漏，确认机组无泄漏。

2）使机组处于正常的低负荷运行状态。

3）用加氟管连接氟瓶和压缩机吸入口的单向接头（操作方法见充注制冷剂），打开氟瓶瓶阀，进行制冷剂补充。

4）观察机组中液态制冷剂的液位观察镜，直到观察镜的液位符合正常要求，关闭氟瓶瓶阀，结束制冷剂的补充操作。

（6）机组的排空处理　每一节冷凝器的顶部都有一个排空阀，供排放制冷系统中的不凝性气体。含有不凝性气体的系统平衡压力较制冷剂饱和压力高，可由此判断系统中是否含有不凝性气体。排空操作应在停机后 1~2h 后进行。保持冷却水流动，待冷凝器的温度、压力平衡后，打开排空阀，1~2min 后关闭，再次对系统压力进行比较，没有达到要求时可重复操作。排空可能造成系统制冷剂不足，要进行补充。

（7）清洗热交换器　应定期清洗热交换器水侧表面。清洗有化学和物理两种方法。

1）化学方法：用腐蚀性的溶液冲洗，溶液将金属表面的积垢腐蚀后带走。但必须在清洗结束后迅速将腐蚀性的溶液用清水冲洗，避免对换热器的损坏。

2）物理方法：首先将水放掉，然后卸下端盖，用管刷清洗每一根管道，清洗结束后，重新盖好端盖，但要检查端盖的密封圈有无损坏或变形，以便及时更换。

3. 螺杆机组常见的故障、原因分析及排除方法

螺杆机组常见的故障、原因分析及排除方法见表2-1。

表 2-1　螺杆机组常见故障、原因分析及排除方法

常 见 故 障	原 因 分 析	排 除 方 法
机组不能启动或启动后立即停机	1. 电源断电或电源电压过低（低于额定值10%） 2. 压缩机保护动作或控制线路熔丝断开 3. 控制线路接触不良 4. 压缩机继电器线圈烧坏 5. 电路接线相位有错 6. 能量调节未至零位 7. 压缩机与电动机同轴度太差 8. 压缩机内充满油或液态制冷剂 9. 压缩机内磨损烧伤 10. 电动机绕组烧毁或短路 11. 机组内部压力过高	1. 恢复供电，并保证电压正常 2. 检查动作原因，修理后重新启动 3. 检查控制线路并修理 4. 更换线圈 5. 调整 6. 减载至零位 7. 调整同轴度 8. 盘动压缩机联轴器，将机腔内积液排出 9. 拆卸检修 10. 检修 11. 连接均压管
压缩机在运转中突然停机	1. 排气压力过高，高压继电器动作 2. 吸气压力过低，低压继电器动作 3. 温度调节器调得过小或失灵 4. 电动机超载，热继电器动作或熔丝断开 5. 油压过低，压差控制器动作 6. 油温过高，油温继电器动作 7. 控制电路故障 8. 仪表箱接线端松动，接触不良	1. 查明原因，排除故障 2. 查明原因，排除故障 3. 调大控制范围，更换温控器 4. 减载，更换熔丝 5. 查明原因，排除故障 6. 查明原因，排除故障 7. 检查控制线路并修理 8. 查明后拧紧
排气压力过高	1. 机组内有不凝性气体 2. 冷却水进水温度过高或通过冷凝器的水流量不足 3. 冷凝器铜管内覆盖鳞状物、腐蚀物等 4. 冷却水泵故障 5. 制冷剂充注过量，冷凝器铜管浸没于制冷剂液体中 6. 冷凝器上的气体入口阀未完全打开 7. 吸入压力高	1. 由冷凝器将不凝性气体排除 2. 调节水系统，检查冷却塔工作情况和管路中的过滤器 3. 清洗铜管 4. 检修冷却水泵 5. 排出过量的制冷剂 6. 打开阀门 7. 见本表"吸气压力过高"栏
排气压力过低	1. 流过冷凝器的水太多或水温太低 2. 液体制冷剂从蒸发器流入压缩机引起油泡 3. 冷凝器液体出口阀泄漏 4. 吸气压力低于正常值 5. 制冷剂不足，气态制冷剂进入液体管路	1. 调节水阀或控制闸阀，检查冷却塔运行情况 2. 检查和调整膨胀阀，确定感温包是否紧固于吸气管上并已隔热，检查冷却水入口温度是否高于限定温度 3. 检查机组运行电流，根据需要，更换出口阀 4. 见本表"吸气压力过低"栏 5. 补充制冷剂

（续）

常　见　故　障	原　因　分　析	排　除　方　法
吸气压力过高	1. 排气压力过高 2. 制冷剂充注过量 3. 液体制冷剂从蒸发器流入压缩机 4. 冷水管隔热不良	1. 见本表"排气压力过高"栏 2. 排出过量制冷剂 3. 检查和调整膨胀阀,确定感温包是否紧固于吸气管上并已隔热,检查冷水入口温度是否高于限定温度 4. 检查管路隔热情况
吸气压力过低	1. 未完全打开冷凝器制冷剂液体出口阀 2. 液体管或吸气管完全堵塞 3. 膨胀阀调节不当或故障 4. 系统制冷剂不足 5. 在系统内有过多润滑油参与循环 6. 冷水入口温度低于标准温度 7. 通过蒸发器的冷水量不足 8. 排气压力过低	1. 打开阀门 2. 检查制冷剂过滤器 3. 正确调整过热度,检查感温包是否泄漏 4. 检查制冷剂是否泄漏 5. 检查润滑油量 6. 调整温度设定值 7. 检查冷水管路 8. 见前述
油温过高	油冷却器结垢	清除油冷却器上的污垢,降低冷却水温度或增大冷却水量
油压过高	1. 油压调节阀开启度太小 2. 油压表损坏,指示有误 3. 油泵排出管堵塞	1. 适当增大开启度 2. 检修、更换 3. 检修
油压过低	1. 油压调节阀开启过大 2. 油量不足 3. 油管道或油过滤器堵塞 4. 油泵故障 5. 油压表损坏,指示有误	1. 适当调节油压调节阀开启度 2. 添加油到规定值 3. 清洗 4. 检修、更换 5. 检修、更换
运行中有噪声	1. 液态制冷剂或杂物进入压缩机 2. 止推轴承磨损破裂 3. 滑动轴承磨损,转子与机壳摩擦 4. 联轴节的键松动	1. 节流,直至没有液态制冷剂由蒸发器排出,然后检查膨胀阀、过热器、过滤器 2. 更换 3. 更换滑动轴承,检修 4. 紧固螺栓或更换键
运行中机组振动过大	1. 机组地脚螺栓未紧固 2. 压缩机与电动机同轴度太差 3. 机组与管道固有振动频率相近而共振 4. 吸入过多的润滑油或液态制冷剂	1. 加调节垫铁,拧紧螺栓 2. 校正同轴度 3. 改变管道支撑点位置 4. 停机,盘动联轴器将液体排出
排气温度过高	1. 压缩机不正常磨损 2. 机组内喷油量不足 3. 油温过高 4. 吸气过热度太大	1. 检查压缩机 2. 调整喷油量 3. 见本表"油温过高"栏 4. 适当开大供液阀,增加供液量
压缩机本体温度过高	1. 吸气温度过高 2. 部件磨损造成摩擦部位发热 3. 油冷却器能力不足 4. 喷油量不足 5. 电动机绕组温度升高 6. 由于杂质等原因造成压缩机烧伤	1. 适当调大节流阀 2. 停机检查 3. 增加冷却能力 4. 增加喷油量 5. 查明原因,排除故障 6. 停机检查

（续）

常 见 故 障	原 因 分 析	排 除 方 法
压缩机本体温度过低或结霜	1. 膨胀阀开启过大 2. 制冷剂充注过量 3. 热负荷过小 4. 感温包固定位置不对或未扎紧 5. 供油温度过低	1. 适当关小阀门 2. 排出多余的制冷剂 3. 调节机组负荷 4. 按要求重新固定 5. 提高供油温度
压缩机能量调节机构不动作	1. 冷水出口温度设定错误或温度传感器故障 2. 电磁阀故障 3. 压缩机损坏 4. 油压过低	1. 调节温度设定值或更换传感器 2. 检查电磁阀线圈，检查油路是否堵塞 3. 检查压缩机的能量调节机械的结构部件有无磨损和卡住 4. 调节油压调节阀
压缩机轴封漏油（允许值为3mL/h）	1. 轴封磨损过量 2. 动环、静环平面度过大或擦伤 3. 密封环、O形环过松、过紧或变形 4. 弹簧座、推环销钉装配不当 5. 轴封弹簧弹力不足 6. 轴封压盖处纸垫破损 7. 压缩机与电动机同轴度太差引起较大振动	1. 更换 2. 研磨、更换 3. 更换 4. 重新装配 5. 更换 6. 更换 7. 重新校正同轴度
压缩机运行中油压表指针振动	1. 油压不足 2. 油过滤器堵塞 3. 油泵故障 4. 油温过低 5. 油泵吸入气体 6. 油压调节阀动作不良	1. 补充油 2. 清洗 3. 检修或更换 4. 提高油温 5. 查明原因进行处理 6. 调整或拆修
停机时压缩机反转不停（反转几转属正常）	吸气止回阀故障（如止回阀卡住，弹簧弹力不足或止回阀损坏）	检修、更换
蒸发器排气压力与压缩机吸气压力不相等	1. 吸气过滤器堵塞 2. 压力表故障 3. 压力传感元件故障 4. 阀的操作错误 5. 管道堵塞 6. 压缩机液击	1. 清洗过滤器 2. 检修、更换 3. 更换 4. 检查吸入系统 5. 检查、清理 6. 检查、排除
机组奔油	1. 在正常情况下发生奔油是由于操作不当引起 2. 油温过低 3. 供液量过大 4. 增载过快 5. 加油过多 6. 热负荷减小	1. 提高操作技能 2. 提高油温 3. 关小节流阀 4. 分多次增载 5. 排出适量油 6. 减小机组制冷量

第二节 离心式冷水机组的运行管理

一、离心式冷水机组开机前的准备工作

长时间的（多于一个月）停机后，或是停机修理和安装后首次开机，在运行制冷机前

应确定开机条件，且开机时有技术人员在场。

1. 检查电气系统

1）检查主电源、控制电源、控制柜、启动柜之间的电气线路和控制线路，确认接线正确。

2）检查电源电压是否符合要求。

2. 检查制冷压缩机

1）旋转部件的简单检查：叶轮和轴的结合状况、齿轮的装配情况、齿轮箱有无异常物、叶轮轴的轴向间隙、导叶的装配情况，检查导叶和驱动轴，用厚度量规检查叶轮和端盖之间的间隙。

2）压缩机进口导叶应处于全开的位置，且为手动控制。

3）检查控制盘上各指示灯是否点亮。

4）盘车 2 ~ 3 圈，查看有无异常现象（半封闭式压缩机可点动）。

3. 检查润滑系统

1）机组油槽的油位应在油视镜的 1/2 以上。

2）油管有无松动和破裂。

3）压缩机油槽的温度应该在 40℃ 以上。

4）开启油泵，调整油压在 0.196 ~ 0.294MPa 之间。

5）油冷却器开始通水。

4. 检查制冷系统

1）检查制冷剂污染和泄漏的可能性。

2）水质分析，检查冷剂水是否污染。

3）调换或清洗过滤器的相关部件，清洗换热管。

4）启动抽气回收装置运转 5 ~ 10min，排出机组内可能漏入的空气。

5. 检查冷却系统

启动冷却水泵、冷却塔风机，打开各水系统的水路阀门，检查系统中的冷却水是否正常循环，排尽水系统中的空气。

6. 检查辅助设备

长期停机期间冷凝器、蒸发器可能会遭受腐蚀，若停机时未进行清洗保护，则开机时须将每一根管子清洗，并彻底去除水垢，再充注清水。

二、离心式冷水机组的开机操作

离心式冷水机组在启动时一般采用自动与手动结合的操作方法，待机组启动、运转正常后，可将运行模式转为全自动模式。

1. 开机操作程序

1）闭合操作盘上的启动开关到启动位置，若机组不能正常启动，检查机组启动连锁回路是否处于保护状态，解除后重新启动。

2）启动后注意电流计指针的摆动情况，监听压缩机的运转有无异常声音，若有异常，根据情况，立即调整或停机处理。

3）检查增速器油压上升情况和各部件油压，机械运转正常后停止启动油泵。

4）当运转电流稳定后，慢慢开启导叶，注意不要使电流数值超过规定值。

5）待蒸发器出口冷水温度达到设计值时，将导叶的控制由手动转为温度自动控制。

2. 开机后的检查

1）检查主电动机的电压、电流是否正常。

2）检查轴承温度，其温度不能超过规定值，在叶轮轴上的止推轴承温度最高，应不高于65℃。

3）检查各处油压，维持各处油压在规定范围内。

4）检查油箱油温和油位，维持在规定范围内。

5）检查冷凝器出入口的水温和冷凝压力，判断系统中是否有不凝性气体，若有则及时排除。

6）检查冷水出口温度是否过低，避免铜管冻裂。

7）检查压缩机排气温度是否超过规定值。

8）检查压缩机轴封是否良好，系统运转部件是否有异常振动和声响，机组外表是否有过热现象。

三、离心式冷水机组正常运行的标志

1）操作盘上电流表的读数不超出规定值。

2）压缩机吸气口温度应比蒸发温度高 1~2℃，最高不超过15℃。

3）压缩机排气温度不超过 60~70℃，否则会引起冷却水的变质，造成冷却水系统的损坏。

4）冷凝温度比冷却水出水温度高 2~3℃，冷却水进口温度不高于32℃，并使制冷剂有2℃左右的过冷度。

5）蒸发温度比冷水出水温度低 2~3℃，在满足用户要求的情况下，冷水出水温度应取高值。

6）压缩机的油压应该比吸气压力高 0.15~0.2MPa。

7）润滑油温度在 45℃ 以上，油泵温度在 60~70℃ 之间，若高出 83℃，机组会自动停机。

8）冷凝器水侧阻力为 0.06~0.07MPa，蒸发器水侧阻力为 0.05~0.06MPa。

9）机组运行平稳，无异常声响和振动。

四、离心式冷水机组的停机操作

1. 正常停机

机组的正常停机是指在机组的运行过程中，非故障原因采取的停机，一般采用手动操作停机。

1）将冷水机组的选择开关转到"卸载"位置。

2）当压缩机卸载到设定值后，关闭电动机电源，停止压缩机运转。

3）压缩机进口导叶将自动关闭，注意其必须处于完全关闭的状态。

4）将油系统中的回气阀关闭。

5）等主机完全停稳后，延时关闭油泵、冷冻水泵、冷却水泵。

6）切断除向油槽加热的供电和控制电路外的所有电源。

2. 事故停机

事故停机分为故障停机和紧急停机两种情况。

（1）故障停机　指机组在运行过程中某部位出现故障，电气控制系统中保护装置动作，实现机组正常自动保护的停机。由于故障停机是由电脑控制装置发出指令实现的自动操作，在停机时会伴随有声、光等报警信号，所以故障停机发生后，首先要切断主机电源，然后消除报警信号，按照控制屏显示的故障内容，排除故障（此时，控制屏将无故障显示内容）。待停机30min后，按正常启动程序重新启动机组。

（2）紧急停机　指机组在正常的运行过程中，遇突然停电、冷却水或冷媒水突然中断及遇火警时的停机。其停机操作方法如下：

1）突然停电。立即将系统中的供液阀关闭，停止向蒸发器供液，避免在恢复供电重新启动压缩机时，产生"液击"，接着迅速关闭压缩机的吸、排气阀。在恢复供电后启动压缩机时，要暂缓开启供液阀，待蒸发压力下降到一定值（略低于正常运行工况下的蒸发压力）时，再打开供液阀，进行正常供液。

2）冷却水突然中断。立即切断压缩机的电源，停止压缩机的运行，避免高温高压状态的制冷蒸气得不到冷却，出现系统管道或阀门的爆裂事故；随后立即关闭供液阀、压缩机的进排气阀，然后按正常停机程序关闭各种设备。在恢复冷却水的供应后，按停电后的启动方法重新启动机组；若停水时冷凝器上的安全阀动作过，必须对安全阀进行试压。

3）冷媒水突然中断。立即关闭供液阀（贮液器或冷凝器的出口控制阀）或节流阀，停止向蒸发器供液，随后关闭压缩机的吸气阀，使蒸发器内的液态制冷剂不再蒸发，或保持蒸发器内的压力高于0℃对应的饱和压力，再按正常停机程序停机。在恢复冷媒水的供应后，按停电后的启动方法重新启动机组。

4）突遇火警。立即切断电源，按突然停电的紧急处理措施停止系统的运行，并报火警。火警解除后，按停电后的启动方法重新启动机组。

3. 长期停机与短期停机

用于空调系统的离心式制冷机组，在季节运行或大修时需将所有的制冷剂排出机体，这时的停机为长期停机；而对于几天的停机，应属短期停机，只需在停机期间维持系统真空度、保持密封油压和油箱中的油温在允许范围内即可。制冷剂排出的方法如下：

1）加热油箱中的润滑油，甚至可运转油泵进行搅拌，分离润滑油中的制冷剂。

2）启动制冷机，降低冷水温度，使蒸发温度降到10℃以下，压缩机停机。

3）将浮球阀手动调节到最大开度，从蒸发器或压缩机进气管的专用接管口处，向机组充注氮气，使系统内压力升高到$0.98 \times 10^5 \sim 1.4 \times 10^5 Pa$左右（表压）。

4）用铜管或PVC管将蒸发器充注阀与制冷剂贮液罐连接，依靠系统内压力将液态制冷剂排入贮液罐中。在排液过程中继续运转冷水泵，效果更好。

5）当管道中只有气态制冷剂流动时，关闭充注阀，卸下管道。可通过称重的方法，或使用一段透明管，来判断制冷剂的状态。

6）启动抽气回收装置，将机组压力抽至8kPa（约60mmHg），有液态制冷剂分离出来。当不再有液态制冷剂流出，则认为系统中的制冷剂完全排出，此过程需要的时间较长。

7）把制冷剂贮液罐密封好，放在冷的地方贮存，容器中液体装至80%满为宜。

8）制冷剂放出后，对其含油、含水量应进行分析，如含油量超过5%，则对制冷剂进行精馏精制；如含水量超过$2.5 \times 10^{-5} g/g$，则对制冷剂进行加热分离。

机组中的润滑油根据油质分析，1~3年更换一次。

五、离心式冷水机组的常见故障、原因分析及排除方法

离心式冷水机组的常见故障、原因分析及排除方法见表2-2。

表2-2 离心式冷水机组常见故障、原因分析及排除方法

常 见 故 障		原 因 分 析	排 除 方 法
压缩机不能启动		1. 电动机的电源事故 2. 进口导叶不能完全关闭 3. 控制线路熔断器断开 4. 过载继电器动作	1. 检查电源,恢复正常 2. 检查导叶开关是否与执行机构同步 3. 检查熔断器,修复或更换 4. 按下继电器的复位电钮,检查控制装置的电流设定值是否高于过载继电器
油泵不能启动		1. 频繁启动定时器 2. 磁开关不能合闸	1. 等过了设定时间后再启动 2. 按下继电器的复位电钮,检查熔断器是否断线
冷凝压力过高	冷却水出口温度过高	1. 空气漏入机内 2. 冷凝器管道结垢 3. 冷却水中混有空气 4. 冷却水流量不足	1. 开动抽气装置,将气排掉,检查抽气装置的阀切换是否可靠,检查压差开关动作是否正常 2. 将管道清洁、除垢 3. 改进泵吸入口的填料等,将泵的吸入管插入到水下一定深度 4. 检查冷却水系统中是否存在水泵流量小、阀门阻力大等情况,更换或维修
	冷却水进出口温差和阻力损失减小	水室垫片移位或隔板破损漏水	拆装水室,避免冷却水短路而不经过管道
	冷却水进口温度过高	1. 冷却塔效果差 2. 冷却塔水量不足	1. 检查风扇和喷嘴是否正常、补给水是否足够 2. 检查泵的排量是否正常、冷却水管路的阀是否全开、过滤器是否堵塞
冷凝压力过低	压力表的指示值低于冷却水温度的相应值	压力表内有制冷剂凝结	检查管道是否过长和中间冷却或管道有变形
油压降低		1. 油过滤器堵塞 2. 油压调节阀故障 3. 油起泡沫 4. 油泵故障 5. 主电动机回油管未连接油槽	1. 清洗或更换油过滤器 2. 更换调节阀 3. 减少油冷却器的冷水或制冷剂量,使油温上升,将油中的制冷剂蒸发掉 4. 检查油泵 5. 使回油管重新接通油槽
制冷量不足		1. 冷凝压力高 2. 蒸发压力低 3. 装置不良	1. 参考本表"冷凝压力过高"栏 2. 参考本表"蒸发压力过低"栏 3. 更换装置
蒸发压力过高		1. 载冷剂出口温度设置过高 2. 测温电阻结露 3. 进口导叶卡死,无法开启 4. 进口导叶手控和自控失灵 5. 制冷量小于外界负荷	1. 调整设定值 2. 干燥后将电阻丝密封 3. 检修进口导叶机构 4. 检查导叶控制开关位置,使导叶开关与负荷平衡 5. 检查导叶开度是否正常,减少外界负荷或增加运转机台数

（续）

常 见 故 障	原 因 分 析	排 除 方 法
蒸发压力过低 蒸发温度与冷水出口温度相差较大,压缩机进排气温度过高	1. 制冷剂充注量不足 2. 机组内制冷剂大量泄漏 3. 制冷剂污染 4. 制冷剂浮球阀动作错误 5. 蒸发器内漏水或浮球阀冻结 6. 蒸发器水室短路 7. 冷水泵吸入口有空气吸入	1. 补充制冷剂 2. 机组检漏,维修 3. 更换制冷剂 4. 修理浮球阀 5. 修理漏水部位,机内充分干燥后再运行 6. 检修水室,排除短路 7. 改进泵吸入口的密封填料,将吸水管插入水面下
蒸发温度偏低,冷凝温度正常	1. 传热管污染或一部分堵塞 2. 制冷剂不纯或污染	1. 清洁管道,对堵塞部分清通或更换 2. 处理制冷剂
冷水出口温度降低	1. 冷水出口的温度调节器设定温度过低 2. 导叶开度过大,制冷量过大 3. 外界冷负荷太小 4. 自动启停用恒温控制器失灵	1. 调整温度设定值 2. 将导叶开关置于自动位置,校正温度调节器 3. 减少运转机台数 4. 检查设定温度和恒温控制器
油压表剧烈摆动	1. 油压表接管中混入制冷剂气体或空气 2. 油压调节阀不良或损坏 3. 油位过低,造成油泵汽蚀 4. 油起泡沫	1. 松开油压表的外套螺母,将气体放出 2. 拆检油压调节阀或更换 3. 补油至规定油位 4. 升高油温
油温过低	1. 油冷却器冷却水量过大 2. 油加热器的温度调节的温度设定值过低 3. 油加热器断线	1. 关小冷却水阀 2. 重新设定温度值 3. 更换油加热器
油温过高	1. 油加热器恒温控制器设定温度过高 2. 油冷却器的冷却水量不足 3. 油冷却器的冷水管污染 4. 机壳上部油—气分离器分离网严重堵塞	1. 重新设定温度值 2. 增大冷却水量或更换冷却器 3. 清洗冷水管 4. 拆换分离网
抽气回收系统中的压缩机不动作或效果不好	1. 传动带过紧或传动带打滑 2. 活塞因锈蚀而卡死 3. 压缩机的电动机接线不良或松动,或电动机完全损坏 4. 空气排出阀损坏 5. 液态压缩	1. 更换或张紧传动带 2. 拆机清洗 3. 重新接线或更换电动机 4. 调整设定值或更换 5. 调整吸入压力调节阀,使之与室温相适应

（续）

常 见 故 障	原 因 分 析	排 除 方 法
轴承温度过高	1. 连接不好 2. 轴瓦损坏 3. 油污染或混入水 4. 油冷却器结垢 5. 油冷却器的冷却水量不足 6. 压缩机排气温度过高 7. 冷凝压力异常升高	1. 重新连接 2. 更换轴瓦 3. 更换油或修理漏水部位 4. 清洗或更换油冷却器 5. 增大冷却水量或更换冷却器 6. 参考本表"冷凝压力过高"和"蒸发压力过低"栏 7. 参考本表"冷凝压力过高"栏
压缩机排气温度低	吸入液体制冷剂	调整制冷剂的数量
压缩机的油减少	1. 活塞的刮油环损坏 2. 油分离器损坏	1. 更换刮油环 2. 检查浮球阀的工作和加热器是否断线
压缩机油位上升	制冷剂混入油中	检修排液阀,加热分离油与气,在停止抽气时,关闭吸入管和排出管上的阀
抽气回收系统中制冷剂损失大	1. 抽气柜浮球阀不灵 2. 空气放出阀设定不好 3. 辅助冷凝器冷却效果不好 4. 截止阀工作不好 5. 压缩机密封不好 6. 过量空气漏入制冷机 7. 制冷剂不纯	1. 拆开清洗浮球阀,磨合阀座,检查浮球 2. 根据室温和冷却水温,正确设定放出压力 3. 检查冷却水量,清除热交换面的污垢或清除堵塞的部分盘管 4. 检查制冷剂回流阀是否已开;自动运转方式时,检查阀是否在自动位置 5. 调整或更换密封片 6. 检漏,修补 7. 更换制冷剂
电动机过载	1. 冷冻水入口温度高 2. 吸入液体制冷剂 3. 吸入油 4. 冷凝压力高 5. 装置不良	1. 调整冷冻水温度设定值 2. 排除制冷剂 3. 重复利用制冷剂 4. 参考本表"冷凝压力过高"栏 5. 更换装置
异常振动,电流波动	1. 油压高于标准压力 2. 吸收了过多的液体制冷剂 3. 轴承间隙大 4. 喘振	1. 设置为标准压力 2. 排除制冷剂 3. 拆开检查 4. 打开压缩机的旁路阀或直接将一部分气体放空以维持压缩机的最低流量
噪声大	1. 喘振 2. 噪声通过冷却水和冷冻水的管道传播 3. 油起泡沫 4. 导叶装配和防振装置不良 5. 增速齿轮不良	1. 参考本表"异常振动,电流波动"栏 2. 管道使用柔性接头和防振弹簧 3. 油加热器通电 4. 重新装配或更换 5. 更换齿轮

（续）

常 见 故 障	原 因 分 析	排 除 方 法
机组内腐蚀	1. 气密性差,湿空气漏入 2. 热交换器漏水、漏制冷剂 3. 压缩机排气温度在100℃以上,使制冷剂分解	1. 检漏,修补 2. 修补漏水部位,使机组干燥 3. 在压缩机中间级喷射液态制冷剂,降低排气温度
油系统腐蚀	加热器油温过高或油位过低	保持正常油位,防止油温过高
管道或管板腐蚀	水质太差	进行水处理,改善水质,在载冷剂中加缓蚀剂,装水过滤器,控制 pH 值

第三节　活塞式冷水机组的运行管理

一、活塞式冷水机组开机前的准备工作

1. 检查制冷压缩机

1）操作现场和制冷压缩机的运转部位应无障碍物，联轴器的安全保护罩应固定良好。

2）压缩机的油质应清洁，油位应在上油视镜的 1/2 处以下、下油视镜的 1/2 处以上，若只有一个油视镜，则油位在油视镜的 1/2 处以上。

3）通过贮液器的液面指示器观察制冷剂液位是否正常，其液位应在液面指示器的 1/3 ~ 2/3 处。

4）启动前曲轴箱的压力不应超过 0.2MPa，否则应先降压。

5）制冷机控制盘上的压力表应准确灵敏，各压力表的阀门应全部打开。

6）对具有手动卸载—能量调节的压缩机，应将能量调节阀的手柄放在"0"位置或最小能量位置。

7）开启冷却水泵或冷却风机，使冷却系统运行，油冷却器也应通冷却水。

8）油三通阀门的手柄应放在"运转"位置。

9）调节压缩机高、低压力继电器及温度控制器的设定值，使其指示值在所要求的范围内。压力继电器的高压设定范围：使用 R12 为制冷剂时，为 1.3 ~ 1.5MPa，使用 R22 和 R717 为制冷剂时，为 1.5 ~ 1.7MPa。

2. 检查系统阀门的开启状况

1）高压系统：油分离器、冷凝器、高压贮液器的进、出口和安全阀前的截止阀、均压阀、压力表阀、液面指示器阀均应开启。制冷压缩机的排气阀、总调节站的膨胀阀应关闭，放油阀、空气分离器上的各种阀门、贮液桶上除安全阀前的截止阀外的所有阀门，均应关闭。待制冷系统启动工作后，根据操作的需求进行开启。

2）低压系统：由总调节站经干燥器、换热器、蒸发器至压缩机的管道上的所有阀门均应开启，各低压设备上的压力表阀、安全阀前的截止阀等均应开启。制冷压缩机的吸气阀、放油阀、干燥器的旁通阀应关闭。

3. 检查贮液器的液面

高压贮液器的液面应在 30% ~ 80% 处。

4. 检查其他设备

制冷剂液泵、冷却水泵、冷水泵、冷却塔风机等运转部位均应无障碍，冷水系统和冷却水系统中的水量正常，管道无漏水现象。

二、氟利昂活塞式冷水机组的正常开机操作

1）盘动制冷压缩机联轴器数圈，检查是否过重。

2）启动压缩机，观察其运转声和油压是否正常。

3）开启制冷压缩机的吸气阀、排气阀和相关阀门，注意防止出现"液击"现象。

4）缓慢打开贮液器的出液阀，向蒸发器供液，待压缩机启动过程结束，运行稳定后，将出液阀开至最大。

5）根据冷负荷的大小，转动能量调节手柄，逐渐增大负载。

6）检查各处的温度值和压力值是否在正常范围内。

三、氟利昂活塞式冷水机组正常运行的标志

1）氟利昂制冷压缩机的吸气温度不宜超过15℃；排气温度，对于 R12 不超过130℃，对于 R22 不超过145℃。

2）一般情况下的排气压力，对 R12，要达到 0.8 ~ 1.0MPa，最高不超过 1.6MPa；对 R22，要达到 1.0 ~ 1.4MPa，最高不超过 1.6MPa。

3）运行时其油压比吸气压力高 0.1 ~ 0.3MPa。

4）曲轴箱的油温一般保持在 40 ~ 60℃，最高不超过 70℃，最低不低于 5℃。

5）曲轴箱上若只有一个视油镜，油位不得低于视油镜的 1/2 处；若有两个视油镜，油位不超过上视油镜的 1/2 处，不低于下视油镜的 1/2 处。

6）油分离器自动回油正常，浮球阀应自动开启和关闭，手摸回油管时，应有时热时温的感觉；在干燥过滤器前后的液体管道不应有明显温差，更不能出现结霜情况。

7）制冷机在正常运转时，应只有吸、排气阀片发出的清晰而均匀的声音，且有节奏，气缸、曲轴箱和轴承等部位不应有异常的撞击声。

8）制冷压缩机的气缸壁不应有局部发热和结霜的现象，吸气管不应有结霜。

9）压缩机的电动机的运行电流应稳定，整机各部位的温度应没有很大的变化。

10）整个系统在运行中，各部位不应该有油迹，否则意味着有泄漏，须停机检漏。

四、氟利昂活塞式冷水机组的停机操作

1. 正常停机

氟利昂活塞式制冷压缩机的停机操作，一般由压缩机的自动控制系统完成卸载和停机，对于手动控制系统，可参照下列程序进行操作：

1）缓慢关闭制冷压缩机的吸气阀，关闭贮液器或冷凝器的出口阀。

2）曲轴箱内的压力降低后进行逐级卸载。

3）卸载完毕，曲轴箱内的压力降低后停止制冷压缩机，同时关闭压缩机的排气阀。此时应保证压缩机低压压力不低于0，否则容易因曲轴箱密封不严密而导致空气漏入系统。

4）关闭冷水泵和回水泵，使冷水系统停止工作。

5）制冷压缩机停止运行 15min 后，关闭冷却水泵和冷却塔风机，使冷却水系统停止工作。

6）将制冷剂收入贮液器或冷凝器，并将各阀门拧紧，避免泄漏。

7）若冬季长期停机，为避免冻裂水管和设备，应将系统中的水全部放尽。

2. 事故停机

若突遇停电、停水、制冷主机和设备故障、火警，可采用紧急停机，参照离心式制冷压缩机的操作进行。当制冷压缩机出现以下故障时，应停机检修，停机时可根据具体情况采用紧急停机或正常停机的方式。

1）制冷机油压过低且无法调节。

2）冷冻油温度过高且无法调节。

3）冷冻润滑油太脏或出现变质。

4）压缩机的能量调节机构动作失灵。

5）压缩机轴封处出现严重泄漏现象。

6）排气压力和排气温度过高，且无法有效调节。

7）制冷压缩机出现严重的液击且无法有效调节。

8）制冷机气缸内有敲击声且无法排除。

五、活塞式冷水机组的常见故障、原因分析及排除方法

活塞式冷水机组的常见故障、原因分析及排除方法参见表2-3。

表 2-3　活塞式冷水机组常见故障、原因分析及排除方法

常 见 故 障	原 因 分 析	排 除 方 法
压缩机不能正常启动	1. 线路电压过低或接触不良 2. 排气阀片漏气,造成曲轴箱内压力过高 3. 温度控制器失灵 4. 压力控制器失灵	1. 检查线路压力过低的原因及其电动机连接的启动元件 2. 修理研磨阀片与阀座的密封线 3. 校验调整温度控制器 4. 校验调整压力控制器
压缩机不运转	1. 电气线路故障、熔丝熔断、热继电器动作 2. 电动机绕组烧毁或匝间短路 3. 活塞卡住或抱轴 4. 压力继电器动作	1. 找出断电原因,换熔丝或按复位按钮 2. 测量各相电阻及绝缘电阻,检修电动机 3. 打开机盖,检查修理 4. 检查油压、温度、压力继电器,找出故障,修理后按复位按钮
压缩机启动、停机频繁	1. 温度继电器幅差太小 2. 排气压力过高,高压继电器动作	1. 调整温度继电器的控制温度 2. 检查冷凝器的供水情况
压缩机不停机	1. 制冷剂不足或泄漏 2. 温控器、压力继电器或电磁阀失灵	1. 检漏、补充制冷剂 2. 检查后修复或更换
压缩机排气压力过高	1. 系统中有空气或不凝性气体 2. 冷却水量不足或太热 3. 冷凝器管子被污物或水垢堵塞 4. 排气管路阀门开度过小 5. 制冷剂太多,冷凝器积液	1. 放出不凝性气体 2. 检查水阀是否开启、水过滤器是否堵塞 3. 清洗冷凝器水程 4. 开至最大开度 5. 排除多余制冷剂
压缩机排气压力过低	1. 冷却水太多或太冷 2. 排气阀组损坏 3. 卸载装置机构失灵 4. 吸气压力低,制冷剂不足	1. 调节供水量 2. 检查排气阀组,必要时更换 3. 检查油压,如正常则停机检查卸载装置 4. 补充制冷

（续）

常 见 故 障	原 因 分 析	排 除 方 法
吸气压力过高	1. 供液节流阀开度太大 2. 吸气阀组损坏 3. 卸载装置机构失灵	1. 调节供液节流阀 2. 检查吸气阀组，必要时更换 3. 检查油压，如正常则停机检查卸载装置
吸气压力过低	1. 管路或吸气滤网阻塞 2. 制冷剂太少 3. 供液节流阀开度太小 4. 蒸发器集油太多	1. 抽真空后拆卸检查并清洗 2. 补充制冷剂 3. 调节供液节流阀 4. 放油
压缩机的油耗增大	1. 制冷剂液体进入曲轴箱 2. 油太多造成液击 3. 高压气缸套密封圈失效 4. 油压过高 5. 油温过高 6. 回油阀未关闭 7. 活塞环、油环或气缸磨损	1. 将节流阀关小或暂时关闭 2. 检查油面，放油 3. 检查，必要时更换 4. 调节 5. 检查是冷却问题还是机械故障，对症处理 6. 关闭 7. 检查，必要时更换
压缩机的油压调不高	1. 过滤器堵塞 2. 轴承间隙过大 3. 油泵磨损	1. 检查曲轴箱内的油过滤器，清洗干净 2. 修理并更换 3. 更换
油温过高	1. 曲轴箱油冷却器缺水 2. 主轴承装配间隙过小 3. 油封摩擦环装配过紧或摩擦环拉毛 4. 润滑油不清洁	1. 检查水阀及供水管路 2. 调整装配间隙，使之符合技术要求 3. 检查修理轴封 4. 清洗油过滤器，更换新油
油压过高	1. 油压调节阀未开或开启过小 2. 油压调节阀阀芯卡住	1. 开启，调整 2. 修理油压调节阀
油压不稳	1. 油泵吸入带有泡沫的油 2. 油路不畅通	1. 找出油起泡沫的原因，并对症处理 2. 检查疏通油路
轴封漏油	1. O形圈老化失效 2. 摩擦副损伤 3. 联轴器同轴度太差	1. 更换 2. 修理或更换 3. 重新校正
曲轴箱中润滑油起泡沫	1. 油中混有大量氨液，压力降低时氨液蒸发引起泡沫 2. 箱中油太多，连杆大头搅动油引起泡沫	1. 将曲轴箱中氨液抽出，更换新油 2. 从曲轴箱中放油，降到规定油面
压缩机排气温度过高	1. 吸入气体太热 2. 吸气压力低，压缩比过大 3. 排气阀片或弹簧破裂 4. 安全旁通阀漏气	1. 调节供液节流阀 2. 提高吸气压力，降低压缩比 3. 检查，必要时更换 4. 检查，校正
压缩机排气温度过低	1. 压缩机结霜 2. 中间冷却器供液过多	1. 调节关小节流阀 2. 将中间冷却器供液量调小
卸载装置机构失灵	1. 油压不够 2. 油管堵塞 3. 油缸内有污物卡死	1. 调节油压到 0.15 ~ 0.3MPa 2. 拆开清洗 3. 拆开清洗

（续）

常 见 故 障	原 因 分 析	排 除 方 法
运转中有异常的声音、振动	1. 基础螺栓松动产生振动 2. 联轴器同轴度不好或键槽松动 3. 油太多造成液击 4. 压缩机吸气带液造成液击 5. 运转时活塞撞击排气阀 6. 阀片、气阀弹簧损坏 7. 压缩机或电动机轴承磨损 8. 活塞与气缸间隙过大 9. 阀片破损，碎片落入气缸内 10. 润滑油中残渣过多 11. 连杆大头瓦与曲拐轴颈间隙过大 12. 主轴承损坏或与主轴颈间隙过大	1. 拧紧基础螺栓 2. 调整联轴器或检修键槽 3. 检查油面，放油 4. 将节流阀关小或暂时关闭 5. 检查有杂音的气缸排气阀余隙是否过小，或螺栓是否松动 6. 更换 7. 修理或更换 8. 检修或更换活塞环与缸套 9. 停机检查，更换阀片 10. 清洗换油 11. 调整或更换新瓦 12. 更换轴承或新瓦
主轴承发热和轴封油温过高	1. 主轴承装配间隙过小 2. 润滑油杂质多或油量不足 3. 油冷却器冷却水量少 4. 主轴瓦拉毛 5. 动环与静环摩擦面比压过大 6. 填料压盖过紧	1. 调整间隙达到配合要求 2. 检查油质，更换油和清理油路 3. 检修油冷却器管路，保证水路畅通 4. 检修或更换新瓦 5. 调整弹簧强度 6. 适当调节压盖螺母
过电流	1. 吸气压力过高 2. 摩擦副异常磨损	1. 减载运行或调整吸气压力 2. 修理或更换
冷冻机油变色	1. 排气温度高使油炭化变黑 2. 其他污物（如磨损的金属颗粒）污染	1. 清洗曲轴箱，更换冷冻机油 2. 清洗曲轴箱，更换冷冻机油

第四节　溴化锂吸收式冷（热）水机组的运行管理

一、溴化锂吸收式冷（热）水机组调试前的准备

1. 外部条件检查

（1）冷/热水及冷却水管路系统检查

1）检查管路系统是否清洗干净。水系统管路中常用的钢管直径和质量较大，起吊困难，管路安装前，通常无法清洗管内的铁锈与杂质。在安装过程中，管路的焊接、阀门的安装、仪表及温度计的设置等，都可能使管内的铁锈、焊渣及污泥、杂物（甚至有石块、砖头、塑料布等）进入管路系统中。这些杂质进入制冷系统，会导致管路堵塞；进入水泵，则影响流量，甚至损坏水泵；进入机组水室，不仅使机组传热管结垢，影响传热效果，而且可能堵塞传热管，使某些传热管不发生作用，甚至会使传热管发生破裂；进入风机盘管、组合式空调箱等空调器中，会堵塞表冷器传热管。这些杂质还可能损坏阀门、测试仪表等设备。因此水管路的清洗工作直接影响到机组的正常运行。在水管路的清洗过程中，应注意与机组的水管进出口隔离，冲洗的水不允许通过机组，保护机组的传热管。

2）检查机组是否安装排水及排气阀门。排水阀门应装在管路最低处，如果不是装在最低处，排水就不彻底。如果不装排水阀门，在冬季机组停止使用，温度降到0℃以下时，贮

存在管路系统中的水会结冰，从而损坏管路系统及其设备。排气阀应装在管路系统的最高处，才能将水路系统中的空气排尽。

3）检查水路系统中是否安装了过滤网。外界的杂物、冷却塔的填料，都可能进入冷却水管路系统，从而堵塞吸收器或冷凝器传热管。过滤网一般装2只，插入式安装，可以随时取出清洗。对于冷热水管路系统，特别是开式空调系统、纺织空调系统，更要安装过滤网，否则，纤维杂质很容易堵塞蒸发器传热管。

4）按照现场接管图检查冷热水和冷却水管路。水管的位置和方向是否正确；管路是否装有支撑架。

5）检查水管路系统有无渗漏，水流量是否达到规定值，并检查水质。

6）检查管路上所有的温度计、恒温器、流量开关、温度传感器及压力表是否安装，安装位置是否合理。

7）检查水泵。检查内容包括：各连接螺栓是否松动；润滑油、润滑脂是否充足；填料是否漏水，漏水量的大小以流不成线为限度；电气运转电流是否正常；泵的压力、声音及电动机温度等是否正常。

8）检查冷却塔。冷却塔是机组系统中一个重要的组成部分，机组中的热主要由冷却塔排出，因此，冷却塔性能的好坏直接影响机组的正常运行。检查冷却塔的型号是否正确，流量是否达到要求，特别是温差是否合理。在夏初和秋初，某些空调系统运行时，冷却水温度可能降到18℃甚至更低，可在冷却塔的水管路上装设旁通管及旁通阀门，以调节冷却水温度。检查冷却塔风机的运转情况及运转电流是否正常。

（2）供热系统检查

1）蒸汽系统检查。蒸汽压力过高时应安装减压阀。减压阀与蒸汽调节阀的前后应装有手动截止阀，并装有旁通管路以便拆检和保养减压阀、调节阀。蒸汽管路上还应安装手动截止阀，在机组突然停机时，切断工作蒸汽。如果工作蒸汽温度高于180℃，应装降温装置。否则在高压发生器中会产生局部腐蚀，使传热管泄漏和损坏。

如果工作蒸汽含有水分，其干度低于0.99，要检查汽水分离器，以保证高压发生器的传热效率。工作蒸汽进机组前，在蒸汽管路最低处加装放水阀。在开机前，应放掉蒸汽凝结水，以防产生水击现象。

2）蒸汽凝结水管路检查。蒸汽凝结水管路一般低于高压发生器。如果一定要高出高压发生器，可根据制造厂提供的凝结水压力计算考虑，但应防止机组在低负荷运转时，凝结水回流到高压发生器管束。检查在蒸汽凝结水管路的最低处是否安装了排水阀，以便放尽蒸汽凝结水，避免在开机时产生水击现象。

在蒸汽凝结水管道上装有手动截止阀时，检查手动截止阀是否打开。在机组运行时，此阀不得关闭。如果蒸汽凝结水要回到锅炉，一般在凝结水管后设凝结水箱，但凝结水箱的最高液面不宜高于发生器。为充分利用蒸汽的热能，在蒸汽凝结水管上还装有疏水器。此时应检查疏水器的容量、规格是否达到规定值。

3）燃气管路系统检查。燃气管路系统检查内容如下：

① 气路检查。按管路图检查气路中气压调节阀、球阀、高低气压开关、过滤器、压力表、截止阀等元件的选型、尺寸及安装方式是否正确。机房内必须安装燃气报警器，并与机房强力排风系统联动。在气体流量表入口处（截止阀关闭），检查供气压力是否达到要求。

所有连接管路及元件应按标准要求进行气密性试验，保证管路不泄漏。为了进行燃气系统气密性试验，在燃烧器前应安装能完全关闭且阻力极小的旋塞式阀门。为了检漏和测量燃烧器的燃烧压力，应装设必要的压力检测孔。

② 燃烧器系统检查。应按现场接线、接管路图检查下列各处：燃烧器的安装；三相电动机接线与电动机转动方向；控制箱的控制电线和动力电线；所有燃烧控制与安全保护装置。

③ 排气系统检查。燃气排气系统包括烟道和烟囱两部分。

4）燃油管路系统检查。燃油管路系统检查内容如下：

① 油路检查。检查供、回油管路的尺寸与安装是否正确，以适应最大的供油量；油路元件的选型、安装；油箱的安装，油的型号；油箱中应无水，油箱周围应通风良好，配有必要的消防设施；油路是否有泄漏；管道最低处设排污阀，最高处设排气阀；是否有油过滤器；冬季，应设油加热器。

② 燃烧器检查。应按照燃烧器使用说明书正确安装并检查。

③ 排气系统检查。检查排气系统是否存在漏气的隐患。

2. 抽气系统检查

1）检查真空泵的油。检查油牌号是否正确；油位是否在油视镜中间；油的颜色有无变化。

2）检查真空泵性能。关闭抽气管路上所有手动真空隔膜阀，开启真空泵，只卸下真空泵吸入口的一段抽气管路，接上绝对真空表，打开真空表前的手动阀，在真空泵启动 1～3min 后，如果绝对真空表的读数与真空泵的极限真空基本相符，说明泵的性能合格。

3）检查真空电磁阀。启动真空泵，手指放在真空电磁阀的吸排气管口，气管无气流，即对手指无吸力；停止真空泵，气管有空气吸进，对手指有吸力，说明真空电磁阀性能良好。

4）检查抽气系统有无泄漏。

3. 机组气密性检查

（1）压力检漏　使用氮气或压缩空气检漏，但机组内充有溴化锂时，必须使用氮气，气体压力按厂家要求。检漏方法可用肥皂水涂抹法或浸水法。若无泄漏，可对机组保压检查，要求机组在保压 24h 后，机组内气体压力的下降在 66.5Pa 以内。机组气体压力下降的计算公式为

$$\Delta p = \frac{B_1 - p_1}{\dfrac{273 + t_2}{273 + t_1}} - B_2 - p_2 \tag{2-1}$$

式中　Δp——机组因泄漏引起的压力降（Pa）；

　　　B_1——试验开始时当地的大气压力（Pa）；

　　　B_2——24h 后当地的大气压力（Pa）；

　　　p_1——试验开始时 U 形管水银高度计显示的压力差（Pa）；

　　　p_2——24h 后 U 形管水银高度计显示的压力差（Pa）；

　　　t_1——试验开始时的温度（℃）；

　　　t_2——24h 后的温度（℃）。

（2）卤素检漏 卤素检漏应在压力检漏合格后进行。由于溴化锂吸收式制冷机组体积较大，连接处多，容易产生漏检现象，且卤素检漏是正压检漏，与机组的负压运行状态相反，故卤素检漏法不能作为机组密封检查合格的最终标准。

卤素检漏方法：先将机组抽空至50Pa的绝对压力，然后向机组内充入一定比例的氮气和氟利昂，氟利昂约占20%（体积分数）。气体充分混合后，用卤素检漏仪对焊缝、阀门、法兰密封面及螺纹接头等处检漏。

若发现有泄漏，要进行补漏。将机组内压力减为当地大气压力，焊接处有砂眼、裂缝，可用焊接方法修补；传热管胀口泄漏，必须更换铜管；铜管裂缝，也必须更换，或将该铜管两端堵塞；视镜法兰的垫子，若断裂、破损，更换与原垫子相同材料的垫子。

机组在修补后必须重做压力检漏或卤素检漏，直至合格。

（3）真空检漏 机组在压力检漏合格后，为了进一步验证在真空状态下的可靠程度，需要进行真空检漏。真空检漏是考核机组气密性的重要手段，也是气密性检验的最终手段。

真空检漏方法：

1）将机组通往大气的阀门全部关闭。

2）用真空泵将机组抽至50Pa绝对压力。

3）记录当时的大气压力 B_1、温度 t_1 以及 U 形管上的水银柱高度差 p_1。

4）保持24h后，再记录当时的大气压力 B_2、温度 t_2 以及 U 形管上的水银柱高度差 p_2。

5）机组内的绝对压力升高（或真空度下降）不超过5Pa（制冷量小于或等于1250kW的机组不超过10Pa），则机组在真空状态下的气密性是合格的。机组内气体绝对压力变化的计算公式为

$$\Delta p = B_2 - p_2 - (B_1 - p_1) \times \frac{273 + t_2}{273 + t_1} \tag{2-2}$$

式中 Δp——机组因泄漏引起的绝对压力的升高（Pa）；

       B_1——试验开始时当地的大气压力（Pa）；

       B_2——试验结束时当地的大气压力（Pa）；

       p_1——试验开始时机组内真空度（Pa）；

       p_2——试验结束时机组内真空度（Pa）；

       t_1——试验开始时的温度（℃）；

       t_2——试验结束时的温度（℃）。

用 U 形管绝对压力计读值不够准确，可采用读值准确的其他真空计。

6）若机组真空检验不合格，仍需将机组内充以氮气，重新用压力检漏法进行检漏，消除泄漏后，再重复上述的真空检漏步骤，直至真空检漏合格为止。

7）机组内若有水分，水汽化产生的水蒸气会影响真空检漏的准确性，真空检漏时可考虑将真空度保持在水的饱和蒸发压力以上。最好在机组内不含水分的情况下检漏。

（4）氦质谱仪检漏 这种检漏方法灵敏度极高，机组有很高的气密性要求时可采用此方法。

4. 机组电气及自动控制系统检查

随着溴化锂吸收式制冷机组自动化水平的提高，机组的自控元件调试前必须仔细检查。

（1）机组电气接线检查 检查电气接线是否与接线图相符；电源电压与频率是否符合

要求；有无过载、接地保护；水泵、冷却塔风机及其他辅助设备的动力与互锁接线是否正确。

（2）机组自控系统检查　按照机组的控制系统图，分别检查机组的自动开机、停机；冷冻水的低温保护；断水保护；屏蔽泵的启动、停机、过载保护。对于直燃型机组，还要进行燃烧器保护的检查。

5. 溴化锂溶液的配制

目前溴化锂生产商的供货主要是溶液形式，溶液的质量分数一般在50%左右，其质量分数虽然比较低，但在设备试运转时可以调整，以达到运转时要求的质量分数。

市场上供应的溴化锂溶液一般已加入0.15%～0.25%的缓蚀剂（铬酸锂），溶液的pH值已调至9.0～10.5，可直接加入机组中使用。

如果溴化锂溶液放置时间过长或遭受暴晒，应对溶液的质量分数、缓蚀剂含量、pH值及其他杂质进行重新测定。在溶液中加入铬酸锂（$LiCrO_2$）缓蚀剂时，应注意必须让固体铬酸锂先溶解于少量蒸馏水中，然后再加入溴化锂溶液。因为固体的铬酸锂在溴化锂溶液中是比较难溶解的。在溶液中加入氢氧化锂（LiOH）及氢溴酸（HBr）调整溶液的pH值时，应注意逐步加入，以避免加入过量，造成对筒体内保护层的损坏。

6. 溴化锂溶液的充注

已配制好的溴化锂溶液，可通过溶液注入阀注入设备内。其步骤如下：

1）若设备检漏后的真空度由于某些因素没有维持下来，应重新抽真空到规定值。

2）取出真空橡胶管一根，灌满溴化锂溶液，使管内的空气排出，然后，一端接于溶液注入阀，另一端插入盛溶液的容器中。

3）打开溶液注入阀，溴化锂溶液就由敞开的容器压入设备内。此时必须注意真空橡胶管要始终插于敞开容器的溶液中，以免空气随溶液进入机组内。注意要避免容器底部的沉淀物和其他杂质随溶液一起进入机组，橡胶管的管头应距容器底部30～50mm。

4）溶液先进入吸收器泵液囊，当溶液超过该液囊的视镜到达容器底部后，便流进发生器液囊，待发生器液囊充满后，关闭溶液注入阀。

5）启动发生器泵和吸收器泵，通过视镜观察，若溶液液位在视镜中部，则可初步认为溶液充入量达到要求，若液位过低，则可打开溶液注入阀，继续充注溶液。

6）溶液的充注量因设备的结构不同而有差异，具体数量可根据设备贮液部分的容积，通过计算确定。

7. 冷剂水的充注

（1）冷剂水的水质要求　冷剂水必须是蒸馏水或离子交换水（软水），不能使用自来水或地下水。其水质要求见表2-4。

表 2-4　冷剂水的水质要求

不　纯　物	允许值/（mg/L）	不　纯　物	允许值/（mg/L）
pH	7	Na^+、K^+	50×10^{-6}以下
硬度（Ca、Mg 含量）	20×10^{-6}以下	Fe^{2+}	5×10^{-6}以下
油分	0	NH_4^+	少
Cl_4^{2-}	10×10^{-6}以下	Cu^{2+}	50×10^{-6}以下
SO_4^{2-}	50×10^{-6}以下		

（2）冷剂水的充注方法和充注量　冷剂水的充注方法与制冷剂的充注方法、步骤一样。冷剂水的充注量与溴化锂溶液的质量分数有关。对于质量分数为 50% 的溶液，可先不加入冷剂水，而是通过机组运行时浓缩来产生冷剂水。如冷剂水量不足时再进行补充。机组内溴化锂溶液与冷剂水量随着运转工况而变化。在高质量分数下运行（如加热蒸汽压力较高，冷却水进口温度较高，冷冻水出口温度较低），溶液量减少，冷剂水量增加；在低质量分数下运行（如加热蒸汽压力较低，冷却水进口温度较低，冷冻水出口温度较高），溶液量增加，冷剂水量减少。例如，质量分数为 50% 的溶液，产生的冷剂水就偏多。所以，溶液量和冷剂水量需在运行中调整。

二、溴化锂吸收式冷（热）水机组的调试

1. 机组测试的条件

机组的测试要求在运行工况稳定的条件下进行，稳定的条件是：

1）冷水出口温度和冷却水进出口温度变化至少在 0.5℃ 范围以内。

2）工作蒸汽压力变化在名义蒸汽压力值 ±5% 范围内。

3）工作蒸汽干度在 99% 以上。

4）蒸发器中冷剂水液位高度及吸收器中液位高度在 30min 内不变化。

2. 测试的方法

机组测试分别在名义工况和变工况下测试。要求测试的内容：高、低压容器的压力；稀溶液和浓溶液的质量分数、进出口温度；冷却水各点温度；冷剂水密度和各点温度；各液面的稳定性。测试后对测试值进行分析，判断机组是否存在问题，针对存在的问题进行调整。

三、溴化锂吸收式冷水机组的运行

1. 溴化锂吸收式冷水机组的开、停机操作

溴化锂吸收式冷水机组的开、停机，分为手动操作和自动运行两种方式。一般机组启动时，为保证安全，多采用手动方式启动，待机组运行正常后，转为自动控制。现以蒸汽双效型机组为例，介绍溴化锂吸收式冷水机组的开、停机操作。

（1）开机操作

1）启动冷却水泵和冷水泵，慢慢打开两台泵的排出阀，并逐步调整流量至规定值，同时，打开封头箱上的放气阀，排除水路中的空气。

2）启动发生器泵后，调节送往发生器的两个阀门的开启度（并联流程），分别调节送往高、低压发生器的溴化锂溶液的流量，使高、低压发生器的液位保持一定；对串联流程的双效机组，只需调节送往高压发生器的溶液量。同时，在采用混合溶液喷淋的两泵系统中，可调节送往引射器的溶液量，引射由溶液热交换器出来的浓溶液，使喷淋在吸收器管族上的溶液具有良好的喷淋效果。

3）在专设吸收器溶液泵的系统中，启动吸收器泵后，打开泵的出口阀门，使溶液喷淋在吸收器的管族上。根据喷淋情况，调整吸收器的喷淋溶液量（采用浓溶液直接喷淋的系统，可省略这一步骤）。

4）打开蒸汽管路上的凝结水排放阀，放尽存水，以免发生水击。再慢慢打开蒸汽截止阀，向高压发生器供汽。对装有减压阀的机组，还应慢慢打开减压阀，按 0.05MPa、0.1MPa、0.125MPa（表压）的递增顺序提高蒸汽压力至规定值。

5）随着发生过程的进行，冷凝器中来自高压发生器管内的冷剂蒸汽凝结水和冷凝的冷剂水一起流向蒸发器，当蒸发器液囊中的冷剂水液位达到规定值（一般以蒸发器视镜浸没且水位上升速度较快为准），启动冷剂泵（蒸发器泵），调整泵出口的喷淋阀门，使被吸收掉的蒸汽与从冷凝器流下来的冷剂水相平衡。机组至此完成了启动操作，转入正常的运行状态。

6）机组启动完成后，可在工作蒸汽压力为 0.2～0.3MPa（表压）的工况下，启动真空泵，抽出系统中的不凝性气体。当真空泵运转时，人不能离开现场，避免突然断电时，真空泵油倒灌进机组。

（2）停机操作 机组停机操作主要是防止溴化锂溶液结晶，因此机组进入稀释状态后，还要看机房内可能达到的最低温度，可分两种情况处理。

1）机房温度在 0℃ 以上或暂时停机

① 慢慢关闭蒸汽截止阀，停止向高压发生器供汽。

② 溶液泵及冷剂泵继续运行，机组进入稀释状态。在机组稀释过程中，如果蒸发器冷剂水液位很低，冷剂泵吸空，应关闭冷剂泵。

③ 溶液泵及冷剂泵运行 20～30min，或发生器浓溶液出口温度降低到 70℃ 以下，依次停止冷剂泵和溶液泵。

④ 分析溶液质量分数，确认停机期间溶液不会产生结晶。

⑤ 停止冷水泵、冷却水泵和冷却塔风机。

⑥ 切断电源。

2）机房温度在 0℃ 以下或较长时间停机

① 慢慢关闭蒸汽截止阀，停止向高压发生器供汽。

② 打开冷剂水旁通阀，关闭冷剂泵出口阀门，将蒸发器中的冷剂水全部旁通至吸收器，关闭冷剂泵。

③ 溶液泵继续运转，分析溴化锂溶液质量分数，确认在停机期间溶液不会结晶时，关闭溶液泵。

④ 停止冷水泵、冷却水泵和冷却塔风机。

⑤ 切断电源。

⑥ 将冷凝器水室、吸收器水室、蒸发器水室、发生器水室及冷凝水管路上的放水阀打开，放尽存水，以防冻结。

⑦ 必要时在冷剂泵内加入一些溴化锂溶液，以防停机时，冷剂泵的存水冻结而损坏冷剂泵。

2. 溴化锂吸收式冷水机组的运行调节

机组启动后，机组的运行工况会随着冷水的出口温度和流量、冷却水进口温度和流量及蒸汽压力等因素而发生变化，必须根据具体情况，对机组进行调整，以保证机组正常、高效地运行。

（1）溶液质量分数的测定和调整 通过测量吸收器出口稀溶液的质量分数和高、低压发生器出口浓溶液的质量分数，来判断溶液循环量是否符合要求。

浓溶液的取样：浓溶液取样处为真空，无法直接取出，只能借助于真空泵和取样器。取样器的结构如图 2-1 所示，用真空橡胶管将真空泵、取样器、取样阀按要求连接，启动真空泵，即可取出浓溶液。将取样倒入如图 2-2 所示的质量分数测量装置中，同时读出密度计和温度计的读数，由溴化锂溶液的密度曲线，可查出相应的溶液质量分数。

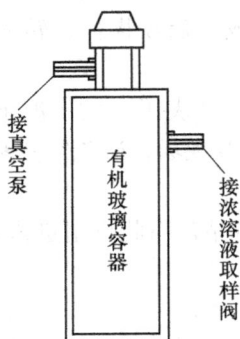

图 2-1　取样器示意图

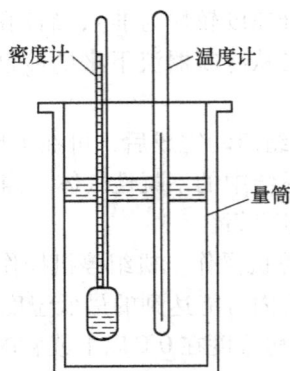

图 2-2　质量分数测量示意图

稀溶液的取样：可从溶液泵出口的取样阀直接取样，当溶液泵的扬程较低时采用和浓溶液相同的取样方法，如图 2-3 所示。

高、低压发生器的放气范围一般为 4% ~ 5.5%，不符合要求时，可通过调节中间溶液阀来调节高、低压发生器的溶液循环量，使两个发生器的放气范围达到要求。

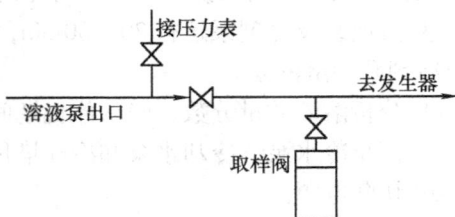

图 2-3　正压取样示意图

（2）冷剂水相对密度的测量　冷剂水相对密度是否正常是溴化锂吸收式制冷机组正常运行的重要标志之一。将冷剂水取样后，用相对密度计测量其相对密度，一般冷剂水的相对密度小于 1.04 属于正常，如果相对密度大于 1.04，则说明冷剂水中含有溴化锂，此时水的颜色呈黄色，需对冷剂水进行旁通再生处理。

冷剂水再生的方法：关闭冷剂泵出口阀，打开冷剂水旁通阀，使蒸发器液囊中的冷剂水旁通进吸收器中，待冷剂水全部进入吸收器后，关闭旁通阀和冷剂泵。等到冷剂水在蒸发器液囊中又积聚到一定水量时，启动冷剂泵重新运行。一次旁通达不到要求，可重复。

（3）辛醇的加入　辛醇是表面活性剂，可提高机组的吸收效果和冷凝效果，从而提高机组的制冷能力。判断机组是否需要添加辛醇的方法是：取样溶液（方法参见前文），如果溶液中没有非常刺激的辛醇气味，或者真空泵排气中无辛醇气味，说明机组需要添加辛醇。辛醇的添加方法与溶液的添加方法基本一致，建议将辛醇直接加到蒸发器中，改善制冷效果。

加入辛醇后，注意要启动真空泵抽气，排除在添加辛醇时可能漏进机组的空气，以保持机组的真空度。

四、溴化锂吸收式冷水机组的维护保养及故障排除

1. 溴化锂吸收式冷水机组的维护保养

（1）机组短期停机的保养　机组短期停机，指停机时间不超过 1 ~ 2 周的停机。停机期间要注意：一方面，将机组内的溶液充分稀释，保证在停机期间的环境温度下不会产生结晶，有必要时将蒸发器中的冷剂水全部旁通到吸收器中；另一方面要保持机组内的真空度，若有空气进入，会加速机组的腐蚀，因此要随时启动真空泵抽除空气，尤其是机组内压力升高时；此外，环境温度较低时，须将机组内所有积水排除，避免冻结。

（2）机组长期停机的保养　机组长期停机的保养，可分为充氮保养和真空保养两种。

1）充氮保养。将蒸发器中的冷剂水全部旁通到吸收器，让溶液充分稀释，以防环境温度较低时结晶。为了减少溶液对机组的腐蚀，最好将机组内的溶液全部排除到贮液器中，然后在机组内充以 0.02～0.04MPa（表压）的氮气；若没有贮液器，不能将溶液全部排除到机组外，也要在机组内充以 0.01～0.02MPa（表压）的氮气。将发生器、冷凝器、吸收器、蒸发器水室中的积水排尽，最好用压缩空气吹干，然后密封好。在冷剂泵中注入一定量的溶液，以防冷剂水在冷剂泵中冻结。所有的电气设备与自动化仪表要注意防潮。

2）真空保养。停机期间要定期检查机组的真空度。由于机组内运行后存有冷剂水，水的蒸发也会使真空度下降，所以机组是否有泄漏不容易判断，需通过较长时间的观察。若真空度有下降，启动真空泵保持到规定值。其他方面的注意事项参见充氮保养。一般情况下，机组的气密性好，溶液颜色清晰，停机时间不是很长时，可采用真空保养；作为季节性停机，腐蚀严重的机组，最好采用充氮保养。

2. 溴化锂吸收式冷水机组的常见故障、原因分析及排除方法

溴化锂吸收式冷水机组的常见故障、原因分析及排除方法见表2-5。

表 2-5　溴化锂吸收式冷水机组的常见故障、原因分析及排除方法

常见故障	原因分析	排除方法
机组无法启动	1. 控制箱电源断开 2. 控制箱熔丝熔断	1. 合上控制箱中控制开关及主空气开关 2. 检查回路接地或短路，换熔丝
启动时运转不稳定，吸收器液囊液位降低，蒸发器液囊液位升高，甚至出现结晶	1. 运转初期发生器泵出口阀开启过大，送往发生器的溶液量过多 2. 机组内有不凝性气体，真空度未达到要求 3. 蒸汽压力过高，冷却水温度较低，蒸发器喷淋装置堵塞，喷淋情况不良	1. 将蒸发器冷剂水适量旁通到吸收器，使溶液稀释，将发生器泵出口阀关小，使机组重新建立平衡 2. 启动真空泵，抽出不凝性气体，使真空度达到要求 3. 适当降低蒸汽压力，减少冷却水量，清理蒸发器喷淋装置，改善喷淋情况
制冷量低于设计值	1. 机组密封不严，有空气漏入 2. 真空泵抽气不良 3. 传热管结垢堵塞，冷剂水温度升高 4. 蒸汽压力过低 5. 表面活性剂(辛醇)不足 6. 冷却水进口温度过高或水量过小 7. 发生器泵、吸收器泵和蒸发器泵运行故障	1. 启动真空泵进行抽并排除泄漏 2. 测定真空抽气性能并消除故障 3. 消除传热管中的堵塞物 4. 调节蒸汽压力至给定值 5. 添加表面活性剂 6. 检查冷却塔风机是否运转、管路中的滤阀是否堵塞，调大冷却水阀的开度 7. 检查故障并排除
冷剂水中含有溴化锂	1. 送往发生器的溶液循环量过大，且蒸汽压力太高 2. 机组运转时进行了抽气，并打开了通往冷凝器的阀	1. 适当减少溶液循环量和降低蒸汽压力 2. 将通往冷凝器的阀关严

（续）

常见故障	原因分析	排除方法
运行中溴化锂溶液结晶	1. 蒸汽压力太高 2. 冷却水温过低 3. 溶液循环量不足,浓溶液质量分数太高 4. 有空气漏入 5. 真空泵抽气不良 6. 表面活性剂不足 7. 水室隔板泄漏	1. 适当降低蒸汽压力 2. 检查冷却塔风机是否运转、管路中的滤阀是否堵塞,调大冷却水阀的开度 3. 适当加大溶液循环量,将冷剂水旁通至吸收器,进行溶液稀释 4. 启动真空泵进行抽气,并修补漏气处 5. 检修真空泵 6. 添加表面活性剂 7. 打开水室进行检修
停机后溶液结晶	1. 停机时稀释时间太短 2. 机组周围环境温度过低 3. 蒸汽调节阀没有完全关闭	1. 延长稀释时间,使稀释充分 2. 加入冷剂水稀释,使在该温度下不再结晶 3. 检查调节阀的关闭情况
冷水温度偏高	1. 冷水量过大 2. 外界负荷大于机组制冷能力	1. 适当减少冷水量 2. 适当降低外界负荷
运转中突然停机	1. 电源断电 2. 电动机过载 3. 溶液泵和冷剂泵过载 4. 冷剂水低温继电器不动作	1. 检查电路系统,排除故障 2. 找出过载原因,使过载继电器复位 3. 若泵气蚀,则加入溶液或冷剂水;若泵内结晶,则用蒸汽溶晶 4. 若继电器设定值偏低,则调整;若不低,则调节冷水流量

五、直燃型溴化锂吸收式机组供热状况下的运行管理

1. 直燃型溴化锂吸收式机组供热状况下的开停机操作

（1）开机操作

1）将控制箱内的制冷—采暖转换开关置于采暖挡。

2）将蒸发器中冷剂水全部旁通至吸收器。

3）打开机组内制冷—采暖切换阀。

4）将冷却水管路中的水放尽。

5）启动热水泵（即制冷工况下的冷水泵），慢慢打开排出阀,并调整流量至规定值或规定值±5%。打开水室上的排气阀,以排出空气。一般情况,采暖工况下热水进出口温度均不超过60℃,因此冷水泵和热水泵可采用同一水泵,相关的管路也可互用。若另设热水加热器或热水温度较高时,热水泵与冷水泵的通用性应根据管路布置与热水温度而定。

6）启动溶液泵,调节溶液泵出口的调节阀门,调整送往发生器的稀溶液量,发生器的液位应调至顶排传热管附近。

7）打开燃料供应阀,先使燃烧器小火燃烧,发生器内溶液经预热沸腾、浓缩。一定时间后,燃烧器进入大火燃烧。此时,应供给燃烧器足够的空气,且打开排气风门至适当位置,通过对排气情况的分析,了解燃烧是否充分。

（2）停机操作

1）关闭燃料供应阀,停止向高压发生器供气。

2）停止热水泵运转。

3）切断电源。

4）将热水管路中的水放尽，以防冻结。

5）必要时在冷剂泵内加入一些溴化锂溶液，以防停机时，冷剂泵的存水冻结而损坏冷剂泵。

2. 直燃型溴化锂吸收式机组在供热状况下的运行调节

直燃型溴化锂吸收式机组在供热状况下，三个冷热转换阀关闭，机组主体与高温发生器分离，主体停止运转，高温发生器成为真空相变锅炉。运行过程中必须注重安全燃烧，掌握正确的点火及运行操作方法，同时尽可能在最小过量空气的条件下，做到完全燃烧，保证燃烧的经济性。

（1）燃烧器的检查　检查燃烧器各装置的配线是否安全，是否存在燃气泄漏，其安全保护装置是否动作，点火电极棒的磨损程度，以及点火喷嘴是否堵塞。

（2）过量空气系数和烟垢比　过量空气系数 n 影响到燃烧的安全性和经济性。燃料不同，过量空气系数 n 的取值不同。燃油型机组，$n = 1.1 \sim 1.3$；燃气型机组，$n = 1.05 \sim 1.2$。烟垢比反映燃油型机组的燃烧状态，烟垢比大，燃料中的碳未完全燃烧，存在过量空气系数 n 偏小、燃油雾化不良、空气与燃油混合不完全等问题。

（3）气密性检查　燃气型机组应定期对燃气配管进行气密性检查，以防燃气泄漏，造成危险。其检查方法是：对燃气配管加以规定的压力，然后在焊接、螺纹、法兰等连接处涂发泡，检查有无泄漏，若有泄漏，进行修补；无泄漏，再继续升压检查。

（4）火焰的目测检查　燃烧器启动的同时，应从燃烧器的监视孔对火焰装置是否动作进行目视检查。观察火焰是否偏斜、点火时是否发生振荡、有无蜂鸣声等；运行正常后，观察火焰的颜色、形状，判断是否完全燃烧。

3. 直燃型溴化锂吸收式机组供热状况下常见故障、原因分析及排除方法

直燃型溴化锂吸收式机组供热状况下常见故障、原因分析及排除方法见表2-6。

表2-6　直燃型溴化锂吸收式机组供热状况常见故障、原因分析及排除方法

常 见 故 障	原 因 分 析	排 除 方 法
机组无法启动	1. 控制箱电源断开 2. 控制箱熔丝熔断	1. 合上控制箱中控制开关及主空气开关 2. 检查回路接地或短路，换熔丝
小火时或点火时燃烧器熄灭	1. 手动燃料供应阀关闭 2. 供气压力不稳定 3. 燃烧空气供应不足 4. 风门与燃料供应阀没有连接 5. 燃烧器故障	1. 打开燃料供应阀 2. 打开燃料供给及压力调节阀 3. 将风门开大 4. 进行检修 5. 进行燃烧器检查
采暖量不足	1. 燃烧装置不良，燃烧强度不足 2. 水室或气室隔板泄漏 3. 制冷、采暖转换阀没有完全到位	1. 检查燃料的供应和空气供应是否符合要求，温度控制器的设定值是否偏低 2. 打开水室进行检修 3. 检修转换阀
热水温度低	1. 出口温度设定值低 2. 热负荷过大 3. 热水管堵塞 4. 热水流量过大 5. 高压发生器传热管堵塞（排烟温度过高） 6. 机组中有不凝性气体 7. 燃烧器能量调节故障	1. 调整设定值 2. 减少部分负荷 3. 清通热水管 4. 调节热水出口阀 5. 检查传热管，调节空气供给至合理 6. 启动真空泵，检查机组是否有泄漏 7. 将能量调节开关置于自动位置

（续）

常 见 故 障	原 因 分 析	排 除 方 法
燃烧不稳定	1. 燃烧器燃烧效率低 2. 燃烧器喷嘴堵塞 3. 空燃比不合适	1. 调节燃烧器控制装置 2. 清理燃烧器喷嘴 3. 根据燃料供给压力调整空燃比
运转中突然停机	1. 电源断电 2. 热水高温继电器动作 3. 空气压力低,压力开关动作 4. 燃料压力降低或升高,压力开关动作 5. 排气高温继电器动作 6. 突然熄火	1. 检查电路系统,排除故障 2. 调节动作温度设定值 3. 检查风机运转是否正常 4. 检查燃料供应系统 5. 检查传热管,调节空气供给至合理 6. 通过点火试验,检查各阀门、点火设备、燃料和空气的供给是否异常,并排除异常

第三章 空调系统辅助设备的运行管理

风机和水泵是空调系统中使用最多的流体输送机械，由于其数量多、分布广、耗能大，因此做好风机和水泵的运行管理工作意义重大。

冷却塔长期在室外条件下运行，加强其运行管理不仅可以提高冷却塔的热湿交换效果，而且对实现冷却塔节能的经济运行和延长其使用寿命有重要意义。

第一节 风机的运行管理

风机是通风机的简称，在中央空调系统各组成装置中用到的风机主要是离心式通风机（简称离心风机）和轴流式通风机（简称轴流风机）。通常空气处理机组（如柜式、吊顶式风机盘管和组合式空调机组）、单元式空调机以及小型风机盘管都是采用离心风机。由于使用要求和布置形式的不同，各装置所采用的离心风机还有单进风和双进风、一个电动机带一个风机或两个风机之分。轴流风机主要是在冷却塔和风冷冷凝器中使用，一般小型轴流风机的叶片角度是固定不变的。

由于离心风机在中央空调系统中的使用多于轴流风机，所以本节内容以离心风机为主进行讨论。

一、风机的检查

风机的检查分为启动前的检查和运行检查，检查时风机的状态不同，检查内容也不同。风机的维护保养工作一般是在停机时进行的。

1. 启动前的检查

风机停机可分为日常停机（如白天使用、夜晚停机）或季节性停机（如每年四至十一月份使用，十二至下年的三月份停机）。从维护保养的角度出发，停机（特别是日常停机）时主要应做好以下几方面的工作：

1）用手盘动风机的传动带或联轴器，以检查风机叶轮是否有卡住、摩擦现象。

2）检查风机机壳内、带轮罩等处是否有影响风机转动的杂物，以及传动带的松紧程度是否合适。

3）检查风机、轴承座、电动机的各连接螺栓螺母的紧固情况。

在做上述传动带松紧度检查时，同时进行风机与基础或机架、风机与电动机以及风机自身各部分（主要是外部）连接螺栓螺母是否松动的检查紧固工作。

4）检查减振装置受力情况，是否有松动、变形、倾斜、损坏。

在日常运行值班时要注意检查减振装置是否发挥了作用，是否工作正常。首先检查各减振装置是否受力均匀，压缩或拉伸的距离是否都在允许范围内，有问题要及时调整或更换。

5）检查风机准备使用的润滑油的名称、型号是否与要求的一致。按规定的操作方法向风机注油孔加注定量的润滑油。

风机如果常年运行，轴承的润滑油应半年左右更换一次，如果只是季节性使用，可一年更换一次。

6）关闭离心风机的入口阀或出口阀，以防止风机启动过载。

2．风机启动的注意事项

1）严格遵守风机启动的操作规程。

2）对于多风机系统，应按顺序逐台启动风机。当前面的风机运行正常后，再启动下一台风机。

3）启动风机后，检查风机叶轮的旋转方向。如发现倒转须待叶轮停止后才能再次启动。

4）风机启动后，逐渐调整风阀至正常工作位置。

3．运行检查

风机有些问题和故障只有在运行时才会反映出来。风机在运转并不表示它的一切工作正常，运行管理人员需要通过"一看、二听、三查、四闻"等手段去检查风机的运行是否存在问题和故障，因此，运行检查工作是不能忽视的一项重要工作。其主要检查内容有：

"一看"是看电机的运转电流、电压是否正常，振动是否正常。

"二听"是听风机和电动机的运行声音是否正常。

"三查"是查看风机和电动机轴承温升情况（不超过60℃）及轴承润滑情况。

"四闻"是检查风机和电动机在运行中是否有异味产生。

风机在运转过程中如果出现异常情况，特别是运转电流过大、电压不稳、异常振动或有焦煳味时，应立即停机，进行检查处理，故障排除后才可继续运行。严禁风机带病运行，以免酿成重大事故。

4．风机停机操作

风机的停机，应按正常操作规程进行。停机以后应关闭风阀，避免下次启动时风机过载。

二、风机的维护保养

1．风机正常运行的标准

1）风机的技术性能、运行参数达到设计要求。

2）运行时设备无异常振动和响声。

3）风机的外壳无严重的磨损和腐蚀，无漏风现象。

4）润滑装置无异常，润滑油符合技术指标，运行正常。

5）风机风管保温良好，外观整洁，软接头无漏风现象。

6）风机的台座、减振器无变形、损坏现象。

7）电器及控制系统完好，保护接地符合要求，电动机无严重超负荷、超温现象。

2．风机的维护

1）检查风机的轴承、联轴器、带轮、传动装置及减振装置。

2）检查风机转子与外壳的间隙，叶轮转动的平衡性。

3）检查风机的进出口法兰连接是否漏风。若发现漏风，应用石棉绳堵上。

4）随时检测风机的轴承温度，不能使温升超过60℃。

5）随时检测风机的风量和风压，确保风机处于正常工作状态。

6）检测风机的三相电流是否平衡。

三、风机的运行调节

风机的运行调节主要是改变其输出的空气流量，以满足相应的变风量要求。调节方式可以分为两大类：一类是风机转速改变的变速调节，一类是风机转速不变的恒速调节。

1. 风机变速风量调节

风机变速风量调节实质上是改变风机性能曲线的调节方法。改变风机转速的方式很多，但常用的主要是改变电动机转速和改变风机与电动机间的传动关系。

（1）改变电动机转速 常用的电动机调速方法按效率高低顺序排列有：

1）变极对数调速。

2）变频调速、串级调速、无换向器电动机调速。

3）转子串电阻调速、转子斩波调速，调压调速、涡流（感应）制动器调速。

（2）改变风机与电动机间的传动关系

1）更换带轮。

2）调节齿轮变速箱。

3）调节液力耦合器。

以上1）和2）两种调节方法是不连续进行的，需要停机，其中更换带轮调节风量更麻烦，需要进行传动部件的拆装工作。液力耦合带轮可以根据需要随时进行风量的调节，但其作为一个专门的调节装置，价格高。

2. 风机恒速风量调节

风机恒速风量调节是保持风机转速不变的风量调节方式。其主要方法有：

（1）改变叶片角度 改变叶片角度只适用于轴流风机的定转速风量调节方法。通过改变叶片的安装角度，使风机的性能曲线发生变化，这种变化与改变转速的变化特性很相似。由于叶片角度通常只能在停机时才能进行调节，调整起来很麻烦，而且为了保持风机效率不至太低，这个角度的调节范围较小，再加上小型轴流风机的叶片一般都是固定的，因此，该调节方法的使用受到很大限制。

（2）调节进口导流器 调节进口导流器是通过改变安装在风机进口的导流器叶片角度，使进入叶轮的气流方向发生变化，从而使风机性能曲线发生改变的定转速风量调节方法。导流器调节主要用于轴流风机，并且可以进行不停机的无级调节。其节能较变速调节差，但比节流调节要有利得多。

四、风机运行常见故障、原因分析及排除方法

风机在运行使用过程中由于制造、安装，选用和维护保养等方面原因，会产生各种问题和故障。分析这些常见问题和故障产生的原因，并及时发现和正确解决这些问题和故障，才能使风机正常运行。风机运行常见故障、原因分析及排除方法参见表3-1。

表3-1 风机常见运行问题和故障的分析与排除方法

常见故障	原因分析	排除方法
电动机电流过大或温升过高	1. 风量超过额定值或风管漏风 2. 开机时进气管的调节阀或节流阀关闭不严 3. 输送气体的密度大于额定值，使风压增高	1. 调整节流装置或修补损坏的风管 2. 关闭阀门 3. 调节节流装置,降低风量或调换较大功率的电动机

（续）

常见故障	原因分析	解决方法
电动机电流过大或温升过高	4. 电动机输入电压过低或电源单相断电 5. 联轴器连接不正,密封圈过紧或间隙不匀 6. 风机振动较大 7. 带轮轴安装不当,消耗用功过多 8. 通风机联合工作恶化或管网故障	4. 检查电源电压是否正常,电源单相断电应停机修复 5. 重新调整找正或更换密封圈 6. 查明振动的原因,然后排除 7. 重新调整找正 8. 调整风机联合工作的工况点,检修管网线
叶轮与进风口或机壳摩擦	1. 轴承在轴承座中松动 2. 叶轮中心未在进风口中心 3. 叶轮与轴的连接松动 4. 叶轮变形	1. 紧固 2. 查明原因,调整 3. 紧固 4. 更换
轴承温升过高	1. 润滑油不足或过多 2. 润滑油变质或含有杂质 3. 风机轴与电动机轴不同心 4. 轴承损坏 5. 风机振动剧烈 6. 轴承箱盖座的连接螺栓连接过紧或过松	1. 加适量的润滑油 2. 清洗轴承后更换合格润滑油 3. 调整为同心 4. 更换新轴承 5. 找出振动原因并排除 6. 调节轴承座盖螺栓的紧固程度
传动带滑下或跳动	1. 传动带过松 2. 两带轮中心位置不在一条线上	1. 调整传动带的松紧 2. 将两传动带轮对应的带槽调到一条直线上
噪声过大	1. 风机噪声过大 2. 轴承等部件磨损 3. 风机振动过大或螺栓松动	1. 选用高效低噪声风机 2. 更换或调整损坏部件 3. 检查叶轮的平衡性,紧固螺栓
振动过大	1. 地脚螺栓或其他连接螺栓的螺母松动 2. 轴承磨损或松动 3. 风机轴与电动机轴不同心 4. 叶轮与轴连接松动 5. 叶片重量不对称或部分叶片磨损 6. 叶片上附有不均匀附着物 7. 叶轮上的平衡块重量或位置不对 8. 转子不平衡	1. 拧紧 2. 更换或调整 3. 调整为同心 4. 紧固 5. 调整平衡或更换叶片叶轮 6. 清洁叶片 7. 进行平衡校正 8. 调整平衡
出风量偏小,风压过大	1. 叶轮旋转方向反了 2. 阀门开度不够或管道有堵塞 3. 传动带松动 4. 转速不够 5. 叶轮与轴承的连接松动 6. 叶轮与进风口间隙过大 7. 风机制造质量问题,达不到铭牌上标定的额定风量	1. 调换电动机任意两根接线位置 2. 开大到合适开度,清堵 3. 张紧或更换传动带 4. 检查电压、轴承 5. 紧固 6. 调整到合适间隙 7. 更换合适风机
风压偏低	1. 管道阻力特性曲线发生变化,阻力增大,风机工况点改变 2. 风机工作点不在稳定区 3. 风机制造质量不良或磨损严重 4. 风机转速偏低	1. 调整风机管道阻力特性,降低阻力 2. 调整风机工作点在稳定区 3. 检修或调换风机 4. 调整风机转速

第二节　水泵的运行管理

在中央空调系统的水系统中，不论是冷却水还是冷冻水系统，水循环流动采用的水泵绝大多数是各种卧式单级单吸或双吸清水泵（简称离心泵），只有极少数的小型水系统采用管道离心泵（属于立式单吸泵，简称管道泵）。这两种水泵的工作原理相同，其最大区别是管道泵的电动机为立式安装，而且与水泵连为一个整体，不需要另外占安装位置，因此，管道泵的优点是占地面积小，与管道连接方便，使用灵活，但同时其流量和扬程都受到限制，这就是它只能在小型水系统中使用的根本原因。

由于这两种水泵不仅工作原理相同，而且基本组成和构造也相似，因此在维护保养、运行调节以及运行中常见问题和故障的产生原因和解决方法等方面都有许多相同之处。因此，后面有关内容都以卧式离心泵为主进行讨论。

一、水泵的检查与维护保养

水泵启动时要求必须充满水，运行时又与水长期接触，由于水质的影响，使得水泵的工作条件比风机差，因此其检查与维护保养的工作内容比风机多，要求也比风机高一些。

1. 水泵启动前的检查工作

当水泵停用时间较长，或是在检修及解体清洗后准备投入使用时，必须要在启动前做好以下检查工作：

1）水泵轴承的润滑油是否充足；润滑油规格指标是否符合要求。

2）水泵及电动机的地脚螺栓与联轴器螺栓有无脱落或松动。

3）关闭好出水管阀门、压力表及真空表阀门。

4）配电设备是否完好、正常，各指示仪表、安全保护装置及电控装置均应灵敏、准确、可靠。

5）对卧式泵要用手盘动联轴器，看水泵叶轮是否能转动，如果转不动，要查明原因，消除隐患。

6）水泵及进水管部分是否充满了水，当从手动放气阀放出的水没有空气时即可认定进水管已充满了水。如果能将出水管也充满水，则更有利于一次开机成功。在充水的过程中，要注意排除空气。

7）轴封不漏水或为滴水状（每分钟的滴水数不超过60）。如果漏水或滴数过多，要查明原因改进到符合要求。

2. 水泵启动时的注意事项

1）检查叶轮的旋转方向是否正确，转动是否灵活。旋转方向为从电动机往泵方向看泵轴（叶轮）是顺时针方向旋转。如果旋转方向相反必须更改过来；转动不灵活要查找原因，使其变灵活。

2）打开吸入管路阀门、关闭出水管路阀门。

3）转速正常后打开出水管路阀门，其开启时间不宜超过3min。

4）转速稳定后打开真空表阀、压力表阀。待电流值稳定后保持闸阀的开度。

3. 运行检查

水泵有些问题或故障在停机状态或短时间运行时是不会出现或产生的，运行较长时间后才有可能出现或产生。因此，运行检查工作是不可缺少的一个重要工作环节。水泵运行时应注意以下环节。

1）检查电动机和泵的机壳、轴承温度。轴承温度高于周围环境温度的值不得超过35℃；轴承的极限最高温度不得高于75℃。

2）检查轴封填料盒处是否发热，滴水是否正常，管接头应无漏水现象。

3）电流应在额定电流范围内，过大或过小都应停机检查。叶轮中有杂物卡住、轴承损坏、密封环互相摩擦、轴向力平衡装置失效、电压过低、阀门开度过大等都会引起电流过大；吸水底阀或出水闸阀开度不足、水泵气蚀等则会使电流过小。

4）压力表指示正常且稳定，无剧烈抖动。

5）地脚螺栓和其他各连接螺栓的螺母无松动。

6）基础台下的减振装置受力均匀，进出水管处的软接头无明显变形，能起到减振和隔振作用。

4. 水泵停机时的注意事项

离心水泵停机前先关出水闸阀，其次是真空表和压力表阀；冬季还须防止水泵冻裂。

5. 定期维护保养

为了使水泵能安全、正常地运行，除了要做好其启动前、启动以及运行中的检查工作，还需要定期做好以下几方面的维护保养工作。

（1）加油　轴承采用润滑油的，在水泵使用期间，每次都要观察油位是否在油镜标识范围内。油不够就要通过注油杯加油，并且要一年清洗换油一次。

轴承采用润滑脂（俗称黄油）润滑的，在水泵使用期间，每工作2000h换油一次。润滑脂最好使用钙基脂，也可以采用7019号高级轴承脂。

（2）更换轴封　由于填料用一段时间就会磨损，当发现漏水或泄漏量超标时就要考虑是否需要压紧或更换轴封。对于采用普通填料的轴封，泄漏量一般不得大于30～60ml/h，而机械密封的泄漏量则一般不得大于10ml/h。

（3）解体检修　一般每年应对水泵进行一次解体检修，内容包括清洗和检查。清洗主要是刮去叶轮内外表面的水垢，特别是叶轮流道内的水垢要清除干净，因为它对水泵的流量和效率影响很大。此外还要注意清洗泵壳的内表面以及轴承。在清洗过程中，对水泵的各个部件顺便进行详细认真的检查，以便确定是否需要修理或更换，特别是叶轮、密封环、轴承、填料等部件要重点检查。

（4）除锈刷漆　水泵在使用时，通常都处于潮湿的环境中，有些没有进行保温处理的冷冻水泵，在运行时泵体表面更是被水覆盖（结露所致），长期这样，泵体的部分表面就会生锈，为此，每年应对没有进行保温处理的冷冻水泵泵体表面进行一次除锈刷漆作业。

（5）放水防冻　水泵停用期间，如果环境温度低于0℃，就要将泵内及水管内的水全部放干净，以免水的冻胀作用胀裂泵体和水管。

二、水泵的运行调节

在中央空调系统中配置使用的水泵，由于使用要求和场合不同，形式多种多样：既有单台工作的，也有联合工作的；既有并联工作的，也有串联工作的。在循环冷却水系统中，常见的水泵形式有以下三种。

1）冷水机组、水泵、冷却塔分类并联连接组成的系统，简称群机群泵对群塔系统，如

图 3-1 所示。

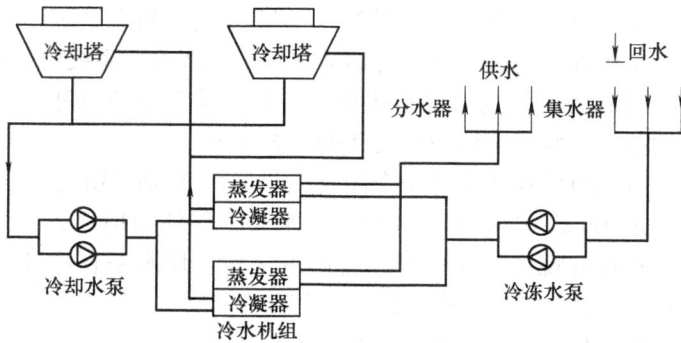

图 3-1　群机群泵对群塔系统

2）冷水机组与水泵一一对应与并联的冷却塔连接组成的系统，简称一机一泵对群塔系统，如图 3-2 所示。

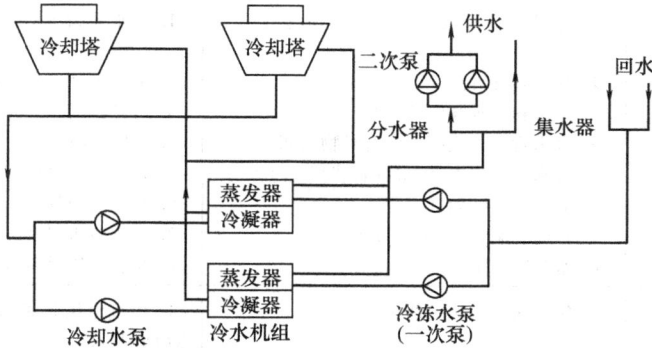

图 3-2　一机一泵对群塔系统

3）冷水机组、水泵、冷却塔一一对应分别连接组成的系统，简称一机一泵一塔系统，如图 3-3 所示。

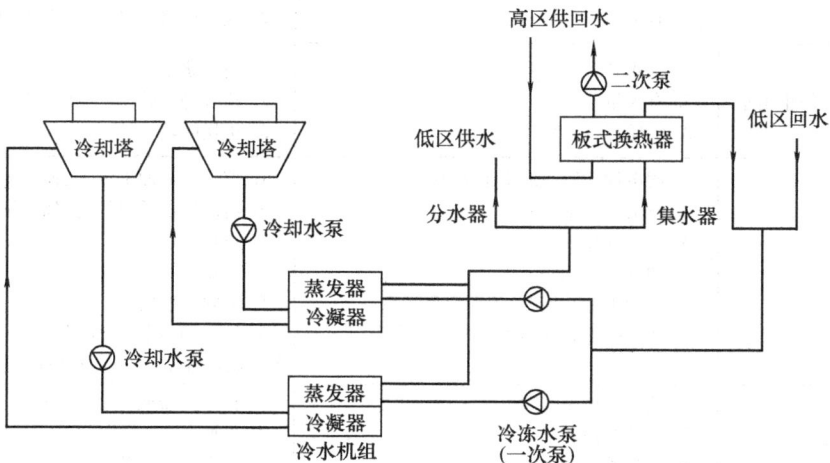

图 3-3　一机一泵一塔系统

在循环冷冻水系统中，水泵使用形式除了群机对群泵和一机对一泵等形式外，还有一级泵和二级泵之分。图3-1为一级泵系统，图3-2、图3-3为二级泵系统。

不论水泵在水系统中如何配置，其运行调节主要是围绕改变系统中的水流量以适应负荷变化的需要进行的。因此可以根据情况采用以下三种基本调节方式中的一种：水泵转速调节；并联水泵台数调节；并联水泵台数与转速的组合调节。

在水泵的日常运行调节中还要注意两个问题，一是在出水管阀门关闭的情况下，水泵的连续运转时间不易超过3min，以免水温升高导致水泵零部件的损坏；二是当水泵长时间运行时，应尽量保障其在铭牌规定的流量和扬程附近工作，使水泵在高效率区运行（水泵变速运行时也要注意这一点），以获得最大的节能效果。

三、水泵常见故障、原因分析及解决方法

水泵在启动后及运行中经常出现的故障、原因分析及排除方法参见表3-2。

表3-2 水泵启动后及运行中常见故障、原因分析及排除方法

常见故障	原因分析	排除方法
启动后出水管不出水或出水不足	1. 进水管和水泵内有空气,灌泵工作没做好 2. 叶轮旋转方向反了 3. 进水和出水阀门没打开 4. 进水管部分或叶轮内有异物堵塞 5. 吸水井水位下降,水泵安装高度过大 6. 减漏环或叶轮磨损 7. 水面有旋涡,将空气带入泵内 8. 水泵转速偏低	1. 将水充满或继续抽气 2. 调换电动机任意两根接线位置 3. 打开阀门 4. 清除异物 5. 校核吸水高度,降低安装高度 6. 更换磨损件 7. 增大吸水口埋入深度,或采取其他措施 8. 检查电压是否偏低
启动后出水压力表有显示,但管道系统末端无水	1. 转速未达到额定值 2. 管道系统阻力大于额定扬程	1. 检查电压是否偏低,填料是否压得过紧,轴承是否润滑不良 2. 更换合适的水泵或加大管径,截短管路
启动后出水压力表和进水真空表指针剧烈摆动	有空气从进水管随水流进泵内	查明空气从何而来,并采取措施杜绝
启动后一开始有出水,但立刻停止	1. 进水管中有大量空气积存 2. 有大量空气吸入	1. 查明原因,排除空气 2. 检查进水管、口的严密性,轴封的密封性
在运行中突然停止出水	1. 进水管、口被堵塞 2. 有大量空气吸入 3. 叶轮严重损坏	1. 清除堵塞物 2. 检查进水管、口的严密性 3. 更换叶轮
轴承过热	1. 润滑油不够或润滑油太多 2. 润滑油质量不好 3. 轴承损坏 4. 两轴承不同心 5. 叶轮平衡孔堵塞,轴向力不平衡 6. 多级泵的轴向力平衡装置失去作用	1. 按规定油面加油,去掉多余润滑油 2. 清洗轴承后更换合格润滑油 3. 更换轴承 4. 找正 5. 清除堵塞物 6. 检查回水管是否堵塞、联轴器是否相碰、平衡盘是否损坏,采取相应措施排除
填料密封不严	1. 填料压得不够紧 2. 填料磨损 3. 填料缠法错误 4. 轴有弯曲或摆动	1. 拧紧压盖或补加一层填料 2. 更换 3. 重新正确缠放 4. 校正

（续）

常 见 故 障	原 因 分 析	排 除 方 法
泵内声音异常	1. 有空气吸入发生气蚀 2. 泵内有异物	1. 查明原因,杜绝空气吸入 2. 拆泵清理
水泵开启不动或启动后耗用功率过大	1. 转速过高 2. 在高于额定流量和扬程状态下运行 3. 填料压得过紧,泵轴弯曲,轴承磨损 4. 水中混有泥沙或其他异物 5. 泵轴与电动机的轴不同心 6. 叶轮与蜗壳摩擦	1. 检查电动机和电压 2. 调节出水管阀门开度 3. 填料适当放松,矫直泵轴,更换轴承 4. 查明原因,清洗或过滤 5. 调整找正 6. 查明原因,消除摩擦
水泵振动或噪声过大	1. 地脚螺栓或各连接螺栓螺母有松动 2. 有空气吸入发生气蚀 3. 轴承损坏、磨损 4. 叶轮破损 5. 叶轮局部有堵塞 6. 轴弯曲 7. 泵轴与电动机轴不同心 8. 出水管存留空气	1. 拧紧 2. 查明原因,杜绝空气吸入 3. 更换轴承 4. 修补或更换 5. 拆泵清除 6. 校正或更换 7. 调整找正 8. 排除
水流量达不到额定值	1. 转速未达到额定值 2. 阀门开度不够 3. 输水管道过长或过高 4. 管道系统管径偏小 5. 有空气吸入 6. 进水管或叶轮内有异物堵塞 7. 密封环磨损过多 8. 叶轮磨损严重	1. 检查电压、填料、轴承,并采取相应措施排除 2. 调整阀门开度 3. 缩短输水距离或更换水泵 4. 加大管径或更换合适水泵 5. 查明原因,杜绝空气吸入 6. 清除异物 7. 更换密封环 8. 更换叶轮

第三节　冷却塔的运行管理

冷却塔是利用空气将冷却水的部分热量带走，而使水温下降得到所需冷却水温度的散热装置。目前采用最多的是机械抽风逆流式圆形冷却塔，其次是机械抽风横流式矩形冷却塔。这两种冷却塔除了外形、布水形式、进风形式以及风机配备数量不同外，在运行管理和维护保养方面，二者的要求基本相同。

一、冷却塔的检查与维护保养

1. 启动前的准备工作

当冷却塔停用时间较长或是在全面检修清洗后重新投入使用前，必须要做的检查与准备工作如下：

1）由于冷却塔均由出厂散件现场组装而成，因此要检查连接螺母是否有松动，特别是风机系统部分，要重点检查，以免因螺栓的螺母松动，在运行时造成重大事故。

2）由于冷却塔均放置在室外暴露场所，而且出风口和进风口都很大，有的加设了防护网，但网眼仍然很大，难免会有树叶、废纸等杂物在停机时从进、出风口进入冷却塔内，因此要予以清除。如果不清除会严重影响冷却塔的散热效率；如果大量杂物堵住出水管口的过滤网还会威胁到制冷机组的正常工作。

3）如果使用带减速装置，要检查带的松紧是否合适，几根带松紧是否相同。如不同则换成相同的，以免影响风机转速，加速带的损坏。

4）如果使用齿轮减速装置，要检查齿轮箱内的润滑油是否加注到规定位置。如果润滑油不足，要补加同型号的润滑油，不能混加，以免影响效果。

5）检查集水盘（槽）是否漏水，各手动水阀是否开关灵活并设置在要求位置上。集水盘（槽）有漏水时则补漏，水阀有问题要修理或更换。

6）拨动风机叶片，看其旋转是否灵活，有没有与其他物件碰撞。

7）检查风机叶片尖与塔体内部的间隙，该间隙要均匀合适，其值不大于 $0.008D$（D 为风机直径）。

8）检查圆形塔布水装置的布水管管端与塔体的间隙，该间隙以 20mm 为好，而布水管的管底与填料的间隙不小于 50mm。

9）开启手动补水管的阀门，与自动补水管一起将冷却塔集水盘中的水尽量注满，以备冷却塔填料由干燥状态到正常润湿工作状态要多耗水量之用。而自动浮球阀的动作水位则调整到低于集水盘上沿边 25mm 处，或按集水盘的容积为冷却水总流量的 1% ~1.5% 确定最低补水水位，在此水位时能自动控制补水。

2. 启动检查

启动检查工作是启动前检查与准备工作的延续，因为有些检查内容必须"动"起来了才能看出是否有问题，其主要检查内容如下：

1）点动风机，看其叶片俯视时是否是顺时针转动，而风是由下向上吹的，如果反了要调整过来。

2）短时间启动水泵，看圆形塔的布水装置（又叫配水，洒水或散水装置）是否俯视时是顺时针转动，转速是否在表 3-3 对应冷却水量的数值范围内。如果不在相应范围就要调整。因为转速过快会降低转头寿命，而转速过慢又会导致洒水不均匀，影响散热效果。布水管上出水孔与垂直面的角度是影响布水装置转速的主要原因之一。通常该角度为 5° ~10°，调整该角度即可调整转速。此外，出水孔的水量大小也会影响转速，根据作用与反作用的原理，出水量大，则反作用力就大，因而转速就越高，反之则低。

表 3-3 圆形冷却塔布水装置参考转速

冷却水量/（m³/h）	6.2~23	31~46	62~195	234~273	312~547	626~781
转速/（r/min）	7~12	5~8	5~7	3.5~5	2.5~4	2~3

3）通过短时间启动水泵，可以检查水泵出水管部分是否充满了水，如果没有就连续几次间断地短时间启动水泵，以排出空气，让水充满水管。

4）短时间启动水泵时还要注意检查集水盘内的水是否会出现抽干现象。因为冷却塔在间断了一段时间再使用时，洒水装置流出的水首先要使填料润湿，使水层达到一定厚度后，才能汇流到塔底部的集水盘。在下面水陆续被抽出，上面水还没落下的短时间内，集水盘内的水不能干，以保证水泵不发生空吸现象。

5）通电检查供回水上的电磁阀动作是否正常，如不正常要修理或更换。

3. 运行检查

运行检查工作的内容，既是启动前和启动检查工作的延续，也可以作为冷却塔日常运行时的常规检查项目，要求运行值班人员经常检查。运行检查工作内容如下：

1）圆形塔布水装置的转速是否稳定。如果不稳定，可能是管道内有空气存在而使水量供应产生变化所致，需排除空气。

2）圆形塔布水装置的转速是否减慢或是有部分出水孔不出水。这种现象可能是因为管内有污垢或微生物附着而减少了水的流量或堵塞了出水孔所致，此时就要做清洁工作。

3）浮球阀开关是否灵敏，集水盘（槽）中的水位是否合适。如果有问题要及时调整或修复浮球阀。

4）对于矩形塔，要经常检查配水槽内是否有杂物堵塞散水孔，如果有堵塞要及时清除。

5）塔内各部位是否有污垢形成或微生物繁殖，特别是填料和集水盘里，如果有则要加入水垢抑制剂或防藻剂，做好水质处理工作。

6）注意倾听冷却塔工作时的声音，是否有异常噪声和振动声。如果有则要迅速查明原因，消除隐患。

7）检查布水装置各管道的连接部位、阀门是否漏水。

8）对使用齿轮减速装置的，要注意齿轮箱油位是否正常。

9）注意检查风机轴承的温升情况，一般温升不大于35℃，最高温度低于70℃。温升过大或温度高于70℃时要迅速停机处理。

10）查看有无明显的飘水现象，若有要查明原因予以排除。

二、冷却塔的清洁

冷却塔的清洁工作，特别是其内部和布水装置的定期清洁工作，是冷却塔能否正常发挥效能的基本保证。

1. 外壳的清洁

目前常用的圆形和矩形冷却塔，包括那些在出风口和进风口加装消声装置的冷却塔，外壳都是采用玻璃钢或高级 PVC 材料制成，能抗太阳紫外线和化学物质的侵蚀，密实耐久，不易褪色，表面光亮，不需要另刷油漆。因此，当其外观不洁时只需用水或清洁剂清洗即可。

2. 填料清洁

填料作为空气与水在冷却塔内进行充分热湿交换的媒介体，通常是由高级 PVC 材料加工而成，属于塑料一类，很容易清洁。当发现其有污垢或微生物附着时，用水或清洁剂加压冲洗或从塔中拆出分片刷洗即可。

3. 集水盘（槽）的清洗

集水盘（槽）中有污垢或微生物积存时，采用刷洗的方法就可以很快清洗干净。但要注意的是，清洗前要堵住冷却塔出水口，清洗时打开排水阀，让清洗的脏水从排水口排出，避免脏水进入冷却水回水管。在清洗布水装置、配水槽、填料时都要如此操作。此外，在集水盘（槽）的出水口处加设一个过滤网，可以挡住大块杂物随水流进冷却水回水管系统，大大减轻水泵入口水过滤器的负担，减少其拆卸清洗的次数。

4. 圆形塔布水装置的清洁

对圆形塔布水装置的清洁工作，重点应放在有众多出水口的几根支管上，要把支管从旋转头上拆卸下来仔细清洗。

5. 矩形塔配水槽的清洁

当矩形塔配水槽需要清洁时，采用刷洗的方法即可。

6. 吸声垫的清洁

由于吸声垫是疏松纤维制成的，长期浸泡在集水盘中，很容易附着污物，需用清洁剂配合高压水清洗。

三、冷却塔的定期维护保养

冷却塔的维护保养工作有以下几项内容。

1) 对使用带减速装置的，每两周停机检查下带松紧度，不合适时要调整。如果几根带松紧程度不同则要全套更换；如果冷却塔长时间不运行，则最好将带取下来保存。

2) 对使用齿轮减速装置的，每一个月停机检查一次齿轮箱中的油位。油量不够时要补加到位。此外，冷却塔每运行六个月要检查一次油的颜色和黏度，达不到要求必须全部更换。当冷却塔使用 5000h 后，不论油质情况如何，都必须对齿轮箱做彻底清洗，并更换润滑油。齿轮减速装置采用的润滑油一般多为 30 号或 40 号机械油。

3) 由于冷却塔风机的电动机长期在湿热状态下工作，为了保证其绝缘性能，不发生电动机烧毁事故，每年必须做一次电动机绝缘性能测试。如达不到要求要及时处理或更换电动机。

4) 要注意检查填料是否有损坏的，如果有要及时修补或更换。

5) 风机系统所有轴承的润滑脂一般一年更换一次。

6) 当采用化学药剂进行水处理时，要注意风机叶片的腐蚀问题。为了减缓腐蚀，应每年清除叶片上的腐蚀物，均匀涂刷防锈漆和酚醛漆各一道；或者在叶片上涂刷一层 0.2mm 厚的环氧树脂，其防腐性能一般可维持 2~3 年。

7) 在冬季冷却塔停止使用期间，有可能因积雪而使风机叶片变形，这时可以采取两种方法避免：一是停机后将叶片旋转到垂直地面的角度紧固；二是将叶片或连轮毂一起拆下放到室内保存。

8) 在冬季冷却塔停止使用期间，有可能发生冰冻现象时，要将冷却塔集水盘和室外部分的冷却水系统中的水全部放光，以免冻坏设备和管道。

9) 冷却塔的支架、风机系统的结构架以及爬梯通常采用镀锌钢件，一般不需要油漆。如果发生生锈再进行去锈刷漆工作。

四、冷却塔的运行调节

由于冷却水的流量和回水温度直接影响制冷机的运行工况和制冷效率，因此保证冷却水的流量和回水温度至关重要。而冷却塔对冷却水的降温功能又受到室外空气的影响，且冷却水的回水温度不可能低于室外空气的湿球温度，因此了解一些湿球温度的规律对控制冷却水的回水温度十分重要。从季节来看，室外空气的湿球温度春、夏季一般较高，秋、冬较低；从昼夜来看，室外空气的湿球温度夜晚一般较高，白天较低；而夏季室外湿球温度则是每日 10 时到 24 时较高，0 时到次日 10 时较低；从气象条件来看，室外空气的湿球温度阴雨天时一般较高，晴天较低。这些影响冷却水出水温度的天气因素是无法人为改变的，只有通过对设备的调节来适应这种天气因素的影响，保证回水温度在规定范围内。通常采用的调节方式主要有两种：一是调节冷却水流量，二是调节冷却水回水温度。具体可采用以下一些调节方法。

1）调节冷却塔运行台数。当冷却塔为多台并联配置时，不论每台冷却塔的容量大小是否有差异，都可以通过开启同时运行的冷却塔台数，来适应冷却水量和回水温度的变化要求。

2）调节冷却塔风机运行台数。当所使用的是一塔多风机配置的矩形塔时，可以通过调节同时工作的风机台数来改变进行热湿交换的通风量，在循环水量保持不变的情况下调节回水温度。

3）调节冷却塔风机转速。改变电动机的转速进而改变风机的转速使冷却塔的通风量改变，在循环水量不变的情况下达到控制回水温度的目的。当室外气温比较低，空气又比较干燥时，还可以停止冷却塔风机的运转，利用空气与水自然热湿交换来达到冷却水降温的目的。

4）调节冷却塔的供水量。改变水泵的转速，使冷却塔的供水量改变，在冷却塔通风量不变的情况下同样能够达到控制回水温度的目的。如果在制冷机冷凝器的进水口处安装温度感应控制器，根据设定的回水温度，调节设在冷却泵入水口处的电动调节阀的开度，以改变循环冷却水量来适应室外气象条件的变化和制冷机制冷量的变化，也可以保证回水温度不变。但该方法的流量调节范围受到一定的限制，因为水泵和冷凝器的流量都不能降得很低。此时，可以采用改装三通阀的形式来保证通过水泵和冷凝器的流量不变，仍由温度感应控制器控制三通阀的开启度，用不同温度和流量的

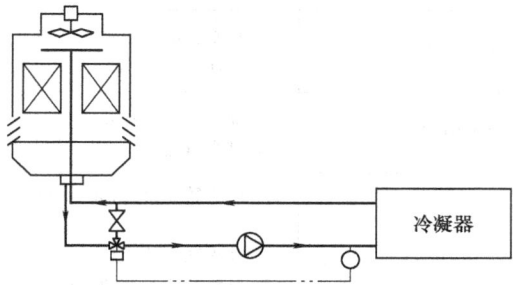

图 3-4　三通阀控制冷凝器进水温度

冷却塔供水与回水，兑出符合要求的冷凝器进水温度，如图 3-4 所示。

上述各调节方法都有其优缺点和一定的使用局限性，可以单独采用，也可以综合采用。减少冷却塔运行台数和冷却塔风机降速运行的方法还会起到节能和降低运行费用的作用。因此，要结合实际，经过全面的技术经济分析后再决定采用何种方法。

五、冷却塔在运行过程中的常见故障、原因分析及排除方法

冷却塔在运行过程中的常见问题或故障、原因分析及排除方法可参见表 3-4。

表 3-4　冷却塔在运行过程中的常见问题或故障及其原因分析与排除方法

常见故障	原因分析	排除方法
出水温度过高	1. 循环水量过大 2. 布水管部分出水孔堵塞造成偏流 3. 进出空气不畅或短路 4. 通风量不足 5. 进水温度过高 6. 吸排空气短路 7. 填料部堵塞造成偏流 8. 室外湿球温度过高	1. 调整阀门到合适水量或更换容量匹配的冷却塔 2. 清除堵塞物 3. 查明原因、改善 4. 参见本表"通风量不足"栏 5. 检查冷水机组方面的原因 6. 改善空气循环流动为直流 7. 清除堵塞物 8. 减小冷却水量

（续）

常 见 故 障	原 因 分 析		排 除 方 法
通风量不足	1. 风机转速降低	1.1 传动带松动 1.2 轴承润滑不良	1.1 调整电动机位张紧或更换带 1.2 加油或更换轴承
	2. 风机叶片角度不合适 3. 风机叶片破损 4. 填料部分堵塞		2. 调至合适角度 3. 修复或更换叶片 4. 清除堵塞物
集水盘溢水	1. 集水盘出水口堵塞 2. 浮球阀失灵,不能自动关闭 3. 循环水量超过冷却塔额定容量		1. 清除堵塞物 2. 修复 3. 减少循环水量或更换容量匹配的冷却塔
集水盘中水位偏低	1. 浮球阀开度偏小,造成补水量小 2. 补水压力不足,造成补水量小 3. 管道系统有漏水的地方 4. 冷却过程失水过多 5. 补水管径偏小		1. 将浮球阀开大到合适开度 2. 查明原因,提高压力或加大管径 3. 查明漏水处,堵漏 4. 参见本表"冷却过程水量散失过多"栏 5. 更换
布配水不均匀	1. 布水管部分出水孔堵塞 2. 循环水量过小		1. 清除堵塞物 2. 加大循环水量或更换容量匹配的冷却塔
配水槽中有水溢出	1. 配水槽的出水孔堵塞 2. 供水量过大		1. 清除堵塞 2. 调整合适水量或更换容量匹配的冷却塔
有异常噪声或振动	1. 风机转速过高,通风量过大 2. 轴承缺油或损坏 3. 风机叶片与其他不见碰撞 4. 有些部件紧固螺栓的螺母松动 5. 风机叶片螺钉松动 6. 带与防护罩摩擦 7. 齿轮箱缺油或齿轮组磨损 8. 隔水袖与填料摩擦		1. 降低风机转速或调整风机叶片角度或更换合适风量的风机 2. 加油或更换轴承 3. 查明原因,排除 4. 紧固 5. 紧固 6. 张紧带,紧固防护罩 7. 加够油或更换齿轮组 8. 调整隔水袖或填料
滴水声过大	1. 填料下水偏流 2. 冷却水量过大		1. 查明原因,使其均流 2. 减小冷却水量 3. 集水盘中加装吸声垫

第四章　供热系统的运行管理

第一节　供热系统的启动

供热系统的启动过程主要包括锅炉的启动和管网及用户启动两个过程。但对于热水供热系统来说，锅炉的启动和管网及用户启动是同步进行的，而蒸汽供热系统则是分两步进行的。

在供热前，必须做好供热系统的检查和准备工作。

一、锅炉启动前的准备工作

锅炉启动前，应对锅炉进行全面细致地检查，以保证锅炉正常、安全启动。检查内容包括以下几个方面。

1. 锅炉内部的检查

对新安装或检修后的锅炉，在关闭人孔、手孔前，应检查汽水分离器、连续排污管、定期排污管、进水管及隔板等部件是否齐全完好；锅筒及集箱内部是否清洁，有无油污及工具或其他杂物遗留在内；水管、受热面管子内有无焊瘤或杂物堵塞。对长期停运的锅炉，还应检查受热面及其他受压部件有无腐蚀、水垢及烟灰，能否保证锅炉安全运行。检查合格后，紧固所有的人孔盖和手孔盖。

2. 锅炉外部的检查

检查燃烧装置的机械传动系统、运煤系统、除灰系统等有无缺损，润滑是否良好；煤闸板升降是否灵活，煤闸标尺指示是否正确；老鹰铁是否整齐，稳固；炉膛内部是否有结焦、积灰及杂物，炉墙、炉拱、隔火墙是否完整严密；受热面及尾部受热面是否清洁，吹灰装置是否灵活、严密；风道及烟道内的调节阀、闸板是否完整严密，开关是否灵活，启闭度指示是否准确；炉排风室斗内是否有杂物。

3. 安全附件的检查

检查水位表、压力表、安全阀、温度计、警报装置、各种热工测量仪表和控制装置是否齐全、完好、清洁，照明是否良好，操作是否灵活可靠。检查合格后，应使水位表处于工作状态（汽、水旋塞开启，放水旋塞关闭），压力表也处于工作状态。

4. 汽、水管道的检查

检查锅炉的蒸汽管道、给水管道、疏水管道和排污管道是否畅通无阻，各管道的支架、管道与阀门的连接是否良好，各种管道上的阀门手轮是否完整，开关是否灵活。检查合格后，开启蒸汽管道上的各疏水阀门和过热器出口集箱上的疏水阀，开启给水管所有的阀门（给水调节阀门应关闭），关闭主汽阀、隔绝阀以及各排污阀门。

5. 其他检查

检查转动机械是否灵活，润滑情况是否良好，鼓、引风机是否运转正常，空载电流量是否合格，给水设备是否正常可靠，各阀门是否已检修试压、是否严密等。

检查合格后，即可向锅炉进水。进水时，先将锅炉上部放气阀打开，当无放气阀时，可抬起安全阀，进水速度应缓慢，在水温较高时尤应缓慢，以防进水太快而产生冷热不均引起泄漏，进水时间一般夏季不少于1h，冬季不少于2h，水达到低水位线与正常水位线之间即可。进水时应检查锅筒、集箱的人孔和手孔盖以及阀门、法兰、堵头等是否有泄漏现象。若发现泄漏，应立即停止上水，进行处理。

二、供热管网启动前的准备工作

1. 供热管网启动前的检查

供热管网启动前应编制运行方案，并对系统进行如下内容的全面检查。

1）供热管网系统管道和附件是否完好，有无损坏、缺损，保温层是否完好；阀门开关是否灵活，操作是否安全，有无跑气、跑水的可能，泄水及放气阀门是否严密，系统阀门状态是否符合运行方案要求。

2）供热管网的仪表是否齐全、准确，安全装置是否可靠有效。

3）恒压设备、膨胀水箱和膨胀管是否完好。

4）水处理及补水设备是否具备运行条件。

5）蒸汽管段内积水是否排净，有无其他影响启动的缺陷。

2. 系统充水

检查完毕后，应进行系统的放水、充水工作。

1）启动前要从末端放水，检查水中是否有铁锈和污物，如水中有铁锈和污物可边充水边放水。

2）系统充水时应使用水质符合要求的软化水，不宜使用暂时硬度较大的水；当软化水源的压力超过系统静压时，可直接用软化水向系统充水，当软化水源的压力低于系统静压时，需用补水泵进行充水，没有补水泵，可用循环水泵充水。

3）冬季外部管网的充水应用65~70℃的热水。

4）管网充水一般从回水管开始，先关闭全部排水阀，开启管网所有排气阀，同时开启管网末端循环管上的阀门。对大型管网宜分段充水，由近及远，逐段进行。外部管网充满水并通过外网循环管开始循环后，即可关闭外网循环管，由远到近、由大到小逐个向用户系统充水。

5）用户系统充水时，对上分式系统应从回水管向系统充水；对下分式系统，应从供水管向系统充水，以利于系统空气的排除。充水时，应开启用户系统顶部的放气阀，充水速度不宜太快，以便空气慢慢排出。整个系统充水完毕后，把系统阀门打开，用循环泵进行循环，检查是否缺水，如缺水应及时补水。

三、热水供热系统的启动

热水供热系统启动步骤和方法如下：

1）锅炉点火升温。

① 点火前，打开锅炉的风、烟道挡板，进行自然通风或启动引风机（风机入口挡板启动前应关闭，等风机启动后再逐渐开启），进行5min以上的强制通风，以排除烟道中积存的可燃气体。

② 调整煤闸板的高度，确保能在炉排上铺30~50mm厚的煤。

③ 放下弧形闸板，开动炉排将煤拉入炉内至第一风室，停止炉排转动。

④ 在煤层上铺放已准备好的木柴，铺好后用机油棉纱引火，严禁用汽油在炉内点火，禁止将带铁钉的木柴送入炉内。

⑤ 当木柴着火后，关闭前挡风门。

⑥ 煤层上的木柴燃透，煤层已经着火后可启动引风机。

⑦ 以低挡速度运转，注意不要把火拉得太远。

⑧ 燃煤到达二风室后，启动鼓风机，给第二风室送风。

⑨ 煤达到三、四、五风室时，调整送风量使煤燃尽，注意不要将未燃尽的木柴拉入灰斗。

⑩ 当底火铺满后，适当增加煤层厚度，相应调节风量。

注意：整个点火过程中，维持燃烧室负压 $2 \sim 3 mmH_2O$ （约 $19.6 \sim 29.4 Pa$）；点火时水系统必须进行循环。

⑪ 冲洗玻璃管水位计。

⑫ 下部各联箱放水。

⑬ 点火时温度应缓慢升高，当供水温度接近要求温度时，检查锅炉的人孔、手孔及系统阀件有无渗漏现象。

2）循环水泵启动前，应先开启位于管网末端的若干个热用户或用户引入口旁通管阀。

3）待锅炉的水温达到要求后，启动循环水泵。为了防止电动机电流过大，采用闭闸启动，即关闭循环水泵出口阀门，启动后再逐渐开大水泵出口阀门，直至全部开启。

4）在系统启动过程中，要注意观察系统各点的压力，特别是锅炉出口的压力和定压点的压力，随时调节管网给水阀门的开度，将给水压力控制在一定的范围内。在热水供热管网升温过程中，应检查供热管网的补偿器、固定支架等附件及热介质有无泄漏的情况。

5）系统启动时，要逐步开启热用户的阀门，其顺序由远至近，由大用户至小用户。

① 在系统启动前，应检查热用户入口处的压力，根据压力决定供回水阀门的开度。开启热用户的阀门时，一般应先开启回水阀门，然后开启供水阀门。

② 系统开启后，供水管压力不得大于用户系统所用设备的承压能力，其回水管压力不得小于用户系统高度加上汽化压力，供回水管压力差应满足用户所需的作用压力。

③ 启动完毕后，将管路末端用户引入口旁通管上的阀门关闭。

四、蒸汽供热系统的启动

1. 蒸汽锅炉的启动

1）蒸汽锅炉的点火方法与热水锅炉相同。

2）当放气阀或抬起的安全阀冒出蒸汽时，关闭放气阀或放下安全阀。

3）当锅炉压力上升到 $0.05 MPa$ 时，应冲洗水位计，同时拧紧人孔和手孔盖的螺栓。

4）当锅炉压力升到 $0.1 \sim 0.15 MPa$ 时，应冲洗压力表弯管，并校验压力表。

5）当锅炉压力升到 $0.2 MPa$ 时，打开锅炉下部定期排污阀排污，以辅助锅水循环，减少其温差，使锅筒受热均匀。

6）当锅炉压力升到工作压力时，应调整安全阀。安全阀调整后，再加大火势，使压力上升，进行一次安全阀自动排汽试验。

2. 暖管

1）供热管网通汽暖管前，应关闭各用户的供汽阀门，拆除管网上不能吹洗的压力表、疏水器等，待吹洗完成后再装上。

2）供热管网的暖管应从离热源近的管段开始逐段进行，送汽的同时，应打开排汽阀门及疏水器旁通阀，边送蒸汽边排除管内空气及凝结水。

3）暖管时应缓慢开启主汽阀或主汽阀上的旁通阀半圈，缓慢送汽，送入的蒸汽量应适度，不能太多也不能太少。

4）暖管时，如管道发生振动或水击，应立即关闭主汽阀，同时迅速排除凝结水，待振动消除后，再慢慢开启主汽阀，继续进行暖管。

5）待管内蒸汽压力接近炉压力，管网首末端温度一致后，开始吹洗。吹洗时，蒸汽流速应保持在 20~30m/s，蒸汽吹出管应引至安全地点，待吹出管排放出洁净的蒸汽为止。

6）供热管网吹洗后，装上疏水器、压力表等吹洗前拆除的装置，将疏水器旁通阀关闭，主汽阀全开，直到蒸汽压达到工作压力能单独送汽为止。

7）在供热管网送汽正常后，即可由远到近、由大用户到小用户逐步向用户送汽。向用户送汽时，应依次由远到近开放各并联立管管路。

第二节　供热系统的运行管理

一、供热系统的水力工况

1. 热用户的水力失调

供热系统管网是各个热用户和许多的串并联管路组成的一个复杂庞大的系统。在供热过程中，由于各种原因的影响，使网络中一些用户的流量不符合原来的设计要求，各个用户之间的流量需要重新分配。热水供热系统中，各热用户之间的实际流量和设计要求流量之间的不一致性称为热用户的水力失调。

水力失调的计算主要有如下几个步骤：

1）根据正常水力工况下的流量和压降，求出网络各管段及用户系统的阻力系数。

2）根据热水网络中管段的连接方式，利用求串联管段和并联管段总阻力系数的计算方法，逐步求出正常水力工况改变后整个系统的总阻力系数。

3）得出整个系统的总阻力系数后，可以联立水泵特性曲线函数式，计算求解新的工作点 W 和 L 值。当水泵特性曲线较平缓时，也可视为 L 不变，利用下式求出水力工况变化后的网路总流量 W：

$$W = \sqrt{\frac{L}{S}} \tag{4-1}$$

式中　W——网路水力工况变化后的总流量；

$\quad\quad L$——网路循环水泵的扬程；

$\quad\quad S$——网路水力工况变化后的总阻力系数。

4）顺次按各串、并联管段流量分配的计算方法分配流量，求出网络各管段及各用户在正常工况改变后的流量。水力失调的程度可以用实际流量和规定流量的比值 x 来衡量，x 称为水力失调度。

$$x = \frac{W_s}{W_g} \tag{4-2}$$

式中　x——水力失调度；

　　W_s——热用户的实际流量；

　　W_g——热用户的规定流量。

对于整个网路系统而言，各个用户水力失调的状况是多种多样的，具体分为：

1）一致失调。网路中各热用户的 x 都大于或小于 1 的水力失调状况称为一致失调。各热用户的 x 都相等的水力失调状况称为等比失调；不都相等的水力失调称为不等比失调。

2）不一致失调。网路中各热用户的水力失调有的大于 1、有的小于 1，这种水力失调状况称为不一致失调。

2. 热水网络的水力稳定性

水力稳定性是指网路中各个热用户在其他热用户流量改变时保持本身流量不变的能力。通常用热用户的水力稳定性系数 y 来衡量网路的水力稳定性。

水力稳定性系数是指热用户的规定流量 W_g 与工况变化后可能达到的最大流量 W_{max} 的比值，即

$$y = \frac{1}{x_{max}} = \frac{W_g}{W_{max}} \tag{4-3}$$

式中　y——热用户的水力稳定性系数；

　　x_{max}——工况改变后热用户可能出现的最大水力失调度。

$$x_{max} = \frac{W_{max}}{W_g} \tag{4-4}$$

热用户的规定流量为

$$W_g = \sqrt{\frac{\Delta P_y}{S_y}} \tag{4-5}$$

式中　ΔP_y——热用户正常情况下的作用压差；

　　S_y——用户系统及用户支管的总阻力系数。

一个热用户的最大流量可能出现在其他热用户全部关断时，这时网路干管中的流量很小，阻力损失接近于零，热源出口的作用压差也可以认为是全部作用在这个热用户上。因此：

$$W_{max} = \sqrt{\frac{\Delta P_r}{S_y}} \tag{4-6}$$

式中　ΔP_r——热源出口的作用压差。

ΔP_r 可近似认为等于网路正常工况下的网路干管的压力损失 ΔP_w 和这个用户在正常工况下的压力损失 ΔP_y 之和，即 $\Delta P_r = \Delta P_w + \Delta P_y$。因此：

$$W_{max} = \sqrt{\frac{\Delta P_w + \Delta P_y}{S_y}} \tag{4-7}$$

那么水力稳定性系数

$$y = \frac{W_g}{W_{max}} = \sqrt{\frac{\Delta P_y}{\Delta P_w + \Delta P_y}} = \sqrt{\frac{1}{1 + \dfrac{\Delta P_w}{\Delta P_y}}} \tag{4-8}$$

分析上式，可以得到提高热水管网水力稳定性的主要方法：

1）减小网路干管的压降，增大网路干管的直径，也就是在进行网路水力计算时选用较小的平均比摩阻。

2）增大热用户系统的压降，可以在热用户系统内安装调压板，水喷射器，安装高阻力、小管径的阀门等。

3）运行时合理地进行初调节和运行调节，尽可能将网路干管上的所有阀门开大，把剩余的作用压差消耗在热用户系统上。

4）对于供热质量要求高的热用户，可以在各热用户引入口处安装自动调节装置。

总之提高热水网路的水力稳定性，可以减少热能损失和电耗，便于系统初调节和运行调节。

二、供热系统的流量调节

1. 初调节的几种基本方法

（1）阻力系数法　阻力系数法的基本原理是基于一定阻力系数的供热系统必然对应一定的流量分配。应用这种方法进行初调节，要求将各热用户局部系统的压力损失调整到一定比例，使它的阻力系数达到正常工作时的值。

热用户局部系统的流量和压力降，可根据供热系统原始资料和水力计算资料求得，因此，热用户局部系统的阻力系数是很容易计算的。

这种方法的主要难点是：系统阻力系数值不能直接测量，要在流量和压力降测量后间接计算出来。因此，要想把某个热用户局部系统的阻力系数调到理想值，必须反复测量其流量和压力降，反复调节有关阀门才能实现。这种调节方法属于试凑法，现场操作繁琐、费时，实用性不大。

（2）预定计划法　这一方法是在调节前，将供热系统所有热用户入口阀门关死，让供热系统处于停运状态。然后按一定顺序（从离热源最远端开始，或从离热源最近端开始），逐个开启热用户入口阀门，使其通过的流量等于预先计算出的流量。该方法的主要局限性是只能够在系统运行前进行。

（3）比例法　比例法的基本原理是当各热用户系统阻力系数一定时，系统上游端的调节将引起各热用户流量成比例的变化，也就是说，当各热用户阀门未调节时，系统上游端的调节，将使各热用户流量的变化遵循一致等比失调的规律。

（4）计算机法　该方法是由中国建筑科学研究院空气调节研究所提出的。这种方法在与平衡阀及智能仪表配套使用中才能实现。其基本原理是借助平衡阀和智能仪表测量出供热系统各热用户的局部系统阻力，根据各热用户局部系统的设计阻力（含平衡阀的阻力），求出各热用户平衡阀的要求阻力和开度，在现场进行实际调节。

（5）简易快速法　在通常情况下，未进行过初调节的供热系统，其用户阀门都处于全开位置，因此初调节应在关小阀门的过程中进行。

简易快速调节法的基本步骤如下：

1）测量供热系统总流量，改变循环水泵运行台数或调节系统供、回水总阀门，使系统总过渡流量控制在总理想流量的120%左右。

2）以热源为准，由近及远，逐个调节各支线、各用户。最近的支线、用户，将其过渡流量调到理想流量的80%～85%左右；较近的支线、用户，过渡流量应为理想流量的85%～90%左右；较远的支线、用户，过渡流量是理想流量的90%～95%左右；最远支线、用户，过渡流量按理想流量的 95% ~ 100% 调节。

3）当供热系统支线较多时，应在支线母管上安装调节阀。此时，仍按由近及远的原则，先调支线再调各支线的用户。过渡流量的确定方法同上。

4）在调节过程中，如遇某支线或某用户在调节阀全开时仍未达到要求的过渡流量，此时跳过该支线或该用户，按既定顺序继续调节。等最后用户调节完毕后再复查该支线或该用户的运行流量。若与理想流量偏差超过 20% 时，应检查、排除有关故障。

使用该方法时，可安装各种类型的调节阀（包括平衡阀、调配阀）。流量测量应根据实际条件，选用超声波流量计或智能仪表。

2. 流量调节的影响因素

采用上述各种初调节方法，有时还不能将各热用户流量调节到理想工况，这是因为还有多种影响流量调节的制约因素尚待考虑。诸如供热系统循环水泵的最大输送能力、水力稳定性以及系统故障等都将影响流量调节。

供热系统的循环流量是由循环水泵特性曲线和供热系统阻力特性曲线的交点决定的。由于设计余量的考虑，通常多为循环水泵偏大，系统阻力偏小，导致实际运行流量大于设计循环流量。针对这种情况，在系统初调节时，如何选择最大循环流量将成为十分关键的问题。

按理选择实际循环流量为最大调节循环流量最为简便，既充分利用了现场循环水泵的设置条件，又可以缓解因流量调节不匀引起的热力工况失调（即大流量运行）。但实际上调节循环流量不能选择过大，过大就会造成供水温度过低，影响散热设备散热，更主要的是将使系统调节性能变坏，热用户难以调到要求的理想流量，这是因为系统要求的输送能力超过了循环水泵所能提供的最大扬程。如图 4-1 所示，虚线表示 1 ~ 8 热用户都处于设计流量下的水力工况水压图，实线表示总循环流量为设计总流量 n 倍时的水力工况水压图。图中显示 5 ~ 8 用户的回水压力皆高于其供水压力，说明在现有循环水泵的扬程下，无法将 5 ~ 8 热用户的流量从设计值提高 n 倍。为强行

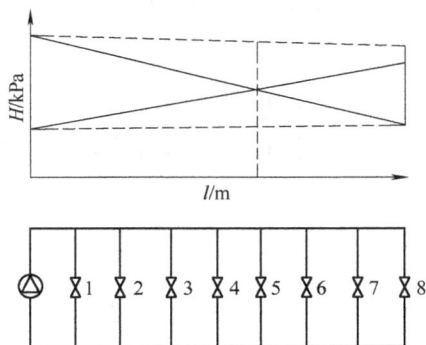

图 4-1　调节选择流量示意图

实现上述水压图，必须要在 5 ~ 8 热用户处设置增压泵，这在初调节中是一种不经济的技术措施，非在不得已的情况下，应尽量避免采用。

一个尚需进行初调节的供热系统，其各热用户的流量分配一定是不均匀的，而且通常是近端用户流量过多，末端用户流量不足。初调节的任务就是把近端用户多余流量调至末端流量不足的用户。此时如果为迁就供热系统运行现状，调节循环流量选择过大，就有可能超过循环水泵扬程所能提供的输送能力。也就是说，在各热用户理想流量超过设计流量的情况下，供热系统最不利环路的要求压降将大于循环水泵提供的最大扬程。在这种情况下，关小近端阀门，只会减小系统的总流量，而末端热用户流量却增加甚微，达不到近端流量远调末端的期望。只有总循环流量减小到一定程度，循环水泵扬程有足够能力远调流量时，关小近端阀门，远端用户流量才有明显增加。

供热系统的最大输送能力，往往制约着系统的调节能力，这一点经常被运行人员所忽

视，以为只要关小近端阀门，远端用户流量必然增加，因而不注意系统总循环流量的选择，结果常常导致初调节的失败。

在进行供热系统的初调节时，系统的总理想运行流量应根据最大调节流量确定。系统的最大调节流量的定义为：在该流量的运行下，系统最不利环路的压降应等于循环水泵的扬程。为提高系统的调节性能，在实际选择系统总理想流量时，应适当比最大调节流量减小一些。当待调供热系统实际运行流量超过总理想流量时，应根据实际情况，或大泵换小泵，或减小并联水泵台数，或调节循环水泵旁通管流量，或调节支线阀门，使总流量控制在理想流量的范围内。最好不调节系统最不利环路上的阀门，以免造成压力的无谓损耗。

三、供热系统热力工况的调节

1. 供暖热负荷热力工况调节的基本公式

1）在供暖室外计算温度 t_{wn} 下，建筑物供暖设计热负荷 Q'_1 可用下式估算：

$$Q'_1 = q'V(t_n - t_{wn}) \tag{4-9}$$

式中 q'——建筑物的供暖体积热指标；

V——建筑物的外围体积；

t_n——供暖室内计算温度。

2）在供暖室外计算温度 t_{wn} 下，散热器向建筑物供应的热量 Q'_2 可由下式计算：

$$Q'_2 = K'F(t_{pj} - t_n) \tag{4-10}$$

式中 K'——散热器在设计工况下的传热系数，按式（4-11）计算；

t_{pj}——散热器内的热媒平均温度，按式（4-12）计算。

$$K' = a(t_{pj} - t_n)^b \tag{4-11}$$

$$t_{pj} = \frac{t'_g + t'_h}{2} \tag{4-12}$$

式中 t'_g——热用户的供水温度；

t'_h——热用户的回水温度；

a、b——与散热器有关的指数，由散热器的形式决定。

因此，式（4-10）可写成

$$Q'_2 = aF\left(\frac{t'_g + t'_h}{2} - t_n\right)^{1+b} \tag{4-13}$$

3）在供暖室外计算温度 t_{wn} 下，室外热水网络向热用户输送的热量 Q'_3 由下式计算得到：

$$Q'_3 = \frac{W'c(t'_g - t'_h)}{3600} \tag{4-14}$$

式中 W'——热用户的循环水量；

c——热水的比热容。

在实际某一室外温度 t_w（$t_w > t_{wn}$）的条件下，保证室内计算温度仍为 t_n 时，可列出与上述公式相对应的方程：

$$Q_1 = qV(t_n - t_{wn}) \tag{4-15}$$

$$Q_2 = aF\left(\frac{t_g + t_h}{2} - t_n\right)^{1+b} \tag{4-16}$$

$$Q_3 = \frac{Wc(t_g - t_h)}{3600} \tag{4-17}$$

$$Q_1 = Q_2 = Q_3 \tag{4-18}$$

将实际室外温度 t_w 条件下热负荷与供暖室外计算温度 t_{wn} 条件下热负荷的比值称为相对供暖热负荷 $\overline{Q}$，即

$$\overline{Q} = \frac{Q_1}{Q_1'} = \frac{Q_2}{Q_2'} = \frac{Q_3}{Q_3'} \tag{4-19}$$

将实际室外温度 t_w 条件下系统流量与供暖室外计算温度 t_{wn} 条件下系统流量的比值称为相对流量比 $\overline{W}$，即

$$\overline{W} = \frac{W}{W'} \tag{4-20}$$

由于室外风速、风向的变化，特别是太阳辐射热变化的影响，式（4-9）中的 Q_1' 并不能完全取决于室内外温差，也就是说建筑物的体积热指标 q' 不应是定值，但为了简化计算，可忽略 q' 的变化，认为供暖热负荷与室内外温差成正比，即

$$\overline{Q} = \frac{Q_1}{Q_1'} = \frac{t_n - t_w}{t_n - t_{wn}} \tag{4-21}$$

综合上述公式可得

$$\overline{Q} = \frac{t_n - t_w}{t_n - t_{wn}} = \frac{(t_g + t_h - 2t_n)^{1+b}}{(t_g' + t_h' - 2t_n')^{1+b}} = \overline{W}\frac{t_g - t_h}{t_g' - t_h'} \tag{4-22}$$

式（4-22）是进行供暖热负荷热力工况调节的基本公式。式中的分母项，有的是供暖室外计算温度 t_{wn} 条件下的参数，有的是设计工况参数，均为已知参数；分子项是在某一室外温度下，保持室内温度 t_n 不变时的运行参数。分子项中有四个未知数 t_g、t_h、$\overline{Q}$ 和 $\overline{W}$。但式（4-22）只能列三个联立方程，因此必须再有一个补充条件，才能解出这四个未知数。这个补充条件靠选定的调节方法给出。

2. 热力工况的调节方法

（1）质调节 热水供热系统的质调节是在系统循环流量不变的条件下，随着室外空气温度的变化，改变室外供热管网的供、回水温度的调节方式。

1）如果供暖用户与外网采用无混水装置的直接连接，将 $\overline{W} = 1$ 代入式（4-22）中，可求出某一室外温度 t_w 下，室外供热管网供、回水温度的计算公式：

$$\tau_g = t_g = t_n + 0.5(t_g' + t_h' - 2t_n)\overline{Q}^{\frac{1}{1+b}} + 0.5(t_g' - t_h')\overline{Q} \tag{4-23}$$

$$\tau_h = t_h = t_n + 0.5(t_g' + t_h' - 2t_n)\overline{Q}^{\frac{1}{1+b}} - 0.5(t_g' - t_h')\overline{Q} \tag{4-24}$$

式中 τ_{g}、τ_{h}——某一室外温度 t_{w} 下，室外
供热管网供、回水温度；

t_{g}、t_{h}——某一室外温度 t_{w} 下，供暖
用户的供、回水温度；

t_{g}'、t_{h}'——供暖室外计算温度 t_{wn} 条件
下，供暖用户的设计供、回
水温度。

2）如果供暖用户与外网采用带混水装置
的直接连接，如图 4-2 所示，利用式（4-23）
和式（4-24）可求出供暖用户的实际供、回
水温度。室外网的供水温度 τ_{g} 可根据混合比 μ
求出。

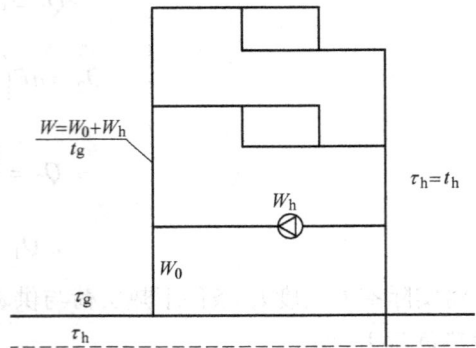

图 4-2　带混水装置的直接连接

$$\mu = \frac{W_{\mathrm{h}}}{W_0} \tag{4-25}$$

式中 W_0——某一室外温度 t_{w} 下，外网进入供暖用户的流量；

W_{h}——某一室外温度 t_{w} 下，从供暖用户抽引的回水量。

在设计工况下，根据热平衡方程式可得：

$$cW_0'\tau_{\mathrm{g}}' + cW_{\mathrm{h}}'t_{\mathrm{h}}' = c(W_0' + W_{\mathrm{h}}')t_{\mathrm{g}}' \tag{4-26}$$

式中 τ_{g}'——供暖室外计算温度 t_{wn} 条件下，网络的设计供水温度；

c——热水比热容。

则供暖室外计算温度 t_{wn} 下的混合比为

$$\mu' = \frac{\tau_{\mathrm{g}}' - t_{\mathrm{g}}'}{\tau_{\mathrm{g}}' - t_{\mathrm{h}}'} \tag{4-27}$$

只要供暖用户的特性阻力系数 S 值不变，网路的流量分配比例就不会改变，任一室外温度下的混合比都是相同的，即

$$\mu = \mu' = \frac{\tau_{\mathrm{g}} - t_{\mathrm{g}}}{\tau_{\mathrm{g}} - t_{\mathrm{h}}} = \frac{\tau_{\mathrm{g}}' - t_{\mathrm{g}}'}{\tau_{\mathrm{g}}' - t_{\mathrm{h}}'} \tag{4-28}$$

则外网供水温度

$$\tau_{\mathrm{g}} = t_{\mathrm{g}} + \mu(t_{\mathrm{g}} - t_{\mathrm{h}}) \tag{4-29}$$

又由于

$$\overline{Q} = \frac{t_{\mathrm{g}} - t_{\mathrm{h}}}{t_{\mathrm{g}}' - t_{\mathrm{h}}'}$$

因此

$$\tau_{\mathrm{g}} = t_{\mathrm{g}} + \mu\,\overline{Q}(t_{\mathrm{g}}' - t_{\mathrm{h}}') \tag{4-30}$$

式（4-30）就是在热源处进行质调节时，网路供水温度 τ_{g} 随某一室外温度 t_{w} 变化的关系式。

将式（4-23）、式（4-24）和式（4-27）代入式（4-30）中，可得到带混合装置的热水供暖系统在某一室外温度 t_{w} 下室外网路的供、回水温度，即

$$\tau_g = t_n + 0.5(t'_g + t'_h - 2t_n)\overline{Q}^{\frac{1}{1+b}} + 0.5(t'_g - t'_h)\overline{Q} + \left(\frac{\tau'_g - t'_g}{t'_g - t'_h}\right)(t'_g - t'_h)\overline{Q}$$

$$= t_n + 0.5(t'_g + t'_h - 2t_n)\overline{Q}^{\frac{1}{1+b}} + \overline{Q}[(\tau'_g - t'_g) + 0.5(t'_g - t'_h)] \tag{4-31}$$

$$\tau_h = t_h = t_n + 0.5(t'_g + t'_h - 2t_n)\overline{Q}^{\frac{1}{1+b}} - 0.5(t'_g - t'_h)\overline{Q} \tag{4-32}$$

根据式（4-23）、式（4-24）、式（4-31）和式（4-32）可绘制出热水供热系统质调节的水温曲线或图表，供运行时使用。

（2）分阶段改变流量的质调节　分阶段改变流量的质调节是在整个供暖期中按室外温度高低分成几个阶段，在室外气温较低的阶段保持较大的流量，在室外气温较高阶段保持较小的流量。在每个阶段中，网路的循环水量保持不变，按改变网路供水温度的质调节进行供热调节。

分阶段改变流量的质调节在每个阶段中，由于网路循环水量不变，可以设 $\overline{W} = \varphi = $ 常数，将这个条件代入供热调节基本公式（4-22）中，可求出无混合装置的供暖系统室外网路的供、回水温度：

$$\tau_g = t_g = t_n + 0.5(t'_g + t'_h - 2t_n)\overline{Q}^{\frac{1}{1+b}} + 0.5\frac{(t'_g - t'_h)}{\varphi}\overline{Q} \tag{4-33}$$

$$\tau_h = t_h = t_n + 0.5(t'_g + t'_h - 2t_n)\overline{Q}^{\frac{1}{1+b}} - 0.5\frac{(t'_g - t'_h)}{\varphi}\overline{Q} \tag{4-34}$$

带混合装置的供暖系统室外管网的供、回水温度：

$$\tau_g = t_n + 0.5(t'_g + t'_h - 2t_n)\overline{Q}^{\frac{1}{1+b}} + [(\tau'_g - t'_g) + 0.5(t'_g - t'_h)]\frac{\overline{Q}}{\varphi} \tag{4-35}$$

$$\tau_h = t_h = t_n + 0.5(t'_g + t'_h - 2t_n)\overline{Q}^{\frac{1}{1+b}} - 0.5(t'_g - t'_h)\frac{\overline{Q}}{\varphi} \tag{4-36}$$

对于中小型或供暖期较短的热水供热系统，一般分为两个阶段选用两台不同型号的循环水泵，其中一台循环水泵的流量按设计值的 100% 选择，另一台按设计值的 70% ~ 80% 选择。对于大型热水供热系统，可选用三台不同规格的水泵，循环水泵流量可分别按设计值的 100%、80% 和 60% 选择。

对于直接连接的供暖用户系统，调节时应注意不要使进入系统的流量小于设计流量的 60%，即 $\varphi = \overline{W} \geqslant 60\%$。如果流量过小，对双管供暖系统，由于各层自然循环作用压力的比例差增大会引起用户系统的垂直失调；对单管供暖系统，由于各层散热器传热系数 K 变化程度不一致，也同样会引起垂直失调。

（3）间歇调节　在供暖季节里，当室外温度升高时，不改变网路的循环水量和供水温度，只减少每天供热小时数的调节方式称为间歇调节。

间歇调节可以在室外温度较高的供暖初期和末期，作为一种辅助的调节措施。当采用间歇调节时，网路的流量和供水温度保持不变，网路每天工作总时数 n 随室外温度的升高而减少，可按下式计算：

$$n = 24\frac{t_n - t_w}{t_n - t''_w} \tag{4-37}$$

式中　n——间歇运行时每天工作的小时数；

t_w——间歇运行时的某一室外温度；

t''_w——开始间歇调节时的室外温度，也就是网路保持最低供水温度时的室外温度。

（4）质量—流量调节　热水供暖系统依据热负荷的变化连续改变系统的循环水量和供、回水温度的供暖调节方法称为质量—流量调节。它是随着自控设施在供暖系统中的应用，对分阶段改变流量的质调节方法的拓展，其实质是连续改变流量的质调节方法。由于流量的变化对于不同形式的供暖系统所产生的影响各不相同，该方法的具体运行形式应视不同的系统分别进行讨论。

根据式（4-22）可知：

$$\overline{Q} = \overline{W}\frac{t_g - t_h}{t'_g - t'_h}$$

整理得

$$\overline{Q} = \overline{W} \times \overline{\Delta t}$$

将上式两边取对数，得

$$\lg \overline{Q} = \lg \overline{W} + \lg \overline{\Delta t}$$

则

$$1 = \frac{\lg \overline{W}}{\lg \overline{Q}} + \frac{\lg \overline{\Delta t}}{\lg \overline{Q}}$$

令

$$m = \frac{\lg \overline{W}}{\lg \overline{Q}} \tag{4-38}$$

$$n = \frac{\lg \overline{\Delta t}}{\lg \overline{Q}}$$

将 m 值定义为流量优化调节系数，其物理意义是在满足热用户供热质量的前提下，系统优化运行中流量调节占供热调节的份额；n 值定义为质量优化调节系数，其物理意义为系统优化运行中质量调节占供热调节的份额。式（4-38）可变为

$$\overline{W} = \overline{Q}^m \tag{4-39}$$

根据式（4-22）和式（4-39），可以求出热水供暖系统质量—流量调节的基本公式，即

$$t_g = t_n + 0.5(t'_g + t'_h - 2t_n)\overline{Q}^{\frac{1}{1+b}} + 0.5(t'_g - t'_h)\overline{Q}^{1-m} \tag{4-40}$$

$$t_h = t_n + 0.5(t'_g + t'_h - 2t_n)\overline{Q}^{\frac{1}{1+b}} - 0.5(t'_g - t'_h)\overline{Q}^{1-m} \tag{4-41}$$

对于热水供暖系统来说，系统的循环水量和供、回水温度的变化会使系统产生失调现象。随着系统热负荷的降低，供暖系统循环水量也将随之降低。但是流量降低的程度是有限度的。系统的循环水量必须保证系统热用户的正常采暖，保证系统不发生失调现象。由于系统的管路形式决定着系统的失调特性，故流量优化调节系数 m 的取值主要受供暖系统的管路形式的制约。供暖系统的管路形式不同，其循环水量变化规律也不同。

1）单管热水供暖系统。根据单管热水供暖系统的特性，结合热水供暖系统的质量—流量调节的基本公式，考虑最佳调节工况，可以求出单管热水供暖系统的流量优化调节系数 m，即

$$m = \frac{b}{1+b} \tag{4-42}$$

则有

$$\overline{W} = \overline{Q}^{\frac{b}{1+b}} \tag{4-43}$$

2）双管热水供暖系统。根据双管热水供暖系统的特性，结合热水供暖系统的质量—流量调节的基本公式，考虑最佳调节工况，可以求出双管热水供暖系统的流量优化调节系数 m，即

$$m = \frac{1}{3} \tag{4-44}$$

则

$$\overline{W} = \overline{Q}^{\frac{1}{3}} \tag{4-45}$$

由于系统的相对热负荷 $\overline{Q}$ 与相对流量比 $\overline{W}$ 在双管热水供暖系统的优化运行过程中存在着式（4-45）的关系，说明其流量调节在双管热水供暖系统的运行优化调节中所占的份额为33%（对数值），而调节系统的供、回水温度（质量调节）在其运行优化调节中占67%（对数值）的份额。

质量—流量调节方法强调系统的循环水量按照系统具体管路形式的特点随系统热负荷的变化进行动态调节，需要供暖系统具备较高的自控程度。如果系统不具备必要的自控设施，该方法是无法实现的。

第三节　供热系统的计算机自动监控系统

由于我国供热系统管理运行跟不上供热规模的发展，大多数系统仍处于手工操作阶段，从而影响了集中供热优越性的充分发挥。其主要反映在：缺少全面的参数测量手段，无法对运行工况进行系统地分析判断；系统工况失调难以消除，造成用户的冷热不均；供热参数未能在最佳工况下运行，供热量与需热量不匹配；故障发生时，不能及时诊断报警，影响可靠运行；数据不全，难以量化管理。

计算机自动监控，恰好弥补了上述不足。概括起来，可以实现如下五个方面的功能：

①及时检测参数，了解系统工况；②均匀调节流量，消除冷热不均；③合理匹配工况，保证按需供热；④及时诊断故障，确保安全运行；⑤健全运行档案，实现量化管理。

供热系统的计算机自动监控，由于具备上述功能，不但可以改善供热效果，而且能大大提高系统的热能利用率。一般在手动调节的基础上，供热系统还能再节能10% ~20% 左右。供热系统自动检测与控制有常规仪表监控系统和计算机监控系统两种。后者与前者比较有明显的优越性，因而得到迅速发展。其主要优点是：①计算机系统，由软件程序代替常规模拟调节器，往往一个软件程序能代替几个甚至几十个常规调节器，不但系统简单而且能实现多种复杂的调节；②参数的调节范围较宽，各参数可分别单独给定，给定、显示和报警集中在控制台上。

一、计算机监控系统的分类

目前通用的有如下几种计算机监控系统。

1. 直接数字控制系统（简称为 DDC）

计算机在对调节对象进行控制时，根据被调参数的给定值和测量值的偏差信号，按一定的控制规律，算出调节量的大小或状态，以此来实现计算机对系统的控制。由于计算机要对几个甚至几十个回路进行控制，对一个控制回路来说，送到执行机构的控制信号是断续的。当控制信号中断时，则保持原来执行调节机构的位置不变，故 DDC 是一种断续控制的系统。

2. 监督控制系统（简称 SCC）

该控制系统是用来指挥 DDC 控制系统的计算机系统。其原理如图 4-3 所示。SCC 系统是根据测得的生产过程中某些信息及其他信息（如天气变化因素、节能要求、材料来源及价格等），按照预定的数学模型进行计算，确定合理的值，去自动调整 DDC 直控机的设定值，进而使生产过程处于最优状态下运行。

3. 分级控制系统

将各种不同功能或类型的计算机分级连接的控制系统称为分级控制系统，如图 4-4 所示。从图中可看出，在分级控制系统中除了直接数字控制和监督控制以外，还有集中管理的功能。这些集中管理级计算机简称 MIS 级系统，其主要功能是进行生产的计划、调度并指挥 SCC 级系统进行工作。这一级可视企业规模大小又分为公司管理、工厂管理等。

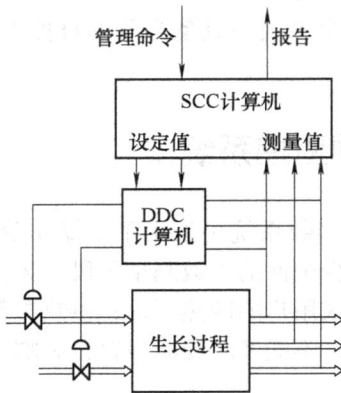

图 4-3　SCC 控制系统

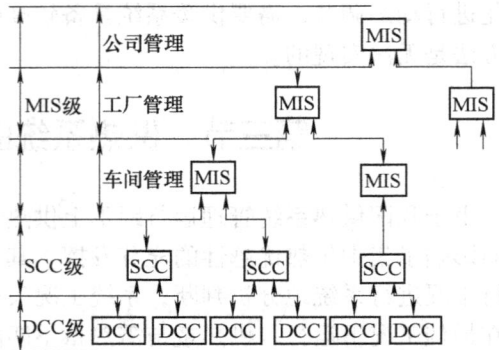

图 4-4　分级控制系统

4. 分布式监控系统

分布式监控系统又可称为集散控制系统，它将不同要求的系统配以一个 DDC 计算机子系统，子系统的作用可以简化专一，子系统之间的地理位置可远、可近，以实现分散控制为主，再由通信网络将分散在各地的子系统的信息传送到集中管理计算机，进行集中监视和操作，集中优化管理。其原理如图 4-5 所示。

二、热工参数的测量和控制

供热系统测量和控制的主要参数为温度、压力、流量和热量等，测量参数的仪表称为传感器。传感器感应供热系统中的各种参数，然后由变送器将其变换为电信号，送至计算机。变送器

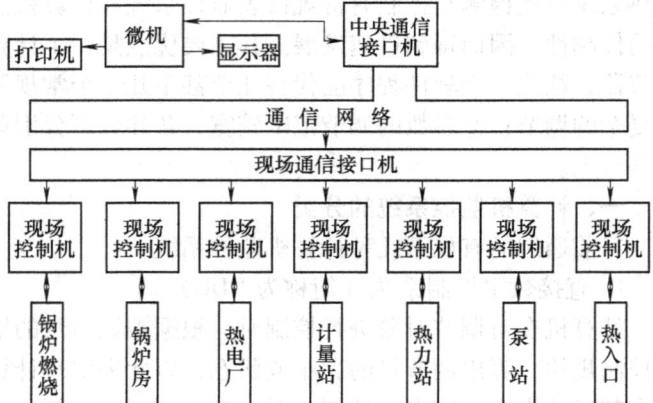

图 4-5　分布式计算机监控系统

被视为计算机监控系统的"眼睛"。参数的调节控制一般是通过执行器及其驱动电路来实现的。在计算机监控系统中，执行器的动作代替了人的操作，因此，执行器是工艺自动化的"手脚"。

计算机监控系统工作的可靠性和调节品质的好坏，很大程度上取决于传感器和执行器。

传感器、变送器的性能主要由以下几个参数决定：

（1）测量范围 一般传感器的样本都给出该传感器正常工作的测量范围，以及相应变送器信号输出范围。选用传感器时，其实际测量值在传感器满量程的60%左右为宜，过大过小都将影响测量精度。

（2）准确度 准确度是指传感器、变送器测出的数值与被测量参数实际数值的差值，因此是绝对精度。许多产品精度按百分比表示，如一级表，即指精度为±1%。但百分比表示法常常不能看出产品的实际准确度，例如测量范围为0~100℃的温度变送器，±1%的准确度误差为±1℃，而测量范围为0~10℃的温度变送器，±1%的准确度其误差仅为0.1℃。后者的绝对精度远高于前者。因此，在供热系统中，除流量、热量可用百分比衡量精度外，温度、压力等参数测量一般应该以具体的测量误差来衡量精度。

（3）不一致性 不一致性表示同一型号的传感器、变送器测量数值的差别。此参数反映传感器、变送器之间的互换性。由于计算机系统往往连接众多的传感器，很难逐台进行调整修正，因此希望选择一致性较好的传感器、变送器。

（4）测量误差 由传感器、变送器测出的参数数值与参数真值存在着误差。这些测量误差包括系统误差（因仪表或环境温度引起的漂移等）和随机误差。测量误差并不是准确度，测量误差经过一定的数据处理后，才能得到其准确度。

执行器大体分为通断式执行器和调节阀两大类。通断式执行器主要指水泵，调节阀主要指水阀。在供热系统中主要为电动调节阀驱动。

水泵在运行时只有两种状态：停止和运行。对水泵而言，即为水泵电源的接通和断开，通常由交流接触器来实现。对计算机系统控制，则是根据通断信号的输出来控制中间继电器的通断电，中间继电器再控制交流接触器的通断电，实现对水泵的自动启停控制。如果需要，还可以对水泵进行变频调速控制。

电动调节阀由阀体和驱动装置组成。驱动电路主要由可逆电动机、限位开关及开度反馈等组成。当开关控制接触点"开闭合"时，电动机正转；当"关闭合"时，电动机反转。通过电机的正反转，实现调节阀的开关。

第四节 系统故障的诊断

一、供暖系统不热

如果供暖系统中所有的用户系统都不热，原因一般出在锅炉房中。

如果部分用户不热，原因可能出在锅炉房内，也可能出在外部热力网上，也可能是锅炉出力达不到要求或循环水泵的流量、扬程不够，还可能是外部热力管网泄漏或堵塞。

若立管不热，则可能是热力入口处热媒的温度和压力没有达到设计要求，也可能是排气装置不灵，形成气堵所致。

若散热器不热，则可能是支管堵塞或系统排气不畅，也可能是疏水器漏汽。

二、系统泄漏

在系统正常运行状态下，系统允许泄漏量即系统允许补水量不应超过系统总循环水量的 1% ~2%，否则视为系统泄漏故障。

系统是否存在泄漏以及泄漏的地点可根据下列现象进行综合分析、判断。

1）统计补水量，若平均每小时的补水量超过系统每小时的总循环水量的 1% ~2%，则可判断系统存在泄漏故障。

2）当系统泄漏故障严重时，循环水泵扬程明显下降，系统循环流量明显增加，循环水泵电功率相应增加，循环水泵电动机的电流也会明显增加。

3）由于系统补水量增加，热源处系统总供水温度明显下降，反映出热源升温比较困难。

4）系统恒压点压力下降，难以维持在给定值。

5）泄漏严重时，来不及补水，系统出现倒空现象。在散热器中能听到潺潺的流水声。在系统高处，打开排气阀，空气被吸入系统。

6）泄漏处压力明显下降，其上游管段压降增加，下游管段压降减少。若根据压力测量值绘制水压图，则泄漏地点的上游水力坡线变陡，下游水力坡线变缓。因此，可以判断泄漏地点将发生在供、回水压差增大的下游端，或供、回水压差减少的上游端。

7）若回水温度明显下降，则泄漏发生在该区段的供水管上；若回水温度明显提高，则泄漏发生在该区段的回水管上。

8）利用流量计进行流量测量。当系统未安装流量计时，可采用便携式流量计（如超声波流量计或其他智能仪表）测量系统支线供、回水流量值，供水流量明显大于回水流量的支线即为泄漏支线。

9）条件允许时，在直埋敷设管道中预埋泄漏报警装置。根据报警信号，直接给出泄漏地点。

10）通常情况，可在仪表测试同时，配合人工沿线巡查，能及时发现泄漏地点。

系统泄漏主要是管道、阀门、散热器及其他设备破裂所致。管道、阀门及其他耐压设备的破裂，一般是由于年久失修、腐蚀等原因引起，有时外部机械力的搏击、重压也是重要原因。一旦发现，应及时修补、更换。散热器的破裂除因使用时间长、产品质量等原因外，系统压力的突发性增高，也会引起其破裂。后者多半是系统回水加压泵突然停电或回水阀门误关闭等因素造成。应针对不同原因，有针对性地进行事故排除。

三、系统堵塞

系统的堵塞一般是因为施工、运行不当，存留在管道中的砖、瓦、砂、石、灰等杂物堵塞系统。系统堵塞部位通常发生在弯头、三通、四通、补心、变径、接头以及阀门等处。室内系统的堵塞，影响局部房间的供暖效果；室外管网的堵塞，会大范围降低供暖质量。因此，及时而有效地诊断、排除系统堵塞尤显重要。系统是否堵塞以及堵塞的位置可根据下列因素进行综合分析、判断。

1）观察并测量系统循环水泵，若循环水泵进、出口压差过大即扬程明显提高（与正常运行工况比较）时，则表明系统循环流量明显减少，系统多半存在堵塞情况。

2）与正常工况比较，循环水泵扬程明显提高，且改变循环水泵并联台数时，总扬程和总循环流量变化甚微，说明系统阻力过大，如图4-6所示，工作点已由 M 向左偏移至 N 点。表明系统存在严重堵塞，而且为干管堵塞。

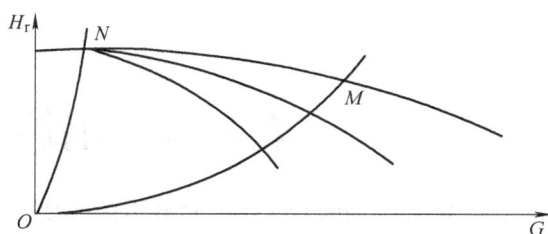

图4-6　堵塞时水泵工作点变动

3）系统循环水泵扬程明显增加的同时，系统末端供水管压力剧降，顶部排气阀吸入空气，出现倒空，此时一般为供水干管堵塞。

4）系统循环水泵扬程增加的同时，系统末端回水管压力剧增，一般为回水干管堵塞。

5）膨胀水箱的膨胀管、循环管与系统供水干管连接时（未接回锅炉房），若循环水泵扬程、系统末端供水压力及循环水泵吸入口压力同时明显提高，则堵塞地点在膨胀水箱上游的供水干管处。若循环水泵扬程增加的同时，系统末端供水压力和循环水泵吸入口压力都剧降，则堵塞地点在膨胀水箱下游的供水干管上。若循环水泵扬程增加的同时，系统末端供、回水压力增高，循环水泵入口压力下降，则堵塞发生在系统回水干管上。

6）膨胀水箱的膨胀管、循环管与系统回水干管相连接时（未接回锅炉房），若循环水泵扬程增加的同时，系统末端供水压力下降，循环水泵入口压力增加，则堵塞发生在系统供水干管上。若循环水泵扬程增加的同时，系统末端供水压力和循环水泵入口压力都增加，则堵塞位于膨胀水箱的上游回水干管处。若循环水泵扬程增加的同时，系统末端供、回水压力和循环水泵入口压力皆下降，则堵塞发生在膨胀水箱下游处的回水干管上。

7）循环水泵入口处的除污器，经常发生堵塞现象。其堵塞症状与系统回水干管堵塞症状一致。当除污器进、出口压力差接近或大于 0.1MPa 时，表示阻力过大，应清洗除污器。进、出口压力表安装不全时，应细致观察系统循环水泵入口压力是否过低，当补水泵未启动，在补水阀门开启状态下，补水箱的软化水能自动吸入循环水泵入口，则表明循环水泵入口压力过低，除污器必堵无疑。

8）测量用户入口供、回水压差，若其值远大于 $1 \sim 2mH_2O$（$9.8 \sim 19.6kPa$），且全关相邻用户阀门，该用户流量增加甚微，则可判断该用户有堵塞现象。

9）对于确认有堵塞的室内供暖系统，当调节干、立管阀门时，各部位的散热器都能轮流调热，此时堵塞多半发生在用户热入口供、回水干管上。

10）对于同程供暖系统，若立管出现倒流现象，则有可能该立管上游供水干管发生堵塞（也可能因水力稳定性差引起）；未出现倒流现象，则回水干管堵塞的可能性大。

11）调节相邻立管阀门，不热立管无明显好转，则该立管有堵塞可能。

可根据各种不同情况，进行相应处理。

第五章 锅炉的运行管理

我国的能源结构随着我国燃料政策的改变、城市环境保护的需要、高层建筑的大量兴建以及某些建筑外部条件的限制而正逐步走向多元化，同时，油气资源的大力开发，油品供应的市场化，人工煤气、天然气和液化石油气管道化供气的逐步普及，以及油气燃料具有的诸多优点，均促使燃油燃气锅炉得到越来越广泛的使用。20 世纪 90 年代以来，国内新建的宾馆、酒店、写字楼、商厦、医院等民用建筑，基本上均采用燃油燃气锅炉。

与燃煤锅炉相比，燃油燃气锅炉具有以下特点：

1）热效率高，比相同容量燃煤锅炉的受热面积小，结构更紧凑。

2）无除尘等附属设备，电耗及锅炉房面积均较小，锅炉房噪声也相应较低。

3）燃料输送系统简单，燃料存放方便，占地较少。

4）燃料燃烧完全，无灰渣排放，对周围环境污染小。

5）点火、调节等操作方便，运行可靠。

6）熄火快，有利于迅速、及时地处理危急情况。

7）自动化程度高，运行管理方便，但对操作及维修人员的素质及管理水平要求较高。

由于目前用于供暖的燃油燃气锅炉主要为热水锅炉，因此本章的内容以燃油燃气热水锅炉的运行管理为主进行讨论，燃油燃气蒸汽锅炉的运行管理可以参考本章内容，燃煤锅炉的运行管理可参考第四章中的相关内容。

第一节 锅炉及辅助设备运行前的检查和准备工作

燃油燃气热水锅炉运行管理的基本任务是在运行安全、经济的前提下保证锅炉出力，使输出的热水满足供暖所需热水的温度和流量的要求。为此，应在运行前对燃油燃气热水锅炉进行全面检查，做好有关的准备工作。由于单纯供暖的热水锅炉为季节性运行，停炉时间长，各种设备容易自然失灵，所以运行前的检查与准备工作显得更加重要。

一、运行前的检查工作

为了保证燃油燃气锅炉安全可靠地运行，并达到节约能源、保护环境的要求，每年要有计划地对其进行检修。经过检修的燃油燃气锅炉，在准备点火前，必须按照检修的要求和标准，进行全面检查，其目的是为了确认锅炉本体和水、风、燃油或燃气等工艺系统及设备、仪表是否完好，是否具备点火启动的条件。同时，通过检查使运行管理人员了解和掌握各系统和设备的情况。

对于新装、移装、改造、检修后和长期停用的燃油燃气锅炉，在点火前的全面检查应包括以下内容：

1）室内环境的检查。室内环境应无施工作业，照明通风良好，无易燃易爆品存放，消防设施完好。室内空气中的油气浓度符合要求，燃油锅炉房地面无积油。

2）锅炉内、外部的检查。锅筒、集箱内无遗留的工具和其他杂物，手孔盖、入孔盖上好并拧紧,炉膛受热面、绝热层完好。炉膛内无残留燃料油或油垢,燃烧设备良好,防爆门、烟道阀门开关灵活,烟道内无杂物。

3)安全附件的检查。安全阀已调整到规定的开启压力,压力表应在有期限内的法定检验标志,指针偏离零位的数值不超过规定的允许误差。

4)管路的检查。各管道的支架牢固,管道的保温层完好,管道与阀门的连接良好,各阀门开关灵活,且处于合适的开关位置。

5)燃料系统的检查。油罐储油量能满足要求,油位和油温指示正确,燃气供应压力正常,燃料输送管路、过滤器以及油加热器、油泵等无异常情况。使用燃油的锅炉,其日用油箱的油位在最低与最高之间,日用油箱与燃烧器之间的油路畅通。

6)电气设备的检查。水泵及鼓、引风机完好,供电电压、接地和润滑情况符合要求。

7)使用液化石油气或乙炔气点火的锅炉,液化石油气或乙炔气压力达到要求。

8)对能够设置出水温度的锅炉,出水温度值已设置好。

9)点火程序控制和熄火保护装置均灵敏可靠。

二、运行前的准备工作

上述检查工作完成并达到要求后即可给锅炉上水。启动给水泵,打开放气阀向锅炉上水,如无放气阀可稍提起安全阀,以便向锅炉上水时排除锅炉内的空气。上水的水质应符合锅炉给水标准,上水速度要缓慢,水温不宜过高,一般在40℃左右为好。上水时,发现人孔盖、手孔盖或法兰结合面有漏水或渗水现象时,应暂停上水,待拧紧螺栓、无渗漏水后再继续上水。

燃油燃气锅炉上水时间的长短与锅炉的特性及锅炉内的温度有关。为使锅炉热膨胀均匀,上水的持续时间一般在夏季为2h,冬季为3h。对新装锅炉或有缺陷的锅炉,还应酌情延长时间。如上水过急,锅炉会因受热不均产生温度应力,引起胀口渗漏。

锅炉上水完毕若无异常情况,即可启动循环水泵,使热水供暖系统中的水循环流动起来。

在日常运行期间,上述锅炉点火前的检查与准备工作的内容可酌情增减。

第二节　锅炉的安全运行管理

燃油燃气锅炉要达到安全、经济运行的目的,除了在点火过程中要谨慎小心外,必须经常监视锅炉的运行工况,并及时根据负荷情况进行调节,以保证锅炉燃烧正常,压力和温度稳定。

一、锅炉的安全启动

1.启动过程

燃油燃气锅炉燃料的着火比较容易,但是当有未完全燃烧的油雾或可燃气体积存在炉膛或烟道内时,点火容易发生爆炸事故。对负压运行的锅炉,当炉膛温度比较低时点火,又会造成不完全燃烧,此时大量可燃气体进入锅炉后部烟道,在明火或高温作用下极易引发二次燃烧或爆炸。通常这类事故约占燃油燃气锅炉事故的50%以上。为了保证锅炉的启动安全,现代燃油燃气锅炉都采用点火程序控制自动调节装置,它的工作过程为:

1)当锅炉水位正常,水系统经检查已启动,即接通控制器启动电源,点火程序控制自动调节装置开始工作。

2）风机启动，对炉膛和烟道进行吹扫。吹扫工作完成即关闭风门。

3）点燃。电极产生高压电火花，气体助燃器开始点燃，燃烧器电磁阀开通点小火，火焰监测器开始工作。如燃烧正常，再延后 1~2min，启动大火电磁阀点大火，经监测大火正常后，转为正常燃烧阶段。

4）锅炉给水自动调节以及有关的保护装置、连锁装置投入运行。

2. 点火前和启动期间应注意的事项

1）燃油燃气锅炉点火前均要先用空气吹扫，吹扫时间根据炉膛和烟道的容积、风机通风量决定，但不少于 5min。其目的是将炉膛和烟道中可能积存的可燃气体排除出去，防止点火时炉膛或烟道发生爆炸。

2）燃用重油的锅炉，点火前应先运行重油加热器，然后开启油泵，待油温、油压符合要求后才能点火。

3）锅炉启动时间应根据锅炉类型和水容量确定。一般立式锅炉水容量小，启动所需时间要短些；卧式锅炉、水容量大的锅炉，启动所需时间要长些。总的来说启动要缓慢进行。启动时火焰应调至"低火"状态，使炉温逐渐升高。如果启动时间短，温度升高过快，锅炉各部件受热膨胀不均，会造成胀口渗漏，角焊缝处出现裂纹等问题和故障。

4）启动过程中，为了使锅炉受热均匀，可采用间断放水的方法，从锅炉底部放出一部分水，同时相应补充水，这样可以使锅炉本体各部尽快达到均匀的温度。

二、锅炉运行时主要的监控参数

燃油燃气锅炉运行时，只要掌握好燃烧的操作技能，并掌握好用水的规律，就能保证压力的稳定，防止事故的发生，同时还能节约燃料，提高锅炉热效率。燃油燃气热水锅炉运行时，需要监视和调节的参数主要有：

（1）水温　锅炉的出水温度是热水锅炉运行中应严格监视和控制的指标，出水温度过高会引起锅水汽化，锅水大量汽化会造成超压以致损坏锅炉。一旦锅炉出水温度超过最高允许温度值就要立即紧急停炉。一般锅炉出水温度应低于锅炉出口压力对应的饱和温度20℃以下。出水温度过低则要调节燃烧，将其提高到规定值。

（2）压力　正常运行时，热水锅炉的压力应当是恒定的，要严格控制运行压力在允许的范围内，超过或低于允许压力值都会影响热水锅炉及其供暖系统的正常运行。除了锅炉进、出口压力外，还应随时监视循环水泵入口的压力，使其保持稳定，一旦发现压力波动较大，应查明原因，及时进行处理。

（3）炉膛负压　对于负压燃烧的锅炉，其正常运行时，炉膛负压一般应控制在 20~50Pa 的范围内。炉膛压力偏大，火焰就可能喷出，损坏燃烧设备或烧伤人员；炉膛负压过大，则会吸入过多的冷空气，致使炉膛温度降低，增加热损失。

三、锅炉运行时的注意事项

（1）经常排气　锅炉运行中随着水温升高会不断有溶解的气体析出，当补给水进入锅炉时，也会有空气带入，因此要经常开启放气阀排气，否则会使管道内积聚空气，甚至形成气塞，影响水的正常循环和供暖效果。

（2）减少补水量　热水供暖系统应最大限度地减少系统补水量，因为补水量的增加不仅会提高运行费用，还会因水质处理不易进行而造成锅炉和管路的结垢和腐蚀。要加强锅炉及管路系统的检查和管理，发现漏水及时处理，禁止随意放取热水供作它用。

（3）防止汽化 热水锅炉在运行中一旦发生汽化现象，轻者会引起水击，重者使锅炉压力迅速升高，以致发生爆炸等重大事故。为了避免汽化，应使炉膛放出的热量及时被循环水带走。在正常运行中，除了必须要严密监视锅炉出口水温，使水温与沸点之间有 20℃ 的温度裕度，并保持锅炉内的压力恒定外，还应使锅炉各部位的循环水流量均匀。要密切注意锅炉及各循环回路的温度与压力变化，一旦发现异常情况，要及时查明原因（如受热面外部是否结焦、积灰，内部是否结水垢，或者燃烧不均匀等）予以排除。必要时，应通过锅炉各受热面循环回路上的调节阀来调整水流量，以使各并联回路的温度相接近。

四、锅炉的燃烧调节

1. 燃油燃气锅炉完全燃烧应具备的条件

燃油燃气锅炉要实现安全燃烧，应具备下列基本条件：

1）采用燃烧性能稳定的燃烧器。

2）正确安装和使用符合要求的安全装置。

3）点火前必须按规定对炉膛和烟道进行吹扫。

4）点火时必须按操作规程操作。

5）如果因熄火而需要再次点火时，应先关闭供油或供气阀门，待查明熄火原因，故障排除，对炉膛和烟道进行吹扫后再进行点火。

6）燃油或燃气输送管路系统及装置无泄漏。

7）注意对燃烧器和安全装置的日常维护保养，使其经常保持完好状态。

2. 燃油燃气锅炉燃烧调节注意事项

燃油燃气锅炉正常燃烧时，炉膛中的火焰稳定，呈白橙色，一般有轻微隆隆声。如果火焰狭窄、无力、跳动或有异常声响，均表示燃烧有问题，应及时调节。对燃烧进行调节应注意以下情况：

1）喷入炉中的燃料量与燃烧所需空气量要相配合适，并且两者要充分混合均匀。

2）除特殊情况外，炉膛应尽量保持一定高温。

3）不能无节制地乱烧，注意应不使锅炉本体受强烈火焰的冲刷，并且经常监视火焰的流动方向。

4）不能骤然增减燃烧。增加燃烧时，应首先增加通风量；减少燃烧时，则应首先减少燃料供应量，绝不可以相反行事。

5）防止不必要的空气侵入炉内，以保持炉内高温，减少热损失。

6）如经过调节仍无好转，则应熄火查明原因，待采取措施消除故障后再重新点火。

3. 燃油锅炉的燃烧调节

燃油锅炉的燃油雾化质量是保证其完全燃烧的重要条件，而油蒸气与空气合适的混合比例又是决定燃油良好燃烧的另一个重要因素。由于燃油的燃烧器包括两个部分：一是油嘴，它的作用是调节喷油量和使油雾化；二是调风器，它的作用是使燃油燃烧得到良好的配风。因此，燃油锅炉的燃烧调节主要从以下四个方面着手：

1）调节喷油量。对于简单机械雾化油嘴，在一般情况下只能通过改变油嘴进口油压的方法调节喷油量，由于低负荷时，降低油压会使雾化质量变差，因此其调节幅度有限，一般调节范围只有 10% ~ 20% 。当负荷变化较大时，可以通过更换不同孔径的雾化片来增减喷油量，以适应调节要求。现在的燃烧器多采用两个油嘴，以适应负荷的变化：低负荷时只用一个油嘴，高负荷时两个油嘴同时喷油。回油式机械雾化油嘴由于比简单机械雾化油嘴多了一个能使油从旋流室流回的油管道，因此其喷油量调节范围较大，一般在 40% ~ 100%，可以通过调节回油阀的开度，改变回油量来调节喷油量。蒸气雾化油是以高速蒸气为动力，将油带出油嘴并破碎为油滴，因此一般是通过调油压和气压来达到调节喷油量的目的。

应该引起注意的是：在正常运行中，不能随意急剧改变喷油量。因为喷油量过大，燃烧不充分，严重时烟囱会冒黑烟；喷油量过小，则锅炉出力不足。只有合适的喷油量才能保证锅炉出力与系统负荷相适应，并在最佳热效率下运行。

2）调节送风量。送风量的调节可以通过风机电动机的变频调速或者调节风门开启度来实现。送风量要根据炉膛出口的过量空气系数来决定。送风量过大会降低燃烧室温度，不利于燃烧，并且增大烟气量和排烟热损失；送风量不足，则会导致燃烧室缺氧，造成燃烧不完全和尾部受热面积炭，容易发生二次燃烧或爆炸事故。

理论上应根据喷油量的增减，相应调节送风量。在实际应用中，通常是根据燃烧情况或用二氧化碳分析仪、氧量分析仪等仪器来测定烟气中二氧化碳或氧含量，以决定所需送风量的多少。一般用调节风门的开启度来改变送风量。

3）调节引风量。锅炉负荷的变化使喷油量、送风量、燃烧所产生的烟气量等都跟着相应变化，因此引风量也要及时调节（微正压燃烧的锅炉除外，因其只设鼓风机不设引风机，炉膛为微正压）。在正常运行中通常应保持炉膛一定的负压，负压过大，会增加漏风，增大引风机电耗和排烟热损失；负压过小，容易喷火伤人，影响锅炉房整洁。为此，当锅炉负荷增加时，应先增加引风量，后增加送风量，再增加喷油量和油压，当负荷降低时则反向操作。

4）调节火焰。要使火焰中心居中、分布均匀，就要调整好各燃烧器出口的气流速度。火焰中心的高低，可以通过改变上下排油嘴的喷油量来调节。如果火焰中心偏斜是由于油嘴安装不当造成的，则应调整其安装位置。燃油火焰情况、原因分析及处理或调整方法参见表5-1。

表 5-1 燃油火焰情况、原因分析及处理或调整方法

火 焰 情 况	原 因 分 析	处 理 或 调 整 方 法
火焰呈白橙色，光亮、清晰	1. 油嘴良好，位置适当 2. 油风配合良好	燃烧良好，不需要处理或调整
火焰暗红	1. 雾化片质量不好或孔径过大 2. 油嘴位置不当 3. 送风量不足 4. 油温过低 5. 油压过高或过低	1. 更换雾化片 2. 调整油嘴位置 3. 增加送风量 4. 提高油温 5. 调整油压
火焰紊乱	1. 油风配合不当 2. 油嘴角度及位置不当	1. 调整油风配合比 2. 调整油嘴角度及位置
着火不稳定	1. 油嘴与调风器位置配合不好 2. 油嘴质量不好 3. 油中含水过多 4. 油质、油压波动	1. 调整油嘴与调风器位置配合 2. 更换油嘴 3. 疏水 4. 提高油质，稳定油压

（续）

火 焰 情 况	原 因 分 析	处理或调整方法
火焰中放蓝色火花	1. 调风器位置不当 2. 油嘴周围结焦 3. 油嘴孔径过大或接缝处漏油	1. 调整调风器位置 2. 清焦 3. 更换油嘴
火焰中有火星和黑烟	1. 油嘴与调风器位置不当 2. 油嘴周围结焦 3. 送风量不足 4. 炉膛温度太低	1. 调整油嘴与调风器位置 2. 清焦 3. 增加送风量 4. 避免长时间低负荷运行
火焰中有黑丝条	1. 油嘴质量不好 2. 局部堵塞或雾化片未压紧 3. 送风量不足	1. 更换油嘴 2. 清洗或压紧雾化片 3. 增加送风量

4. 燃气锅炉的燃烧调节

对于燃气锅炉而言，燃气的燃烧速度与燃烧的完全程度取决于气体燃料与空气的混合，混合越好，燃烧越迅速、完全，火焰也越短。由于燃气燃烧器是由燃气喷嘴和调风器组成，其燃烧过程没有燃油那样的雾化与气化过程，只有与空气混合和燃烧的过程，因此燃气锅炉的燃烧调节要比燃油锅炉简单得多，只需调节燃气量与送风量即可。调节时要注意的是：燃气的种类很多，发热值也相差悬殊，不同发热值的燃气，其配风比例也不同；不同发热值的燃气所采用的燃烧器和燃烧方式可能不同，如采用的燃烧器形式和燃烧方式不合理，易导致脱火或回火而影响锅炉出力，这类问题不是通过调节就可以解决的。

五、锅炉的运行调节

锅炉的运行调节是指根据负荷情况改变锅炉的供水温度或流量，以满足供暖质量和安全运行的要求。其主要调节方式有：

（1）质调节　在流量不变的情况下，改变锅炉的供水温度。

（2）量调节　在供水温度不变的情况下，改变锅炉的供水流量。

（3）间歇调节　改变每天供热时间的长短，即改变锅炉运行时间。

对于大面积集中供暖系统，一般在初运行时首先进行量调节。调节方法可用超声波流量计测试调节各管网环路的运行流量，也可用测试回水温度的方法调节其流量。各环路流量调节平衡后，在运行中应根据室外温度的变化进行质调节及间歇调节。其调节原则是：根据使用要求在确定供暖与间歇时间的基础上进行质调节。

六、锅炉的安全停止和停电措施

1. 正常安全停炉

燃油燃气锅炉正常停止运行称为正常停炉。正常停炉时，安全退出燃烧状态的一般操作程序为：

1）先关闭燃烧器的大火开关，再关闭小火开关，并切断电源。若有多个燃烧器工作则逐个间断关闭燃烧器，缓慢降低负荷。

2）燃烧器全部关闭后，立即先停油泵再关闭油阀或关闭燃气总阀和燃烧器阀门，然后停止送风。

3）5～10min后，待炉膛内的可燃气体全部排出，再停引风机。

4）关闭炉门、烟道和风道挡板，防止冷空气进入炉膛。

5）燃烧器停止喷油后，应立即用蒸汽吹扫油管道，将存油放回油罐避免进入炉膛。

6）当锅炉出水温度降到50℃以下时停泵，并关闭水系统各阀门。

7）长期停炉需要放水时，应在锅炉熄火24h后进行，而且水温要降到80℃以下才能排放。

2. 停电保护措施

自然循环的热水锅炉突然停电时，仍能保持锅水继续循环，对安全运行威胁不大。但是强制循环的热水锅炉在突然停电并造成水泵和风机均停止运转时，锅水循环会立即停止，从而很容易因汽化而发生严重事故。此时，必须迅速使炉温降低，同时关断锅炉与供暖系统之间的阀门。如果给水压力高于锅炉静压，则马上向锅炉上水，并同时升启锅炉的排污阀和放气阀，使锅水一面流动，一面降温，直至消除炉膛余热为止。有些较大的锅炉房内设有备用电源或柴油发电机，在电网停电时，应迅速启动，确保系统内水循环不至中断。

第三节　锅炉的检查和维护保养

锅炉的检查与维护保养是为了防患于未然，使锅炉能持久地安全、经济运行。检查和维护保养工作做得好，可以防止锅炉使用状态恶化，使其不发生或减少故障；通过检查可以及早发现并排除存在的小故障，使其不至发展成重大故障或酿成事故。

一、锅炉的检查

锅炉的检查包括运行状态的检查和定期停炉检查，二者目的相同，都是为了使锅炉能长期、安全、经济地运行，但着重点不同，而且不能相互替代。

1. 锅炉运行状态检查

锅炉运行状态检查又称外部检查，是指在停炉内、外部检查的基础上，按一定的周期，对锅炉在运行状态下的各方面情况进行综合检查，一般在两次停炉内、外部检查之间进行，检查内容如下：

1）锅炉本体的检查。检查筒体、水冷壁、炉膛有无变形、泄漏；耐火炉壁有无破损、脱落；管接头、法兰有无渗漏。

2）安全及自控装置的检查。检查安全阀有无铅封、泄漏；压力表有无铅封、存水弯；有无超压报警装置，试验检测其是否能正常运行；鼓风机和引风机正常与否；排污装置是否有泄漏，通畅与否。

2. 定期停炉检查

锅炉定期停炉检查又称内、外部检查。其检查方法主要有：直接检查法、量具检查法、金属表面探伤、射线探伤和超声波探伤等，检查的重点是：

1）锅炉受压元件的内、外表面有无裂纹、裂口和腐蚀。

2）管壁，特别是处于烟气流速高及吹灰器附近的管壁有无磨损和腐蚀。

3）胀口是否严密，管端的受胀部分有无环状裂纹。

4）锅炉的拉撑以及被拉元件的结合处有无断裂或腐蚀。

5）受压元件有无凹陷、弯曲和过热。

6）锅筒与砖砌接触处有无腐蚀。

7）受压元件或锅炉钢架有无因砖墙或隔火墙损坏而发生过热。

8）给水管和排污管与锅筒的接口处有无腐蚀、裂纹。

二、锅炉的维护保养

1. 燃烧器的维护保养

燃烧器是燃油燃气锅炉的心脏，其工作状态好坏对燃油燃气锅炉安全、经济运行起着举足轻重的作用，确保燃烧器在工作时具有良好的状态是对燃烧器进行维护保养的主要任务。燃烧器的维护保养内容见表5-2。

表5-2　燃烧器的维护保养

需每周清洁的部件	燃油过滤器内的滤油网、风门		燃气燃烧器	
应每月清洁一次的部件	点火棒	用干净软布轻轻擦去灰污	经常性的维护保养内容	检查喷嘴、调风器，消除漏风、漏气现象
	指示灯	用柔软洁净布擦去光点管受光处的灰污		检查点火和保护装置
	喷嘴	拆开喷嘴，用煤油清洗过滤网上的油污		维护电路
	滤油器	拆开滤油器，用煤油清洗	运行一年需维护保养一次的内容	检修或更换烧坏的喷嘴或调风器
	稳焰器	用干净软布轻轻擦去灰污		检修燃气管路
				检修调压装置
	油泵过滤器	取出过滤器，用煤油清洗		检查电路

2. 安全附件的维护保养

燃油燃气锅炉上的安全阀、压力表及相应的控制装置是锅炉安全、经济运行不可缺少的重要部件，应经常维护保养以保证其灵敏、可靠。

（1）安全阀的维护保养

1）检查安全阀有无泄漏，如有应及时查明原因，如因阀芯与阀座接触面有污物等造成安全阀不严密而产生泄漏，可手动几次排水，将污物带走；如因阀芯或阀座接触面有锈蚀或沟槽造成泄漏，则要除锈或进行研磨或更换新配件。

2）检查安全阀的铅封是否完好，如有损坏，要查明原因并重新封好。

3）当有异物将安全阀压住或卡住时要及时排除。

4）为了防止安全阀阀芯和阀座黏住，应定期做手动排水试验，操作时要轻抬轻放。

5）一年拆修、调整一次安全阀，更换损坏件，补漆，封铅。

（2）压力表、压力控制装置的维护保养

1）定期冲洗压力表存水弯管，防止堵塞。

2）转动旋塞，检查压力表指针能否恢复到零位，如不能恢复应及时调校或更换新压力表。

3）定期校验压力表指示值是否准确，如压力值超过精度，应查明原因，调校或更换压力表。

4）压力控制器接管的疏通要在停炉、停电、无压力且常温时进行。疏通时可旋开压力控制器连接螺母，然后用细铁丝疏通，一般视水质情况1~2个月疏通一次。当使用中发现压力控制器与原来设定值不一致或失灵时，首先要分清是电气控制问题还是压力调整、压力控制开关处漏水或水管受阻问题，然后有针对性地调整或修复。

3. 燃油系统的维护保养

燃油供应系统的作用是把符合质量要求的油品连续不断地定量输送至锅炉燃烧器,以确保燃烧器安全、经济地燃烧。因此,可靠的燃油供应系统是燃油锅炉正常运行的重要条件。

(1)防水 燃油如含有水分,会使着火不稳定,严重时还会导致"断火"。所以,燃油从运输到贮存都应防水。油罐底部要有排水装置,并应定期打开排水装置,排出集聚在油罐底部的水分。

(2)防静电 燃油很容易受到摩擦产生静电。油料在管道输送或卸油时,能产生200V以上的静电压,在静电压的作用下,油层被击穿,导致放电产生火花,可将油蒸气引燃,进而引发燃烧和爆炸。因此,为了使整个油系统能及时将静电释放掉,油系统的所有管道、油罐、设备、容器及卸油站等都要有接地良好的接地导线。

(3)重油管道保温 重油的黏度大,凝固点高,在管道输送过程中由于散热损失会使其流动性降低,从而增加泵的动力消耗,甚至有可能使油泵电动机过载。因此,重油的输油管道要进行保温处理,以减少热损失。

(4)清洗过滤器 燃油的杂质主要是机械杂质、渣滓和固体碳化物等。这些杂质在管道中不易流动,会使管道阻力增大或堵塞,还会使加热器受到污染、腐蚀,损坏油泵,妨碍燃烧器工作,更严重的是这些杂质一旦进入炉膛,会使燃烧恶化,甚至导致熄火、炉膛爆炸等事故。因此,燃油系统均装有过滤器来滤除这些杂质。为保证其效能,必须定期对过滤器进行清洗。轻油过滤器应使用适当的溶剂及压缩空气每月清洗一遍;重油过滤器应视油品质量定期清洗容器及过滤器,过滤器宜用溶液整个浸泡清洗,不要拆散。

(5)加热器 燃油加热器应定期拆开,用药剂或工具去除加热管上的积炭层或油垢。当采用蒸汽加热时,还应经常注意加热管的出汽口或蒸汽疏水管,如有油渍出现,证明加热器内的加热管已经穿漏,应立即处理。

4. 停炉的维护保养

停炉的维护保养包括锅炉处于停用期间,其水系统在有水或无水时的防腐保养,以及锅炉在运行时无法进行的清理灰垢、修补破漏、更换零部件及刷漆等工作。

(1)防腐保养 燃油燃气锅炉停炉后,如果较长时间停用,需要进行保养,否则其水系统的金属内壁将受到溶解氧的腐蚀。当管子内壁附着沉积物时,还会加快腐蚀过程。实践也证明,锅炉在停炉期间因不维护保养而产生的腐蚀,将使锅炉设备的安全和寿命受到影响,因此必须认真做好锅炉停炉期间的防腐保养工作。常用的防腐保养方法有压力保养、干法保养、湿法保养和充气保养四种,分别适用于热备用、短期停用、长期停用的锅炉。

(2)清灰及锅炉本体的维护保养 燃油锅炉在运行过程中,其燃烧室内壁和烟管壁上会黏附油垢和烟灰,油垢和烟灰易吸收空气中的水分而形成酸性物质,对金属造成腐蚀。此外,无论是燃油锅炉还是燃气锅炉,其受热面上的积灰都会减弱传热作用,增大烟气流动的阻力。锅炉出口的排烟温度可作为判断锅炉运行期间是否需要定期清灰的指标,因为油垢和烟灰的积存会引起排烟温度升高。

一般燃油燃气锅炉使用半年应进行一次清灰,清灰要在停炉的情况下进行。对燃烧室清灰时要将燃烧器从炉体上拆下来,用大功率风机从炉口对燃烧室吹扫。此外,烟室及烟囱也应定期清灰,清灰结束后注意要把炉门、烟箱门关闭严密,以免造成漏风或烟气短路,影响燃烧。

三、锅炉的定期排污

为了除去污垢，保证锅炉及其供暖水系统运行的安全性和经济性，燃油燃气热水锅炉和供暖水系统的除污器都要定期排污。

1. 锅炉的定期排污

热水锅炉在运行期间要通过排污阀定期排污，其排污的目的主要是排出积聚在锅筒和下集箱底部的沉渣和污垢。如果不排污，将会使锅炉的相应受热面传热不良。排污的时间间隔取决于锅水质量。

排污应注意以下事项：

1）排污时锅水应低于100℃，防止锅炉因排污而降压，使锅水汽化和发生水击。

2）排污次数视水质状况而定，一般每周一次。如采用锅内加药的水处理方法或水质较差时，可适当增加排污次数。一台锅炉有几根排污管时，必须使所有的排污管逐个轮流排污，不得同时进行。当多台锅炉使用一根排污总管，而每台锅炉排污管上又无逆止阀时，严禁同时排污，以防污水倒流进相邻锅炉。

3）排污要在停火、最好是在停泵时进行，此时锅内水流平缓，渣垢易积聚，排污效果好。

4）排污时最好速开速关排污阀，并反复几次，造成渣垢扰动，这样易于排净。

2. 供暖水系统除污器排污

在热水供暖系统中，为了防止回水将管网与用户管中的污物带入锅炉，在其回水干管的末端通常都装有除污器。供暖系统经过一段时间运行后，会有污物在除污器中聚积，定期将除污器中的污物排除，对保证热水锅炉及供暖系统的正常运行是非常必要的。一般每周排污一次，长时间不排污会使除污器的除污效果显著下降，甚至使除污器严重腐蚀。

第四节　燃油、燃气锅炉与辅助设备运行中常见故障和处理方法

一、不同类型锅炉运行中常见的通用故障及排除方法

1. 水冷壁管及对流管的爆炸事故

（1）现象

1）可听到水喷射的响声或爆破声。

2）炉膛内负压变成正压。

3）锅炉压力、排烟温度下降。

4）系统循环水量下降，补水增加。

（2）排除方法

1）轻微破裂时，可短时间运行至备用炉生火后停炉。

2）爆破后，应紧急停炉，但引风机继续运行一段时间，排出炉内烟气和水蒸气。

2. 热水锅炉超温汽化事故

（1）现象

1）温度表超过允许值，超温报警器报警。

2）锅内压力上升，安全阀启动。

3）锅炉内有轻微水击声。

（2）排除方法

1）紧急停炉，打开看火门，关风门。

2）关闭锅炉出口阀，打开紧急泄放阀和放气阀，排放热水，并向炉内补进冷水。

3. 热水锅炉超压事故

（1）现象

1）压力表显示压力超过锅炉最高工作压力。

2）安全阀自动排放锅水。

3）锅炉或管网变形、渗漏或开裂。

（2）排除方法

1）打开手动安全阀缓慢防水。

2）开启泄放阀门，排水降压。

3）停止风机及炉排运行，打开炉门。

4. 其他常见事故

（1）锅炉压力下降　供暖系统在充水过程中，如发现锅炉的压力表长时间达不到系统确定的静压值，表明系统中有失水量较大的泄漏点，此时，应及时组织人力尽快查找，并排除泄漏点，使压力恢复正常。

（2）锅炉水温急剧上升　锅炉启动后，温度表在很短时间内急剧上升，常见的故障一是循环水泵没有启动，水循环不良；二是锅炉出口阀门误关。上述情况相当危险，应紧急采取措施，排除故障。

（3）循环水泵吸入口处压力值低于正常值　供暖系统试运行开始，有时会出现循环泵吸入口处的压力低于正常值，一般情况下，如不是因阀门未开，多数是因除污器被污染物堵塞，应及时检查原因，予以排除。

二、燃油锅炉运行中常见故障、原因分析及排除方法

燃油锅炉运行中常见的故障、原因分析及排除方法见表5-3。

表5-3　燃油锅炉运行中常见故障、原因分析及排除方法

常 见 故 障	原 因 分 析	排 除 方 法
接通总电源开关后控制红灯不亮,炉头无任何操作迹象	无电源供应至炉头	1. 检查电源保险、电线、电源开关等是否完好 2. 检查电源是否接到炉头接线箱 3. 如安装有恒温器,应检查是否受恒温器影响 4. 检查控制器与接线箱是否接触不良
接通电源后,炉头电动机能动,稍后故障红灯亮起	1. 电动机线圈短路 2. 电动机轴承不能转动 3. 电动机电容器损坏 4. 油泵泵轴不能转动 5. 控制器损坏	1. 拆修或更换电动机线圈 2. 拆修或更换电动机轴承 3. 更换电动机电容器 4. 修理油泵泵轴 5. 修理或更换控制器
接通电源后,炉头电动机转动,吹风程序过后,油雾从喷嘴喷出,但不能点燃,稍后炉头停止操作,故障红灯亮起	1. 点火变压器故障 2. 接触变压器至引火线损坏 3. 引火线的绝缘棒破裂 4. 点火棒间隙太宽或无间隙 5. 点火棒向前碰到稳焰器 6. 点火棒间隙夹有炭渣 7. 油质含有水分 8. 风量过大影响点燃	1. 修理或更换点火变压器 2. 修理或更换接触变压器 3. 更换引火线的绝缘磁棒 4. 将间隙调整为4~5mm 左右 5. 调整间距使其不大于10mm 6. 清除点火棒间隙夹有的炭渣 7. 除水或换油 8. 调小风门

（续）

常见故障	原因分析	排除方法
油泵转动有吱吱声	1. 入油量不足或本身过滤网阻塞 2. 入油温度过高 3. 入油温度太低或黏度过高	1. 检查油路,清洗过滤网 2. 降低油温 3. 连通轻油和重油(渣油)两套供应系统
时间控制器停止不动	1. 本身熔丝熔断 2. 控制器电源未加入 3. 连锁线不通	1. 更换熔丝 2. 接上电源 3. 查明原因,连通
冒黑烟	油嘴磨损不能雾化	更换油嘴
冒白烟	1. 风门太大 2. 油含有水分	1. 调小风门 2. 除水
火焰向炉门口反喷	1. 烟囱淤塞或烟囱阀门关闭 2. 烟管积灰 3. 炉膛结焦过多影响燃烧	1. 清除烟囱积灰或打开烟囱阀门 2. 清除烟管积灰 3. 清除结焦
烟囱出口有烟灰	1. 排烟温度过低 2. 外部烟囱隔热不良或冷空气侵入	1. 查明原因,提高排烟温度 2. 加厚隔热层,堵塞缝隙
锅炉内部腐蚀	1. 锅炉工作温度太低(低于露点) 2. 燃油中含硫过高 3. 烟温太低	1. 提高工作温度 2. 更换合适燃油 3. 查明原因,提高烟温

三、燃气锅炉运行中常见故障和处理方法

燃油锅炉的燃烧器带有油雾化器,燃气锅炉由于直接燃用气体燃料,因此其燃烧器不带雾化器,这是燃气锅炉与燃油锅炉最主要的不同之处。在其他很多方面,两者都是相同的,因此燃气锅炉常见问题和故障的分析与处理方法与燃油锅炉大致相同。这里只简单地介绍燃气锅炉安全技术条件方面的一些注意事项。

1）燃气的种类很多,发热值也相差悬殊,不同发热值的燃气,其燃气与空气的配风比例不同,使用的燃烧器的燃烧方式也不同。如果采用的燃烧器的形式不合理,则易导致脱火或回火而影响锅炉出力。

2）如果燃气供给压力偏高,则会引起脱火,并可能发出很大的噪声,这时必须对管网燃气调压,保证向燃烧器提供与设计要求一致的供气压力。如果燃气供给压力波动太大,可能引起回火或脱火,甚至引起锅炉爆炸事故,因此必须确保调压站工作正常。

3）燃气燃烧的速度很快,从安全角度考虑,输气管线上的电磁阀、止回阀、流量调节阀、压力检测装置等运行要绝对可靠。

4）空气管线流量调节阀和压力测量装置应运行可靠。

5）燃烧器的布置应使炉膛火焰充满度好,喷嘴与炉膛出口、四壁及炉底有合适的距离,火焰有足够长度且不受四壁干扰,不触及受热面管子。当有多个燃烧器时,各燃烧器的间距能保证火焰不相互干扰。

6）炉膛四壁应密封良好,否则应加固处理。随炉装设的防爆门应灵活可靠。

7）燃烧器能保证燃气与空气均匀混合,空气与燃气比可调。

8）燃料自动检漏系统,自动点火、熄火保护系统,安全连锁保护系统,燃烧负荷系统等应正常可靠。

9）锅炉所设报警装置应灵敏、可靠。

第六章　水质管理

由于水具有良好的传热性能和相变热性质，而且价格低廉、容易获得、使用方便，因此在中央空调系统中被广泛用作制冷机的冷却介质和与外界进行冷（热）量交换的媒介质。但是受工作环境条件的影响，水在物理、化学、微生物等作用下，水质很容易发生变化，而水质变化所产生的后果，对中央空调系统的运行费用、运行效果和设备、管道的使用寿命影响很大。有资料表明：结垢会造成冷凝器热交换效率降低，管道阻力增大。冷凝温度每上升1℃，制冷机的制冷量就下降2%；管道内每附着0.15mm垢层，水泵的耗电量就增加10%。

对于一个新的中央空调冷却水或冷冻水系统来说，在安装竣工之后，投入使用前应进行必要的化学清洗和预膜，以便除去设备及管道内的油污、残渣、浮锈等，并为其与水接触的表面增加一层保护膜，使系统在清洁且有一定保护的状态下投入运行。在运行期间，还要继续进行水处理，停止运行也要进行停机保护。这样不间断地连续做下去，才能保证不致因水质问题而影响制冷与空调效果，造成设备和管道腐蚀，缩短其使用寿命。

为了避免水质变化所造成的种种恶果，有必要对水质变化的原因、影响因素、如何防治等有一定的了解，以便在运行管理过程中给予充分的重视、并有针对性地、及时有效地进行防治。

第一节　冷冻水、冷却水水质管理和水质处理

一、冷冻水水质管理和水质处理

冷冻水的水温低，循环流动系统通常为封闭的，不与空气接触，因此冷冻水的水质管理和必要的水处理相对冷却水系统来说要简单得多。

空调冷冻水系统通常是闭式的，水在系统中作闭式循环流动，不与空气接触，不受阳光照射，防垢与微生物控制不是主要问题。同时，由于没有水的蒸发、风吹飘散等浓缩问题，所以只要不漏，基本上是不消耗水的，要补充的水量很少。因此，闭式循环冷冻水系统日常水质管理的工作目标主要是防止腐蚀，防止腐蚀工作主要通过水处理来实现。

闭式循环冷冻水系统的腐蚀主要由三方面原因引起：一是厌氧微生物的生长而形成的腐蚀；二是由膨胀水箱的补水或阀门、管道接头、水泵的填料漏气而带入的少量氧气造成的电化学腐蚀；三是由于系统由不同的金属材料组成，如铜（热交换器管束）、钢（水管）、铸铁（水泵与阀门）等，因此还存在由不同金属材料导致的电偶腐蚀。

冷冻水的日常水处理工作主要是解决水对金属的腐蚀问题，可以通过选用合适的缓蚀剂予以解决。由于冷冻水系统是闭式系统，一次投药达到足够浓度可以长时间发挥作用。

对于闭式循环的用户侧水系统来说，不论是在夏季供冷运行时循环流动的冷冻水，还是在冬季供暖运行时循环流动的热水，目前国家及行业均未制定相应的水质控制标准，上海市地方标准《宾馆、饭店空调用水及冷却水水质标准》（DB 31/T143—1994）规定的空调用水及冷却水水质和水处理药剂控制指标可供参考（见表6-1、表6-2）。

表 6-1　空调用水及冷却水水质标准

项　目	单　位	冷　水	热　水	冷　却　水
pH		8.0 ~ 10.0	8.0 ~ 10.0	7.0 ~ 8.5
总硬度	kg/m^3	<0.2	<0.2	<0.8
总溶解固体	kg/m^3	<2.5	<2.5	<3.0
浊度	度（NTU）	<20	<20	<50
总铁	kg/m^3	$<1 \times 10^{-3}$	$<1 \times 10^{-3}$	$<1 \times 10^{-3}$
总铜	kg/m^3	$<2 \times 10^{-4}$	$<2 \times 10^{-4}$	$<2 \times 10^{-4}$
细菌总数	个$/m^3$	$<10^9$	$<10^9$	$<10^9$

表 6-2　水处理药剂控制指标

项　目	单　位	冷　水	热　水	冷　却　水
钼酸盐	kg/m^3	$(3 ~ 5) \times 10^{-2}$	$(3 ~ 5) \times 10^{-2}$	$(4 ~ 6) \times 10^{-3}$
钨酸盐	kg/m^3	$(3 ~ 5) \times 10^{-2}$	$(3 ~ 5) \times 10^{-2}$	$(4 ~ 6) \times 10^{-3}$
亚硝酸盐	kg/m^3	≥0.8	≥0.8	$<10^{-3}$
聚合磷酸盐	kg/m^3	$(1 ~ 2) \times 10^{-2}$	$(1 ~ 2) \times 10^{-2}$	$(5 ~ 10) \times 10^{-3}$
硅酸盐	kg/m^3	<0.12	<0.12	$(1.5 ~ 2.5) \times 10^{-2}$

二、冷却水水质管理和水质处理

中央空调系统所配置的制冷机，其冷却水系统通常都是采用冷却塔的开式系统，当冷却水在冷却塔中与大气不断接触，进行热量和水分的交换时，也使水中的二氧化碳散失了，同时又接纳了大气中的污染物（烟气、粉尘等），使其溶解和混入水中，污染了冷却水。此外，冷却塔中能接受到光线和水中大量的溶解氧，又为菌藻类的生长提供了良好条件。而循环冷却水在冷却塔中的水分蒸发和飘散又使得水中溶解盐类的浓度和水的浊度增大。这些问题的存在，造成了开式循环冷却水系统中不可避免地会出现结垢、腐蚀、污物沉积以及菌藻滋生等现象。由此所带来的危害如图 6-1 所示。概括起来主要是：结垢和污染物沉积会造成热交换效率降低、管道堵塞、水循环量减小、动力消耗增大；腐蚀则会损坏管道、部件和设备，缩短其使用寿命，增加

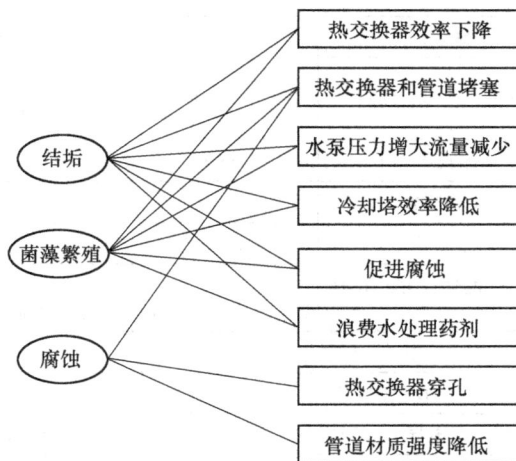

图 6-1　冷却水水质问题及危害

维修费和更新费用，最终都会影响到中央空调系统的正常使用，并加大运行费用的支出。

（一）冷却水水质管理

搞好冷却水的水质管理，不仅对中央空调系统的安全、经济运行有重要的意义，而且对减少排污量，最大限度地减少补水量、节约水资源也有重大的意义。为此，应当从下面四个

方面做好冷却水水质的管理工作。

1）定期投加化学药剂，用化学方法进行水处理，防止系统结垢、腐蚀和菌藻类繁殖。

2）定期进行水质检查，从而掌握水质情况和水处理效果。

3）冷却塔和水管道要定期清洗，从而防止系统积淀过多的污物。

4）及时补充水。

（二）冷却水水质处理

1. 水质标准

国家标准《工业循环冷却水处理设计规范》（GB 50050—1995）规定：敞开式系统循环冷却水的水质标准应根据换热设备的结构形式、材质、工况条件、污垢热阻值、腐蚀率以及所采用的水处理配方等因素综合确定，并应符合表6-3的规定；密闭式系统循环冷却水的水质标准应根据生产工艺条件确定。《空气调节设计手册》（第二版）给出了闭式系统循环冷却水的水质要求，参见表6-4。

表6-3　开式系统循环冷却水水质要求（摘录）

项　目	单　位	要求和使用条件	允许值
悬浮物	mg/L	换热设备为板式、翅片管式、螺旋板式	≤10
pH 值		根据药剂配方确定	7.0 ~ 9.2
甲基橙碱度（以 $CaCO_3$ 计）	mg/L	根据药剂配方及工况条件	≤500
Ca^{2+}	mg/L	根据药剂配方及工况条件	30 ~ 200
Fe^{2+}	mg/L		<0.5
Cl^-	mg/L	碳钢换热设备	≤1000
		不锈钢换热设备	≤300
SO_4^{2-}	mg/L	［SO_4^{2-}］和［Cl^-］之和	≤1500
硅酸（以 SiO_2 计）	mg/L		≤175
		［Mg^{2+}］与［SiO_2］的乘积	<15000
游离氯	mg/L	在回水管处	0.5 ~ 1.0
异养菌数	个/mL		$<5 \times 10^5$
黏泥量	mL/m³		<4

注：Mg^{2+} 以 $CaCO_3$ 计。

表6-4　闭式系统循环冷却水水质要求

项　目	单　位	水质标准
pH 值（25℃）		6.5 ~ 8.0
电导率（25℃）	μS/cm	<800
氯离子（Cl^-）	mg/L	<200
硫酸根离子（SO_4^{2-}）	mg/L	<200
总铁（Fe）	mg/L	<1.0
总碱度（$CaCO_3$ 计）	mg/L	<100
总硬度（$CaCO_3$ 计）	mg/L	<200
铵离子（NH_4^+）	mg/L	<1.0
二氧化硅（SiO_2）	mg/L	<50

上海市地方标准《冷却塔及其系统经济运行管理标准》（DB 31/204—1997）规定的循环冷却水水质控制指标值参见表6-5。

表6-5　循环冷却水水质控制指标

项　目	pH 值	浊度/度	总硬度/(mg/L)	总铁量/(mg/L)	溶解性固体/(mg/L)	浓缩倍数	电导率/(μS/cm)	悬浮物/(mg/L)
指标	7.0~8.5	<10	<800	<0.5	<1000	>2.0	≤1500	<10

国家机械行业标准《离心式冷水机组》（JB/T 3355—1998）要求离心式冷水机组使用的冷却水和补充水水质应符合《工业循环冷却水处理设计规范》（GB 50050—1995）的规定，参见表6-3。《直燃型溴化锂吸收式冷热水机组》（JB/T 8055—1996）要求直燃型溴化锂吸收式冷、热水机组的冷却水和补充水的水质按表6-6的规定执行。《溴化锂吸收式冷水机组》（JB/T 7247—1994）要求溴化锂吸收式冷水机组的冷却水和补充水的水质参考表6-6执行。表6-6中水质标准的适用对象主要为冷凝器，并且使用的材料为铜。

表6-6　直燃型溴化锂吸收式冷、热水机组的水质标准

	项　目	单　位	基　准　值	
			冷却水	补充水
基准项目	pH 值(25℃)		6.5~8.0	6.5~8.0
	电导率(25℃)	μS/cm	<800	<200
	氯离子(Cl⁻)	mg/L	<200	<50
	硫酸根离子(SO_4^{2-})	mg/L	<200	<50
	酸消耗量($CaCO_3$ 计)	mg/L	<100	<50
	全硬度($CaCO_3$ 计)	mg/L	<200	<50
参考项目	铁(Fe)	mg/L	<1.0	<0.3
	硫离子(S^{2-})	mg/L	检验不出	检验不出
	铵离子(NH_4^+)	mg/L	<1.0	<0.2
	离子状二氧化硅(SiO_2)	mg/L	<50	<30

2. 水质处理方法

（1）化学处理方法　开式循环冷却水系统的水处理，是根据水质标准，通过投加化学药剂或其他方法来防止结垢、控制金属腐蚀、抑制微生物的繁殖。目前使用最广泛的是用化学方法进行水处理（简称化学水处理），所采用的化学药剂根据其主要功能分为阻垢剂、缓蚀剂和杀生剂三种。

1）垢和阻垢剂。黏附在冷却水侧管壁表面上的沉积物统称为"垢"，按沉积物的成分可分为水垢、污垢和黏泥。水垢也叫水生垢或硬垢，是溶于水中的盐类物质，由于温度升高或冷却水在冷却过程中不断蒸发浓缩，使冷却水中的盐类物质超过其饱和溶解度而结晶析出沉积在金属表面上，因此又叫做盐垢，如碳酸钙、硫酸钙、磷酸钙、碳酸铁、氢氧化锰、硅酸钙等。其中碳酸钙最常见，危害最大。如果结晶的盐类物质在析出沉淀成垢的过程中，夹带着微生物质新陈代谢产生的分泌物、微生物残骸，腐蚀产生的含水氧化物、黏土以及凝胶状物质集合体时，其所形成的沉积物即为污垢。如果沉淀物中金属盐类物质较少，其主要成

分是微生物的分泌物、残骸、凝胶物质时，所形成的黏浊物就称为黏泥。

不论是由难溶盐所产生的水垢，还是由以泥沙、微生物和胶体性的有机物等形成的污垢或黏泥，它们附着在热交换器的管壁上像一个绝缘体，其所造成的危害主要表现在以下几个方面：增大了冷却水与制冷剂或空气间热传导过程中的热阻，即降低了热交换器的换热效率；缩小了管道过水断面，即降低了通水能力，同样使热交换器的换热效率降低；增大了水流阻力，使电耗增加，运行费用加大；促进或直接引起金属腐蚀，缩短了管道或设备的正常使用寿命；增加检修工作量，缩短了正常运行周期；增加了水处理的药剂用量或降低了药剂的使用效果。

对于污垢和黏泥，可以采取定时冲洗并部分排水同时补充新鲜水的排污法来解决；对于水垢，则可采用加酸法（又叫酸化法）、加 CO_2 法（又叫碳化法）和投加阻垢剂法（又叫药剂法）来阻止其生成。目前国内外应用最广泛、效果最好的是投加阻垢剂法，常用的阻垢剂见表6-7。

表6-7　常用阻垢剂

类　别	化（聚）合物		用量/（mg/L）	特　性
聚磷酸盐	六偏磷酸钠（$NaPO_3$）		1～5	1. 在结垢不严重或要求不高时，可单独使用 2. 低剂量时起阻垢作用，高浓度时起缓蚀作用
	三聚磷酸钠（$Na_5P_3O_{10}$）		2～5	
有盐磷酸盐系	含氮	氨基三甲叉磷酸（ATMP）	1～5	1. 不宜单独使用，一般与锌、铬或磷酸盐共用 2. 含氮的不宜与氯杀菌剂共用
		乙二胺四甲叉磷酸（EDTMP）		
	不含氮	羟基乙叉二磷酸（HEDP）		
磷酸酯类	单元醇磷酸酯 多元醇磷酸酯 氨基磷酸酯		5～30	与其他抑制剂联合使用时效果最好
聚羧酸类	聚丙烯酸 聚马来酸 聚甲基丙烯酸		1～5	铜质设备使用时必须加缓蚀剂

2）腐蚀和缓腐剂。冷却水系统中所发生的对金属的腐蚀一般分为化学腐蚀、电化学腐蚀和微生物腐蚀三种类型。

在循环冷却水中一般不存在具有腐蚀作用的化学物质。

循环水的 pH 值一般都在 6.5～8.5 范围内，且具备电化学腐蚀的基本条件：一是冷却水中含有盐分，构成了电解质，能导电；二是管道、设备等金属内部不同部位之间或两种不同金属之间会产生电位差；三是有起导线作用的金属本体，因而能传递电子，所以冷却水对金属的腐蚀主要是电化学腐蚀。

微生物腐蚀实质上是细菌微生物在繁殖过程中促进了金属腐蚀过程，起着腐蚀的催化作用。如硫酸还原菌使水中的硫酸根离子产生的还原反应；细菌微生物在新陈代谢过程中所形成的黏泥覆盖在金属表面上而引起的化学或电化学腐蚀。显然这种腐蚀并不是一般常说的"细菌食铁"而产生的金属腐蚀。

要控制循环冷却水对金属的腐蚀，应从两方面着手来做工作。一方面要消除或减少影响腐蚀的外部因素，另一方面，也是最重要的一方面就是要加强水处理。

循环冷却水对金属的腐蚀，如前所述，主要是电化学腐蚀。为了防止电化学腐蚀，一般采用的方法是向循环水投加某些化学药剂，阻止电化学腐蚀过程中的阴、阳极反应，降低腐蚀电位，或者促使阴极或阳极的极化作用以抑制电化学腐蚀反应的进行。

缓蚀剂一般是指能抑制（减缓或降低）金属处在具有腐蚀性环境中产生腐蚀作用的药剂。不论采用何种化学药剂都难使金属达到完全没有腐蚀的程度，所以把这种化学药剂称为"腐蚀抑制剂"或"缓蚀剂"。

按缓蚀剂所形成保护膜或称防腐蚀膜的特性，可将缓蚀剂分为氧化膜型和沉淀膜型两种，一些代表性的缓蚀剂见表6-8。

表6-8　代表性缓蚀剂及防蚀膜的类型和特性

防蚀膜类型		典型的缓蚀剂	用量/（mg/L）	防蚀膜特性
氧化膜型	铬酸盐	铬酸钠、铬酸钾	200～300	膜薄、致密，与金属结合牢固，防腐蚀性能好
	亚硝酸盐	亚硝酸钠、亚硝酸铵	30～40	
	钼酸盐	钼酸钠	50以上	
沉淀膜型	水中离子型	聚磷酸盐　六偏磷酸钠、三聚磷酸钠	20～25	膜多孔、较厚，与金属结合性能较差
		硅酸盐　硅酸钠	30～40	
		锌盐　硫酸锌、氯化锌	2～4	
		有机磷酸盐　HEDP、ATMP、EDTMP	20～25	
	金属离子型	疏基苯并噻唑（MBT）苯并三氮唑（BTA）甲基苯并三氮唑（TTA）	1～2	膜较薄、比较致密，对铜及铜合金具有特殊的缓蚀性能

氧化膜型缓蚀剂与金属表面接触进行氧化而在金属表面形成一层薄膜，这种薄膜致密且与金属结合牢固，能阻碍水中溶解氧扩散到金属表面，从而抑制腐蚀反应的进行。实践证明，使用铬盐缓蚀剂所生成的防腐蚀薄膜效果最好，但其最大缺点是毒性大，如没有有效回收及处理措施会产生公害。

沉淀膜型缓蚀剂与水中的金属离子（如钙）作用，形成难溶的盐，当从水中析出后沉淀吸附在金属表面上，从而抑制腐蚀反应的进行。金属离子型的缓蚀剂不和水中的离子作用，而是和被防腐蚀的金属离子作用形成不溶性盐，沉积在金属表面上以起到防腐蚀作用。金属离子型缓蚀剂所形成的沉淀膜比水中离子型缓蚀剂所形成的膜致密而薄。水中离子型缓蚀剂如投加量过多，则有产生水垢的可能，而金属离子型缓蚀剂则无此弊病。

当循环冷却水系统中有铜或铜合金换热设备时，对其进行水处理要注意投加铜缓蚀剂或采用硫酸亚铁进行铜管成膜。

3）阻垢缓蚀的复合药剂和选用原则。将具有缓蚀和阻垢作用的两种或两种以上的药剂联合使用，或将阻垢剂和缓蚀剂以物理方法混合后所配制成的药剂，都称作复合药剂。一般来说，复合药剂的缓蚀阻垢效果均比其中一种药剂单独使用时的效果好，这就是所谓的

"协同效应"所起的作用。复合药剂尽管类型品种繁多，但都是按照水质特性和冷却水系统运行中存在的主要问题，以一两种药剂为主配制而成的，是具有突出功能的复合药剂。任何一种新型复合药剂的组成成分并不一定都是由新的化学药剂构成的。下面简要介绍国内外使用过和推荐使用的一些复合药剂及选用原则。

目前国内外使用过和推荐使用的复合药剂有：

① 磷系复合药剂。

聚磷酸盐 + 锌盐：聚磷酸盐含量为 30~50mg/L，锌盐含量宜小于 4mg/L（以 Zn^{2+} 计），pH 值宜小于 8.3，一般控制在 6.8~7.2。

聚磷酸盐 + 锌 + 芳烃唑类化合物：掺加芳烃唑类化合物的主要目的是保护铜及铜合金，一般掺加 1~2mg/L 即可起到有效的保护作用，同时也能起防止金属腐蚀的作用。常用的芳烃唑类化合物有巯基苯并噻唑（MBT）和苯并三氮唑（BZT），它们都是很有效的铜缓蚀剂，pH 值的范围为 5.5~10。

聚磷酸盐 + 聚丙烯酸：主要用于处理结垢趋势不大的循环水，使用的配比为 (4~6 mg/L)：(3.5~7mg/L)，适用的范围不如带有"HEDP"的有机磷系复合抑制剂广泛，但对微生物产生的影响及其控制能力相同。

六聚磷酸钠 + 钼酸钠：可以形成阴极、阳极共有防护膜，大大提高缓蚀效果和控制点蚀的能力。钼酸盐在温度高于 70℃、pH 值大于 9 的水中缓蚀效果最好，使用量通常为 3mg/L 左右。钼酸盐的毒性小，对环境不会造成严重污染。

② 有机磷系复合药剂。

锌盐 + 磷酸盐：用 35~40mg/L 的磷酸盐和 10mg/L 的锌盐，在 pH 值为 6.5~7.0 的条件下可以有效地控制金属腐蚀，当改变上述两种药剂的组成比例，使锌盐的用量为磷酸盐质量的 30% 时，则可获得最佳的缓蚀效果。

巯基苯并噻唑 + 锌 + 磷酸盐 + 聚丙烯酸盐：推荐的巯基苯并噻唑使用浓度为 1~2mg/L，磷酸盐为 8~10mg/L，锌为 3~5mg/L，聚丙烯酸盐为 3~5mg/L，而钙的硬度最大允许值为 400mg/L。

以聚磷酸盐、聚丙烯酸和有机磷酸盐为主的组合有：

六偏磷酸钠 + 聚丙烯酸钠 + 巯基乙叉二磷酸；

六偏磷酸钠 + 聚丙烯酸钠 + 巯基乙叉二磷酸 + 巯基苯并噻唑；

八偏磷酸钠 + 聚丙烯酸钠 + 巯基乙叉二磷酸 + 巯基苯并噻唑 + 锌；

三聚磷酸钠 + 聚丙烯酸钠 + 乙二胺四甲叉磷酸 + 巯基苯并噻唑。

在上述四种组合中，聚磷酸盐的用量为 2~10mg/L，聚丙烯酸钠为 2~16mg/L，巯基乙叉二磷酸钠盐为 0.8~5mg/L，巯基苯并噻唑 0.4~1mg/L，锌盐（以 Zn^{2+} 计）为 2~4 mg/L，乙二胺四甲叉磷酸为 2mg/L。具体各组分的配比和投加量应根据水质特性和运行情况，通过试验并结合实际运行效果确定。应该引起注意的是，这四种组合中均含有磷，为菌藻类微生物的生长提供了营养物质，所以在使用时必须同时投加杀生剂，控制菌藻类微生物的大量繁殖。

目前，用于冷却水水处理的缓蚀剂、阻垢剂品种较多，其组成的复合药剂的种类相对来说就更多。随着用于水处理的化学药剂的深入研究和冷却水水处理要求的全面提高，今后还会不断涌现出新的缓蚀剂和阻垢剂。因此，要选择合适的复合药剂一般应考虑以下原则，综合做出决策。

① 根据水质持性，通过模拟试验筛选出适宜的复合药剂，在实际运行过程中，视其效果再调整各组分的配比及投加量。在无试验条件的情况下，可以参考同类冷却水系统的运行数据。但不宜直接套用其配方，因为水质特性、系统组成、运行条件、操作方式等不同，可能会使缓蚀阻垢效果产生较大差异。

② 要注意协同效应，优先采用有增效作用的复合配方，以增强药效，降低药耗。

③ 复合药剂的使用费用应适宜，且购买要方便。

④ 配方中的各药剂不应有相互对抗的作用，而且要与配用的杀生剂相容。

⑤ 含有复合药剂残液的冷却水排放时，应符合环保部门的规定，对周围环境不造成污染。

⑥ 不会造成换热器表面传热系数的降低。

4）阻垢缓蚀剂的加药量。

① 循环冷却水系统阻垢缓蚀剂的首次加药量，可按下式计算：

$$G_f = \frac{Vg}{1000} \tag{6-1}$$

式中 G_f——系统首次加药量（kg）；

    V——系统容积（m³）；

    g——单位容积循环冷却水的加药量（mg/L）。

② 运行时的加药量。

对于敞开式循环冷却水系统，按下式计算：

$$G_t = \frac{W_e g}{1000(N-1)} \tag{6-2}$$

式中 G_t——系统运行时的加药量（kg/h）；

    W_e——蒸发水量（m³/h）；

    N——浓缩倍数（一般不小于3），可按式（6-3）计算。

$$N = \frac{W_m}{W_b + W_w} \tag{6-3}$$

式中 W_m——补充水量（m³/h），敞开式系统 $W_m = W_e N/(N-1)$，密闭式系统 $W_m = \alpha V$（α 为经验系数，可取0.001）；

    W_b——排污水量（m³/h）；

    W_w——风吹损失水量（m³/h）。

对于密闭式循环冷却水系统而言，可按下式计算：

$$G_t = \frac{W_m g}{1000} \tag{6-4}$$

（2）物理处理方法 采用化学药剂进行水处理虽然有操作简单、不需要专用设施、效果显著等优点，但也有不足之处：需要定期进行水质检验，以决定投加的药剂种类及药量；用药不当则达不到水质要求，甚至损坏设备和管道，因此技术性要求高；大多数化学药剂都或多或少地有一些毒性，随水排放时会造成环境污染。

采用物理方法来达到降低水的硬度的目的即为物理水处理。采用物理水处理方式，除了购买处理设备的一次投资外，其运行费用极低，基本不需维护保养，也没有二次污染。但其最大的缺点是防垢能力有一定时限，超过了这个时限，不继续对水进行处理仍然会产生结垢现象。此外，在使用此类装置时，还必须遵循一定的使用方法，在不符合有关规定的条件下使用，也会使其防垢作用受影响，甚至无防垢作用。

目前常用的物理水处理方法有磁化法、高频水改法、静电水处理法和电子水处理法。

1）磁化法。磁化法就是让水流过一个磁场，使水与磁力线相交，水受磁场外力作用后，使水中的钙、镁盐类不生成坚硬水垢，而生成松散泥渣，能在排污时排出。

关于磁化法处理水的原理有不少说法，至今未有统一结论。较多的说法是：水中钙、镁离子受磁场作用后，破坏了它们原来与其他离子之间静电吸引的状态而导致其结晶条件发生改变。能进行磁化法水处理的设备称为磁水器。按产生磁场的能源和结构方式，磁水器主要分为两大类，即永磁式磁水器和电磁式磁水器。

经实践检验，磁水器用于处理负硬水效果最显著，对总硬度小于 500mg/L（以 $CaCO_3$ 计）、水硬度小于总硬度的三分之一时，效果较好。

2）高频水改法。高频水改法是让水经高频电场后，使水中钙、镁盐类结垢物质都变成松散泥渣而不结硬垢。其防垢原理尚无定论，现在较多的说法是：水经高频电场后，水分子大部分由多分子复合体变为二聚体，极性接近消失而本身稳定性强，与其他分子间的吸引力减弱，钙、镁盐不易溶解而易结晶析出。同时，钙、镁离子在高频电场的作用下，它们的荷电状态（化合价电子）也发生改变，离子的极性呈顺序排列，使其离子间引力遭到破坏，原来的多离子复合体被分为单个的或短链的离子复合体，从而导致结晶条件的改变。

能对水进行高频水改法处理的设备称为高频水改器，它由振荡器和水流通过器两部分组成。振荡器是利用电子管的振荡原理发生高频率电能，水流通过器则由同轴的金属管、瓷管和铜网组成，金属管为外电极，铜网为内电极，二者之间形成高频电场，水流则从金属管与瓷管之间的空间流过。

3）静电水处理法。静电除垢的原理可用洛仑兹力的作用原理来解释。其设备称为静电除垢器，它是由水处理器和直流电源两部分组成。水处理器的壳体为阴极，由镀锌无缝钢管制成，壳体中心装一根阳极芯棒，芯棒外套有聚四氟乙烯管，以保证有良好的绝缘，被处理的水经阳极和壳体之间环状空间流过，采用高压直流电源。

4）电子水处理法。采用电子水处理法的设备称为电子水处理器。其工作原理是：水流经过电子水处理器时，在低电压、微电流的作用下，水分子中的电子将被激励，从低能阶轨道跃向高能阶轨道，引起水分子的电位能损失，使其电位下降，致使水分子与接触界面的电位差减小，甚至趋于零，这样会使：水中所含盐类离子因静电引力减弱而趋于分散，不致趋向器壁积聚，从而防止水垢生成；离子的自由活动能力大大减弱，器壁金属离解也将受到抑制，对无垢的新系统起到防蚀作用；水中密度较大的带电粒子或结晶颗粒沉淀下来，使水部分净化，这也意味着具有部分去除水中有害离子的作用。

电子水处理器的构造与静电除垢器相似，也是由水处理器和直流电源组成，所不同的是电子水处理器的阳极是一根金属电极，并与水直接接触；此外，电子水处理器采用的是低压直流电源。

第二节　空调水系统的清洗与预膜

当中央空调循环水系统运行一定时间后，由于在使用过程受物理或化学等作用的影响，或水处理不理想，系统常会产生一些盐类沉淀物、腐蚀杂物和生物黏泥等。这些污染物都会直接影响热交换器的换热效率和减小管道的过水断面，因此必须进行清洗。

预膜处理是为了保护金属表面免遭腐蚀，利用某些化学药剂与水中的二价金属离子形成络合物，在金属表面形成一层非常薄的膜，牢固地黏附在金属表面上，从而抑制水对金属的腐蚀，也包括防止微生物的腐蚀。这种膜常称为保护膜或防腐蚀膜。

实践证明，水系统的清洗与预膜处理是减少腐蚀、提高热交换效率、延长管道及设备使用寿命的有效措施之一。因此，清洗与预膜是日常水处理不可缺少的重要环节，其过程为：水冲洗→化学药剂清洗→预膜→预膜水置换→投加水处理药剂→常规运行。

一、空调水系统清洗的对象和方法

1. 清洗的对象

中央空调循环水系统的清洗包括冷却水系统的清洗和冷冻水系统的清洗。

冷却水系统的清洗主要是清除冷却塔、冷却水管道内壁、冷凝器换热管内表面的水垢、生物黏泥、腐蚀产物等沉积物。

冷冻水系统的清洗主要是清除蒸发器换热管内表面、冷冻水管道内壁、风机盘管内壁和其他空气处理设备内部的污垢、腐蚀产物等沉积物。

2. 清洗的方法

清洗方法一般分为物理清洗和化学清洗。物理清洗主要是利用水流的冲刷作用来去除设备和管道中的污染物；化学清洗则是采用酸、碱或有机化合物的复合清洗剂来清除设备和管道中的污染物。

（1）物理清洗　利用清洁的自来水以较大的水流速度（不小于1.5m/s）对与冷却水接触的所有设备和管道进行5~8h的循环冲洗，借助水流的冲击力和洗刷力来清除设备和管道中的泥沙、松散沉积物和各种杂碎物质，并通过主管道的最低点或排污口排放掉清洗水，同时拆洗Y形水过滤器。

由于热交换器内的换热铜管管径较小，为避免系统清洗出来的污泥杂物堵塞换热管，清洗水应从热交换器的旁路管通过。热交换器的清洗则采用拆下端盖，单独用刷子和水对每根换热管进行清洗的方法。

物理清洗的优点是：可以省去化学清洗所需的药剂费用；避免化学清洗后清洗废液的处理或排放问题；不易引起被清洗的设备和管道腐蚀。物理清洗的缺点是：部分物理清洗方法需要在中央空调系统停止运行后才能进行；清洗操作比较费工；有些方法容易造成设备和管道内表面损伤等。

（2）化学清洗　化学清洗是通过化学药剂的化学作用，使被清洗设备和管道中的沉积物溶解、疏松、脱落或剥离的清洗方法。一般来说，化学清洗不仅能去除系统中的油污，而且能消除各种结垢物、金属腐蚀物和生物黏泥。为了减少化学清洗剂的用量，前述的物理清洗也是系统清洗不可缺少的一环，尤其是在泥沙、污物沉积较多的情况下，先用水冲洗一遍是很有必要的。

化学清洗的优点是：沉积物能够彻底清除，清洗效果好；可以进行不停机清洗，使中央空调系统照常供冷或供暖；清洗操作比较简单。化学清洗的缺点是：易对设备和管道产生腐蚀；产生的清洗废液易造成二次污染；清洗费用相对较高。

二、空调水系统的预膜处理

循环水系统设备和管道的内表面，经化学清洗后呈活性状态，极易产生二次腐蚀，因此要在化学清洗后立即进行预膜处理。

预膜处理就是向循环水系统中投加某些化学药剂，使与循环水接触的所有经清洗后的设备、管道金属表面形成一层非常薄的能抗腐蚀、不影响热交换、不易脱落的均匀、致密保护膜的过程。形成的保护膜类型与所投加化学药剂有关，不同的化学药剂在金属表面形成的保护膜也不同。一般常用的保护膜有两种类型：氧化型膜和沉淀型膜。

1. 预膜处理的作用和方法

预膜处理和酸洗后的钝化处理作用一样，也是使金属的腐蚀反应处于全部极化状态，消除产生电化学腐蚀的阴、阳极间的电位差，从而抑制腐蚀。

在确认系统已清洗干净并换入新水后，投加预膜剂，启动水泵使水循环流动 $20 \sim 30h$ 进行预膜。预膜后如果系统暂不运行，则任由药水浸泡；如果预膜后即转入正常运行，则于一周后投加缓蚀阻垢剂。

经预膜处理后的系统，一般均能减轻腐蚀，延长设备和管道的使用寿命，保证其连续安全地运行，同时能缓冲循环水中 pH 值波动的影响。

2. 预膜剂和成膜的控制条件

预膜剂经常是采用与抑制剂大致相同体系的化学药剂，但不同的预膜剂有不同的成膜控制条件，见表6-9。

表 6-9　抑制剂用作预膜剂时的主要控制条件

预　膜　剂	用量/（mg/L）	处理时间/h	pH 值	水温/（℃）	水中离子含量/（mg/L）
六偏磷酸钠 + 硫酸锌 （80% + 20%）	600 ~ 800	12 ~ 24	6.0 ~ 6.5	50 ~ 60	$Ca^{2+} \geqslant 50$
三聚磷酸钠	200 ~ 300	24 ~ 48	5.5 ~ 6.5	常温	$Ca^{2+} \geqslant 50$
铬 + 磷 + 锌 重铬酸钾 六偏磷酸钠 硫酸锌	200 200 150 35	> 24	5.5 ~ 6.5		$Ca^{2+} \geqslant 50$
硅酸盐	200	7.0 ~ 7.2	6.5 ~ 7.5	常温	
铬酸盐	200 ~ 300		6.0 ~ 6.5	常温	
硅酸盐 + 聚磷酸盐 + 锌	150	≥24	7.0 ~ 7.5	常温	
有机化合物	200 ~ 300		7.0 ~ 8.0		$Ca^{2+} \geqslant 50$
硫酸亚铁	250 ~ 500	96	5.0 ~ 6.5	30 ~ 40	

保护膜的质量与成膜速度除与使用的预膜剂直接有关外，还受以下因素的影响：

（1）水温　水温高则有利于分子的扩散，加速预膜剂的反应，成膜快、质地密实。

（2）水的 pH 值　水的 pH 值过高会产生磷酸钙沉淀，同时还会影响膜的致密性和与金属表面的结合力；如 pH 值低于 5 则将引起金属的腐蚀。因此要严格控制水的 pH 值，一般认为控制在 5.5~6.5 左右为宜。

（3）水中钙离子（Ca^{2+}）与锌（Zn^{2+}）离子　钙离子与锌离子是预膜水中影响较大的两种离子。如果预膜水中不含钙或锌含量较少，则不会产生致密有效的保护膜。一般规定预膜水中的钙含量不能低于 50mg/L。锌离子能促进成膜速度，在预膜过程中，锌与聚磷酸盐结合能生成磷酸锌而牢固地附着在金属表面上，成为其有效的保护膜，所以在聚磷酸盐预膜剂中都要配入锌盐。

（4）铁离子和悬浮物　铁离子和悬浮物都直接影响成膜的质量，如水中悬浮物较多，生成的膜就松散，抗腐蚀性能就会下降。一般应采用过滤后的水或软化水来配制预膜剂。

（5）预膜剂的浓度　不论采用何种预膜剂，均应根据当地水质特性所作的试验效果确定预膜剂的使用浓度。

（6）预膜液流速　在预膜过程中，一般要求预膜液流速要高一些（不低于 1m/s）。流速大，有利于预膜剂和水中溶解氧的扩散，因而成膜速度快，其所形成的膜也较均匀密实。但流速过高（大于 3m/s），可能引起预膜液对金属的冲刷侵蚀；如流速太低，成膜速度就慢，生成的保护膜也不均匀。

3. 补膜和个别设备的预膜处理

当某些原因造成循环水系统的腐蚀速度突然增高，或在系统中发现带涂层的薄膜脱落时，都可以认为是系统的膜被破坏了，此时就需进行补膜处理。补膜一般是增大起预膜作用的抑制剂用量，使抑制剂的投加量提高到常规运行时用量的 2~3 倍，其他控制条件可与预膜处理时基本相同。

个别设备的预膜处理是指那些更换的新设备或个别检修了的设备在重新投入使用前的预膜处理。这种预膜处理与对整个循环水系统进行的预膜处理基本相同，即将配制好的预膜液用泵进行循环；也可以用浸泡法，将待处理的设备或管束浸于配制好的预膜液中，经过一定时间后即可以取出投入使用。这两种处理方法均比在整个循环水系统中进行预膜处理容易，成膜质量也能保证。

由于冷却塔通常由人工定期清洗，而且也不需要预膜，另外对冷却塔以外的循环冷却水系统进行清洗和预膜的水不需要冷却，因此，为了避免系统清洗时的脏物堵塞冷却塔的配水系统和淋水填料，加快预膜速度，避免预膜液的损失，循环冷却水系统在进行清洗和预膜时，循环的清洗水和预膜水不应通过冷却塔，而应由冷却塔的进水管与出水管间的旁路管通过。

第七章 空调自动控制系统的运行管理

第一节 概 述

一、空调自动控制系统的特点

与一般工业自动控制系统相比，空调自动控制系统的特点可以大致归纳如下：

1）空调自动控制系统往往离不开各种检测控制仪表，而这些仪表又大都是多功能的系列仪表，如电动仪表、气动仪表、组装式仪表、智能仪表及电子计算机等。仪表的选取与使用应与空调系统相配合，才能达到满意的控制效果。

2）空调系统被控对象较为特殊，其动态惯性大，带有纯滞后时间，而且还常常有非线性特性。因此从控制理论角度看，就很难用精确的数学模型来表示。一般情况下都采用近似、理想化的经验数学模型。

3）空调系统的干扰较多，这些干扰来自系统外部或来自系统内部，也称为外扰与内扰。

4）空调系统中温度与湿度的相关性。温度与湿度是空调系统中的两个主要控制参数，而这两个参数在系统中又互相影响。

5）空调系统具有工况转换控制的要求。空调系统根据气候变化情况工作在不同工况下，相应的工况自动控制系统除了能实现系统参数控制外，还可以节能运行。

6）空调系统动态过程缓慢。由于系统控制参数是温度、湿度等，而且参数变化与被控对象有关，所以空调系统动态过程一般要经过一段较长时间才能完成。

二、空调自动控制系统的组成

空调自动控制系统被控参数主要是空调房间的温度与湿度。如果将空调系统给定输入量、输出量、反馈量、干扰量分别以 $X(t)$、$Y(t)$、$f(t)$、$n(t)$ 表示，偏差、调节器输出、调节作用分别以 $e(t)$、$P(t)$、$g(t)$ 表示，则空调自动控制系统可以表示成如图 7-1 所示。

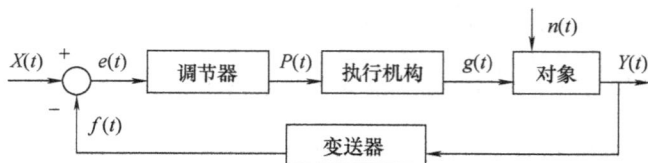

图 7-1 空调自动控制系统（反馈控制系统）

空调自动控制系统是由调节器、执行机构、被控对象及变送器等基本部分组成。

三、空调自动控制系统的分类

1. 按系统结构特点分类

（1）反馈控制系统　根据系统被控量的实际输出值与系统给定值的偏差进行工作，其目的是消除或减少偏差。图 7-1 所示就是反馈控制系统，又称闭环控制系统。

（2）前馈控制系统　直接根据扰动进行工作，又称开环控制系统，如图 7-2 所示。

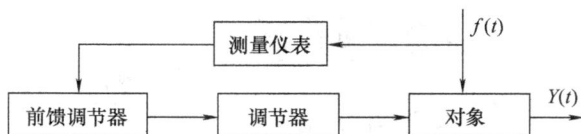

图 7-2　前馈控制系统示意图

（3）复合控制系统　集中了前馈控制系统与反馈控制系统的优点，提高了系统控制质量，又称前馈—反馈控制系统，如图 7-3 所示，是一种较为高级的控制方式，应用于要求较高场合。

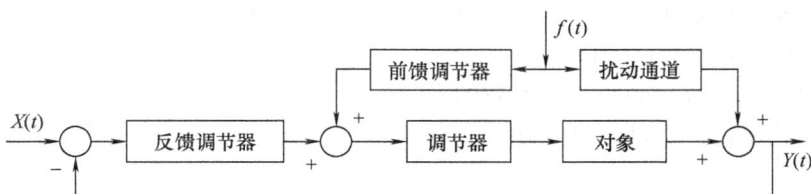

图 7-3　复合控制系统示意图

（4）串级控制系统　将主调节器的输出作为副调节器的给定输入，系统由内、外（主、副）两环构成，如图 7-4 所示。副环被控参数一般可选取受干扰较大、纯滞后较小且反应灵敏的参数；主环被控参数一般就是系统的主参数。副环一般具有及时抑制、克服其主要干扰影响的超前调节功能，提高了系统调节质量。副环对象的时间常数比主环对象的时间常数小，调节效果显著，所以一般情况下副环调节器使用比例积分或比例调节规律。

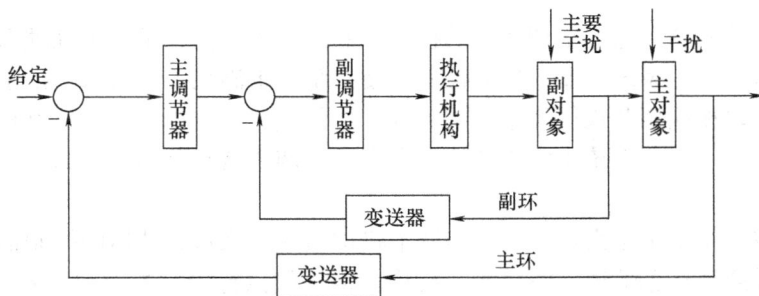

图 7-4　串级控制系统示意图

（5）选择控制系统　通过选择器对控制参数进行判断、选择，从一种被控量的控制方式转换为另一种被选择的被控量的控制方式。在空调工程中有两种类型：即根据调节信号输出高低进行选择（图 7-5）和输出信号先经过选择器比较选择后再送至调节器。

（6）分程控制系统　由一调节器的输出信号控制两个或两个以上的执行机构分程动作的控制方式。分程控制系统根据调节器输出信号大小分段控制不同的执行机构，使其按先后顺序动作，如图 7-6 所示。

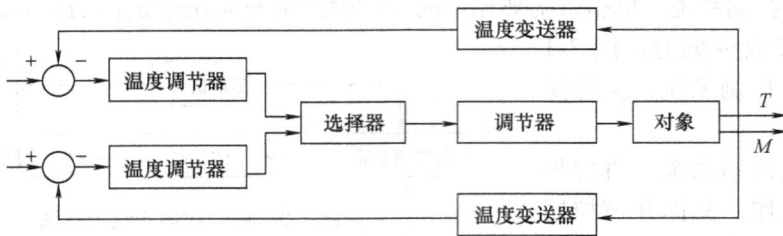

图 7-5 按调节器输出信号进行选择控制

2. 按设定值信号特点分类

（1）定值控制系统 系统设定值在系统工作的全部时间里恒定不变，当然，可以根据系统工艺要求随时修改设定值。

（2）随动控制系统 系统被控参数的设定值随时间任意变化，也可随机变化，又称跟踪系统。

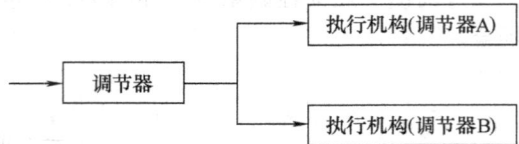

图 7-6 分程控制系统示意图

（3）程序控制系统 系统被控参数的设定值按预定的编制好的满足空调工艺要求的程序变化。

四、空调自动控制系统常用仪表与执行机构

1. 检测变送器

检测变送器也就是传感器。空调系统中常见的温度检测仪表有：玻璃温度计、双金属温度计、金属热电阻温度计和半导体热敏电阻温度计等；常见的湿度传感器有：干湿球湿度信号发送器、氯化锂电阻式湿敏元件及温湿度变送器、电容式湿度传感器和磺酸锂湿敏元件等。

2. 调节器

调节器也称控制器，它是空调系统的控制核心。其主要任务是负责处理系统设定值与反馈值之间的偏差，产生系统需要的控制信号，使系统输出满足工艺要求。由于空调系统被控对象的特殊，所以相应调节规律经常采用位式、比例式、比例积分式、比例积分微分式、预估控制式及采样式。空调系统中常用的调节器有气动调节器与电动调节器。

3. 执行器

执行器在空调系统中是由执行机构与调节机构组成。来自调节器的控制信号，由执行机构转换成角信号或线位移输出，驱动调节机构。常见的执行器有电动执行器与气动执行器，电动执行器常见的有电动调节阀、电动调节风阀及电加热器。

五、微型计算机控制系统

调节器是决定控制系统调节规律的核心部分，它在很大程度上决定了控制系统的调节品质，如果用微型计算机取代调节器，就构成了微型计算机控制系统。微型计算机控制系统中输入输出信号都是数字信号，因此，在输入端必须加入模/数转换器 A/D，在输出端则必须加入数/模转换器 D/A，如图 7-7 所示。

在传统的控制系统中，系统的调节规律是由调节器的电子逻辑电路或其他硬件实现的，要改变调节规律必须更换相应的硬件；在计算机控制系统中，调节、控制和管理功能是通过

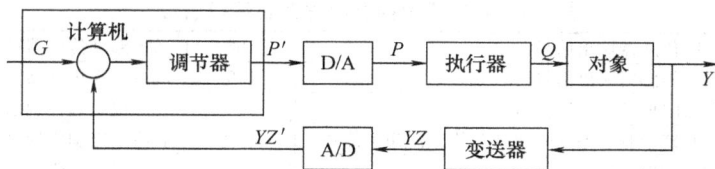

图 7-7　微型计算机控制系统

执行反映某种控制规律的软件来实现的，要改变控制调节规律，只要改变相应的软件就可以实现了。计算机控制是将各种输入信号直接接到计算机输入端口，通过软件的统一计算分析后，将结果送到各有关输出端口，实现各种调节、控制和管理功能；而传统控制系统由各自独立的一对一的单回路控制电路所构成。控制系统和操作人员信息联系用的按键和指示灯，对于传统控制系统只具有固定的意义，对于计算机控制系统，在不同的状态下可以表示不同的内容，还可以通过屏幕显示明确的文字信息。计算机控制系统的控制过程可以归结为实时数据采集、实时决策和实时控制三个步骤的反复进行，同时也可以对被调参数、设备运行状况进行监视和超限报警及保护等。所谓实时，是指信号的输入、运算和输出都要在一定的时间内完成。当然，这种时限的长短和具体控制过程的性质有关。

第二节　空调自动控制系统的监控

空调自动控制系统的监控是指对空调机组、通风设备、冷热源设备等运行状况的监测、控制和管理，主要包括冷热源设备运转周期控制，空调机组最佳启停时间控制，风机的风量控制，冷却水塔、冷却水泵及冷冻水泵等设备的运行控制，冷热水温度自动控制，室内温度、湿度自动检测，送风温度、湿度自动检测，事故报警等。

一、新风机组的监控

新风机组控制原理图如图 7-8 所示，原理图中各端口传送信号的说明见表 7-1。

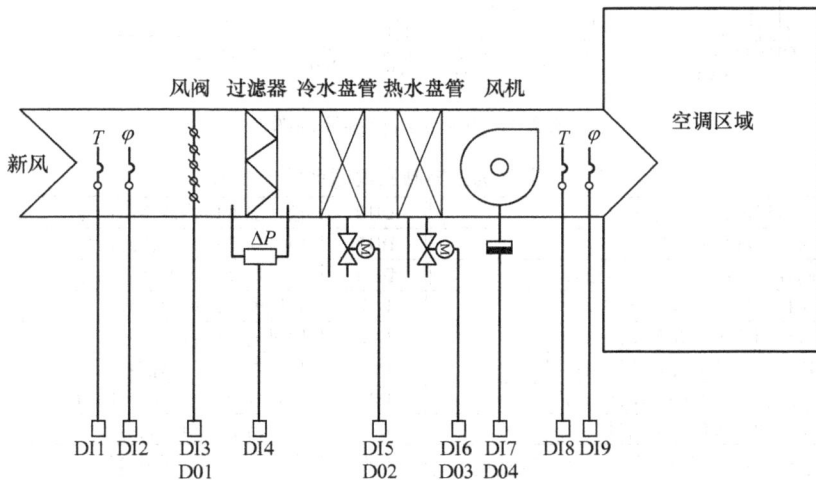

图 7-8　新风机组控制原理图

表 7-1　新风机组控制原理图各端口信号

DI1	新风入口温度传感器输出信号	DI8	送风温度传感器输出信号
DI2	新风入口湿度传感器输出信号	DI9	送风湿度传感器输出信号
DI3	新风阀控制器限位开关反馈信号	D01	新风电磁阀控制信号
DI4	用于测量过滤器两侧压差的微压开关传感器输出信号	D02	表冷器电动阀控制信号
DI5	表冷器电动阀阀位反馈信号	D03	加热器电动阀控制信号
DI6	加热器电动阀阀位反馈信号	D04	风机电动机接触器控制信号
DI7	风机电动机接触器辅助触点开关反馈信号		

　　监控中心对新风机组工作状态的监测内容主要包括：①过滤器阻力（ΔP）；②冷、热水阀门开度；③风机启停；④风阀开度；⑤新风温（T）、湿度（φ）；⑥送风温（T）、湿度（φ）。

　　监控中心根据设定的新风机组工作参数与上述监测的实际状态数据的比较来监控风机的启停、风阀的开度以及冷、热水阀门的开度。

二、空调机组的监控

　　空调机组控制原理图如图 7-9 所示，原理图中各端口传送信号的说明见表 7-2。

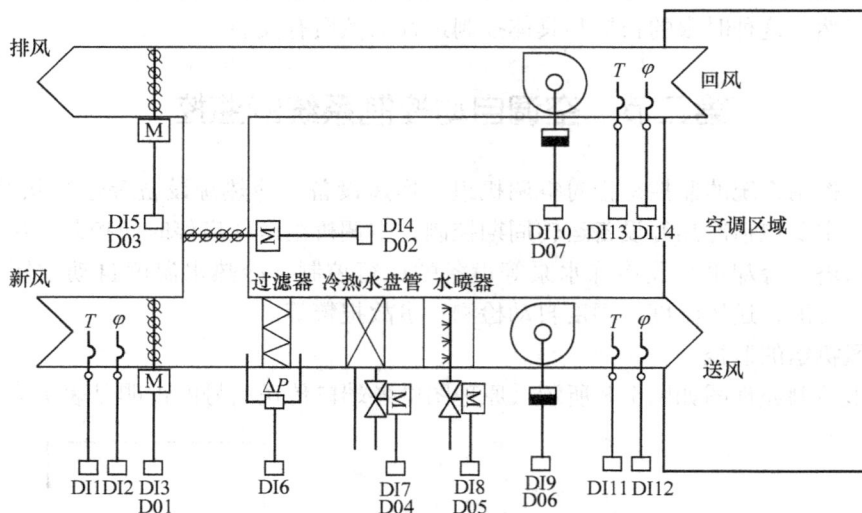

图 7-9　空调机组控制原理图

表 7-2　空调机组控制原理图各端口信号

DI1	新风入口温度传感器输出信号	DI12	送风湿度传感器输出信号
DI2	新风入口湿度传感器输出信号	DI13	回风温度传感器输出信号
DI3	新风阀控制器限位开关反馈信号	DI14	回风湿度传感器输出信号
DI4	回风阀控制器限位开关反馈信号	D01	新风电磁阀控制信号
DI5	排风阀控制器限位开关反馈信号	D02	回风电磁阀控制信号
DI6	过滤器微压差开关传感器输出信号	D03	排风电磁阀控制信号
DI7	冷热水盘管电动阀阀位反馈信号	D04	冷热水盘管电动阀控制信号
DI8	加湿器电动阀阀位反馈信号	D05	加湿器电动阀控制信号
DI9	送风机电动机接触器辅助触点开关反馈信号	D06	送风机接触器控制信号
DI10	回风机电动机接触器辅助触点开关反馈信号	D07	回风机接触器控制信号
DI11	送风温度传感器输出信号		

控制中心对空调机组工作状态监测的项目有：①过滤器阻力（ΔP）；②冷、热水阀开度；③加湿器阀门开度；④送风机与回风机的启停；⑤新风、回风与排风风阀的开度；⑥新风、回风以及送风的温度、湿度。

根据设定的空调机组工作参数与上述监测的状态参数情况，控制中心控制送、回风机的启停，新风与回风的比例调节，换热器盘管的冷、热水流量，加湿器的加湿量等等，以保证空调区域空气温度与湿度既能在设定的范围内满足舒适要求，又能使空调机组以最低的能耗方式运行。

三、冷水机组的监控

冷水机组控制原理图如图 7-10 所示，原理图中各端口传送信号说明见表 7-3。

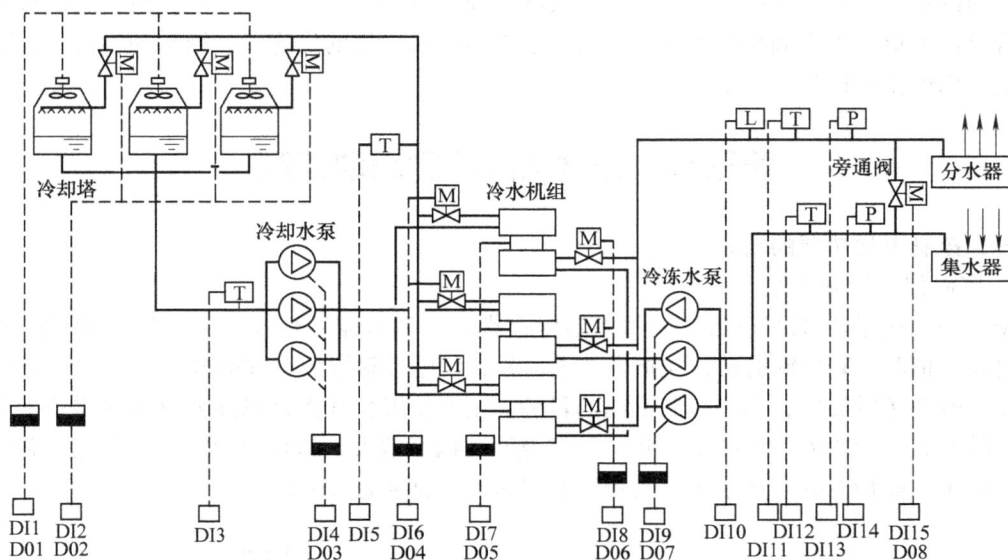

图 7-10　冷水机组控制原理图

表 7-3　冷水机组控制原理图各端口信号

端口	信号说明	端口	信号说明
DI1	冷却塔风扇电动机接触器辅助触点开关反馈信号	DI13	冷水出水压力传感器输出信号
DI2	冷却水进冷却塔电磁阀阀位反馈信号	DI14	冷水回水压力传感器输出信号
DI3	冷却水回水温度传感器输出信号	DI15	冷水旁通电动阀阀位反馈信号
DI4	冷却水泵电动机接触器辅助触点开关反馈信号	D01	冷却塔风扇电动机接触器控制信号
DI5	冷却水出水温度传感器输出信号	D02	冷却水进冷却塔电磁阀控制信号
DI6	冷水机组的冷却水出口电磁阀阀位反馈信号	D03	冷却水泵电动机接触器控制信号
DI7	冷水机组启动触点开关反馈信号	D04	冷水机组的冷却水进出口电磁阀控制信号
DI8	冷水机组的冷水出口电磁阀阀位反馈信号	D05	冷水机组启动器控制信号
DI9	冷水泵电动机接触器辅助触点开关反馈信号	D06	冷水机组的冷水出口电磁阀控制信号
DI10	冷水回水流量传感器输出信号	D07	冷水泵电动机接触器控制信号
DI11	冷水出水温度传感器输出信号	D08	冷水旁通电动阀控制信号
DI12	冷水回水温度传感器输出信号		

控制中心对冷水机组工作状态的监测内容有：①冷却塔冷却风扇的启停；②冷却水进塔蝶阀的开度；③冷却水进、回水温度；④冷却水泵的启停；⑤冷冻水机组的启停；⑥冷水机组的冷却水以及冷冻水出水蝶阀的开度；⑦冷冻水循环泵的启停；⑧冷冻水供、回水的温度、压力及流量；⑨冷冻水旁通阀的开度等。

控制中心根据上述监测的数据和设定的冷水机组工作参数，自动控制设备的运行。控制中心通过对冷水机组、冷却水泵、冷却水塔、冷冻水循环泵台数的控制，可以有效地、大幅度地降低冷源设备的能耗。例如，当空调系统冷冻水供水量减少而供水压力升高时，可通过冷冻水旁通阀调节供水量，确保系统压差稳定。若冷冻水的旁通流量超过了单台冷冻水循环泵的流量时，则自动关闭一台冷冻水循环泵。控制中心可根据冷冻水供、回水温度与流量，参考当地的室外温度，计算出空调系统的实际负荷，并将计算结果与冷水机组的总供水量比较。若总供水量减去空调系统的实际负荷小于单台冷水机组的供冷量，则自动维持一台冷水机组运行而停止其他几台冷水机组的工作。

第三节　空调房间温度自动控制

一、控制电加热器的功率

1. 室温位式控制方案

图 7-11 是室温位式控制方案，由测温传感器 T_n、调节器 $T_n C$ 及电接触器 JS 组成。当室温偏离设定值时，$T_n C$ 输出通、断指令的电信号，使电接触器闭合或断开，以控制电加热器开或停，改变送风温度，达到控制室温的目的。由于室温位式控制只能使电加热器处于全开或全停的状态，加热处于断续工作状态，室温波动幅度偏大，影响控制精度。因此室温位式控制多用于一般精度的空调系统，其控制室温精度通常超过 ±0.5℃。

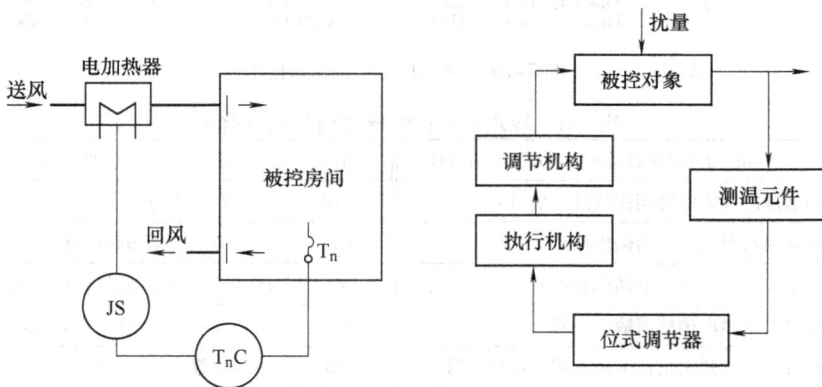

图 7-11　室温位式控制方案

2. 室温 PID 控制方案

图 7-12 为室温 PID 控制方案，由测温传感器 T_n、PID 温度调节器 $T_n C$ 及可控硅电压调整器 ZK 组成，可实现控温 PID 控制。由于电加热器是在连续变电压下工作，送风温度波动幅度比较小，控制室温的波动值也较小，因此，该方案适用于温度允许波动范围较小的空调系统。

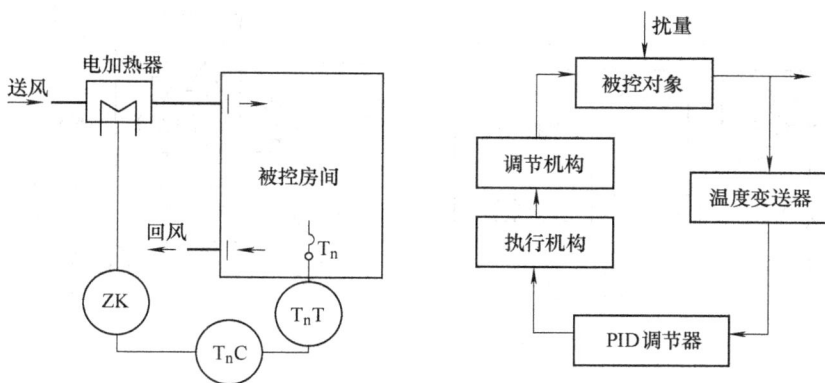

图 7-12　室温 PID 控制方案

二、控制空气加热器的热交换能力

1. 控制热媒流量

如图 7-13 所示，该方案是由测温传感器 T_n、温度调节器 T_nC、通断仪 ZJ（电动式）或 DQF（电-气动式）及直通阀组成。当空调室温偏离设定值时，调节器输出偏差指令信号，控制调节阀开大或关小，改变进入空气热交换器的蒸汽量或热水量，从而改变送风温度，达到控制室温的目的。为提高室温控制质量，在送风道上可增设送风温度补偿测温传感器 T_s，或在新风道上增投新风温度补偿测温传感器 T_w。

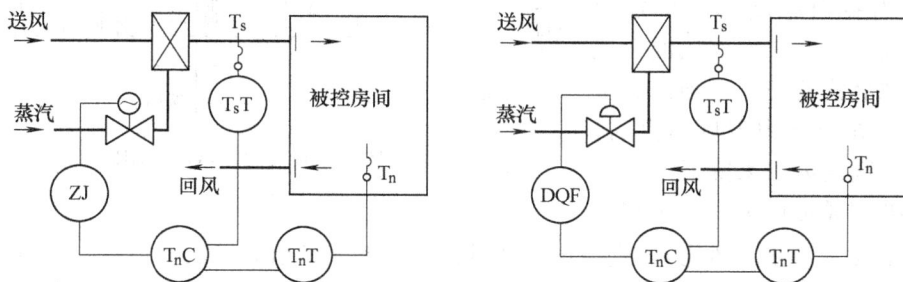

图 7-13　控制热媒流量

2. 控制热媒温度

如图 7-14 所示，该方案通过控制三通阀来改变进入空气加热器的水温，改变热交换能力，达到控制室温的目的。控制空气加热器热交换能力来达到控制室温的方案，用于一般精度的空调系统，其控制室温允许波动范围为：对于蒸汽热媒为 $-1 \sim +1℃$，对于热水热媒为 $-0.5 \sim +0.5℃$。

三、控制风比

控制风比的室温控制原理如图 7-15 所示。

1. 控制新回风比

在定露点或变露点控制的淋水式集中空调中，过渡季节采用控制新回风混合比可控制室温。其空气处理过程：室外空气状态点 W 和室内空气状态点 N 混合至 H_L 或 H_L' 点，绝热加温至 S 点（无露点控制时）或 L 点，旁通混合至 S 点（变露点控制时），或由 H_L' 点蒸喷加

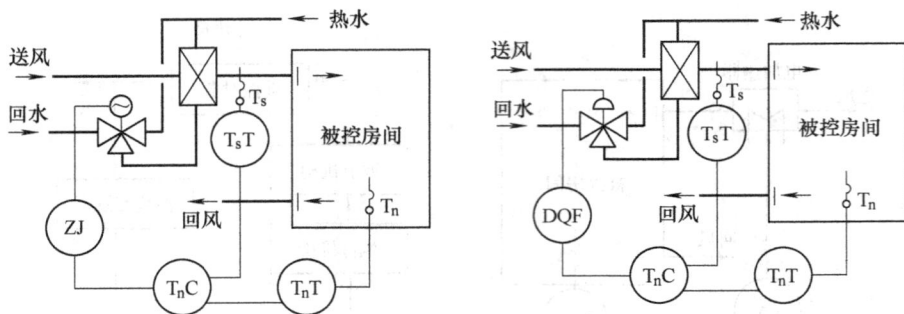

图 7-14 控制热媒温度

湿至 S 点, 只要改变 H_L 或 H_L' 点
的位置, 即改变新回风混合比, 就
能够改变送风状态点 S, 即改变送
风空气温度, 达到控制室温的
目的。

2. 控制一、二次回风比

室内余热量比较大而余湿量较
小时, 采用控制一、二次回风比来
控制室温有较好的效果。其空气处
理过程: 当室内湿度偏离设定值
时, 可以改变一、二次回风混合比
来改变送风状态点 S, 达到控制室
温的目的。如当室内温度偏高时,
可以减少二次回风量来降低送风温
度, 此时处理风量增大, 由于在夏

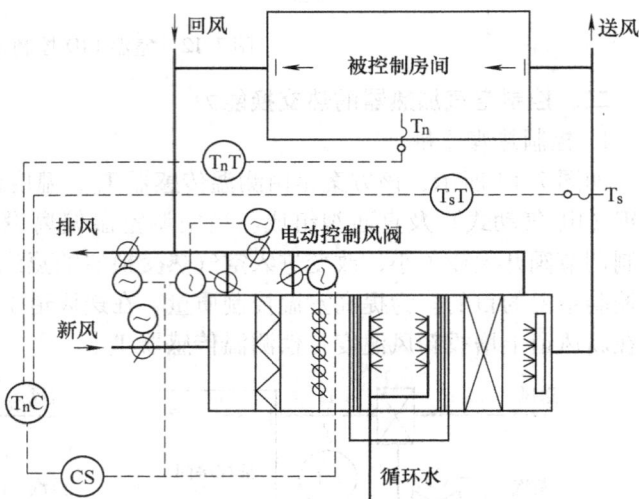

图 7-15 控制风比的室温控制原理图

季新风量不变 (最小新风比), 则增大处理风量实际上就是增大一次回风量; 相反当室温偏
低时, 可增大二次回风而降低一次回风量, 提高送风温度, 使室温上升到设定值。

3. 控制旁通风与直通风比

调节旁通与直通风的风量比的控制系统一般用于过渡季节的全新风处理区, 且 W 点的
含湿量小于 S 点时。其空气处理过程: 室外新风状态点 W, 经喷淋冷却加湿至送风状态 S 点
(变露点控制时) 或 L 点 (定露点控制时), 旁路混合至 S 点, 只要改变 S 点位置, 就能达
到控制室温的目的。

第四节　空调房间相对湿度自动控制

一、定露点间接控制法

定露点间接控制法用于室内产湿量一定或波动不大的情况。通过控制机器露点温度来控
制室内相对湿度, 采用喷淋室 (或喷淋表冷器) 使露点恒定, 从而使室内空气相对湿度稳
定在某一范围内的控制方法。

1）新风直接喷淋式空调系统的定露点控制系统，如图 7-16 所示。

2）一、二次回风空调系统的定露点控制系统，如图 7-17 所示。

3）喷淋表冷器式集中空调系统定露点控制系统，如图 7-18 所示。

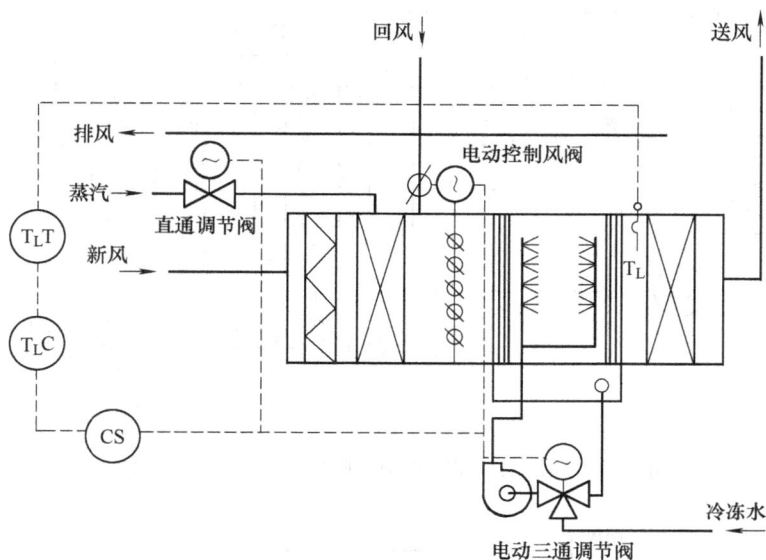

图 7-16　新风直接喷淋式空调系统的定露点控制系统

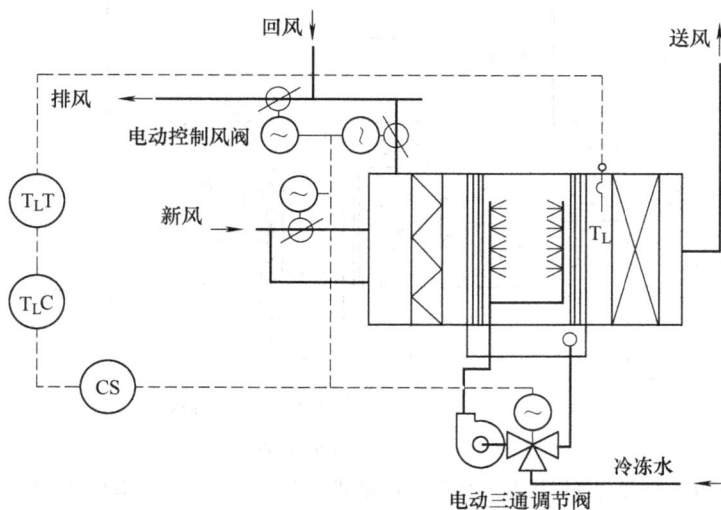

图 7-17　一、二次回风空调系统的定露点控制系统

二、变露点直接控制法

变露点直接控制法就是用直接装在室内工作区、回风口或回风道中的湿度测量传感器来测量和控制空调系统中相对应的执行控制机构，以达到控制室内空气相对湿度的目的。图 7-19 所示为喷淋式集中空调系统变露点直接控制原理图。

表 7-4 列出了以上两种空调房间相对湿度控制系统的组成与调节方法。

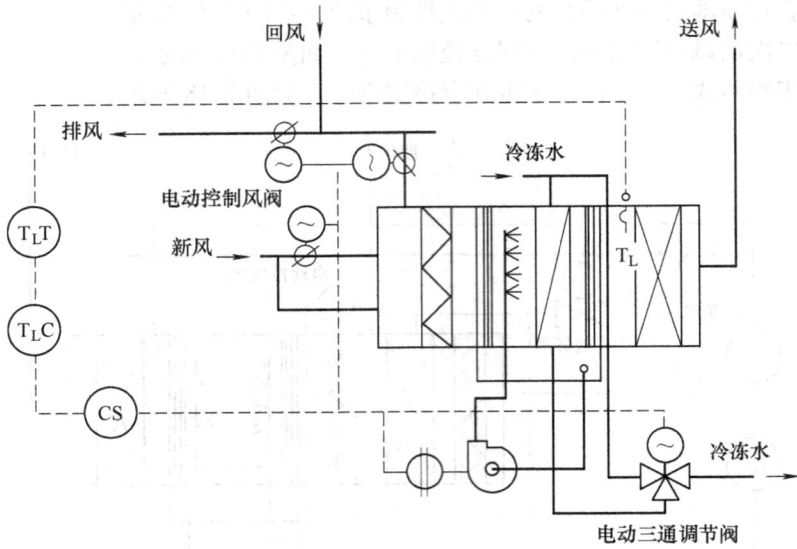

图 7-18　喷淋表冷器式集中空调系统定露点控制系统

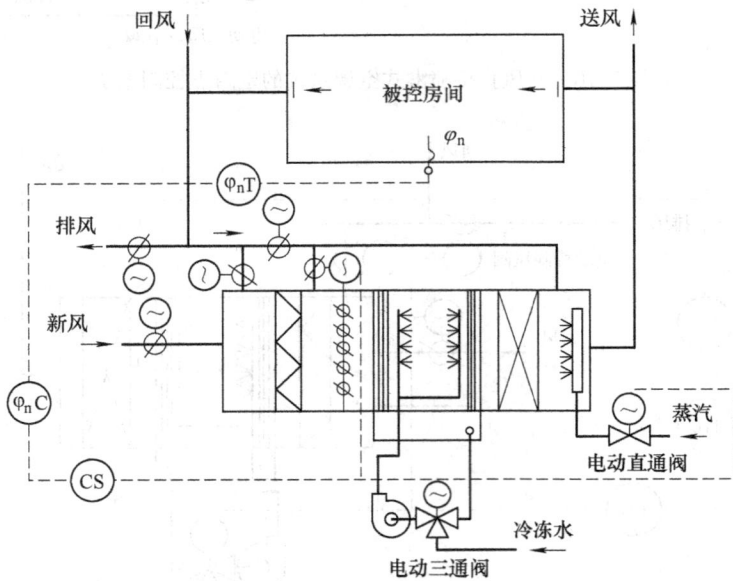

图 7-19　变露点直接控制原理图（喷淋式集中空调系统室内相对湿度控制）

表 7-4　空调房间相对湿度控制系统的组成与调节方法

控 制 法	控 制 系 统	基 本 组 成	调 节 方 案
定露点间接控制法	全新风直接喷淋式空调系统的定露点控制系统	露点温度传感器 T_L 露点温度调节器 $T_L C$ 电动三通调节阀	1. 夏天:露点温度偏高,开大三通调节阀的冷冻水通路,反之关小 2. 冬天:通过控制直通调节阀来控制一次空气加热器的水量(或控制三通调节阀控制水温)来改变加热量,使露点恒定

（续）

控 制 法	控制系统	基 本 组 成	调 节 方 案
定露点间接控制法	具有一、二次回风的空调系统定露点控制系统	露点温度传感器 T_L 露点温度调节器 T_LC 电动三通调节阀电动控制风阀	1. 夏天：通过控制电动三通阀的开路来控制喷淋水温 2. 冬天或过渡性季节：控制新回风混合比的同时喷循环水，是露点恒定
	喷淋表冷器式集中空调系统定露点控制	露点温度传感器 T_L 露点温度调节器 T_LC 电动三通调节阀电动控制风阀	1. 夏天或冬天：控制电动三通调节阀调节进入表面热交换器的水温（或水量） 2. 过渡性季节：控制电动控制风阀改变新回风混合比，同时喷循环水
变露点直接控制法	喷淋式集中式中央空调系统	湿度传感器 φ_n 湿度调节器 φ_nC 选择器 CS 与执行机构	1. 控制喷淋三通调节阀来改变淋水温度与喷淋水量 2. 控制三通调节阀改变进入水冷式表冷器的水量以改变表冷器的冷却能力 3. 控制蒸喷加湿直通调节阀来改变蒸喷加湿量 4. 控制新、回风风门改变新回风混合比 5. 控制直通、旁通风阀改变风量混合比 6. 控制电磁阀改变直接蒸发式表冷器的冷却面积以改变冷却能力

第五节　空调自动控制系统运行

一、运行前的准备工作

按自动控制设计图及有关设计规范，仔细检查系统各组成部分的安装与连接情况；检查敏感元件的安装是否符合要求，安装位置是否能正确反映工艺要求；敏感元件的引出线是否会受到强电磁场的干扰，如有强电磁场应采取有效的屏蔽措施；检查控制器的输出相位是否正确，手动与自动切换是否灵活有效；检查执行器的开关方向和动作方向、阀门开度与控制器的输出是否一致，位置反馈信号是否明显，阀门全行程工作是否正常，有无变差和呆滞现象；检查继电器的输出情况，人为施加信号，当被调量超过上、下限时，安全报警信号是否立即报警，当被调量恢复到设定值范围内时，报警信号是否可以迅速解除；检查自动连锁和紧急停车按钮等安全装置是否工作正常和可靠。

在完成上述各项检查并确认没有问题之后，就可以进行自动控制系统的调试。自动控制系统的调试应由自动控制设备供应商确认的工程技术人员和中央空调系统使用人员共同组成的小组来完成。调试应从单个设备开始，待单个设备的自控正常后再进行整个系统的联调。待自动控制系统工作正常以后，调试小组应写出调试报告，并向空调自控操作和管理人员进行移交，双方确认符合设计要求、达到设计使用要求后，空调自控操作人员接手运行管理。

中央空调系统一般在过渡季节或冬季都要进行设备检修，检修后自动控制系统的投入过程与前述初次投入过程的检查与准备工作相似，只是自动控制系统的调试工作可以由空调自控操作人员自己来完成。此时也必须做好调试工作的数据记录，调试工作完成后写出调试报告归档留存。

二、运行参数的检查与数据处理

功能齐全的空调自动控制系统具有运行参数显示设备，一般为计算机显示器或模拟显示屏，操作人员可以在计算机前或模拟显示屏前观察空调房间的温度、湿度情况和中央空调系统主要设备的运行情况；也可以观看送风、回风、供水及回水的温度、压力等情况。有的自动控制系统还具有监测数据自动记录功能。但这些自动显示和自动记录功能都不能代替操作人员的巡回检查与记录。因为现场信号如果与显示记录仪表之间的连接出现问题或现场传感器损坏或出现零点漂移，均会造成显示误差或显示错误。此外，还需要运行维护人员和检修人员定时定期进行巡回检查，发现问题及时处理。巡回检查的运行参数主要有：空调房间的温度和相对湿度；表冷器或加热器的进出水温度和进出水压力；冷冻水泵和冷却水泵的进出口压力；冷水机组蒸发器和冷凝器进出水的温度和压力；冷水机组主电动机的电压、电流、输入功率；冷却水塔风机的电压、电流；膨胀水箱的水位高度等。

通过对这些运行参数的监测就可以判断自动控制系统是否工作正常，还可以及时发现问题及时解决问题。应按照系统的形式和性能要求，记录系统的运行参数和实际动作的具体情况，作为了解系统性能好坏和制订预防性保养计划的依据。这些资料应作为运行技术档案妥当保存，便于日后操作人员与维修技术人员了解系统的原始技术状况，为故障的分析判断提供可靠的原始数据。这对于顺利排除故障，保证整个系统安全正常运行具有重要意义。

自动控制系统的操作值班人员应以班组为单位认真做好操作记录。所有监测点的数据应由专人每两小时记录一次，不得随意涂改和污损。交接班时，由接班负责人复核签字。

三、运行数据汇总与分析

带有数据记录功能的自动控制系统，一般都设有数据库功能，计算机可以存储一段时期内（1天、1个星期或数月）所采集到的各种中央空调系统的运行数据，这些数据一般存放在计算机硬盘上，为了长期保存这些数据，应该在规定的时间内及时把这些数据备份。没有自动存储功能的空调自动控制系统更要很好地保存由人工记录的原始数据，过一段时间，把人工记录的登记表进行汇总，装订成册，注明日期，排好顺序，准备随时调用翻查。不管是人工记录的原始数据还是从硬盘复制下来的数据，都是空调自动控制系统运行情况的原始记录，是十分宝贵的技术资料，一定要妥善保存。

为了了解空调自动控制系统的工作情况，随时对运行数据进行分析是十分必要的。对数据进行分析一般是采用把运行数据绘制成运行曲线的方式来进行，横坐标为时间坐标，纵坐标为运行参数，同一坐标纸上可以同时观察几组运行参数的情况，通过运行曲线图就可以直观地观察空调系统整体的运行情况。例如，在什么时间什么参数超过了给定范围，什么时间运行比较平稳，这样就可以进一步分析出现问题的原因，以便采取措施防止再出现类似问题。对运行数据进行分析后要写出相应的分析报告，连同原始数据的复印件一并交上级技术主管部门审核。

第六节 空调自动控制系统的故障分析

引起空调自动控制系统故障的原因一般有两个方面：一个是系统运行的外界环境条件通过系统内部反映出来的故障；一个是系统内部自身产生的故障。由外界环境条件引起故障的因素主要有工作电源异常、环境温度变化、电磁干扰、机械的冲击和振动等；系统内部引起故障的因素有现场硬件（如传感器、变送器的执行器等）的故障及控制器的故障（如元器件的失效、焊接点的虚焊脱焊、接插件的导电接触面氧化或腐蚀及接触松动、线路连接的短路等）。

查找系统故障常常先从外部环境条件着手，首先检查工作电源是否正常等，然后再查系统内部产生的故障。空调自动控制系统运行时容易出现的问题有控制元器件的问题、被调房间温度超限、被调房间相对湿度超限、冷冻站的冷水机组开不起来以及上、下位机之间通信中断、机器存储的运行数据丢失等。这里主要对空调自动控制系统中常用的电磁阀、自动调节阀、传感器及继电器等元器件的常见故障、原因分析及排除方法进行简单介绍，见表7-5。

表7-5 空调自动控制系统中元器件常见故障、原因分析与排除方法

元器件	问题与故障	原 因 分 析	排 除 方 法
电磁阀	通电后阀门不开启	1. 电压过低 2. 线圈短路或烧毁 3. 动铁芯卡住	1. 提高至规定值 2. 检修或更换 3. 将其恢复正常
	断电后阀门不关闭	1. 动铁芯或弹簧卡住 2. 剩磁的力量吸住了动铁芯	1. 将其恢复正常 2. 设法去磁或更换新材质的铁芯或更换新阀
	关闭不严	1. 有污物阻塞 2. 弹簧变形或弹力不够 3. 密封垫圈变形或磨损 4. 密封垫圈垫得不正、不牢固	1. 清洗 2. 更换弹簧 3. 更换密封垫圈 4. 重新安放平正、牢固
自动调节阀	阀杆滞涩	较长时间使用而没有清洗	将填料松开、清洗
	阀门不能动作	1. 较长时间不使用而锈死 2. 执行机构中的分相电容损坏使电动机不能运转	1. 手动至活动 2. 更换电容
传感器	时间常数过大	1. 保护套管厚薄不合适 2. 有结垢 3. 原选型不合理	1. 更换保护套管 2. 及时清洗 3. 更换时间常数小
继电器	触点不吸合	1. 线圈断路 2. 线圈电压过低 3. 触头被卡	1. 更换线圈断路 2. 提高到规定值 3. 清除异物
	触点打不开	1. 弹簧被卡住 2. 触点烧蚀粘连	1. 恢复正常 2. 更换触点

第二篇

制冷系统运行管理

第八章　冷藏库制冷系统

第一节　概　述

冷藏库是用人工制冷的方法对易腐食品进行加工储藏，以保持食品食用价值的建筑物。

一、冷藏库的分类

冷藏库分类的方法很多，按冷藏设计温度分，可分为高温冷藏库和低温冷藏库。一般高温冷藏库的冷藏设计温度在 −2℃ 以上；低温冷藏库的冷藏设计温度在 −15℃ 以下。

按冷藏库的用途可分为生产性冷藏库、分配性冷藏库、零售消费性冷藏库、综合性冷藏库。

生产性冷藏库一般建于食品源较集中的地区，作为食品（如肉、蛋、禽、鱼、虾、蔬菜、水果等）加工厂的冷却、冷冻、冷藏车间使用。食品流通的特点是零进整出。

分配性冷藏库一般建在交通枢纽和人口较密集的城市、城镇，作为市场批发、中转运输和储存食品使用。它的特点是冷藏容量大，冻结能力小，食品流通的特点是整进零出。

零售消费性冷藏库一般建在超市、宾馆、食品店等场所。其特点是库容量小，储存期短，品种多，结构上大多为装配式组合冷藏库。

综合性冷藏库设有较大的库容量，有一定的冷却和冻结能力，能起到生产性冷藏库和分配性冷藏库的双重作用，是我国普遍应用的一种冷藏库类型。

另外，还可按冷藏库的规模分类，见表 8-1。我国室内装配式冷藏库专业标准 ZBX99003——1986 中按库温进行分级，见表 8-2。

表 8-1　冷藏库的分类

规模分类	冷藏量/t	冻结能力/(t/d)	
		生产性冷藏库	分配性冷藏库
大型冷藏库	10000 及以上	120 ~ 160	40 ~ 80
大中型冷藏库	>5000 且 <10000	80 ~ 120	40 ~ 60
中小型冷藏库	>1000 且 ≤5000	40 ~ 80	20 ~ 40
小型冷藏库	≤1000	20 ~ 40	≤20

表 8-2　冷藏库的分级

冷藏库种类	L 级冷藏库	D 级冷藏库	J 级冷藏库
冷藏库代号	L	D	J
库内温度/℃	+5 ~ -5	-10 ~ -18	-23

对冷藏库的分类方法很多，除上述分类外，还可根据建筑特点、投资额、使用期限、防火性等分类。

二、冷藏库的组成

冷藏库是一个建筑群，主要由主体建筑、其他生产设施和附属建筑、制冷系统、电控网络系统组成。

1. 主库

主库按其使用性质应分别设有：

（1）晾肉间　晾肉间是为猪肉一次冻结工艺而设置的，一般取相当于一间半至两间冻结间的容量，室温保持在 20℃ 左右。它的作用是消除肉体表面水分，使肉温下降至 28℃ 左右。室内配备有小功率的冷风机（黄河以南）或鼓风机（北方）。它属于不隔热的常温房间，也可与屠宰车间合并建造；南方地区的晾肉间也有设隔热层的。

（2）冷却间　冷却间是用来对食品冷却加工的库房。水果、蔬菜在进行冷藏前，为除去田间热，防止某些生理病害，应及时逐步降温冷却。鲜蛋在冷藏前也应进行冷却，以免骤然遇冷时，内容物收缩，蛋内压力降低，空气中的微生物随空气从蛋壳气孔进入蛋内使蛋变坏。此外，肉类屠宰后也可加工为冷却肉（中心温度 0~4℃），能做短期贮藏，肉味较冻结肉鲜美。对于采用二次冻结的工艺来说，也需要将屠宰处理后的家畜胴体送入冷却间冷却，使肉品温度由 35℃ 降至 4℃，再进行冻结。

冷却间的室温为 0 ~ -2℃，当食品达到冷却要求的温度后称为"冷却物"，即可转入冷却物冷藏间。当果蔬、鲜蛋的一次进货量小于冷藏间容量的 5% 时，也可不经冷却直接进入冷藏间。

（3）冻结间　对于需长期贮藏的食品由常温或冷却状态迅速降至 -15 ~ -18℃ 的冻结状态，达到冻结终温的食品称为"冻结物"。冻结间是借助冷风机或专用冻结装置用以冻结食品的冷间，它的室温为 -23 ~ -30℃（国外有采用 -40℃ 或更低温度的）。冻结间既可以在主库，也可移出主库而单独建造。

（4）再冻间　它设于分配性冷藏库中，供外地调入冻结食品中温度超过 -8℃ 的部分在入库前的再冻结之用。再冻间冷分配设备的选用与冻结间相同。

（5）冷却物冷藏间　这种冷藏间又称为高温冷藏间，室温为 4 ~ -2℃ 左右，相对湿度85% ~95%，具体温度和湿度因贮藏食品的不同而不同。它主要用于贮藏经过冷却的鲜蛋果蔬。由于果蔬在贮藏中有呼吸作用，库内除保持合适的温度、湿度条件外，还要引进适量的新鲜空气。如贮藏冷却肉，贮藏时间不宜超过 14 ~20d。

（6）冻结物冷藏间　它又称为低温冷藏间，室温在 -18 ~ -25℃，相对湿度95% ~98%，用于较长期的贮藏食品。在国外冻结物冷藏间温度有降至 -28 ~ -30℃ 的趋势，日本对冻金枪鱼还采用冷 -45 ~ -50℃ 所谓的超低温的冷藏间。

（7）两用间（通用间）　它可兼作冷却物或冻结物的冷藏间，机动性较大，主要通过改变冷间内冷却面积来调节室温。但鉴于使用条件经常变化容易造成建筑物的破坏，故目前国内已很少设置。这种变温冷藏间采用装配式组合冷藏库较适合。

（8）气调保鲜间 气调保鲜主要是针对水果蔬菜的贮藏而言。果蔬采收后，仍然保持着旺盛的生命活动能力，呼吸作用就是这种生命活动最显著的表现，在一定范围内，温度越高，呼吸作用越强，衰老越快，所以多年来生产上一直采用降温的办法来延长果蔬的贮藏期。目前，国内正在发展控制气体成分的贮藏，简称"CA"（Cotrolded atmosphere storage），即在果蔬贮藏环境中适当降低氧的含量和提高二氧化碳的浓度，来抑制果实的呼吸强度，延缓成熟，达到延长贮藏时间的目的。一般情况气体成分控制如下，氧气：2% ~5%，二氧化碳：0 ~4%。控制气体成分有两种方法：自然降氧法和机械降氧法。自然降氧法是用配有硅橡胶薄膜的塑料薄膜袋盛装果蔬，靠果蔬本身的呼吸作用降低氧和提高二氧化碳的浓度，并利用薄膜的透气性，透出过多的二氧化碳，补充消耗的氧气，起到自发气调的作用。机械降氧法是利用降氧机、二氧化碳脱出机或制氮机来改变室内空气成分，达到气调的作用。

（9）制冰间 它的位置宜靠近设备间，水产冷藏库常把它设在多层冷藏库的顶层，以便于冰块的输出。制冰间宜有较好的采光和通风条件，要考虑到冰块入库或输出的方便，室内高度要考虑到提冰设备运行的方便，并要求排水畅通，以免室内积水和过分潮湿。

（10）冰库 一般设在主库靠制冰间和出冰站台的部位，也可与制冰间一起单独建造。若制冰间位于主库顶层，冰库可设在它的下层。冰库的库温为 -4℃（盐水制冰）或 -10℃（快速制冰）。冰库内壁敷设竹或木料护壁，以保护墙壁不受冰块的撞击。

（11）川堂 川堂是食品进出的通道，并起到连通各冷间、便于装卸周转的作用。库内川堂有低温川堂和中温川堂两种，分属于高低温库房使用。目前冷藏库中较多采用库外常温川堂，将川堂布置在常温环境中，通风条件好，改善了工人的操作条件，也能延长川堂使用年限。常温川堂的建筑结构一般与库房结构分开。

（12）电梯间 它设置于多层冷藏库，作为库内垂直运输之用，其大小数量及设置位置视吞吐量及工艺要求而定。一般按每千吨冷藏量配0.9 ~1.2t 电梯容量设置，同时应考虑检修要求。

（13）站台 供装卸货物用。有铁路专用线的大中型生产性和分配性冷藏库应分别设置铁路站台和公路站台。

（14）其他 如挑选间、包装间、分发间、副产品冷藏间等。

2. 制冷压缩机房及设备间

（1）制冷压缩机房 它是冷藏库主要的动力车间，安装有制冷压缩机、中间冷却器、调节站、仪表屏及配用设备等。目前国内大多将制冷压缩机房设置在主库附近单独建造，一般采用单层建筑。国外的大型冷藏库常把制冷机房布置在底层，以提高底层利用率。对于单层冷藏库，也有在每个库房外分设制冷机组，采用分散供液方法，而不设置集中供冷的压缩机房。

（2）设备间 它安装有卧式壳管式冷凝器、贮液器、气液分离器、循环贮液桶、氨泵等制冷设备，其位置紧靠制冷压缩机房。在小型冷藏库中机器设备不多，压缩机房与设备间合二为一，水泵房也包括在设备间内。

（3）变、配电间 它包括变压器间、高压配电间、低压配电间（大型冷藏库还设有电容器间）。变、配电间应尽量靠近负荷大的机房间，当机房为单层建筑时，一般多设在机房间一端。变压器间也可单独建造，高度不得小于 5m，要求通风条件良好。在小型冷藏库中，也可将变压器放在室外架空搁置。变、配电间内的具体布置视制冷工艺要求而定。

（4）锅炉房　锅炉房应设置在全年主导风向的下风向，并尽可能接近用气负荷中心，它的容量应根据生产和生活的用气量（并考虑到同期使用系数、管网热损失等）确定。锅炉房属于丁类生产厂房，其建筑耐火等级不低于二级。

3. 生产厂房

生产厂房有屠宰车间、理鱼间或整理间、加工车间等。

4. 其他

危险品仓库是单独建筑的专贮汽油、酒精、丙酮、制冷剂等易燃易爆物品的库房，它应离开其他建筑 20m 以上。另外，冷藏库的附属建筑设施还有传达室、围墙、出入口、绿化设施等。

第二节　典型冷藏库制冷系统

冷藏库制冷系统大部分为压缩式制冷系统。其原理是将压缩机、冷凝器、节流阀和蒸发器以及为了使制冷效能更高、运行更安全的辅助设备（如油分离器、贮液器、气液分离器、循环贮液桶、集油器、放空气器、阀件、仪表等）用管路连接组成的一个闭合制冷循环系统，一般根据制冷系统压力将其分为低压系统和高压系统，根据不同工况要求和制冷机的工况条件，又可分为单级压缩制冷系统和双级压缩制冷系统。库房根据温度可分为低温冷藏库和高温冷藏库。低温冷藏库又名冻结物冷藏库，温度一般在 $-15 \sim -30℃$ 之间，高温冷藏库又名冷却物冷藏库，库温在 $0 \sim 5℃$ 之间。

一、直接节流供液制冷系统（低压系统）

低压系统是指制冷剂液体只经膨胀阀节流后直接到蒸发器蒸发的系统，如图 8-1所示。这种供液方式的特点是：

1）系统简单，操作管理方便，工程费用低，但可靠性差。

2）对于多个冷间，当使用情况不均衡时，不易调节控制。

3）系统中缺少气液分离设备，回气中夹带的液滴得不到分离，容易造成液击和湿冲程。

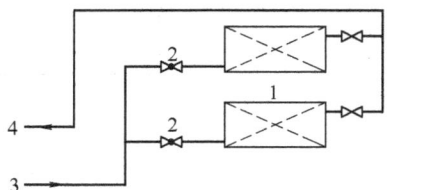

图 8-1　直接节流供液系统
1—蒸发器　2—节流器　3—供液管　4—吸入管

4）因节流后有无效蒸气产生，这将占去部分蒸发器内部的空间，从而降低了传热效果。

直接节流供液方式适宜于单一节流蒸发回路，负荷比较稳定的小型制冷装置中，特别是小型氟利昂制冷系统，如图 8-2 所示，由于使用热力膨胀阀和回热式热交换器等设备，能根据系统负荷变化自动调节供液量，优点更突出，应用也就较多。

二、重力供液制冷系统

重力供液制冷系统在蒸发器和节流阀之间增设一只气液分离器，利用制冷剂液柱的重力向蒸发器输送低温制冷剂液体，如图 8-3 所示。这种供液方式的特点是：

1）高压液体制冷剂节流后进入气液分离器，将节流后产生的无效蒸气进行分离，低压液态制冷剂供入蒸发器，提高了蒸发器的热交换效果。

2）蒸发器的回气也是先经过气液分离器，将回气中夹带的液滴分离出来，保证了压缩机的安全运行。

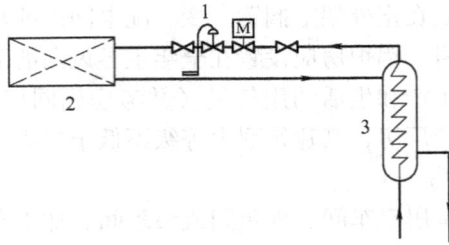

图 8-2　氟利昂系统直接膨胀供液
1—热力膨胀阀　2—蒸发器　3—热交换器

3）气液分离器的液面相对稳定，比较容易实现自动控制。

4）为了保持液面与蒸发器的位差，要求气液分离器内液面高出蒸发器 $1 \sim 2m$，提高了土建工程的造价。

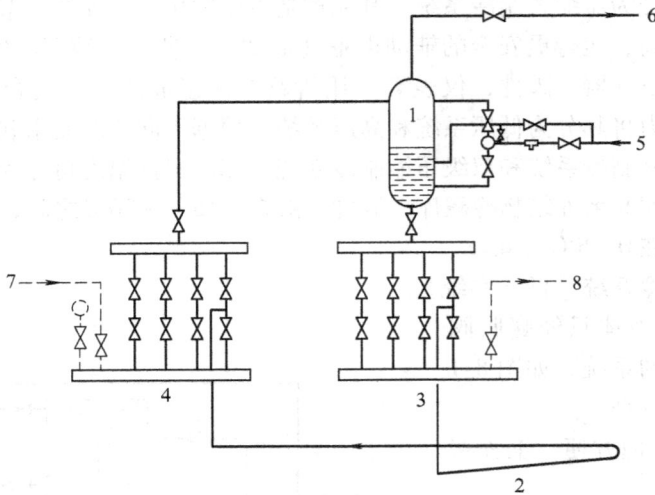

图 8-3　重力供液系统
1—气液分离器　2—蒸发器　3—液体调节站　4—气体调节站　5—供液管
6—吸入管　7—热氨管　8—排液管

5）由于液态制冷剂在蒸发器中作自然流动，随制冷剂进入的润滑油很难排出，形成油膜，降低了制冷效果。

这种供液方式适用于氨作制冷剂的小型冷藏库的制冷装置。

三、液泵供液制冷系统

液泵供液制冷系统利用液泵向冷却设备供液，借助液泵的机械作用，克服管道阻力及静压力来输送制冷剂液体。

采用氨制冷剂的液泵供液制冷系统称为氨泵供液制冷系统，它利用氨泵向蒸发排管输送低温氨液，如图 8-4 所示。它与重力供液的制冷系统的组成和工作过程基本相同，其主要差别是重力供液利用液柱压差来克服系统管路的阻力进行供液，而氨泵供液是利用氨泵克服管路阻力来输送氨液。

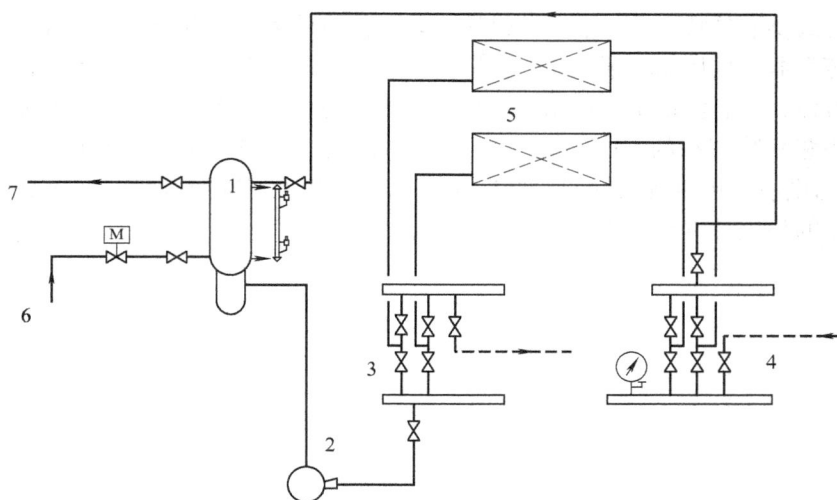

图 8-4　液泵供液系统

1—低压循环桶　2—液泵　3—液体调节站　5—蒸发器　6—供液管　7—吸入管

这种供液方式的特点是：

1）蒸发器的热交换效率高。由于该系统中制冷剂循环量数倍于蒸发器的蒸发量，液态制冷剂吸热蒸发产生的气体不断被较高流速的液态制冷剂冲走，同时减轻了润滑油对管壁的污染程度，降低了管壁的传热阻力，使得蒸发器的传热面积能得到充分的利用，相对地提高了蒸发器的换热量。

2）保证压缩机安全运转，制冷效率高。由于系统设置低压循环桶，可使回气中夹带的液滴得到充分的分离，不易出现液击和湿冲程。该系统低压循环桶到压缩机的吸入管路较短，蒸气的压力损失小，过热度也小，因此压缩机的制冷效率较高。

3）操作简单，便于集中控制。低压循环桶的液位，可通过浮球阀或 UQK 浮球液位自动控制器控制，不需要经常调节节流阀，操作简单。由于低压循环桶设置在机房设备间内，调节站也集中于设备间内，便于集中操作控制。

4）便于热氨融霜。低压循环桶可兼作排液桶用。蒸发器排液可直接排入低压循环桶，简化了融霜排液过程，使库房降温速度加快。

5）氨泵的设置，使耗电增加了 1% ~ 1.5% 左右，同时也增加了维修量。

6）增加了钢材用量和阀件数量。

液泵供液根据制冷剂进出蒸发器的情况，又分为上进下出（顶部供液）和下进上出（底部供液）两种方式。

上进下出式供液的特点是：蒸发器充液量少，蒸发温度不会受到静液柱的影响；液泵停止供液后，蒸发器内未蒸发的液体和积油很快自动排出，有利于融霜和自控；低压循环桶容积大，用以容纳氨泵停止运转后从蒸发器流回的全部制冷剂液体，因此设备费用稍大；向多组并联蒸发器供液时，供液不易均匀，传热效果受到影响。这种供液方式适用于连续生产、系统的蒸发器数量较少的冷藏库。

下进上出式供液的特点是：蒸发器供液均匀，传热效果好；低压循环桶容积较小，节省设备费用；蒸发器与低压循环桶的相对位置不受限制，适用性较强；液泵停止供液后，蒸发器内有一定液体，库温波动小；采用自动控制，可避免频繁操作。但这种供液方式蒸发器充液量较多，为蒸发管容积的 60% 左右，积油不易排出。下进上出式虽然存在一定的不足，但由于能 均匀供液，传热效果好，对低压循环桶的安装无特殊要求等，在冷藏库制冷系统中，普遍采用的是该种供液方式。

第九章　制冷安全技术及系统运行管理

第一节　制冷安全技术

一、安全技术在制冷作业中的意义

制冷系统在使用中承受着一定的压力，使用的制冷剂有些具有毒性、使人窒息、易燃和易爆的特点，给系统设备的安全操作提出了严格要求。为了确保制冷系统的安全运行，不仅要做到正确设计、正确选材、精心制造和检验，而且还必须做到正确使用和操作。

在生产运行中，为了严格控制压力、温度等工艺参数，就必须设置压力表、温度计、液位计、流量计等测量仪表，以便随时掌握上述参数的量值及其变化情况，及时采取措施加以调整。为了防止由于各种难以预料的情况，造成超压、超温运行，危及设备和人身的安全，必须在制冷系统的设备上设置必要的安全阀或易熔塞，爆破膜及高压、低压保护装置。

为了保障制冷作业人员在作业过程中的安全和健康，确保制冷设备安全运行，国家有关部门颁布了有关安全技术管理的法规和规程。例如，国家安全监督管理部门对制冷系统的压力容器的设计、制造检验、使用、维修等方面规定了许可、登记注册等制度，并且规定制冷系统所用的各种压力容器、设备和辅助设备，不得采用非专业厂的产品或自行制造。特殊情况下，如必须采用或自行制造时，应严格检验，检验合格并通过鉴定后，报国家安全监督管理部门审批，批准后方可使用。

这些法规、规程对制冷设备的设计、制造、使用、安置、修理、检验等环节的质量安全起到了保障作用。但是，由于制冷设备工艺与安全的特点，以及制冷设备的广泛普及应用，加上管理、操作等方面的原因，制冷作业的重大事故时有发生。因此，要求制冷系统必须设置完善的安全设施，所有设备、材料的质量和力学强度，必须符合国家的有关技术标准。同时，正确地使用和操作，对保证制冷系统设备的运行安全是至关重要的。制冷与空调作业人员作为国家规定的特种作业人员，对所从事的每项工作都要有高度的责任感，在作业中，要严格执行安全技术操作规程和岗位安全责任制度，防止制冷作业事故的发生。

制冷作业的安全技术涉及物理、化学、工程学、医学、管理学等多种学科领域，是一门综合性科学。

二、制冷机房安全技术

机房是压缩机、设备间、变电间、泵房、作业人员观察（休息）室及一些辅料房等组合在一起的统称，它几乎包括了制冷系统的绝大部分设备、仪器仪表，是生产时主要操作维修机器的活动场所，也是最容易发生事故的地方。因此，机房应按照规范要求建设，装备必须的安全设施，确保安全生产。

机房建筑的特点及机房有关的通风要求可参看《冷藏库建筑》方面的教材；

1. 机房设备及安全系统要求

机房设备布置应符合制冷工艺流程，适应操作管理和维护保养的需要，确保安全生产，同时还应合理紧凑，节约建筑面积。

2. 运行维护的安全要求

1）每台压缩机的吸、排气侧，中间冷却器，油分离器，冷凝器，高压贮液器，氨液分离器，低压循环贮液器，氨泵进出口，集油器，油泵，分配站，热氨管等均须装设压力表。

2）对冷藏温度要求严格的系统，应设置温度控制装置。

3）制冷系统中不常使用的充氨阀、排污阀和备用阀等平时均应关闭并挂牌说明或将手轮卸下。

4）经空气分离器排放的制冷系统中的空气等不凝性气体，必须排入水中。

5）冷凝器和贮液器之间应设均压管（阀），运行中均压阀呈开启状态，两台以上贮液器之间应分别设气体、液体均压管（阀）。

6）蒸发器、氨液分离器、低压循环贮液器、中间冷却器等设备的节流阀严禁用截止阀代替。

7）高压贮液器内液面不得高于其径向高度的80%，不得低于其径向高度的30%；排液桶内液面不得超过80%，循环贮液器液面不得超过70%。

8）每台压缩机、氨泵、水泵、风机均应单独装设电流表，压缩机还应设有电压表。

9）压缩机的吸气排气侧、轴封处、总（分）调节站、供液集管、热氨调节站上均应设置温度计。

10）氨泵进、出液管之间应装有压差控制器，氨泵出液管上应设自动旁通阀。

11）贮液器、排液桶、集油器等均须装设符合安全要求的液面指示器。低压循环贮液桶、中间冷却器、氨液分离器上的金属液位计一侧，应加装以附加油罐为液位显示的安全准确的液面指示器，即用冷冻油面显示制冷剂液位高度的装置。以上所说的符合安全要求的液面指示器，应为板式液位计。

12）制冷系统上的安全阀（氨制冷和氟利昂制冷）的排放口必须用放空管引向室外。安全阀所连接的放空管的公称直径，应不小于安全阀排放口的公称直径，几个安全阀公用一根放空管时管径应不小于32mm且不大于57mm，管口应高于氨压缩机房檐1m以上，高出冷凝器平台3m以上。

13）压缩机应设高压、中压、低压、油压差等压力控制装置。每年经校验后，应做好记录。其调整值分别为①高压：1.4~1.6MPa；②中压：1.2MPa；③低压：0.05MPa。④油压差调整值：新系列为0.15~0.3MPa，无卸载装置的为0.05~0.15MPa。

14）压缩机水套、冷却塔、水冷式冷凝器须设冷却水断水保护声光报警控制装置，风冷式冷凝器须设风机保护装置。

15）单级压缩机或两级压缩机应设置高压安全阀，其设定值压差为1.6MPa（表压）；在冷凝器、排液桶、低压循环贮液桶、中间冷却器上也必须装设安全阀。以上设备属于高压的，安全阀的设定值为1.8MPa（表压）；属于中低压的，安全阀设定值为1.2MPa（表压）。

16）氨压缩机机房应在高压系统设置紧急泄氨器，对冷凝器有贮液作用的压缩机组也应装设紧急泄氨器。

三、压力容器安全技术

参看《锅炉压力容器安全监察条例》、《压力容器安全技术监察规程》、《在用压力容器检验规程》、《气瓶安全监察规程》等国家有关技术规定，进行定期耐压试验。

四、冷藏库安全技术

冷藏库是在特定温度和相对湿度条件下，加工储藏食品、工业原料、生物制品及医药物资等的专用建筑。其内部设有人工制冷的设备，使其达到预定的温度、湿度。冷藏库的根本特点是冷保温。因此它的建筑和使用都有一系列安全要求，建筑冷藏库和使用冷藏库时应予以注意。避免引起不必要的经济损失和影响人身健康与安全。

1. 冷藏库建筑特点与安全要求

冷藏库建筑区别于其他一般建筑的根本特点是具有保冷要求。库内温度一般保持稳定在某一温度，如 $+5℃$、$±0℃$、$-10℃$、$-18℃$ 等，而库外环境随着自然界气温的变化，经常处于周期性波动之中（既有昼夜交替的周期性波动，又有季节性交替的周期性波动）。库内空气的湿度常年保持在 5%～95%。当室外热空气从库门进入库内，就会发生热湿交换——降湿析湿。析出的水分凝成水霜附于围护结构表面或蒸发器上；释放出的热量传给制冷蒸发器并被带走。因此冷藏库建筑必须满足下列几点要求：

1) 隔热保冷。为了阻挡外界热量侵入冷藏库，必须设置适当隔热层；为了减少太阳的辐射热，冷藏库外表面应涂成白色或浅颜色。

2) 隔汽防潮。为了免除水蒸气进入隔汽层，遇冷凝结成水，从而降低隔热性能，必须在隔热层侧，设置一层隔汽层或防水、防潮层。

3) 为防止地坪土壤冻结而破坏结构，对地面必须设置隔热层或加热防冻措施。

4) 冷热尽量合理分区，减少建筑物频繁的冻融循环，降低破坏建筑结构的可能性。

2. 冷藏库结构特点

1) 冷藏库是个载货仓库，因此结构上要满足装载货物的荷载要求。

2) 冷藏库内、外温差很大，由温差而引起的温度应力比一般常温建筑大，温度应力会引起冷藏库结构的损坏。

3) 冷藏库长期处于低温或冻融交替循环状态下，结构构件会产生不良变化，严重时会导致构件破坏。

4) 由于冷藏库有隔热层，应尽量避免隔热层形成冷桥，破坏隔热性能，影响隔热效果。冷藏库结构的任何部位都应避免产生裂缝和结构变形。

3. 冷藏库安全技术

1) 冷藏间、气调间等应在其门上标明未经许可严禁入内和操作的提示。

2) 为防止作业人员由于事故在冷藏间不能行动或无意被锁在冷藏间内的危险，冷藏间尤其是在 0℃ 以下的冷藏间里，应增加如下安全保护措施：

① 在冷藏间里一般不应单独一人工作，否则对此人的安全每小时应检查一次。

② 在照明损坏的情况下，通向应急电话的通道应有单独的照明、发光的涂料或其他可行的方法给予指示。

③ 工作结束几分钟后，负责人应绕场检查一遍，以确保无人留在冷藏间内，并在清点人数后锁门。

④ 为了使作业人员随时都能离开冷藏间，并确保锁在里面的人能向外发出呼叫信号或自己离开冷藏间，应适当选用保护措施。如冷藏间的门应能从里面开启；应在冷藏间内固定闪发信号报警灯、蜂鸣器或铃，并应装在门附近或易被人们看到或听到的地方；电动和气动操作门应设手动开关；所有应急出口门应处于良好的状态，并要定期检查，随时都

能出入。

4. 冷藏库的安全管理

（1）冷藏库生产中的防火　冷藏库生产中火警较少，但在维修期间容易发生，火灾往往来自隔热材料、隔气材料、新贮存的商品和其包装材料以及电气设备等。冷藏库防火不容忽视，应当采取有效措施加以防范。

1）应在库区各处设置消火栓。消火栓可供消防车取水，也可直接连接水带放水灭火。它是消防供水的基本设备。消火栓按其装置地点可分为室外和室内两类。室外消火栓又分为地上和地下两种。消火栓的设置位置应便于消防车取水，其数量按消火栓的保护半径和室外消防水用量而定，应保证任一装置、建筑着火时有足够的消防用水。

室内消火栓一般设于冷藏库楼梯间的平台上、走廊与走廊内的明显易于取用的地点，离地面的高度应为1.2m。

库房、配电室、机房等处除了设置固定灭火设施外，还应设置小型灭火器具，以利扑救初起火灾。

2）对相关人员进行培训，包括消防知识、消防设备的操作和处理制冷剂的泄露等。当更换操作工人时，对新来人员要特别加以指导，使他们熟悉这些问题。

3）检查冷藏库的楼梯是否有足够的宽度，是否便于迅速疏散，楼梯上有无紧急照明灯。如果楼梯数量不足，则要设室外防火梯。

4）电气设备在冷藏库里特别容易出问题，水分会进入密封不严的电缆管，凝结在电缆管里或开关箱的接头处，从而造成特殊的危险，这是普通建筑物里不会发生的。当电缆管穿过易燃的隔热材料时，需要特殊的预防措施，如把电缆管用不燃的绝缘材料包裹，大功率的电缆不得直接与聚苯乙烯或聚氨酯隔热板型建筑物接触。

5）在机器间的入口处，在卸货月台或冷藏库相邻的走廊区应安放防毒面具，在供水量充足的冷藏库里，可考虑使用洒水灭火系统。

6）动火作业，冷藏企业加强火种管理是防火防爆的一个重要环节。冷藏库一般采取易燃的隔热、隔气材料，电气设备较多，设备检修时一般又离不开切割、焊接等作业，而作为助燃剂的氧气又是作业场所不可缺少的，因此燃烧三要素随时存在，对检修动火具有很大的危险性。多年来，由于一些企业的检修人员缺乏安全常识或违反动火安全制度，重大火灾事故时有发生，教训是深刻的。

（2）工人的安全措施教育　除了消防技术的训练外，工人还要定期地接受安全措施的教育，对新工人尤其如此。

（3）职业健康的保护　作业人员在冷藏库里工作，所处的环境与其他工作环境条件大不相同（如低温、潮湿等）。在冻结间及冻结物冷藏间里工作就更为艰苦。因此，在冷藏库工作的人员要定期进行身体检查，对经体检不适合低温作业的人员、体弱多病者应及时调离。

五、制冷剂钢瓶的使用安全

制冷剂以专用钢瓶贮存和运输，其钢瓶应符合《气瓶安全监察规程》等国家有关技术规定，并应定期进行耐压试验。

制冷剂钢瓶产权单位对制冷剂瓶应严格管理，并应建立气瓶档案，内容包括：合格证、产品质量证书、气瓶改装记录等。

六、安全防护用品

（1）防护用品　主要指防毒面具。正确选择和使用个人防护用品是预防职业伤害，保证人身安全和正常生产的重要措施之一。因此，每个制冷作业人员都要学会正确使用个人防护用品，并能进行日常维护和保养。一般常用的防毒面具有长导管式、过滤式、氧气呼吸器等。

（2）抢救药品　柠檬酸、醋酸、硼酸、烫伤膏等。

（3）抢救用具　手套、防毒衣、木塞、管夹等。

（4）抢救设备　消火栓、紧急泄氨器、灭火器等。

第二节　制冷压缩机的操作

一、活塞式制冷压缩机的操作

1. 活塞式制冷压缩机的开机操作

启动制冷压缩机前应查看机器的运行记录，了解制冷压缩机的前次运行情况，了解停机的原因和时间，只有确定是正常停机位置，方可准备启动制冷压缩机。若是停机修理或是安装后首次开机，应确定已经具备开机条件，且开机时应有技术人员到场。

（1）检查制冷压缩机

1）操作现场和制冷压缩机的运转部位应无障碍物，联轴器的安全保护罩应固定良好。

2）曲轴箱油面应在下油面视镜的 1/2 以上，上油面视镜的 1/2 以下。若曲轴箱侧盖上只有一个油面视镜，那么油位应在油视镜的 1/2 以上。

3）启动前曲轴箱的压力不应超过 0.2MPa，否则应先降压。

4）制冷机控制盘上的压力表应准确灵敏，各压力表的表阀应已全部打开。

5）能量调节装置上载手柄应拨在"0"或放在最小挡。

6）制冷机的冷却水套和油冷却器应通水。

7）油三通阀门的手柄应在"运转"位置。

8）压力控制器和油压差控制器等自动保护装置的设定值应符合要求。

（2）检查系统阀门的开启状态

1）高压系统。油分离器、冷凝器、高压贮液器的进出气、液阀和安全阀门的截止阀、均压阀、压力表阀、液面指示器阀均应开启。制冷压缩机的排气阀、总调节站的膨胀阀应关闭，其他阀门，如热氨冲霜阀、放油阀、空气分离器、集油器上的各种阀门，排液桶上除安全阀门前的截止阀外的所有阀门，紧急泄氨器上的所有阀门也应关闭。待制冷系统工作后，可根据操作时的需要再开启相应阀门。

2）低压系统。由总调节站经氨液分离器或低压循环桶、氨泵、分调节站、蒸发器再加到氨液分离器或低压循环桶，直至制冷压缩机的管路系统上所有的阀门均开启。同时各低压设备的压力表阀应关闭，放油阀、加压阀、热氨冲霜阀、冲霜排液阀等应关闭。

（3）检查贮液桶的表面

1）高压贮液桶的液面在贮液桶高度的 30% ～70% 处。

2）低压循环桶或氨液分离器的液面应保持在浮球控制的高度。当没有设置浮球阀时应控制液面最高不超过 70%，最低不低于 30%。

3）低压贮液桶平时不应保持液面，如有液也不得高于 30%，否则应做排液处理。

（4）检查中间冷却器

对于双级压缩机还应对中间冷却器进行检查。各种阀门状态正确，进出气阀门、冷却盘管的进出液阀门、浮球阀前后的截止阀、平衡管阀门及液面指示器阀门等均应开启。放油阀应关闭。中间冷却器上的手动膨胀阀通常是关闭的，只有在浮球阀失灵时才使用此阀进行手动供液。

中间冷却器的液面应保持在浮球控制的高度。当浮球失灵时，应开启手动膨胀阀供液，液面应控制在50%的位置。如果中间冷却器的液面过高或压力超过0.5MPa，就应进行排液处理。

（5）检查其他设备

制冷剂液泵、冷却水泵、冷媒水泵、冷风机和冷却水塔等运转部位应无障碍，能正常工作。冷却水系统和冷媒水系统应准备就绪。

2. 活塞式制冷压缩机正常运转的标志

1）制冷机内无敲击声。制冷机正常运转、膨胀阀开度调节合适，活塞、连杆、活塞销及各轴承配合适当，结合牢固。运转中只有制冷机吸、排气阀清晰的起落声，没有敲击或其他不正常声响。

2）制冷机各摩擦部位温度正常。制冷机各摩擦部位、轴承与轴颈接触良好，润滑正常，不产生超过环境温度30℃或更高的激热（见表9-1），否则可能造成摩擦面及轴承严重磨损，轴瓦合金脱落、碾堆、熔化等后果。

表 9-1　活塞式制冷压缩机安全工作条件

工 作 条 件	制 冷 剂		
	R12	R22	R717
蒸发温度/℃	−30 ~ 10	−40 ~ 5	−30 ~ 5
相应的蒸发压力/MPa	0.102 ~ 0.431	0.107 ~ 0.6	0.121 ~ 0.525
最高冷凝温度/℃	50	40	40
最大压缩比	10	8	8
活塞最大压力差/MPa	1.2	1.4	1.4
制冷机最高吸气温度/℃	15	15	$T_0 + (5 ~ 8℃)$
安全阀开启压力/MPa	130	150	150
冷冻油压(比曲轴箱压力高)/MPa	0.15 ~ 0.3	0.15 ~ 0.3	0.15 ~ 0.3
最高油温/℃	≤70	≤70	≤70

3）曲轴箱油面处于正常位置。一般制冷机曲轴箱正常油面应在视油镜中间位置。如果是两个油镜，正常油面应在上油面的中心线，最低不得低于下油镜中心线或见不到油位。另外，在制冷机运转过程中，冷冻油不应起泡。

4）油压正常。采用压力润滑的制冷机，要求冷冻油油压为0.075 ~ 0.15MPa。如果制冷机设有液压卸载-能量调节装置，则要求冷冻油油压在0.15 ~ 0.3MPa范围内，参见表9-1。油压过低，会造成各摩擦部件表面的干摩擦或卸载调节机构动作迟缓；油压过高，不但易损坏油泵、键及传动件，而且会使各摩擦面之间进油过多，增加摩擦阻力；同时，更多的冷冻油进入制冷系统，导致换热设备的换热效果下降，制冷机耗油量增加。

5）制冷机无结霜现象。低温（冷藏库）制冷系统工作过程中，制冷机回气管路结霜，应属于正常；但操作不良或膨胀阀调整不当时，往往会使制冷机的气缸壁和机体结霜，严重时可能造成制冷机"液击"。

6）制冷系统各辅助设备处于正常工作状态。制冷机吸、排气阀，油分离器进出口阀，冷凝器、贮液器进出口阀等开启位置正确；各风机及电动机运转平稳，水循环系统的水泵运转正常，无异常声响；水循环系统管路、制冷系统管路不允许有泄漏现象。

7）制冷系统所有压力及温度指示正确，贮液器内制冷剂液位符合要求。

二、氨制冷压缩机

1. 氨制冷压缩机的开机操作

制冷压缩机开机前，首先要通知电工向制冷压缩机的电控柜供电。启动冷却水系统，向冷凝器、制冷压缩机气缸水套及曲轴箱内的油冷却水管供水，然后即可进行压缩机的启动操作。

（1）单级制冷压缩机的开机操作

1）转动油精滤器手柄数圈，防止油路堵塞。

2）转动联轴器2~3圈，转动时应比较灵活，不应过紧。

3）将能量调节手柄拨至最小挡位。

4）接通电源启动制冷机，同时迅速全开制冷机的排气阀。

5）当电动机全速运转后应调整油压，使油压比吸气压力高0.15~0.3MPa。若启动后无油压则应立即停机检修。

6）缓慢开启制冷压缩机的吸气阀。当制冷压缩机启动正常后，应逐渐开大吸气阀，直到完全开启。开启吸气阀时，若听到液击声则要迅速关闭或关小吸气阀门，待液击声消除后再缓慢打开。

7）将能量调节阀逐级调到所需位置。能量调节阀应根据负荷需要逐级调节，一般应每隔2~3min拨一挡，每拨一挡时应观察油压有无变化。如果容量调大后听到液击声，应立即调小容量，待5~10min后才能再增加容量。

8）启动后要观察压缩机的排气压力与工作电流，排气压力不得高于1.6MPa，工作电流应符合额定值。当电流读数剧烈上升时应立即停机检查，排除故障后再重新启动。

9）根据高压贮液器的液面及制冷压缩机的负荷情况，开启调节站的有关膨胀阀向氨液分离器或低压贮液桶供液。当低压循环桶的液面高于50%时，应先开氨泵再开制冷压缩机。

10）填写工作运转日记。记录开机时间和制冷压缩机的吸、排气温度和吸、排气压力，油压，轴封温度，冷凝器进出水温度及其他运行情况。

（2）双级制冷压缩机的开机操作

1）配组双级制冷机的开机操作。当运转的单级压缩机因工作需要改为配组双级运转时，必须先停机，调整好系统阀门后再开机。

① 双级制冷压缩机必须先启动高压级压缩机，其操作方法、程序及注意事项与单级制冷压缩机相同。

② 待高压级压缩机运转正常后，且中间冷却器的压力降到0.1MPa时，启动低压级压缩

机，其操作程序与注意事项与单级压缩机相同。如果低压级压缩机是由几台压缩机组成的，则应逐台启动。

③ 如果中间冷却器内没有氨液，则应在高压级压缩机启动后立即向中间冷却器供液。如果中间冷却器内有氨液，可在低压级压缩机启动后，高压级压缩机的排气温度超过 60℃ 时，打开中间冷却器的供液阀，通过浮球阀向中间冷却器供液。中间冷却器的液位不应超过 50%。

④ 中间压力应根据设计要求与蒸发压力与冷凝压力相适应，按照高、低压制冷压缩机容积比的不同而控制在不同的数值。当容积比为 1:2 时，中间压力为 0.25~0.35MPa；当容积比为 1:3 时，中间压力应控制在 0.35~0.4MPa。

⑤ 如果高压级压缩机的吸、排气温度剧烈下降，可能是因为中间冷却器的液面过高而造成了高压级压缩机的湿冲程。若湿冲程严重，应紧急停机；若不太严重，应首先关闭中间冷却器的供液阀和高压级压缩机的吸气阀，关小低压级压缩机的吸气阀。注意压缩机的油压不得降低，中间压力不得升高。检查中间冷却器的液面，必要时进行排液处理。

⑥ 根据库房的负荷情况，适当开启有关供液阀门向蒸发器供液。

⑦ 填好工作运行记录。除了要填写单级制冷压缩机的内容外，还要填写中间冷却器的压力、温度及液面位置等数据。

2）单机双级制冷压缩机的开机操作。单机双级制冷压缩机开机时，先开启高低压排气阀门，使低压缸的能量调节装置手柄处于最小挡位。启动制冷机，运转正常后先开启高压缸吸气阀，中间冷却器的压力降至 0.1MPa 时再开启低压级吸气阀，然后使低压缸逐级上载。其他操作程序及要求与配组双级制冷压缩机类似。

2. 氨制冷压缩机的正常运转的标志

1）油压应保持在规定值范围内。油压的大小根据制冷压缩机的形式确定。无卸载装置的制冷机的油压应比吸气压力高 0.05~0.15MPa，带有卸载装置的制冷机的油压应比吸气压力高 0.15~0.3MPa。如果油压过低，输油量减少，将造成摩擦部件的严重磨损；如果油压过高，机器用油量过大，则易引起油击事故，同时也会随高压气体进入冷凝器而影响换热效果。当油压达不到规定值时，可通过油压调节阀进行调节。

2）曲轴箱油面应保持在侧盖视油镜的 1/2 位置。

3）冷冻油温度最高不宜超过 70℃，应保持在 45~60℃ 之间。

4）轴封处的正常滴油量为 2~3min 不超过 1 滴。

5）制冷机机体不应有局部发热现象。轴承温度不应过高，一般为 35~60℃。轴封处温度不应超过 70℃。其他运转摩擦部件的温度不应超过环境温度 30℃。

6）冷却水的进、出水温差为 3~5℃。

7）制冷系统的蒸发温度应比冷间温度低 8~10℃。

8）制冷压缩机的吸气温度应比蒸发温度高 5~15℃，制冷压缩机的排气温度按压缩机的型号和压缩级数来定。一般国产系列的单级机定为 70~145℃，双级机的低压排气温度为 70~90℃，高压级排气温度为 80~120℃。

9）制冷压缩机正常运转时应无敲击声。吸、排气阀片的上、下起落声应清晰，气缸与活塞、活塞销、连杆轴承及安全盖等部位都不应有敲击声，曲轴箱中也应无敲击声。

10）制冷压缩机的吸气管、吸气阀部分应结有干霜，但气缸体不应有结霜现象。

11）压力表应平稳或小幅均匀摆动。如摆动剧烈，说明制冷系统有空气存在。

12）安全阀管路不应发热。

3. 氨制冷压缩机的停机操作

（1）单级制冷压缩机的正常停机

1）在停机前 15min，关闭调节站、氨液分离器或低压循环桶以及其他部位的供液膨胀阀。

2）逐挡调小能量调节装置手柄，减少工作缸数（保留 2 个气缸工作），待蒸发压力降低后关闭制冷压缩机的吸气阀。

3）切断电源，在制冷压缩机停止转动的同时关闭排气阀。

4）将能量调节装置手柄拨到"0"位或最小挡位。

5）停机 10min 后，关闭制冷压缩机水套的供水阀。全部制冷压缩机停止运转后，可停止向冷凝器供水。冬季停机、停水后应将制冷压缩机水套和冷凝器中的存水放净，以免冻裂。

6）如有较长时间停机，应将制冷剂收进高压贮液桶，以减少泄漏和事故。

7）填写好停机记录。

（2）双级制冷压缩机的正常停机

1）关闭中间冷却器供液阀及调节站供液节流阀。

2）如是单机双级制冷压缩机则先关闭低压缸的吸气阀，待中间压力降到 0.1MPa 时再关闭高压缸吸气阀。切断电源，在机器停止转动的同时再关闭高压缸排气阀和低压缸排气阀。

3）如是配组双级制冷压缩机则应先停低压级压缩机，待中间压力降到 0.11MPa 时再停高压级压缩机，停机程序与单级机相同。配组双级制冷压缩机的其他操作程序也和单级机相同。如低压级压缩机由几台制冷压缩机组成，则应逐台停机。待全部低压级压缩机停止运转后，再停高压级压缩机。

4）其他有关事项与单级机的操作程序相同。

5）填好停机记录。

（3）非正常停机　非正常停机一般是事故停机，主要有以下几种情况：

1）突然停电停机。如果设备运转时突然停电，应先切断电源开关，并立即将制冷压缩机的吸气阀、排气阀关闭，同时关闭供液阀门，待恢复供电后再启动。

2）突然停水停机。如果在装有水流开关的制冷系统中冷却水突然中断，制冷压缩机会自动停机。没有安装水流开关的制冷系统遇到突然停水时，应立即切断电源，停止制冷压缩机的运行。无论哪种情况，压缩机停机后都应立即关闭压缩机的吸、排气阀和有关供液阀，待查明原因，消除故障，恢复供水后再启动。

3）因制冷压缩机的故障停机。如在运行中由于制冷压缩机的某部件损坏而急需停机时，如果时间允许则可按正常停机操作。若情况紧急，则要切断电动机电源，再关闭吸、排气阀和有关供液阀，待检修好后再启动。

4）因制冷设备的故障停机。当制冷系统中的设备发生故障时，如是局部故障影响不大时，可关闭有关管道的连通阀门，迅速检修，不必停机；当系统和设备发生泄漏和跑氨等严重故障时，应停止所有设备的工作，关闭机器和设备的有关阀门，切断电源，穿戴好防护服和面具进行抢修。在抢修过程中应开启全部排风扇，必要时可用水淋浇漏氨部位，以利于抢修。待事故排除，经检查确认正常后再重新启动压缩机和制冷系统。

5）遇火警停机。当冷藏库或与冷藏库相邻的建筑物发生火灾并威胁到制冷系统的安全时，应立即切断电源，随时准备启用制冷系统的紧急泄氨器。使用时迅速打开泄氨器水阀和高压贮液桶、中间冷却器等的排液阀，使制冷系统中的氨液通过紧急泄氨器迅速排出，以防止更大事故的发生。这种处理程序只有在万不得已时才能实施，实施时必须征得上级领导的同意，千万不可随意进行。

6）一般事故停机。当制冷压缩机出现以下故障时应停机检修，故障排除后方可启动开机。

① 制冷机油压过低且无法调节时。
② 冷冻油太脏时。
③ 冷冻油温过高且调整不好时。
④ 能量调节卸载机构失灵时。
⑤ 轴封处制冷剂泄漏严重时。
⑥ 排气压力和排气温度过高，经调节无法降低时。
⑦ 制冷压缩机发生严重湿冲程且调节不好时。
⑧ 制冷机气缸内有敲击声且无法排除时。

三、氟利昂制冷压缩机

1. 氟利昂制冷压缩机的开机操作

氟利昂制冷压缩机的开机操作准备工作，基本上与氨压机开机前的准备工作相同。要保证冷却系统正常工作，水冷式冷却系统应准备就绪，风冷式冷却系统要确定风机运转正常。压力、压差继电器的设定值要正确，能量调节装置的手柄应处于启动位置。

R22制冷系统开机前要先接通油加热器。长时间停机后，油加热器应加热24h后方可启动压缩机。

若是氟利昂空调机组，应先启动空调机组风机或冷媒水系统，再启动制冷压缩机。

1）开启氟利昂制冷压缩机的排气阀、吸气阀及有关阀门。
2）盘动制冷压缩机联轴器数圈，检查其是否过重。
3）启动压缩机，其运转声及油压应正常。
4）开启供液阀，向蒸发器供液。
5）根据热负荷情况，拨动能量调节手柄，逐级上载。
6）注意检查各处温度和压力是否符合规定值。

2. 氟利昂制冷压缩机正常运转的标志

1）氟利昂制冷压缩机的吸气温度不宜超过15℃。对于排气温度，R22制冷系统不超过140℃，R12制冷系统不超过120℃。

2）一般情况下的排气压力，对于R22制冷系统要达到1.0~1.4MPa，最高不超过1.6MPa，对于R12制冷系统要达到0.8~1.0MPa，最高不超1.6MPa。

3）新系列的压缩机的油压应比吸气压力高0.15~0.30MPa，无能量调节装置的制冷压缩机，其油压应比吸气压力高0.05~0.15MPa。

4）曲轴箱的油温一般不超过70℃，但不能低于5℃。

5）曲轴箱内的油位不得低于油视镜的 1/3。

6）油分离器自动回油正常，浮球阀应自动开启与关闭。手摸回油管时，应有时热时温的感觉。

7）制冷机在正常运转时，只有吸、排气阀片发出的清晰均匀的起落声，而气缸、曲轴箱、轴承等部分不应有敲击声和异常杂音。

8）制冷压缩机各部位在正常运转时温度应正常，不应有很大的冷热变化。

9）热力膨胀阀的低压侧应结有干霜，当用于空调时应结霜。

10）在正常运行中，整个制冷系统的任何部位都不应有油迹，否则可能发生了泄漏，应立即检漏维修。

3. 氟利昂制冷压缩机的停机操作

1）缓慢关闭氟利昂制冷压缩机的吸气阀，关闭供液阀和冷凝器的出液阀。

2）曲轴箱内的压力降低后进行逐级卸载。

3）卸载完毕，曲轴箱内的压力下降后停止制冷压缩机的运转。

4）关闭制冷压缩机的排气阀。

5）制冷压缩机停止运转 15min 后，关闭冷凝器的冷却系统。

氟利昂制冷压缩系统如长期停机，应将制冷剂收入制冷系统的贮液器。若没有贮液器，则将制冷剂收入冷凝器内，各阀门的阀帽应旋紧，以防止系统的渗漏。V 带传动的压缩机的 V 带应卸下，以免压缩机曲轴单向受力而引起轴封渗漏和 V 带变形。冬季长时间停机时，还应将卧式壳管式冷凝器内的积水放净，以防冻裂水管和设备。

第三节　制冷设备的操作

在制冷系统管路上设置有各种设备，除制冷压缩机外的设备都称为制冷设备，如冷凝器、中间冷却器、低压循环贮液桶等。这些设备分别承担着制冷系统中制冷剂的分离、换热及其他工作，这些设备的操作是否正确合理，将直接影响制冷系统的正常运行。

一、油分离器的操作

油分离器的种类很多，氨制冷系统一般采用洗涤式油分离器，氟利昂制冷系统则多采用过滤式油分离器。

1. 洗涤式油分离器的操作

制冷系统正常运行时，洗涤式油分离器的进气阀、出气阀和供液阀应开启，放油阀应关闭。

洗涤式油分离器内的液位约在其高度的 1/3 处。液位高度取决于冷凝器水平出液管和油分离器进液管的高度差，这个高度差在安装时给予保证，不需人为控制。如果液位过高，将增加排气阻力，而液位过低则影响对氨气的洗涤及油气的分离。

洗涤式油分离器分离出的润滑油比氨气重而存在底部，如果用手摸油分离器的底部感觉较热，表明底部已有存油，应及时放出。若用手摸油分离器的底部发现烫手，说明氨液烫手或没有氨液，此时油分离器已失去洗涤和分油作用，应及时查找原因并排除故障。

2. 其他油分离器的操作

填料式、过滤式及其他形式油分离器的操作，除没有洗涤式油分离器的供液阀操作及液位要求外，其余操作均与洗涤式油分离器相同。

3. 制冷机组上的油分离器

制冷机组上的油分离器一般都设有手动放油阀及自动回油阀。机组运行时分离出的润滑油会通过自动回油阀回到压缩机的曲轴箱，操作人员只需经常观察回油管是否时温时热即可。当自动回油阀出现故障时，才定时使用手动放油阀进行人工回油。

二、冷凝器的操作

1）制冷系统运行时，冷凝器除放油阀和放空气阀关闭外，其余各阀均应开启。

2）水冷式冷凝器的冷凝压力最高不应超过 1.5MPa，否则应查明原因并及时排除。压缩机全部停机 15min 后，才可停止向冷凝器供水。冷凝器冬季长时间停止工作时应将存水放净，以免冻坏设备。

3）经常检查冷却水的温度和水量。冷却水进出口的温差约为 2～4℃，一般冷凝器温度比冷却水出水温度高 3～5℃。

4）冷凝器管壁上的污垢要定期清除，污垢厚度不得超过 1mm，一般每年清除一次。

5）应每月检查冷凝器的出水是否有氨，如水中有氨则遇酚酞会变红。氟用冷凝器有渗漏现象时会出现油污。应及时发现冷凝器的泄漏，以便及时检修。

6）立式壳管式冷凝器分水器的放置应适当，水沿管道内壁应均匀分布，水量要充足。

7）卧式壳管式冷凝器的冷却水应下进上出，运行时冷却水不得中断。

8）蒸发式冷凝器运行时，应先启动排风机及循环水泵，再开启进气阀和出液阀。喷水嘴应畅通，喷水要均匀。每年要清洗一次水垢。

9）风冷式冷凝器应经常用压缩空气清洗管壁和散热肋片上积的尘埃，以提高传热效率。

10）多台冷凝器组合使用时，要确定冷凝器的工作台数、所需冷却水量及水泵运转的台数，应以压缩机的负荷、冷却水的温度等参数为依据，达到制冷系统的经济、合理和安全运行。

三、高压储液器的操作

1）高压贮液器运行时放油阀和放空气阀应处于关闭状态，均压阀、安全阀前的截止阀、压力表阀及其他阀门都应开启。在开启玻璃管液面指示器阀门时，应先打开上部的气相均压管阀门，后打开下部的液相均压管阀门，关闭时应"先下后上"，以防玻璃管破裂。

2）数台高压贮液器并联使用时，高压贮液器之间相连接的均液阀和均压阀都应开启，以使各高压贮液器的压力和液面均衡。

3）制冷系统在正常运行时，高压贮液器的液面应保持在中线上下，液面应稳定，不应忽高忽低，最高不得高于80%，最低不能低于30%，以保证制冷系统中的制冷剂的连续和均匀供液。高压贮液器的液面高于80%时，有发生爆裂的危险。高压贮液器存液过多时，冷间蒸发器的正常存液就会减少，必然影响冷间的降温。高压贮液器液面过低时，冷间蒸发器存液过多，易造成压缩机的湿冲程。若液面低于高压贮液器的出液管口，高压贮液器将失去液封作用，使高低压串气，制冷系统无法正常运行。

4）高压贮液器的工作压力不得高于 1.5MPa，并应与冷凝器压力保持一致。若高压贮液器的工作压力高于冷凝压力，一般是因为与冷凝器连通的均压阀没有开启，应查明情况并及时处理。

5）在制冷系统停运，高压贮液器长时间停止工作前，应将氨液排出，使液面不超过

80%，然后关闭进、出液阀，但压力表阀、安全阀前的截止阀和均压阀不得关闭。

四、中间冷却器的操作

（1）供液操作　中间冷却器的供液，通常是用浮球阀或电磁阀与液位控制器一起进行组合控制。操作人员只需观察液位高度和高压级压缩机的吸气温度。当液位自动控制装置发生故障时，应改用手动膨胀阀供液。手动膨胀阀开启度的大小，应根据液面指示器显示的液面高度和高压级压缩机的吸气温度来调整。

一般氨制冷系统高压级压缩机的吸气温度应比相应压力下的饱和温度高 2 ~ 4℃。如果高压级压缩机的吸气温度过低，则说明中间冷却器供液过多，应适当关小手动膨胀阀。吸气温度过高时，应适当开大手动膨胀阀。

（2）液位的要求　中间冷却器的液面应控制在液面指示器的 50% 左右。如果液面过低，不能充分冷却低压级压缩机的排气，会使高压级压缩机吸气过热而降低制冷效果；如果液面过高，又可能引起高压级压缩机的湿冲程。

（3）工作压力　中间冷却器的工作压力是双级压缩制冷的中间压力。对于氨制冷系统，当高、低压容积比为 1 : 2 时，中间压力约为 0.25MPa；当容积比为 1 : 3 时，中间压力约为 0.35MPa，一般不超过 0.4MPa。

（4）制冷机停机时中间冷却器的操作　当双级制冷压缩机停机时，中间冷却器也停止工作。中间冷却器的供液阀和冷却盘管的进、出液阀都应关闭。中间冷却器的压力不得高于 0.4MPa，否则中间冷却器停止工作时应进行降压或排液处理，以确保安全。

五、低压循环桶的操作

1）低压循环桶运行时，供液阀、出液阀、放油阀和排液阀均应关闭，其他阀门应开启。

2）打开供液阀，通过浮球阀向低压循环桶供液，也可通过手动膨胀阀控制供液。制冷系统在运行过程中，低压循环贮液桶内的液面应保持在 1/3 左右。一般低压循环贮液桶的液位由浮球阀自动控制。如用手动膨胀阀控制液位，当冷间开始降温或停止降温时热负荷变化较大时，应注意低压循环桶的液面变化，随时进行调整，以保持正常的液面高度。低压循环贮液桶的液位应严格控制，既要保证氨泵正常工作所需的最低吸入压头，又要不会因液位过高而引起压缩机的湿冲程。

3）当低压循环贮液桶内的液面高度达到 1/3 处时，开启低压循环贮液桶的出液阀和氨泵的进液阀，启动氨泵向系统供液。

4）蒸发器融霜时，如制冷系统没有设排液桶，融霜前应关小或关闭低压循环贮液桶的供液阀，降低低压循环贮液桶的液位。因为蒸发器融霜时，排回的液体将直接进入低压循环贮液桶内，使桶内液面升高。在融霜过程中，应严格注意桶内液面的高度，随时加以调整。

六、氨泵的操作

1. 氨泵的启动

1）启动前氨泵应处于完好状态，运转部位旁应无障碍物，用手拨联轴器时应灵活。

2）低压循环贮液桶的出液阀和氨泵的进液阀应开启。

3）开启氨泵抽气阀，排除氨泵内的制冷剂气体。

4）制冷压缩机启动后接通电源启动氨泵。注意氨泵的工作电流不得大于额定值。

5）氨泵启动后应观察压力表，判断氨泵是否出液。待出液压力稳定后关闭抽气阀，使氨泵投入正常运转。

2. 氨泵的停运

当冷间温度达到要求后，可停止氨泵的运转。氨泵停运时，先关闭低压循环桶的供液阀和氨泵的进液阀，切断电源，停止氨泵运转。然后关闭氨泵的出液阀，开启抽气阀，待氨泵压力下降后再关闭抽气阀。

3. 氨泵的运转管理

1）氨泵进液口的过滤器要经常清洗，防止脏物损坏叶轮。

2）离心式氨泵电动机的轴承和密封器都应注意加油，每周检查油杯中的油量。新安装的离心式氨泵刚运行时，前 8h 应经常检查，以保证供油。氨泵加油时应停止工作，并降低氨泵的压力，关闭油杯的针阀，然后开启加油口加油，加满油后旋紧加油口螺盖，开启油杯的针阀即可。齿轮氨泵和屏蔽式氨泵是用氨液进行冷却和润滑的，启动后需要检查进液情况，如果不进液则应立即停泵，以免烧坏轴承。

3）氨泵正常运转时出液口的压力约为 0.15 ~ 0.25MPa，压力表的指针应稳定。

4）氨泵泵体外壳上应结霜，在正常运转时霜不应融化。

5）氨泵运转时应发出均匀的输送液体的声音，而没有其他杂音。

6）当循环贮液桶的液面太低，氨泵内积油、积气、氨泵叶轮损坏或氨泵的供液管道堵塞时，氨泵的输液压力和电流值就会下降，发出无负荷运转的尖锐声音，压力表的指针摆动不稳，这时应及时处理，采取相应的措施，保证氨泵的正常运行。

七、排液桶的操作

排液桶的作用是容纳蒸发器热氨融霜时排回的氨液，暂存其他设备维修时的排液，低压设备中的积油也可通过排液桶转排出。平时排液桶应减压待用。排液桶操作要求如下：

1）排液桶使用前桶内不应有氨液，否则应先排出，使其处于待工作状态。

2）打开减压阀，使桶内压力降到蒸发压力，然后关闭减压阀。

3）开启排液桶的进液阀和需排液设备的排液阀（如液体调节站上的融霜排液总阀）进行排液工作。

4）在排液过程中，如桶内压力超过 0.6MPa 时应关闭进液阀，慢慢开启降压阀。待桶内压力降至蒸发压力后再关闭降压阀，打开进液阀继续排液。如此反复直到排液结束。排液时桶内液面高度不得高于 80%。

5）排液进入排液桶后关闭排液桶的进液阀，静置 20min 使液体沉淀，然后打开排液桶的放油阀，将回液中带来的油放出。若桶内压力偏低而放油困难时，可缓慢打开排液桶的加压阀，加压至 0.6 ~ 0.7MPa 以帮助放油。放完油后关闭放油阀。

6）关闭低压循环贮液桶或氨液分离器的供液阀，打开排液桶至低压循环贮液桶或氨液分离器的供液阀，打开排液桶上的加压阀并加压至 0.6 ~ 0.7MPa，将氨液送往低压循环贮液桶或氨液分离器的供液阀，恢复正常供液。

7）缓慢打开排液桶的减压阀，将排液桶减压待用。

八、氨液分离器的操作

氨液分离器工作时进（出）气阀、出液阀、压力表阀、浮球阀的气相和液相平衡阀均应开启，放油阀和手动膨胀阀均应关闭。

氨液分离器正常运行时，金属管液面指示器的 1/2 处应有霜层。如结霜过多，说明供液过多；如结霜不良或不结霜，则说明供液太少，应立即检查浮球阀是否失灵，如失灵应改用手动膨胀阀供液。

如果氨液分离器运行时的液位过高，可能导致制冷压缩机的湿冲程；如果液位过低又会使蒸发器供液不足，影响制冷效果。所以操作时应观察压缩机的吸气温度和蒸发器的结霜情况。当压缩机的吸气温度过低时，说明氨液分离器供液太多，液位太高可能是浮球阀失灵或手动膨胀阀开启度过大的缘故；当压缩机的吸气温度过高时，说明氨液分离器供液太少，液位太低，冷却排管供液不足，可能是浮球阀失灵或手动膨胀阀开启度过小造成的。这时应及时检修浮球阀，排除故障，或者对手动膨胀阀进行调整。

九、蒸发器的操作

冷间蒸发器可分为两类：冷风机和冷却排管。冷风机一般在冷却间、冻结间和冷却物冷藏间使用，因安装位置不同可分为落地式冷风机和吊顶式冷风机。冷却排管常用于冻结物冷藏间，一般的小型冷藏库也使用冷却排管蒸发器。

1. 冷风机的操作

冷风机启动前应处于完好状态，风机与电动机的地脚螺栓不应松动，叶片和防护罩及风筒不应摩擦，转动应灵活，轴承润滑应良好。

启动冷风机前应先开启蒸发盘管的回气阀，后开启供液阀，然后接通电源，启动冷风机运转。运转时应注意风机的转动速度应正常，风机和电动机运转时应无杂音，电动机的工作电流不应超过额定电流值，电动机和电动机轴承的温度不能过高。

正常运转时，冷风机的蒸发组表面应均匀结霜。若发现结霜不均匀说明供液不正常，应进行调整，适当开大供液阀，增加供液量。若霜层太厚，将会使蒸发盘管的翅片间隙被霜层堵住，阻碍空气流通，降低换热效率，使冷间降温困难，所以结霜太厚时应及时冲霜。冻结间的冷风机一般要定时冲霜。

冷风机停机时应先关供液阀，停止向冷风机的蒸发盘管供液，待蒸发盘管的压力下降后再关闭回气阀门，切断风机、电动机的电源，停止冷风机的运行。

2. 冷却排管的操作

冷却排管是空气自然对流换热蒸发器，除没有风机的操作外，供液操作程序和冷风机基本相同。冷却排管运行时先开回气阀，然后缓慢打开供液阀向冷却盘管供液。

冷却排管正常工作时排管表面应结霜均匀，可根据结霜情况判断供液量的大小。供液过多可能使压缩机产生湿冲程；供液太少则排管表面不会全部结霜，影响冷间的降温。所以要根据实际情况经常调节供液阀门的开启度。冷却排管结霜太厚时应及时冲霜，以免影响换热。

冷却排管内积油过多时，润滑油占据氨液的空间，同时在排液管内壁形成油膜，严重影响换热，使冷间降温困难。这时应及时冲霜，将油带出冷却排管，也可以通过专设的放油管放油入低压集油器处理。

冷却排管停止运行时应先关供液阀停止供液，待压力降低后关闭回气阀门。

第四节　制冷系统的其他操作

一、制冷系统的放油

制冷系统中的制冷压缩机，都采用冷冻机油润滑及冷却压缩机的机件摩擦面。制冷压缩机在运转中的排气温度很高，气流的速度也很高，很容易把气化了的冷冻油油雾带入制冷系统。由于油分离器不可能将油全部分离，总有部分润滑油进入冷凝器、蒸发器等制冷设备和制冷管道中。当冷凝器积油后，冷冻油在冷凝器的传热面上形成油膜，使热阻增大，传热系数减小，冷凝器的传热恶化，冷凝温度和冷凝压力升高。蒸发器积油后同样使换热效率降低，冷冻油还会占据制冷剂的空间，使蒸发器的有效面积减少，使冷间降温困难。

当冷冻油在低温下稠度增大时，遇到污物和机械杂质易混合成胶状物，积聚在截面较小的管道或阀门中而造成堵塞，影响系统的正常工作。

为了避免和减少润滑油对制冷系统的影响，除设置性能良好的油分离器和正确掌握压缩机的加油量外，在正常运转中还必须定期对制冷设备进行放油操作。

在制冷系统的运行期间制冷设备需要放油时，放油操作最好在设备停止运转时进行，因为此时放油效率高，而且比较安全。如必须在运行时放油，则要注意安全并不影响系统的正常运行。

制冷设备放油时必须遵守操作规程，保证安全。放油操作只能逐个设备进行，不能两个及多个放油设备同时进行。所放的油必须经集油器集油后，才可排出制冷系统。所有的制冷设备放油前，集油器应处于低压工作状态。如集油器内有积油，应先减压然后放油。当集油器压力较高时，应打开减压阀，使其压力降至制冷系统的回气压力，再关闭减压阀待用。

1. 洗涤式油分离器的放油操作

1）放油前应先关闭洗涤式油分离器的供液阀，15mim后油分离器内的制冷剂液体基本蒸发完毕，冷冻油便沉淀在底部。当制冷系统正在运行时，对洗涤式油分离器的停止供液时间不宜过长，以免妨碍系统的正常运行。

2）当油分离器外壳中下部的温度升到 40～50℃ 时，打开放油阀和集油器的进油阀向集油器放油。

3）洗涤式油分离器放油阀处的管道发凉或结霜时说明油已放完，关闭放油阀，开启供液阀，恢复洗涤式油分离器的正常工作。

4）洗涤式油分离器的放油次数应根据压缩机的耗油量而定，一般每月 1～2 次。

2. 冷凝器的放油操作

1）冷凝器放油时最好停止冷凝器的工作。若在运行时放油，应尽量选择在压缩机排气温度较低时进行。

2）开启冷凝器的放油阀和集油器的进油阀向集油器放油。

3）当放油阀管路发凉或结霜时关闭放油阀和集油器的进油阀。

4）冷凝器应根据设备的运行情况定期放油，一般每月 1～2 次。若有多台冷凝器，放油可轮流进行。

3. 高压贮液器的放油操作

1）当高压贮液器的液位指示器中的油位上升时，说明桶内有积油，即可进行放油。

2）打开高压贮液器的放油阀和集油器的进油阀，放油完毕后再关闭放油阀和集油器的进油阀。

3）高压贮液器放油时一般不停止工作，直接向集油器放油。

4）高压贮液器也应定期放油，一般每月 1～2 次。

4. 中间冷却器的放油操作

中间冷却器的放油方法和操作程序与洗涤式油分离器相同。双级压缩机低压级的排气中带出的润滑油大部分在中间冷却器内被分离沉淀，所以中间冷却器至少每周要放油1次。

5. 低压循环贮液桶的放油操作

1）当制冷系统停止运行或库温达到要求而停机时，低压循环贮液桶内的压力回升，这时应进行放油操作。

2）为了不影响制冷系统的正常运行，低压循环贮液桶在放油操作时也可以不停止工作，而是开启放油阀直接向集油器放油。但由于压差太小，放油速度较缓慢。

3）当热氨冲霜后，低压循环贮液桶内的压力较高，可利用热氨适当加压，这时放油最好。热氨冲霜的排液排进低压循环贮液桶后要静置10～20min使油沉淀，此时可将桶内压力加至0.3～0.35MPa，即可开启放油阀向集油器放油。放油完毕后，再将桶内压力缓缓降至蒸发压力，恢复正常运行。

4）如果低压循环贮液桶积油，将直接影响到氨泵的正常运转，因此每月至少进行2～3次放油操作。

6. 排液桶的放油操作

1）排液桶接受融霜排液后关闭进液阀，静置30min，使润滑油沉淀后再进行放油。

2）开启加压阀对排液桶加压，但压力不得高于0.6MPa。加压后关闭加压阀。

3）开启排液桶的放油阀和集油器的进油阀进行放油操作。

4）排液桶的放油次数视液面指示器的油位而定。但每次冷间热氨排液后，排液桶均需放油一次。

7. 氨液分离器的放油操作

1）氨液分离器一般在不停止工作的情况下放油，但放油速度较慢。

2）可利用制冷压缩机停机的机会放油。关闭供液阀、出液阀、进气阀和出气阀后对氨液分离器加压，但压力不得高于0.5MPa。适当开启放油阀向集油器放油，放油时注意不要将氨液放出。放油后缓慢打开出气阀，使压力降至回气压力后再打开其他阀门，恢复正常工作。

3）氨液分离器每月放油1～2次。

8. 集油器的放油操作

1）所有设备放出的润滑油都需经集油器排出，所以当各制冷设备向集油器放油时，集油器应处于低压待工作状态。

2）设备放油时集油器打开进油阀进油，集油器油位达70%时关闭进油阀，微开减压阀使油内夹带的氨液蒸发。为加快氨液的蒸发可在集油器外表面淋水加热。

3）10min后关闭减压阀，观察集油器压力表的压力是否上升。若上升则说明油中还有氨液，应再开减压阀，直至压力上升很少时再停止淋水，并关闭减压阀。

4）开启放油阀，将润滑油放出后集中进行再生处理。集油器内的油放净后关闭放油阀，并可再次为其他制冷设备进行集油。

5）集油器放油时操作人员不得离开现场。放油完毕后关闭放油阀，并记录好放油时间和重量。操作人员放油时应穿戴防护服装及橡胶手套，以防止氨液的腐蚀。

二、制冷压缩机的加油操作

对压缩机加油时应先检查冷冻机油的牌号和质量，使其符合压缩机的使用要求。

1. 单级氨制冷压缩机的加油操作

（1）利用制冷压缩机本身的油泵加油

1）加油管要清洁干燥，加油管上应装有过滤装置。

2）将加油管一端接在制冷压缩机有三通阀的加油管上，加油管上的过滤装置插入油桶内。

3）将油三通阀手柄拨回"加油"位置，冷冻机油即被压缩机油泵吸入。当曲轴箱油面达到要求后，将三通阀手柄拨回"运转"位置。注意加油时不能吸入空气。

4）加油后将加油量、加油时间填入运行记录。

（2）制冷压缩机运转时利用大气压力加油

1）将加油管接在制冷压缩机曲轴箱的加油阀上。

2）关小制冷压缩机的吸气阀，这时油压会下降，应注意进行调整。

3）待曲轴箱压力低于外界大气压时打开加油阀，使润滑油在大气压力作用下自动加入曲轴箱内。

4）当曲轴箱油面达到要求时关闭加油阀，拆下加油管，逐渐开大压缩机的吸气阀，恢复正常运转。

5）做好记录。

（3）利用专用油泵加油 设计安装制冷系统的机房时，将加油管、油泵和油箱固定安装，使之与每台压缩机的加油阀相连。压缩机加油后只需启动油泵，打开压缩机的加油阀即可加油。加油结束后，停止油泵的运行，关闭压缩机的加油阀。

2. 配组双级氨制冷压缩机的加油操作

配组双级氨制冷压缩机的低压级压缩机的加油方法与单级制冷压缩机相同。高压级制冷压缩机用油三通阀加油，也和单级机的操作一样。若高压级压缩机不带油三通阀，可在运转时利用大气压力加油。

1）关闭中间冷却器的供液阀。

2）关小低压级压缩机的吸气阀，将低压级压缩机的气缸卸载。

3）当中间压力降到 0.05MPa 以下时，关小高压级压缩机的吸气阀，待曲轴箱压力降至 0 时打开加油阀加油。注意加油时中间压力不得升高，并注意调整油压。

4）当曲轴箱油面达到要求时关闭加油阀，缓慢打开高压级压缩机和低压级压缩机的吸气阀，并逐挡上载。开启中间冷却器的供液阀，恢复正常工作。

5）填写运行记录。

3. 氟利昂制冷压缩机的加油操作

氟利昂制冷系统在正常运行时压缩机的耗油量很少，无需经常加油。氟利昂制冷压缩机中的部分冷冻油被高压气体带出后，大部分在油分离器中被分离，由浮球阀控制自动回到曲轴箱内。氟利昂制冷剂和冷冻油的互溶性很好，即使系统没有油分离器，只要管路设计正确且安装合理，冷冻油也会被制冷剂蒸气带回曲轴箱。

对于新机器或当系统泄漏必须加油时，应对冷冻油牌号和质量进行检查，不可混用。不同机型制冷压缩机的加油方法也不同。

1）系列化的氟利昂制冷压缩机从油三通阀加油，操作方法和程序与氟利昂制冷压缩机的操作相同。

2）没有油三通阀的氟利昂制冷压缩机，若曲轴箱上部有加油孔，可从曲轴箱上部的加油孔加油。先关闭压缩机的吸气阀，启动压缩机将曲轴箱抽空，当曲轴箱压力低于大气压力时停机，并关闭排气阀。拧下加油孔的螺塞，将漏斗或加油管插入加油孔内向曲轴箱加油。加油后拧紧螺塞。

3）没有油三通阀的小型氟利昂制冷压缩机，可从吸气三通阀的旁通孔加油。

①准备好加氟软管和冷冻油，将压缩机的吸气阀开足，拧下旁通塞换上加油接头。

②软管一端拧在加油接头上，用手指堵住软管的另一端（图9-1）。

③关闭吸气阀后启动压缩机，将曲轴箱抽空。当曲轴箱呈真空状态时停机，并立即关闭排气阀。

④将用手指堵住的管头浸入油中后放油，借曲轴箱内的真空将油吸入曲轴箱。

⑤若曲轴箱油面没有达到要求，且真空度不够而无力吸油时，可重复以上操作，继续加油直至达到要求。拆下软管和接头，拧紧吸气阀旁通螺塞，拆下排气三通阀上的旁通丝堵，启动压缩机，将机轴箱内的空气排空。无气体排出时，将排气阀旁通丝堵迅速拧紧，同时停机。

⑥手指堵住软管一端时，若能保证空气不会进入可关闭吸气阀，启动压缩机，利用真空一直加油，直到符合要求。然后开足吸气阀，拆下加油接头，拧紧旁通丝堵，使压缩机恢复正常运行。

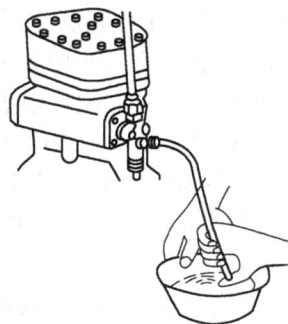

图9-1　从吸气阀旁通孔加油

三、制冷系统放空气的操作

制冷系统在调试、操作和维修过程中，不可避免地会使一些空气混入制冷系统。制冷压缩机因排气温度过高使部分油和氨的分解气体存留在系统内，这些气体在冷凝条件下不会凝结，被称为不凝性气体。尽管这种气体的量不多，但会使排气压力和排气温度升高。空气中的水分和氨气如果进入制冷系统，会加剧金属材料的腐蚀，并加速润滑油的氧化，对制冷系统有较大影响。因此在操作维修过程中，应采取适当的措施防止空气进入制冷系统，如发现有空气渗入，应及时对系统进行放空气操作。

空气进入制冷系统后将被压缩机吸入，压缩后排至高压系统，由于高压贮液器具有液封作用，空气很难再进入低压系统。所以制冷系统中的空气主要积聚在冷凝器和高压贮液器中。制冷系统中有空气时常表现为：压缩机的排气温度、冷凝温度与冷凝压力高于正常值，排气压力表指针急剧摆动，压缩机的回气温热。

如果将制冷系统中的空气直接放出将会带出大量的氨气，因此混合气体必须经过空气分离器降温并分离氨液后再放出。目前使用较多的有卧式四重管式和立式盘管式空气分离器。

1. 氨制冷系统的放空气操作

1）用空气分离器放空气时，空气分离器的回气阀门应处于常开状态，使空气分离器的压力降至吸气压力。其他各阀应关闭。

2）适当开启混合气体进气阀，使制冷系统内的混合气体进入空气分离器内。

3）微开供液阀（开启度大小应视回气管道的结霜情况而定，一般控制在使回气管结霜1m左右），使氨液节流进入空气分离器内汽化吸热，冷却混合气体。

4）连接放空气阀接口用的橡胶管，使一端插入贮水容器内。当混合气体中的氨被冷却成氨液时，空气分离器底部就会结霜，这时可微开放空气阀，将空气通过贮水容器排出，若气泡在水中上升的过程中呈圆形并无体积变化，水不混浊，水温也不上升，则放出的是空气，此时应使放气阀的开度合适。若气泡在上升过程中体积逐渐缩小甚至消失，水成乳白色且出现混浊，水温升高，则说明放出的气体中含有较多的氨气，空气已放完，应停止放空气操作。

5）混合气体中的氨逐渐被冷凝为氨液，并积存于底部。从外壳的结霜情况可看出液位高度，当液位达1/2时关闭供液节流阀，开启回液节流阀，使底层氨液回流至空气分离器冷却混合气体。注意底层冷凝的氨液即将排完时应关闭回液节流阀，开启供液节流阀。

6）停止放空气时应先关放空气阀以防氨气泄出，然后再关供液节流阀及混合气体进气阀。回气阀门平时不应关闭。

2. 氟利昂制冷系统的放空气操作

氟利昂制冷系统一般不设空气分离器。当系统的压力高于正常的冷凝压力，且高压压力表指针摆动剧烈时，说明系统内有空气。氟利昂制冷系统的空气可在停机后从压缩机排气阀的旁通孔放出。

1）关闭冷凝器或贮液器的出液阀。

2）利用压缩机将低压系统内的制冷剂和空气全部排入高压系统。冷凝器继续工作，使制冷剂冷却成液体。

3）待低压系统压力降至真空时停止压缩机的工作。

4）静置30min后将排气阀关闭半圈，拧松压缩机排气阀的旁通孔螺塞，使高压气体从旁通孔逸出。用手感觉有凉气且手上有油迹时说明空气已排完，拧紧螺塞，开足排气阀，停止进入空气。

5）以上操作可连续进行2~3次，每次放气时间不宜过长，以防止制冷剂的浪费。如冷凝器或贮液器顶部装有备用截止阀，也可直接从该阀门放出空气。

四、蒸发器的除霜

制冷系统正常运行时蒸发器的表面温度远低于空气的露点温度，空气中的水分会析出而凝结在管壁上。若管壁温度低于0℃时水露则凝结成霜。霜层的热导率很低，热阻很大，霜层过厚将使蒸发器换热条件恶化，冷间降温困难，制冷系统的制冷量下降，因此必须及时除霜。除霜的方法很多，视蒸发器的形式、制冷系统的管路设置及被冷却系统的情况而定。常用的除霜方法有以下几种：

1. 人工除霜操作

可使用扫帚扫霜，或用月牙霜铲等专用工具对蒸发器管进行除霜。这种方法仅适用于冷藏库中的光滑排管蒸发器。人工除霜操作简单，除霜操作时蒸发器可不停止工作，因而不影响冷间降温，但劳动强度大，难以彻底清除霜层。

2. 热工质气体融霜

这种方法适用于所有形式的蒸发器。热工质气体融霜是将制冷压缩机排出的高温制冷剂气体，经油分离器分油后引入蒸发器内，利用过热功当量蒸发放出的热量融化蒸发器外面的霜层。过热蒸气遇冷后变为液体，同蒸发器内原有的积油一道排入液桶或低压循环贮液桶中。此法融霜效果好、时间短、劳动强度低，但操作比较复杂，能量损失大，冲霜时需停止冷间的降温工作。下面以重力供液系统（图9-2）为例，讲述热氨融霜的操作程序。

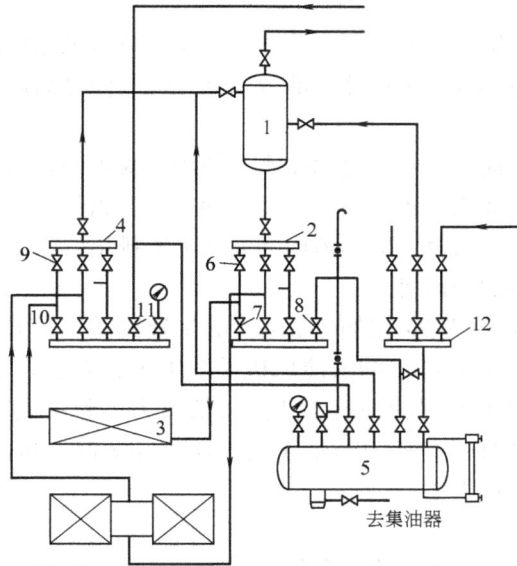

图 9-2 重力供液系统热氨融霜示意图
1—氨液分离器 2—液体调节站 3—蒸发器 4—气体调节站 5—排液桶
6—冷间供液阀 7—冷间排液阀 8—总排液阀 9—冷间回气阀
10—冷间热氨融霜阀 11—总热氨融霜阀 12—总调节阀

1）排液桶应经排液、减压而处于待工作状态。如系统没有设排液桶，应使低压循环贮液桶做好接受排液的准备。可适当关小或关闭供液阀，使低压循环贮液桶的液面不高于20%，桶内应保持低压回气压力。

2）冬季融霜时，为了提高热氨温度可适当减少冷却水量，但必须确保安全，严禁全部停水，以免发生事故。

3）适当关小总调节站上的供液阀12，关闭液体调节站2上的融霜冷间供液阀6，关闭气体调节站4上的融霜冷间回气阀9。

4）打开排液桶5上的进液阀，打开液体调节站2上的融霜冷间排液阀7和总排液阀8。

5）缓慢开启气体调节站4上的冷间热氨融霜阀10和总热氨融霜阀11。热氨融霜阀的开启不应过大，热氨压力应不超过0.6~0.8MPa。为了加速融霜和排液，可采用间歇开关的方法。

6）热氨进入蒸发器3融霜，冷却的氨液和油排进排液桶。融霜过程中要注意排液桶液面不得超过70%~80%。如果是低压循环桶则液面不得超过50%，如超过则应将氨液排走后再继续进行融霜。

7）当蒸发器外表面霜层融净时，关闭总热氨融霜阀11和冷间热融霜阀10，然后关闭冷间排液阀7、总排液阀8及排液桶的进液阀。

8）慢慢开启回气阀9降压，待冷间蒸发器压力降至低压回气压力时，可适当开启冷间供液阀6和总调节站上的有关供液阀，恢复冷间蒸发器的正常工作。

氨泵供液系统的热氨融霜操作与以上方法基本相同，热氨应采用上进下出，以便排液回流。

氟利昂制冷系统采用热氟融霜的原理和重力供液系统热氨融霜原理一样。但氟利昂系统一般不设排液桶，通常将冷却的液体排往气液分离器，经气液分离后由压缩机渐渐吸入。

3. 水冲霜

水冲霜是利用喷水装置向蒸发器外表面喷水，使霜层被水的热量融化并冲掉的方法，适用于直接制冷系统的冷风机冲霜。水冲霜比热制冷剂蒸气融霜的效果好，且时间短、操作简单、便于管理。但使用这种方法蒸发器管道内的油污无法排出，水量消耗较大，因此其使用范围仅局限于带有排水管道的冷风机。

水冲霜操作前应提前 0.5h 将冲霜冷间冷风机的供液阀关闭，并微开冷风机的回气阀。启动专用融霜水泵，将 25℃ 左右的水抽入冷风机排管上方，对蒸发器进行水冲霜。同时应启动单级制冷压缩机来抽吸蒸发器的回气，使蒸发器压力不致过高。当霜层融完后停止冲水。当冷却排管外壁无水滴且管内压力与低压回气压力相等时，可适当开启供液阀及回气阀，开启冷风机恢复冷间的正常工作。

4. 热盐水融霜

热盐水融霜是使热盐水直接进入冷却盘管，将盘管外的霜层融化的方法。热盐水融霜适用于间接制冷系统盐水盘的融霜。

热盐水融霜时，将盐水加热器中的盐水加热到 20℃，温度不宜过高，以免融霜时冷间升温。关闭空气循环风机，关闭盐水冷却盘管的低温盐水进、出口阀门，将热盐水的进、出口阀门打开，使热盐水进入盐水冷却盘管，将盘管融霜。盐水盘管下应设置接水盘，并能顺利排水。霜层融化后关闭热盐水进、出口阀门，打开低温盐水的进、出口阀门，恢复盐水冷却盘管的正常运行。

5. 电热融霜

在中小型氟利昂制冷系统中常用电加热的方法融霜。采用电热融霜的冷风机，蒸发器盘管中插有电热管。融霜时需停止冷风机的运行，并关闭供液阀门，然后接通电热管的电源，为冷风机融霜。霜层融化后关闭电热管的电源，启动压缩机，适当开启供液阀，恢复冷风机的运行。这种方法消耗电能较多，冷间温度波动也大；但融霜方便，操作简单，易于实现自动化控制。

6. 热制冷剂气体和水联合冲霜

热制冷剂气体和水联合冲霜常用于冻结间的冷风机冲霜。冲霜系统除设置了水冲霜管道外，还设置了热制冷剂气体融霜管道。这两种方法结合使用的融霜效果较好，冲霜时间短，既能将蒸发器管道外的霜层融化干净，又能将蒸发器内的积油及时排出。其操作程序如下：

1）关闭供液阀，待蒸发器内的压力下降后关闭回气阀，并停止冷风机的运行。

2）开启排液阀，缓慢开启热制冷剂气体的融霜阀，对霜层进行热融，使霜层和管外壁结合处的霜先融化。注意融霜气体的压力应控制在 0.6 ~ 0.8MPa。

3）热融 5min 后开启冲霜水阀，对蒸发器淋水约 20min，将霜层冲掉，然后关闭冲霜水阀。

4）10min 后热制冷剂气体已将蒸发器管外的水烘干，此时可关闭热制冷剂的融霜阀，延时 2min 后关闭排液阀。

5）慢慢开启回气阀，待蒸发器压力降至回气压力时适当开启供液阀，恢复冷风机的正常运行。

五、湿冲程的调整操作

制冷压缩机在运转中由于操作不当或其他原因，液体制冷剂可能进入制冷压缩机的气缸，从而引起气缸壁结霜或冲击安全假盖（敲缸）现象。这种现象称为制冷压缩机发生湿冲程。

1. 湿冲程的危害

制冷压缩机的湿冲程是严重的操作事故，其危害性很大。当液体制冷剂进入气缸后，使制冷压缩机的吸、排气阀片遇冷变脆，如受液体冲击力过大，阀片易产生裂纹或破碎。由于气缸壁结霜，使制冷压缩机的运动部件产生不均匀收缩，导致卡缸或气缸的拉毛现象。湿冲程严重时会引起油压过低，或出现冷冻油呈泡沫现象而使供油中断，造成主轴和轴承的损坏。曲轴箱内的油冷却器管道也可能被冻裂。如果安全弹簧失灵（或没有安全弹簧），在遭遇严重湿冲程时有可能将气缸盖顶坏，造成机毁或伤亡事故。

2. 湿冲程的预防

制冷压缩机运行时，操作人员应经常观察制冷压缩机的吸气温度和曲轴箱温度，如有异常应及时调整，防止湿冲程的发生。

制冷压缩机在运转中发生湿冲程的前兆一般是潮车（或称回霜），即少量制冷剂液体进入曲轴箱蒸发吸热，使曲轴箱外部结露或结霜，或少量液体进入压缩机气缸，因蒸发吸热使气缸壁和吸气腔外部发生结霜或结露现象。

制冷压缩机正常运转时声音较轻而且均匀，当运转声变得沉闷时制冷压缩机气缸可能已进入少量液体，应立即加以调整，避免大量液体制冷剂进入气缸，防止事故的扩大。当大量液体制冷剂进入制冷压缩机气缸时，由于液体不可压缩而又来不及排出，气缸内产生很高的压力。当压力超过排气压力 0.3MPa 左右时，制冷压缩机的安全假盖被顶起又落下，这时便产生"敲缸"。当出现"敲缸"声时，应立即停机处理，否则事故严重时会导致整台制冷压缩机的报废。

3. 单级制冷压缩机湿冲程的调整操作

制冷压缩机发生严重湿冲程时应首先停机，待把液体制冷剂处理妥当后再重新开机运行，以免造成严重后果。若制冷压缩机发生湿冲程不太严重，可按以下方法调整操作：

1）迅速关小制冷压缩机的吸气阀。如出现"敲缸"则应关闭吸气阀，待制冷压缩机声音正常时再微开吸气阀，同时关小或关闭氨液分离器（或低压循环贮液桶）和冷藏、冻结间的供液阀。对于氨泵供液系统，在关闭低压循环贮液桶供液阀的同时，应将制冷剂通过氨泵迅速输入相关蒸发器内，以降低低压循环贮液桶的液面高度。

2）将能量调节装置手柄拨到最小位置，只留一组气缸工作，使气缸中的液体制冷剂逐渐气化。

3）当制冷机的排气温度渐渐上升，气缸和吸气腔外部的霜层融化，制冷机的运转声正常后，可逐渐开大吸气阀，并增加一组气缸工作。如此反复操作直到液体制冷剂全部蒸发排出。排气温度上升到 70～80℃时可缓慢开启吸气阀，并逐挡上载，恢复正常工作。

4）调节时关闭制冷压缩机的吸气阀后曲轴箱压力降低，此时应注意调整好油压和油温。如果油温下降，油的劲度增加，则油泵的输油效率降低，机器的运转条件恶化。此时，可增加曲轴箱内油冷却器和气缸冷却水套内的水温以提高油温，保持油压。

防止油冷却器水管和气缸水套冻裂。当油压低于 0.05MPa 而无法调节时，应立即停机，利用连通管道，用其他制冷压缩机代抽，以避免发生机器的严重磨损。为尽快恢复机器运转，也可将机体内的积氨通过排空阀排出。

4. 双级制冷压缩机湿冲程的调整操作

低压级压缩机发生湿冲程时，其调整操作方法和单级制冷压缩机基本相同。调节时需及时关闭中间冷却器的供液阀。当调节时间较长而中间压力下降较快时，适当关小高压级压缩机的吸气阀，以免中间冷却器内的液体因压力突降而剧烈蒸发，使高压级压缩机发生湿冲程。高压级制冷压缩机发生湿冲程通常是因为中间冷却器液面过高。其调整方法如下：

1）关闭中间冷却器的供液阀，同时关小或关闭低压级压缩机的吸气阀，将低压级制冷压缩机卸载到最小能量位置。

2）将中间冷却器内过多的液体制冷剂排到排液桶中，使中间冷却器液面恢复正常。

3）按单级机湿冲程的调节方法和程序对高压级压缩机进行调整。

4）如果高压级制冷压缩机的湿冲程严重，应立即停止机组运转，然后将中间冷却器过多的液体进行排放处理。

5）待高压级制冷压缩机恢复正常运转后，可逐渐开大低压级制冷压缩机的吸气阀，并逐级上载，恢复低压级制冷压缩机的正常运转。

6）根据中间冷却器的液位情况，恢复向中间冷却器供液，使双级制冷压缩机正常运行。

第五节　制冷系统的运行管理

一、制冷系统的参数分析及调整

制冷系统的操作调整和管理是一项技术要求较高的工作，相关的专业技术人员必须有较好的专业理论基础，必须熟悉制冷系统的原理、管道及制冷剂的流向，熟悉各制冷设备的性能、结构和工作原理，熟悉制冷系统每个阀门的开关情况。此外，还必须了解制冷系统的工况参数，即制冷系统的工作状态。只有对状态参数非常熟悉，并能与正常运行状态参数进行比较和分析，才能对制冷系统的运行状况作出正确的判断。

二、制冷系统的工况参数分析及正常标志

制冷系统运行工况参数，是在设计制冷装置时经严密计算而选择的。在进行制冷系统的操作与调整时，要控制各个运行参数，使其符合设计要求，使制冷系统在最合理、最经济的条件下运行，以达到功耗少、效率高并保证安全运行。运行工况参数对制冷系统的经济性和安全性影响很大。比较重要的运行参数有蒸发压力、蒸发温度、冷凝压力、冷凝温度。吸气温度、排气温度、中间压力、中间温度、节流阀前液体制冷剂的过冷温度及制冷系统中各容器的液位。

1. 蒸发温度和蒸发压力

蒸发温度是指液体制冷剂在一定的压力下沸腾时的饱和温度，其对应的压力称之为蒸发压力。压缩机的吸气压力可近似为蒸发压力。在制冷系统的运行过程中，蒸发温度是通过调整蒸发器的供液量来调节的，蒸发温度的变化可通过压缩机的吸气压力了解。例如，一台氟利昂 12 制冷压缩机的低压表指示为 0.086MPa，换算成绝对压力为 0.186MPa，查 R12 饱和

蒸气热力性能表得与其相对应的饱和温度为 - 15℃，则这个制冷系统的蒸发温度为 - 15℃。

制冷系统正常工作时，蒸发温度一般比库房温度低 8 ~ 10℃（通常取 10℃），称为换热温差。上例制冷系统的蒸发温度为 - 15℃，换热温差取 10℃，那么冷间的库温约为 - 5℃。在间接冷却系统中，蒸发温度比载冷剂的液体温度低 5℃。当某些冷间对相对湿度要求严格时，蒸发器的换热温差可按相对湿度来选用。相对湿度要求在 90% 时，蒸发温度比冷间温低 5 ~ 6℃；相对湿度要求在 80% 左右时，蒸发温度比冷间温度低 6 ~ 7℃；相对湿度要求在 75% 时，蒸发温度比冷间温度低 7 ~ 9℃。

2. 冷凝温度和冷凝压力

在冷凝器内制冷剂气体在一定的压力下凝结为液体时的温度称为冷凝温度，与其相对应的压力称为冷凝压力。制冷系统运行时冷凝温度的高低取决于冷却介质的温度，与冷凝器的形式和冷却水的出水温度有关。

对于水冷却的立式、卧式壳管式和淋激式冷凝器，冷凝温度比冷却水出水温度高 4 ~ 6℃。蒸发式冷凝器的冷凝温度与空气的湿度有关，大约比室外空气的湿球温度高 5 ~ 10℃。对于风冷式冷凝器，冷凝温度比空气温度高 8 ~ 12℃。

制冷压缩机的排气压力可近似视为冷凝压力，冷凝温度可以用排气压力计算。例如，一台空调用 R22 冷水机组，吸排气压力表上的读数分别为 0.431MPa 和 1.289MPa。则该冷水机组的排气压力（即冷凝压力）换算成绝对压力为 1.389MPa，查 R22 饱和蒸气热力性能表，对应的冷凝温度为 36℃，则冷却水的出水温度应为 31℃；吸气压力（即蒸发压力）换算成绝对压力为 0.531MPa，查 R22 饱和蒸气热力性能表，对应的蒸发温度为 2℃。间接冷却系统的换热温差取 5℃，那么冷媒水的出水温度为 7℃。

3. 制冷压缩机的吸气温度

制冷压缩机吸入气缸内的低压制冷剂气体的温度称为吸气温度。为了保证制冷压缩机的安全运转，防止液体制冷剂进入气缸，一般要求吸气温度高于蒸发温度，吸气温度与蒸发温度之差称为吸气过热度。吸气过热度数值的大小取决于蒸发温度的高低、回气管路的长短、隔热层的好坏及环境温度等因素。

氨制冷系统中的吸气过热度一般在 5 ~ 15℃范围内。氟利昂制冷系统中的吸气温度应比蒸发温度高 15℃左右，但氟利昂压缩机的吸气温度不得超过 15℃。系统的蒸发温度不同时，吸气过热度也不相同。

吸气温度的变化反映系统的运行是否正常。吸气温度过高说明回气过热，制冷压缩机吸气比容增大，制冷量减少，排气温度升高。吸气温度过高的原因之一是供液太少，制冷剂在蒸发器中提前蒸发完毕而产生过热。若制冷压缩机的吸气温度过低则可能是因为供液过多，液体制冷剂气化不完全。这时有可能发生湿冲程，应尽量避免并注意调节。制冷压缩机的吸气温度是检查蒸发器工作状况的标志之一。

4. 制冷压缩机的排气温度

制冷压缩机的排气温度的高低取决于蒸发温度和冷凝温度，制冷压缩机的吸气过热度也对排气温度有影响。排气温度同压缩比及吸气温度成正比，压缩比越大、吸气过热度越高则排气温度越高。排气温度过高会给制冷系统带来很多危害，所以应尽量避免。引起排气温度升高的原因有很多，常见的有：

1）冷凝温度升高，相应的冷凝压力也升高，引起排气温度升高。冷却水系统的水量不足，水温太高或断水，冷凝器污垢太多而使换热能力下降，冷凝器积油、积空气等，都会使冷凝压力升高，使排气温度也升高。

2）蒸发温度降低，相应的蒸发压力降低，从而引起排气温度升高。节流阀开启度过小，供液管道阻塞，使蒸发器中的低压制冷剂过少，会引起蒸发压力降低，使压缩机的吸气比体积增大，排气温度升高。

3）吸气过热度太大也会引起排气温度升高。吸气管道过长，隔热效果不好，蒸发器供液偏少，以及由这两种情况引起的压缩比增大，都会造成吸气过热度增大，使排气温度升高。

4）由于制冷压缩机本身的故障引起排气温度升高。制冷压缩机因垫片击穿。阀片损坏、活塞环泄漏等原因造成高、低压腔串气，气缸拉毛或润滑不好而造成摩擦发热等，都将使排气温度升高。

排气温度过高将使润滑油温度升高，黏度下降，机器的运动摩擦表面很难形成油膜，使制冷压缩机增加磨损甚至报废。润滑油达到闪点温度时易炭化、结焦，很容易在排气阀门处形成积炭，使气阀泄漏、阀片破裂、活塞环串气，还会使活塞与气缸拉毛。

排气温度升高时冷凝器的热负荷增加，使冷凝器的冷却水耗量增大。制冷压缩机的活塞和气缸等机件的温度也升高，从而使制冷压缩机的输气系数减小，效率降低。

因此，在制冷系统的运行过程中要注意观察调整系统，防止排气温度过高。注意冷却水量要充足，冷却水温要低，冷凝器要定期清洗除垢。高压系统中的不凝性气体要及时排出，以保证正常的冷凝压力。蒸发器供液不宜过少，应保证吸气管路的隔热良好，防止吸气过热。在满足冷间温度的条件下应尽可能调高蒸发温度，以减小压缩比。

5. 中间温度和中间压力

在双级压缩制冷系统中，低压级制冷压缩机排出的制冷剂过热气体，在中间冷却器中冷却为干饱和气体，此时的压力称为中间压力，与其相应的温度称为中间温度。

中间温度的数值随蒸发温度、冷凝温度和高、低压级制冷压缩机容积比的不同而变化。当双级压缩制冷系统的容积比增大时，高压级制冷压缩机输入气量的增大使中间温度与中间压力下降。当容积比减小时低压级制冷压缩机的制冷剂循环量将增大，排往中间冷却器的冷却剂过热蒸气增多，必将使中间温度与中间压力上升。若容积比不变而冷凝温度升高时，高压级制冷压缩机的压缩比增大，输气量减少，会使中间温度与中间压力上升。而蒸发温度降低时低压级的压缩比增大，容积效率降低，输气量减小，使中间温度与中间压力降低。

通过以上分析可知，在制冷系统的操作中不能随意调整中间温度与中间压力。中间压力过高过低的原因及造成的后果，与冷凝压力过高或蒸发压力过低的情况基本相同。

6. 液位

（1）高压贮液器 高压贮液器的液位应控制在30% ~ 80%。液位过高，可能是因为低压系统供液太少或制冷系统制冷剂充注过多。液位过高时贮液器有液爆危险，需严格控制。液位过低，可能是蒸发器供液过多，也可能是低压容器液位过高，应严密注意制冷压缩机的吸气温度变化，防止湿冲程的发生。高压贮液器的液位过低会失去封液作用，使高压气流串入低压系统，影响制冷系统的正常运行。高压贮液器液位太低也是系统制冷不足的表现。

（2）中间冷却器 中间冷却器的液位一般由浮球阀或液位控制器加电磁阀自动控制。中间冷却器的液位通常为50%，液位过低不利于中和、冷却低压级的排气，使高压级压缩机的吸、排气温度升高，中间冷却器的冷却能力降低，冷却盘管中的制冷剂液体得不到较好的冷却，影响制冷效果。液位过高可能会造成高压级制冷压缩机的湿冲程。应注意观察中间冷却器的液位，以便及时调整。

（3）氨液分离器　在重力供液制冷系统中，严格控制供液膨胀阀的开启度，保持氨液分离器的正常液面高度非常重要。通常要随着冷间库房热负荷的变化相应地调节供液阀的开启度，以适当的供液来保证氨液分离器的液位，维持供液和蒸发器中液体蒸发量的平衡。氨液分离器的液位大多用手动控制，也可由浮球阀自动控制，高度一般在 30% ~ 40%，最高不得超过 50%，以防止氨制冷压缩机发生湿冲程。若液位过低，供液静压下降，则不能保证每组蒸发器的均匀供液。

（4）低压循环贮液桶　氨泵供液系统中的低压循环贮液桶的作用，与重力供液系统中的氨液分离器相似。氨液分离器的液面至氨泵中心的位置对于系统的正常运转非常重要。液位过高会使氨液进入回气管道，使压缩机发生湿冲程。液位过低则不能保证氨泵正常运行所需的"净正吸入压头"，使氨泵不上液，制冷系统无法正常制冷。低压循环贮液桶的液位一般由浮球阀或由 UQK-40 液位控制器联动电磁阀自动控制，液面高度一般稳定在 30% ~ 40%，最高不超过 50%。

三、制冷系统制冷量的调节

制冷量的调节是指调整制冷系统的制冷量，以适应被冷却系统的热负荷变化，使制冷系统低耗、高产，具有最佳经济性，并在最佳工况下运行。

使用单台机组的小型制冷系统及使用冷水机组的空调系统，其制冷量的调节方式一般是固定的，可利用热力膨胀阀进行供液量的小幅调节。当被冷却系统的热负荷变化较大时，机器设置的自动化检测和控制电路，会根据蒸发器出口处的温度变化或蒸发量压力的变化，调节制冷压缩机的能量，使制冷压缩机上载或下载而调整制冷量，适应热负荷的变化。

对于大型冷藏库制冷系统，由于其冷间较多，同时具有不同的温度系统，热负荷的变化又不同步，一般由操作人员根据现场的实际情况进行制冷系统的制冷量调节。

1. 制冷压缩机的配机调节

"配机"是指正确配用制冷压缩机的制冷能力。操作人员应熟悉每台制冷压缩机的制冷能力，以便根据热负荷的变化调整制冷压缩机的工作台数或选择单双级压缩制冷系统，使运转的压缩机制冷量与冷间热负荷相平衡，以达到运转的经济、合理。

1）冷藏库的冷间虽多，但都分属于几个蒸发温度系统。操作调整时最好每台制冷压缩机负担一种蒸发温度，不要混用。制冰、冰库、冷却间（冷却物冷藏间）的蒸发温度虽很接近，都属于 -15℃ 蒸发温度系统，但如条件许可，仍可分别由独立的制冷压缩机降温，以免热负荷变化时相互影响，保证制冷压缩机的工况稳定。但在实际操作中，允许 -28℃ 系统与 -33℃ 系统混合为一个蒸发温度系统来降温。

2）当冷凝压力与蒸发压力的绝对压力比值大于或等于 8 时，应采用双级压缩制冷系统。

3）当冷间热负荷变化较大时，应充分利用制冷压缩机的容积提高制冷压缩机的制冷量。通过制冷压缩机的性能曲线可以看出，当冷凝温度不变时蒸发温度越高则制冷量越大。当冷间由于货物的热量增大而使库温上升时，蒸发温度与冷间温度的温差增大，使制冷剂蒸发温度剧烈上升（特别是冻结间有时会从 -30℃ 升至 -18℃ 左右），这时应将双级压缩机改为单级压缩机而进行降温，提高制冷压缩机的制冷量，待冷间温度降低后更改换成双级压缩机。

4）当冷间热负荷较大时，应适当增加制冷能力，这时可增加制冷压缩机的开机台数。当库温下降，制冷压缩机的制冷量大于冷间的热负荷时，应减少制冷压缩机的开机台数或调换制冷量较小的压缩机进行工作。此外，当系统的温度基本达到要求，冷间的温度很低，但被冷却物品的温度仍未达到标准时应暂时停机，待制冷系统的蒸发压力回升后再继续降温。

2. 通过改变蒸发面积调节制冷量

冷间有多组蒸发器时，可根据热负荷的变化调整蒸发器的工作组数。当热负荷变小时，可以关闭几组蒸发器，以达到调节制冷量的目的。冷风机还可以改变风机的转速，减小与蒸发器换热的空气风量和风速，降低蒸发器的传热，以减少制冷量。

3. 通过改变供液量调整制冷量

向冷间供液时，应根据氨液分离器或低压循环贮液桶的液位、蒸发器的结霜情况、冷间降温的速度、冷间的热负荷变化及制冷压缩机的吸气温度来调整供液阀的开启度，使制冷剂的供液量与蒸发量平衡。

当冷间货物入库时，应提前 10min 关闭该冷间的供液阀，以防止新货进库时制冷剂过分剧烈沸腾而引起压缩机的湿冲程。在降温初期，由于传热不稳定，供液量要经常调节。当冷间温度逐渐降低后，传热温差逐渐减小，制冷剂的沸腾相应减缓，蒸发压力逐渐下降，此时可适当开大供液阀，加速冷间的降温。这时制冷压缩机的吸气压力基本稳定，高压贮液器的液面波动不大。随着冷间热负荷的逐渐减少，冷间温度继续下降，传热温差逐渐减小。这时应逐渐关闭供液阀，减小供液量，并适当减少压缩机的工作台数，以使冷间的热负荷与压缩机的制冷量相匹配。当冷间温度及货物温度达到要求时，提前 10min 关闭供液阀和制冷压缩机。

第六节　制冷系统运行管理的经济核算与节能措施

制冷系统在使用中一般不直接生产产品，大多是为生产和生活服务，但是它和产品的质量紧密相关。制冷系统的操作管理，不仅要求机器设备运转安全，还要做到合理调整制冷系统，降低消耗，改善技术和经济管理水平。为此，应对制冷系统的操作管理进行技术经济分析，使制冷系统的运行处于最佳状况，既安全可靠，又经济合理。

一、制冷系统的运行记录

制冷系统的运行记录是制冷系统运行状况的原始记录，它反映了当天制冷系统运行中各种参数的变化情况，制冷压缩机的运行时间及各种消耗材料的使用情况等。操作人员必须认真填写，做到记录及时、准确、清楚，并按月汇总记录，装订保存，为技术经济分析提供原始数据。

运行记录的基本格式见表 9-2，使用时间可根据实际情况进行修改。运行记录一般每 2h 记录一次，记录下每个班次中制冷压缩机、氨泵、冷风机等运行设备的开、停时间，记录各制冷压缩机和设备的工作温度、压力状况及其他参数。每班工作结束时，必须填写电表和水表的指示值，并将本班使用的各种材料消耗量填入运行记录，以便月终计算各种消耗。交班时必须填写交接班记录，明确交代工作进程、任务、设备状态及注意事项等。

表 9-2　冷藏库制冷机车间日常运行记录表

年　　月　　日　　　星期　　　室外温度　　℃

记录时间			2:00	4:00	6:00	8:00	10:00	12:00	14:00	16:00	18:00	20:00	22:00	24:00	备注
单级制冷机		排气压力													
		吸气压力													
		油压力													
		排气温度													
		吸气温度													
		电流													
双级制冷机	高压级	排气压力													
		吸气压力													
		油压力													
		排气温度													
		吸气温度													
		电流													
	低压级	排气压力													
		吸气压力													
		油压力													
冷凝器		排气温度													
		吸气温度													
		电流													
		压力													
		进水温度													
		出水温度													
高压贮液桶		压力													
		液位													
低压循环桶		压力													
		液位													
中间冷却器		压力													
		液位													
排液桶		压力													
		液位													
氨泵		压力													
		电流													
冷风机电流															
库温 1 号															
库温 2 号															
库温 3 号															

夜班(0:00～8:00)	早班(8:00～16:00)	中班(16:00～24:00)
说明： 值班长：	说明： 值班长：	说明： 值班长：

备注：

车间主任：

制冷系统的运行记录每月应有专人统计，对每台制冷压缩机、氨泵、冷风机等设备的运转时间，水、电、油或其他用品的消耗进行累计。

对于制冷系统的温度、压力等参数，一般以 30d 的算术平均值来计算，即每次记录数字之和除以记录次数。例如对于冷藏间的温度全月记录了 360 次，累计数值为 -6390℃，那么本月冷藏间温度的平均值为 -6390℃/360 = -17.75℃。

二、制冷量的计算

制冷压缩机的全月理论制冷量可按照下式计算：

全月理论制冷量 = 制冷压缩机理论排气量 × 单位容积制冷量 × 全月运转时间

理论制冷量的单位为 kJ。

制冷压缩机的理论排气量，可通过压缩机的缸数、缸径、行程和转速进行计算，也可从制冷压缩机的技术资料中查出。

单位容积制冷量可从制冷压缩机的技术资料中查出，也可从有关制冷手册或专业资料中查出。不同的制冷剂在不同的冷凝温度和蒸发温度下，其单位容积制冷量也不同，查表时使用的冷凝温度和蒸发温度，都是运行记录统计出的全月平均值，而制冷压缩机的全月运行时间则是运行记录上制冷压缩机运行时间的累计值。

但应注意，对于双级制冷压缩机，只计算低压级的理论排气量和单位容积制冷量。

三、耗电量的计算

制冷压缩机的全月耗电量，可用电表计数乘以电表倍率来计算。若压缩机未单独安装电表，可按下式计算制冷压缩机的全月耗电量：

全月耗电量 = 1.732 × 平均电流 × 平均电压 × 平均功率因数 × 全月开机时数/1000

全月耗电量的单位为 kW·h，其中 1.732 是三相交流电的功率计算系数，制冷压缩机的平均电流、平均电压和全月开机时数可从运行记录的全月汇总中获得，平均功率因数可从电工值班记录的统计汇总中查出。

四、单位冷量耗电量

单位冷量耗电量指的是制冷压缩机每产出一个单位的冷量所消耗的电能，如按月计算，可按下式得出该月制冷系统的单位冷量耗电量 [kJ/(kW·h)]：

单位冷量耗电量 = 全月理论制冷量/全月耗电量

单位冷量耗电量是考核压缩机操作管理是否合理的指标，单位冷量耗电量的数值越大表明消耗的电能越多。这个指标的高低反映出制冷系统的操作水平及管理措施是否合理、得当。影响单位冷量耗电量的因素很多，系统的操作管理人员要从多处着手，制订和实施切合实际的节能方案，努力降低能源消耗。

五、制冷系统的节能调节

能源是我国经济建设的重要问题，解决能源的方针是开发与节约并重。制冷和冷藏企业是高能耗企业，而冷藏库中的制冷系统是消耗电能的主要部分。冷藏库的能耗随着设计和管理水平的不同存在着较大的差别。我国的制冷、空调行业正在蓬勃发展，对于这一行业来说节约能源更具有现实意义。

1. 影响单位冷量耗电量的因素

制冷压缩机的冷量随着高、低压级压力和温度的变化而变化。冷凝温度越高，蒸发温度越低，制冷压缩机的压缩比越大，这时制冷压缩的实际输气量减小，制冷能力下降，能耗增加，单位冷量耗电量较大。凡是造成制冷压缩机制冷量降低的原因，都会引起耗电量的增加。如制冷压缩机的余隙过大，气缸活塞吸、排气阀片存在泄漏，制冷压缩机吸气过热等因素，都会引起制冷压缩机的实际输气量减少，制冷量降低，耗电量增加。

2. 节能措施和操作

1）采用新型隔热材料，增加冷藏库围护结构的保温性能，减少冷量损失，以减少能耗。

2）设计建造大容量单体冷藏库。大容量单体冷藏库的外表面比相同容量的多间小冷藏间小，在容积相同的情况下，外界侵入大冷藏间的热量要小于侵入小冷藏间的热量，因而大容量单体冷藏库的冷量损失较小，较为节能。目前在冷藏业比较先进的国家，一般冷藏库库房净高 8～10m，冷藏库的平均容积在 5000m³ 以上。

3）选用单机双级制冷压缩机。当制冷系统的蒸发温度较低时，一般采用双级压缩机。在选配制冷压缩机时，应优先选用单机双级机，而不是配组双级制冷压缩机。在工况及制冷机相同的情况下，配组双级机比单机双级机多耗电 20% 左右。另外配组双级机布置分散，不便于操作，维修量也较大。因此在允许条件下，应尽量采用单机双级制冷压缩机。

4）对制冷系统或制冷装置实行微机管理自动控制，对制冷系统的所有运行参数实行自动检测，并通过快速、精确的逻辑判断进行自动调节和控制，使制冷系统在最合理的工作情况下运行，同时使冷间温度稳定，能耗降低。

5）尽量提高蒸发温度。随着蒸发温度与库房温度换热温差的缩小，蒸发温度相应提高。如果冷凝温度保持不变，制冷压缩机的制冷量也相应提高。据估算，蒸发温度每升高 1℃，单位冷量耗电量减少 3%～4%。

提高蒸发温度的措施是适当增大蒸发器的传热面积。在操作时根据冷间热负荷的变化随时调节供液量的大小，使换热温差控制在允许范围内的最小值。在整个降温过程中，注意观察蒸发压力的变化，调配好制冷压缩机，使制冷压缩机制冷量与冷间的热负荷相匹配。当库房温度达到要求，但被冷物的温度还没有达到要求时，应减少供液量，减开冷风机，并使制冷压缩机减载运转。如蒸发压力过低，就应停止制冷压缩机的运转，待压力回升后再开机。

6）尽量降低冷凝温度以减少能耗。冷凝器的污垢层太厚、冷却水量过少及布水不均匀等都会造成冷凝温度过高。应经常对冷凝器进行清洗、维护，保证冷凝器的正常运行。尽量控制冷凝器的进入温度，以降低冷凝温度，使耗电量较少。若冷凝器的热负荷小，应适当减少冷凝器的工作台数，也可适当减小冷却水的流量，以降低冷却水系统的电耗。

7）提高操作管理人员的节能意识，使其精心操作，加强对冷藏库的管理，减少冷耗。要根据制冷系统的工况参数变化，及时合理地调整制冷系统。同时要注意及时冲霜、放油，除垢和放空气。当制冷系统的低压设备中存有因混入过多水分而难以蒸发的氨液时，这些液体占据了蒸发器的有效容积，造成蒸发压力过低，降温困难，耗电增加，因此必须设法将其排出，必要时要更换制冷剂。

另外，要加强冷藏库管理，针对冷藏库跑冷点较多的状况，应做到尽量减少人员进出、随手关灯、随手关门、确保冷风幕的工作正常等，以减少冷耗。

8）利用制冷装置的废热与余冷。冷凝器中释放出来的热量是制冷装置的废热，如有条件可采取措施收集利用废热，以减少其他能源的消耗，达到节能的目的。如将冷凝器流出的冷却水作为蒸发器冲霜水，用余热加热空气供冬季取暖等。制冷装置的余冷主要是冻结间的冷风机冲霜水。冲霜后的水温低于 10℃，如将冲完霜的水集中到水池内作冷凝器的冷却水使用，既改善了制冷工况，增大了制冷量，又可减少冷却耗水。

第七节　制冷系统的常见故障及排除

制冷系统在运行过程中，往往会因系统设计、制造、安装、调试、操作和保养不当，机械磨损及其他因素发生故障，致使制冷系统不能正常运转，甚至出现机器设备事故，直接影响到制冷系统的安全。因此，操作管理人员应认真查找事故原因，正确分析，及时予以排除。

一、制冷系统故障的检查方法

发生故障时制冷系统会有很多不正常的表现。若能尽早发现这些不正常的表现则可防止事故的扩大，便于判断故障的部位和性质，对分析故障的原因及排除故障有很大的帮助。检查故障的基本方法是"一听"、"二看"、"三摸"、"四测"、"五分析"。

1. "一听"

1）听制冷压缩机的运转声响。制冷压缩机正常运转时发出的是有规律的机器运转声，制冷压缩机内的阀片发出的是轻微并均匀的跳动声。听制冷压缩机内部的声音可借助长柄螺钉旋具等工具。如果制冷压缩机的运转声沉闷，可能是制冷压缩机发生了湿冲程。如果听到气缸内有敲击声，可能是气阀组件螺钉松动，阀片破裂，密封环或油环断裂或发生敲缸等。如果听到曲轴箱内有撞击声则可能是运动间隙过大或松动的原因。如有较重的摩擦声，可能是由于润滑不好或断油造成需润滑的部位产生干摩擦。

2）听膨胀阀内制冷剂的流动声音。正常情况下可听到膨胀阀内连续而微小的液体流动声。若听到阀内声音加大或间歇出现断续的流动声，说明制冷剂量减少。

制冷系统中的运转部件（如氨泵、水泵、风机等）润滑不好时都会发出干摩擦声。有敲击声时可能是因为机件松动。另外，氨泵有啸叫声时可能是因为发生了气蚀。风机发出连续碰擦声时则可能是风扇叶碰撞外壳和风罩的原因。

2. "二看"

1）看压力表和温度计的指示值，看冷冻油的油位，看贮液设备的液位，看自控元件的设定值指示等。这些数值都应符合正常运行工况的参数标志。

2）看回气管至制冷压缩机吸入端的结霜情况，以判断供液量及吸气过热度的大小。

3）看曲轴箱和气缸外壁是否结露或结霜，以判断制冷压缩机是否发生湿冲程。

4）看在管道焊缝、螺纹接头、法兰或轴封等部件上是否有油迹，以判断制冷系统是否泄露。

5）看高压管道、液体过滤器和热力膨胀的小过滤网是否结霜，以判断是否产生堵塞。

3. "三摸"

手摸制冷压缩机和其他运转设备摩擦部位的温度，摸有关制冷设备及管道阀门的冷热等，判断机器设备是否润滑良好，管道阀件是否畅通，制冷剂在各部位的温度是否符合正常工况。

4. "四测"

用各种测量仪表对制冷与空调设备进行运行参数的测量。如测量温度、压力、工作电流和电气绝缘；测空调系统的空气温度、湿度、露点、风压、风量和噪声等，以确定制冷与空调系统是否正常运行。

5. "五分析"

运用制冷装置工作的有关理论,对现象进行分析、判断,找到产生故障的原因,并有的放矢地去排除。

通过"听、看、摸、测"对制冷系统的故障进行初步检查,判断制冷系统是否在正常状态,确定故障发生的位置。经过综合分析并根据实际情况进行调整和维修,及时排除故障,确保制冷系统经济、合理地运行。

二、制冷系统的常见故障及排除方法

制冷系统的常见故障、原因分析及排除方法见表9-3、表9-4。

表9-3　氨制冷系统的常见故障、原因分析及排除方法

常见故障	原因分析	排除方法
冷凝压力过高	1. 冷却水量不足 2. 冷却水温过高 3. 冷却水分布不均匀 4. 冷凝器管内壁水垢太厚 5. 高压贮液器已满或供液阀未全开,致使液氨占去冷凝器传热面积 6. 冷凝器中有大量空气 7. 冷凝面积不够 8. 冷凝器断水 9. 当采用蒸发式冷凝器时风机因停转	1. 增加冷却水流量 2. 检查原因,采取相应措施 3. 调整配水器,检查疏通 4. 清洗除去水垢 5. 检查贮液器液面的阀门,如果液氨已满,应排液 6. 放空气 7. 增加冷凝器 8. 检查供水阀门和水泵 9. 检查修理
中间压力过高	1. 蒸发压力过高 2. 高压机配比小 3. 高压机阀片破裂 4. 中间冷却器隔热层损坏 5. 供液量太小,致使低压机排出的气体不能得到冷却 6. 中间冷却器蛇形盘管损坏	1. 调整回气阀门,或增开压缩机 2. 调整压缩机,使配比适当 3. 检查修理,换阀片 4. 修理包扎隔热层 5. 开大供液阀,同时注意变化情况 6. 停止使用盘管,等大修时更换修理
蒸发压力过高	1. 压缩机制冷量小于实际负荷 2. 压缩机阀片泄漏,或活塞环泄漏或旁通阀漏气 3. 供液量过多 4. 冷藏间进货量过多 5. 能量调节机构失灵	1. 增加压缩机运行台数或减少负荷 2. 检查修理 3. 关小节流阀 4. 控制进货量 5. 检查修理
蒸发压力过低	1. 节流阀开启过小,供液不够 2. 供液管堵塞或阀头掉下卡住 3. 蒸发排管内外表面有油污或霜层太厚 4. 氨液分离器下端油污太多,油管堵塞 5. 系统内氨液不足 6. 供液管道中有"气囊" 7. 盐水池内盐水浓度不够,蒸发器外表面结冰	1. 开大节流阀 2. 检查管路阀门并进行修理 3. 清扫排管表面,并进行融霜 4. 及时放油,排除油污 5. 补充液氨 6. 采取措施排除,必要时应将"气囊"管段切除 7. 用比重计检查盐水浓度,加盐达到要求浓度
冷藏库降温困难	1. 进货量太多 2. 节流阀未调好或阀芯堵塞 3. 排管内表面油污太厚或外表面霜层太厚 4. 冷藏库外墙隔热层隔热材料受潮 5. 冷藏库门关闭不严或开门次数过多	1. 控制进货数量 2. 适当开启节流阀或检查阀门 3. 及时清除油污或融霜 4. 检查隔热材料,并进行翻晒(指松散隔热材料) 5. 检修冷藏库门,减少开门次数

（续）

常见故障	原因分析	排除方法
冷藏库降温困难	6. 冷藏库蒸发排管面积小 7. 采用温度自控元件时,温度控制器失灵 8. 系统中制冷剂太少 9. 压缩机效率低,制冷量达不到原标准	6. 根据需要增加蒸发排管 7. 检修温度控制器 8. 向系统补充制冷剂 9. 更换新的气缸套或活塞环等
冷藏库蒸发排管结霜不匀或不结霜	1. 供液量太小 2. 系统内制冷剂不足 3. 蒸发排管内表面有油污或存油过多 4. 供液管路中有"气囊" 5. 供液管设计安装不合理 6. 液体分配站加工制作时,插入管过长	1. 调整节流阀或供液阀开启度 2. 向系统内补充制冷剂 3. 进行融霜,并及时放油 4. 检查修理 5. 改进供液管路 6. 切除液体插入管过长管头(这项工作应在大修时进行)
氨泵启动后不上液	1. 氨泵内有气体 2. 系统压力低,氨泵密封器漏气 3. 氨液过滤器被污物堵塞 4. 氨泵进液阀未打开 5. 氨泵拆装后装配不当	1. 打开抽气阀抽掉气体 2. 检修泵轴密封器 3. 清洗过滤器 4. 打开进液阀 5. 重新装配
氨泵排出压力过低	1. 氨泵部件严重磨损 2. 进液管路有堵塞 3. 氨液过滤器堵塞 4. 氨泵中心与低压循环桶液位差过小 5. 氨泵流量不够或氨泵出液阀开启过大	1. 检修更换部件 2. 检查排除 3. 清洗排除 4. 调整供液阀的开启度,加大供液量 5. 适当调整供液阀的开启度

表9-4 氟利昂制冷系统的常见故障、原因分析及排除方法

常见故障	原因分析	排除方法
冷藏库或冷藏柜降温不正常	1. 冷藏库或冷藏柜门关闭不严,缝隙大、跑冷多 2. 蒸发排管结霜太厚 3. 压缩机的效率低 4. 膨胀阀的流量太大 5. 膨胀阀的流量太小 6. 系统内有空气,冷凝液过冷度小,制冷量下降 7. 过滤器的油污过多,影响流量 8. 制冷系统中氟利昂不足 9. 蒸发排管中积油过多 10. 热力膨胀阀感温包内制冷剂泄漏 11. 热力膨胀阀冰堵 12. 热力膨胀阀脏堵	1. 检修冷藏库或冷藏柜门 2. 融霜 3. 检修压缩机 4. 调整膨胀阀,减少供液 5. 调整膨胀阀,适当加大供液 6. 排除系统内空气 7. 清洗过滤器 8. 补充灌注氟利昂 9. 进行放油、查明原因并修理 10. 检修感温包,灌注制冷剂(查明原灌注的制冷剂牌号) 11. 更换过滤器中吸湿剂 12. 清洗膨胀阀
压缩机吸入压力偏高	1. 膨胀阀开启太大 2. 压缩机的吸气阀片漏气	1. 关小膨胀阀 2. 检修研磨阀片,使阀板片与阀片保持密封

（续）

常见故障	原因分析	排除方法
压缩机吸入压力偏低	1. 膨胀阀开启过小 2. 装在液体管道中的过滤器被污物堵塞 3. 制冷系统中氟利昂不足 4. 有过多的润滑油和氟利昂混合在一起	1. 调节膨胀阀的开启度 2. 检查清洗过滤器 3. 补充氟利昂 4. 检查油面计、油分离器的回油装置是否正常，如果确实油多应放出
压缩机的高压控制器动作频繁	1. 冷凝器中冷却水供给量不足 2. 压缩机高压控制器的工作压力值定得太低 3. 系统中加的制冷剂过多，减少了热交换面积，致使压力升高	1. 在水泵不停止工作时检查水管路是否有堵塞，如系阀门开启太小，可开大 2. 根据实际需要重新调定 3. 放出多余的制冷剂
压缩机的低档压力控制器动作频繁	1. 蒸发器管组表面霜层太厚 2. 压缩机排气阀有泄漏，当压缩机停机后，低档压立刻上升 3. 膨胀阀的感温包中制冷剂泄漏，致使低压偏低 4. 低压压力控制器压力值定得偏高	1. 清扫蒸发器上霜层 2. 停机检修，研磨排气阀片，必要时换新片 3. 检查更换膨胀阀 4. 根据冷藏库或冷藏柜温度要求重新调定低压压力控制器的压力值
压缩机不停地运转	1. 压力控制器或温度控制器失灵或工作情况不佳 2. 压缩机的排气阀片或吸气阀片泄漏严重	1. 检修控制器，调整压力或温度参数值 2. 停机检修或更换阀片
压缩机运转时噪声太大	1. 压缩机机座地脚螺栓松动 2. 制冷剂中混入润滑油过多，发生液击 3. 压缩机发生湿冲程 4. 活塞销或轴承等磨损严重，造成间隙大、松动 5. 管路振动	1. 紧固地脚螺栓 2. 检查曲轴箱油面，放出多余的润滑油 3. 调整供液阀，恢复正常运行 4. 停机检修，更换部件 5. 加固或增加管路支撑
压缩机不停地运转	1. 压力控制或温度控制器失灵或工作情况不佳 2. 压缩机的排气阀或吸气阀片泄漏严重	1. 检修控制器，调定压力或温度参数值 2. 停机检修或更换阀片
气缸盖密封垫片漏气	1. 紧固螺栓松动或垫片碎裂 2. 发生湿冲程或液击把气缸盖垫片冲烂	1. 拧紧紧固螺栓或更换新垫片 2. 停机更换垫片
冷却水中断	1. 电磁阀失灵 2. 水阀中有污物堵塞	1. 检修电磁阀 2. 检修水阀
热力膨胀阀发生故障	1. 热力膨胀阀感温包内的制冷剂泄漏，造成热力膨胀阀的不通，此时热力膨胀阀的阀体不结霜 2. 热力膨胀阀进口端的小过滤器发生脏堵，使热力膨胀阀的进口处逐渐出现结霜，或整个阀体都不结霜 3. 热力膨胀阀发生冰堵，阀体不结霜，时通时堵 4. 热力膨胀阀发生油堵，阀体不结霜。对阀体加热时听到有液流声，但运行时没有出现周期性通堵现象	1. 更换热力膨胀阀 2. 将阀门拆下，用无水乙醇清洗干净，晾干后再重新装上 3. 拆下干燥过滤器，更换干燥剂 4. 更换合适的冷冻油

第十章 制冷装置的维护和检修

第一节 制冷设备检修前对制冷剂的处理

制冷系统的设备和管道中充满着制冷剂气体或液体。制冷设备维修之前必须对制冷剂作妥善处理，以免造成浪费和污染。对制冷剂进行处理时，按低压设备检修、高压设备检修和制冷系统大修三种情况采用不同的方法。

一、制冷设备中制冷剂的处理方法

1. 低压设备检修时对制冷剂的处理

低压设备需要进行检修时，必须先切断设备与制冷系统的联系，选择一条通道，用制冷压缩机把设备中的氨抽吸干净，然后接通大气，才能进行设备的修理。在处理氨的过程中要认真细致，反复检查，确保安全，防止事故的发生。

1) 准备好维修所需的各种工具，准备好安全防护设施，如防毒面具、通风机、橡胶手套、橡胶水管和急救物品等。

2) 切断事故设备与制冷系统的联系，并在关闭的阀门上挂上"禁开"牌。

3) 选择一条抽氨线路，把需维修设备中的氨抽净。对于蒸发器，应选热氨融霜的排液管路把氨液抽到排液桶或循环桶。

4) 系统管道的阀门调整无误后，可利用选择的抽氨管路开启压缩机进行抽空，低压压力下降至0以下时停机，待压力回升后再开机抽空。如此反复2～3次，压力有微小回升且在0以下时说明设备中的氨已抽净。

5) 若有些设备中的氨不易抽净，可通过放空阀放空或用橡胶管将氨放到冷凝器水池或室外的水桶内。

6) 被检修设备抽空后应接通大气，让氨气散发，浓度降低。一切无误后方可对该设备进行修理工作。

2. 高压设备检修时对制冷剂的处理

高压设备检修时对氨的处理要从安全方面考虑，可通过连通管路将氨送入低压设备，例如通过放油管经集油器，再通过减压管将氨送到排液桶或低压循环桶贮存。

高压设备中的氨液排到低压设备中后，剩下的氨气可通过放油管路和集油器的放油阀，再通过橡胶管，放到冷凝器水池或下水道内。

3. 制冷系统大修时对制冷剂的处理

制冷设备大修时制冷系统停止运转，需在制冷系统的多处进行检查维修。为加快大修速度，确保安全生产，应将制冷系统中的氨液取出并保存。把系统中的氨制冷剂用压缩机抽至高压系统，经冷凝器冷凝成液体，然后将氨液灌入氨罐或氨瓶中。取氨工作的危险性很大，操作人员应格外小心，注意安全，操作步骤应符合操作规程。

1) 准备好工具、磅秤、连接管、防护用品及急救物品。准备好氨罐或一定量的氨瓶。

2）启动压缩机，使整个制冷系统正常进行工作，关闭低压循环贮液桶的供液阀，停止供液。

3）将氨罐或氨瓶用高压橡胶管或钢管连接在加氨调节站的加氨阀上，打开加氨调节站上的减压阀，使氨罐或氨瓶减压，然后关闭减压阀，开启加氨阀和氨瓶（或氨罐）上的阀门，这时氨液流入氨罐。注意取氨的容器应过秤，灌氨量一般不应超过氨罐容量的 60%。

4）将氨加到规定数量后关闭钢瓶阀和加氨站上的液体阀，开启加氨站上的减压阀，把加氨管中的液体抽空，关闭减压阀，拆下钢瓶，换上新钢瓶。

5）在制冷压缩机的抽吸过程中如吸气压力过低，可开启冷库门，使库温升高，促使氨的蒸发。低压系统抽到 -0.05MPa 时停机，若压力还上升则可再开机抽空，直至低压不再升高为止。

6）灌氨过程中可将冷凝压力控制稍高一些（在 1.3~1.4MPa 之间），既便于氨的冷凝，又可增加灌氨的压差。

7）当低压压力降至 0 以下，高压贮液器的液面降到 5% 以下时，灌氨结束。剩余的少量氨液可排放到准备好的水桶内或冷凝器水池中。

二、氟利昂制冷设备中制冷剂的处理方法

1. 低压设备检修时制冷剂的处理

氟利昂制冷系统中的低压设备或管路阀门需要进行维修时，可将系统中的氟利昂制冷剂抽到高压设备中贮存。维修后，经试压、检漏、抽空合格后，再从高压设备中把氟利昂注入系统中，恢复正常循环。

具体做法是，在制冷系统正常工作时关闭贮液器的出口阀门，停止向低压系统供液。制冷压缩机继续运行，将低压系统的制冷剂抽往高压设备中，待压缩机的吸气压力表指示为真空时，停止制冷压缩机的运行，并迅速关闭压缩机的排气阀。这时氟利昂制冷剂已抽进贮液器中，可以将低压设备接通大气后进行维修。设备维修结束后应对低压系统进行试压检漏，然后抽真空，真空度合格后，缓慢开启贮液器的出液阀门，恢复制冷运行。

2. 高压设备检修及制冷设备大修时制冷剂的处理

氟利昂制冷系统中的高压设备检修或制冷设备大修时，可把氟利昂制冷剂抽到钢瓶内贮存。

1）准备好氟利昂钢瓶、紫铜管或尼龙加氟软管、冷却水软管及其他常用工具。

2）把冷凝器出液阀开足，这时三通阀的多用孔关闭。拆下多用孔螺塞，换上加氟接头，并在氟利昂钢瓶和加氟接头之间接好加氟铜管或软管，排除加氟管中的空气。

3）接好冷却水管，把氟利昂钢瓶放在水池中用水喷淋，水温越低越好。

4）开启冷凝器出液阀的多用孔，打开氟利昂钢瓶阀，使氟利昂进入钢瓶。开启压缩机，将低压设备中的氟利昂制冷剂抽到冷凝器中。冷凝后的液体进入钢瓶。

5）制冷系统中的氟利昂逐渐减少时，可适当减少冷却水或停止冷却水的供应。但应注意制冷压缩机排气压力的变化不应超过 1.4MPa，当排气压力较低时，可将氟利昂钢瓶和软管接在压缩机的排气阀多用孔上继续取氟利昂。

6）当制冷压缩机的吸气压力降到 -0.05MPa 时可停止制冷压缩机的运转。观察低压压力的回升情况。若低压回升到 0 以上时，可再开机抽吸。若压力不再回升，说明系统内的氟利昂制冷剂已基本抽完,可关闭氟利昂钢瓶阀,结束抽氟利昂的工作。

三、处理制冷剂时的注意事项

1)在启动制冷压缩机抽吸制冷剂前,应将制冷压缩机控制电路上的压力继电器和油压差继电器触点短接。否则在抽吸时油压差或低压较低,制冷压缩机将自动停机,影响制冷剂的处理工作。但是在制冷压缩机运行时,由于制冷压缩机已取消保护,应严密注意油压的变化,防止制冷压缩机缺油。同时应注意制冷压缩机的温度和压力变化,如这些参数不正常则应查明原因,待排除故障后再启动工作。

2)在全系统抽空前,除通往大气的阀门外其他阀门应全部开启。尤其是氨系统,不能留下死角,以防检修时受到氨的侵害。

3)低压设备的环境温度低,隔热层厚,保温效果好,内部制冷剂蒸发慢,可采取相应措施使冷间温度上升以促使制冷剂尽快蒸发。

4)系统排放余氨时阀门不要开得过大,要用足量的水对氨进行稀释溶解。另外,余氨放净后应打开所有连通大气的阀门,氨气浓度下降后方可进行设备检修。

5)若设备和系统因泄漏进行检修时,在用制冷压缩机抽吸制冷剂时,注意吸气压力不能过低,宜在接近 0MPa 时停机。

第二节　冷凝器的维护和检修

一、冷凝器的维护

冷凝器的形式很多,按使用的冷却介质可分为风冷式、水冷式和混合式三种。

1. 风冷式冷凝器的维护

风冷式冷凝器以空气作为冷却介质,在与空气进行换热时,空气中夹带的灰尘和油气与冷凝器外表面接触,灰尘和油气的混合物黏结在冷凝器的外表面形成灰垢层,并使换热翅片的空隙被灰尘堵塞,空气流通量减小,热阻增大,冷凝器的热交换效率下降。

在日常操作中应对风冷式冷凝器进行除尘维护,经常用长毛刷或钢丝刷刷去灰尘。翅片深处的灰尘可用压缩空气吹除。

2. 水冷式冷凝器的维护

水冷式冷凝器使用的冷却水中都含有杂质和溶解在水里的无机盐类(如钙盐、镁盐等),当冷却水和冷凝器表面相接触而换热时,水里的杂质和盐类物质就会分解,并附着在冷凝器的冷却水管表面,结成水垢。水垢的热阻较大,垢层加厚时冷凝器的换热效率明显下降。因此,必须视垢层厚薄定期对水冷式冷凝器进行除垢。

水冷式冷凝器的除垢方法有很多种,可根据不同形式的冷凝器使用不同的方法。

(1)人工清除法　用扁铲和小锤沿管道外表面敲击,将管外的水垢清除。这种方法适用于淋激式冷凝器。若是需清除壳管式冷凝器管内水垢时,可用螺旋形钢丝刷在管道内拉刷。人工除垢的方法简单,但除垢效果不好,效率低,而且劳动强度大。

(2)机械清除法　这种方法适用于清除壳管式冷凝器的管内水垢。将卧式壳管式冷凝器两端的封头拆下,若是立式壳管式冷凝器则将接水板拿掉,用管道疏通机进行除垢。在管道疏通机的钢丝软轴上接上特制的刮刀,将刮刀和钢丝软轴插入冷却管内,开动管道疏通机就可以刮除水垢。

（3）化学除垢法

1）冷凝器停止运行后除垢通常采用酸洗法。可从市场上购买除垢剂作为酸洗液，也可自行配制质量分数为 10% 的盐酸溶液。

将系统中的制冷剂抽出，关闭冷凝器进、出水管，并拆下进、出水管的接管。将准备好的耐酸泵、酸洗器（酸洗池）及连接管接在冷凝器的冷却水进、出口处，构成酸洗装置。启动耐酸泵，酸洗液沿冷凝器管道和酸洗器循环流动，溶解冷凝器管道中的水垢。酸洗液与水垢反应时 pH 值会升高。清洗过程中应每 30min 测定一次，直到 pH 值不再升高（说明水垢已清除干净），将酸洗液中和后排掉。然后用 1% 的氢氧化钠溶液对冷凝器进行循环中和清洗 15min，再用清水冲洗，即可恢复冷凝器的使用。

2）冷凝器运行时除垢。目前运行除垢剂的品种很多，可将其直接加在冷却水中进行除垢，使用时制冷系统不必停止运行。

将系统冷却水量的 0.1% 的运行除垢剂加入到冷却水中，随着运行去垢剂与冷却水混合均匀，在运行中达到除垢的目的。除垢期为 20～30d。除垢期间水池中的白色盐类沉淀物应经常排出，并及时补水、补药，以保证运行去垢剂的浓度。除垢后系统可正常运行。

（4）蒸发式冷凝器的除垢　蒸发式冷凝器受结构形式的限制，其除垢很困难。有的制冷系统在进行蒸发式冷凝器除垢时，反复采用热泵循环，将蒸发式冷凝器管外污垢与金属管同时加热，利用其与金属热胀冷缩量不同的性能，经降温使翅片管上的水垢脱落。但这种操作复杂，实际效果不好，一般很少使用。通常对冷却水进行软化处理以防止蒸发冷凝器结垢。

1）蒸发式冷凝器的水系统中初期注入的水应经过水处理，最好初期注入的是蒸馏水。

2）在循环水管上安装磁水除垢器。冷却水进入冷凝器前流经除垢器的横向磁场，改变了结晶条件，使构成水垢的碳酸钙结晶疏松而呈渣状，且附着力极低，极易被冷却水冲走，然后在水池中沉淀，故可定期排出。

3）在冷却水循环水池内加入 0.01% 的运行除垢剂或 0.5% 的锅炉除垢剂，使水池内的冷却水软化。这种方法简单易行，只需经常排除水池下部沉淀的盐类物质，并注意水中的药物浓度，就可防止蒸发式冷凝器结垢。

冷凝器的除垢是非常短效的，虽然已有的除垢方法有长期的效用，但需用管理的辅助手段来加强。国外还采用臭氧等方法加上自动程序来定时除垢，以达到长期除垢的目的。

二、冷凝器的检修

冷凝器常见的故障是泄漏。冷凝器经过一段时间的使用后，会因为高压、振动、锈蚀和冻胀等原因造成裂纹或针形小孔而发生泄漏。

对于氟利昂系统可用卤素灯或电子检漏仪进行检漏，也可以用高压氮气对冷凝器进行气密性试验，找出漏点。

氨用冷凝器泄漏时冷凝器周围有氨味。用酚酞试纸检测冷却水，遇水变红即证明漏氨，可进行进一步检查。将使用中的冷凝器停水，用酚酞试纸在每根管子内部和焊接处进行查找，也可泄氨后进行空气试压检漏。

找出冷凝器的漏点进行补焊。注意维修操作前必须对冷凝器中的制冷剂作妥善处理，接通大气后才能维修。

1）泄漏点在管板处时，可直接用电焊或气焊焊补。

2）若泄漏点在管子中间，则无法焊补，可用圆钢坯加工成锥形钢塞，把管子的两头堵死，待系统大修时重新更换新管。

3）冷凝器内管子若是紫铜管，通常是用胀接法连接在管板上，更换管道时可将泄漏的管子拆下，把管板孔用砂纸磨光，换上新管，使用专用的滚针式胀管器将紫铜管胀接在管板上。

4）冷凝器修理后应试压检漏，最好进行气密性试验。氨和 R22 冷凝器的试验压力为 1.8MPa，R12 冷凝器的试验压力为 1.6MPa。

第三节　蒸发器的维护和检修

一、蒸发器的维护

1）蒸发器在使用过程中要注意经常检漏。氨蒸发器泄漏时，周围有刺激性气味，漏点处不结霜，对泄漏处可用酚酞试纸检查。氟利昂蒸发器的泄漏，可用卤素灯和电子检漏仪检漏。氟利昂与油的相溶性很好，因此泄漏处一般都有油迹。用卤素灯检漏时，随着氟利昂泄漏量的增大，卤素灯的火焰由蓝色变成微绿、浅绿、草绿、紫绿或紫色，由火焰的颜色可判断漏氟量的多少。也可使用电子检漏仪进行检漏。这种仪器灵敏度高，蒸发器有微量泄漏检漏仪都会有反应，特别适用于小型氟利昂制冷装置的检漏。但泄漏严重而使环境空间有大量氟利昂气体时，电子检漏仪因太灵敏而无法正常工作。比较稳妥的检漏方法还是用肥皂水检漏。将蒸发器抽空后停机，对蒸发器充入 0.6MPa 的氮气，用肥皂水检漏。也可停止制冷系统的运行让高、低压系统平衡，使蒸发器的压力升高后，再用肥皂水检漏。

2）当蒸发排管的冰霜层过厚时，管子会因超负荷而弯曲，且制冷效果差。所以蒸发器在日常维护时，应经常或定期除霜。若蒸发器长期停用，可将制冷剂抽到贮液器或冷凝器内保存，而使蒸发器的压力保持在 0.05MPa 左右。

3）冷却液体的蒸发器长期停用时应将冷媒放出，重新灌满清水，避免蒸发器管道与空气接触。蒸发器使用的冷媒水应经过软化处理，如果产生水垢，除垢方法与冷凝器的除垢方法相同。

二、蒸发器的检修

蒸发器常见的故障是泄漏和堵塞。泄漏由管道外部锈蚀、振动或其他因素造成，在蒸发器上出现裂纹或针形小孔。堵塞则是因为管子内部的存油和污物混在一起或其他杂物所致。

1）蒸发器经检漏确定漏点后，应对制冷剂进行处理，接通大气后即可进行焊补。钢管可用电焊或气焊焊补。若铜管泄漏，可使用硼砂、铜焊条或银焊条进行气焊焊补。蒸发器修理后应进行密封性试验，氨和 R22 蒸发器的试验压力为 1.2MPa，R12 蒸发器的试验压力为 1.0MPa。

2）在光滑排管蒸发器处出现了针形小孔泄漏，而因其他原因暂时不能焊接处理时，可在泄漏处裹上橡胶板用管卡卡牢，或用铅丝捆扎，待大修时再进行焊补处理。如果排管锈蚀不严重，管上出现漏点时也可将蒸发器抽空到大气压时，使用尖头钢冲在小孔四周冲几个小凹坑将漏孔挤死，再用电焊进行焊补。注意处理时一定不能用气焊。

3）蒸发器的连接管或活接头处泄漏时，可用扳手拧紧加固。如不是因为接头松动，则应拆下螺母检查喇叭口的螺纹是否损伤。若喇叭口损坏，应将喇叭口用割管器割掉，重新胀制。如果是螺纹损坏则应更换接头或螺母。

4）若蒸发器管道发生堵塞，首先应进行热氨冲霜，将堵塞在管内的油污冲出，也可使用 0.6MPa 的氮气进行吹洗，将管道内的油污吹洗干净。

若用以上方法仍不能解决问题，说明管内有较大的堵塞物，如安装施工时遗留在管子内的木塞、铁件或清洗管道时留下的砂布、棉纱或手套等杂物，这时应进行截管处理。首先注意观察管道的结霜是否有前后不一样的地方，倾听管子内液体流动声，找到管内的堵塞处。然后截去堵塞管段，将阻塞物取出，再把管子焊好。经试压检漏合格后才能恢复蒸发器的使用。

氟利昂蒸发器还常发生油堵。冷冻油随氟利昂进入制冷系统中循环时，会附着在管子表面，当管路设计或安装不合理时，蒸发器内就会存有较多的冷冻油而堵塞管道。这时可用氮气进行吹洗。但要检查蒸发器回油不畅的原因，查看蒸发器末端的无回油弯。回气管是否太粗、回气主管水平管段的坡向是否正确等。应视具体情况进行修理，排除因管路设置不当造成的油堵故障。

第四节　制冷系统容器、管道、阀门及法兰的检修

一、制冷系统容器和管道的检修

制冷系统的容器和管道由于长期与空气接触而逐渐锈蚀，使钢材的厚度减小，存在着一定的隐患。所以在设备检修时，应对容器和管道的锈蚀程度进行检查。

1. 测量法

用游标卡尺对锈蚀严重的管子进行测量，检查其外径，并与管道原来的外径比较。例如测量 $\phi 38mm$ 管的外径是 37mm，那么说明管道外壁的锈蚀量为 0.5mm。用这种方法可判断使用期较长的管道是否需要维修。

2. 截管法

对于外表锈蚀不均匀或表面局部锈蚀严重的管道，可用截管法检查管道的锈蚀程度。在需检查的管道位置将管子截断，测量其厚度减薄大于原壁厚的 30% 时，应更换新管。

3. 钻孔法

系统设备大修时，检查大直径管道和容器锈蚀严重的表面时，可用钻孔法。在管道和容器的锈蚀表面，用手电钻钻出 2~4mm 直径的小孔。将带钩的铁丝探入，检查厚度。如厚度的减少超过原壁厚的 30% 以上，应换新容器和新管道。

当高、低压设备和系统管道出现裂纹或针形小孔而产生泄漏时，应进行焊补修理。维修前要对制冷剂量进行处理，然后进行维修。如果泄漏处经两次焊补后仍泄漏，应将此段管子割除，换上新管重焊。如果设备上出现的裂纹较大时，可采用补板焊接修理。补板的宽度应大于 250mm，长度应比裂纹长 100mm。将补板加工成弧形盖在裂纹上，然后用电焊将补板四周焊牢。

二、阀门的检修

制冷系统管道上的阀门起着调节和控制制冷剂流量和流向的作用。阀门经常因为制造、安装及操作不当等因素而造成故障，如内部串漏、外部泄漏以及无法开启和关闭等问题。为保证制冷系统的正常操作运转，需要对有问题的阀门进行检查和及时修理。

1. 截止阀和调节阀

（1）截止阀和调节阀常见故障

1）阀杆的损坏。阀门的填料压得过紧，缺乏润滑形成干摩擦；操作中开关阀门的工具不当，用力过猛；阀杆处冰霜过厚；长期使用使阀杆逐渐磨损、弯曲甚至折断；盘根填料被磨坏，发生泄漏。

2）阀座与阀芯损伤。系统中的焊渣、铁屑以及砂粒等杂物，在制冷系统排污时没有清除干净，积存在阀座的拐弯处，阀门开关时，阀芯上的合金与阀座的密封面因杂物嵌入或挤压，出现斑点和伤痕，使阀门内部串漏，失去密封作用；在操作过程中用力过大，或者开关阀的工具过大，将阀芯上的合金压成凹坑，因此关闭不严；由于密封面受高温的影响，阀芯上的轴承合金的硬度降低，磨损严重失去密封作用。

3）阀门的阀芯脱落。由于阀芯上弹簧卡损坏，致使阀芯与阀杆脱离，阀芯失去控制，阀门无法正常启闭。

4）阀门的阀体泄漏。阀体大都是钢铸件，在生产过程中可能会形成铸造砂眼，使阀门在使用中泄漏制冷剂。

（2）截止阀和调节阀的维修　拆卸阀门准备修理时，首先应切断该阀门与系统的联系，并将管道内的制冷剂抽空，然后进行拆卸。修理人员应穿好防护服，并准备好急救物品。

当拆卸阀门的阀盖时，应先松开阀盖螺母 3～4 圈，然后松动阀盖。这时操作人员的面部不要对着阀的缝隙处，以防余氨泄漏被伤害。待余氨抽净后，方可进行阀门修理。若有氨气跑出，应及时将阀盖螺母拧紧，查明原因，排除后再拆卸阀盖检修。

1）阀杆的维修。阀杆如已磨损或断裂，应选用相同材质、相同规格的材料进行车削加工，予以更换。对于弯曲的阀杆，可在台虎钳上进行调直或更换新阀杆。

2）阀芯密封面的修理。

① 当阀门的阀芯密封面有损伤时，应予以更换或维修。

② 如阀芯使用的密封圈是聚四氟乙烯材料，可更换新的密封圈。

③ 若阀芯密封使用的是轴承合金，且损坏很小时，用三角刮刀片刮平即可。若合金严重损坏，应重新浇铸合金。可用气焊或喷灯火焰熔化合金，冷却后制成条状。操作时先将阀芯清除干净，对阀芯加热至250℃左右，在阀芯的合金槽内镀一层锡，再用气焊或喷灯火焰把准备好的合金条熔化到合金槽内，冷却后将合金面刮平。

④ 若阀门是钢制阀芯，轻微磨损时可用研磨的方法进行修理。研磨后用煤油试漏，如磨损严重，出现划痕或凹坑过深，则应更换新阀门。

阀门的倒关密封面如出现磨损或伤痕，维修方法和阀芯的修理相同。

3）盘根的更换。盘根是阀杆处的密封填料。盘根严重磨损或老化后，将造成阀杆处泄漏，应及时更换。更换盘根时应把阀门全部开足（即倒关），拆下手轮和填料压盖，用螺钉旋具把旧盘根取出。如有圆形成品盘根，只需更换新品即可。若使用长条形盘根，则应按长度切制，搭口处应成 45°角，每根盘根应错缝安装，用螺钉旋具压入填料盒。盘根装上后，填料压盖的螺母不应拧得太紧，以不漏且开关阀灵活为宜。

2. 热力膨胀阀

热力膨胀阀的检修，在本书第九章氟利昂制冷系统的故障中已有叙述，可参照内容对热力膨胀阀的故障进行分析和维修。

热力膨胀阀常见的故障有感温包泄漏、传动杆过长或过短、调节弹簧的弹力不足等，另外还有制冷系统的问题造成的堵塞及泄漏。若是热力膨胀阀本身的问题，可更换零部件或更换新阀门。

3. 电磁阀

电磁阀常见的故障有以下几种：

（1）电磁阀通电后不开启　可能是电源接线脱落、线圈断路、小铁心或阀芯卡住及装配错误等。可用万用表则量电源和接线是否正常，测量线圈是否断路，如线圈损坏则应进行更换。将小铁心和阀芯拆下清洗，若小铁心带磁则应更换新件，然后按正确的顺序重新装配电磁阀。

（2）电磁阀断电时不关闭或关闭不严　可能是阀芯或弹簧卡住、小铁心剩磁、阀芯密封面损伤、小铁心阀针座橡胶密封损坏或阀体安装不垂直等原因。应将电磁阀拆卸后进行清洗，去除污物，如发现零件有以上问题则应予以维修或更换新件。阀体安装不垂直时，应重新安装。

（3）电磁阀泄漏　可能是阀盖紧固螺钉没有均匀拧紧、阀盖密封圈老化或损坏、隔磁套管焊接处损坏等原因。可更换橡胶密封圈并对角均匀拧紧阀盖螺钉，更换隔磁套管。如果是阀体制造原因泄漏，可更换新的电磁阀。

4. 指示器角阀

玻璃管液位指示器角阀中的钢球与阀座密封面应配合良好，如玻璃管破裂出现漏氨时，阀内钢球的密封作用可防止事故的扩大。因此，在检修时应仔细检查，钢球不圆时应更换新的。如阀座的密封面不光滑，可在阀座密封面上放置一个相同直径的钢球，用铜棒敲击，使阀座密封面光滑无痕，密封面的形状和钢球相同。如果角阀的阀杆处泄漏，可更换盘根并压紧填料盖。

5. 浮球阀

当容器中的液面失控时，首先应该对浮球阀进行检查，一般这种事故的主要原因是阀座与阀芯关闭不严或浮球阀泄漏。若阀芯与阀座关闭不严时，可对阀芯或阀座进行研磨。若阀芯孔与套筒孔位置不对时，可拆下套筒重新调整。若浮球杠杆与支撑杆连接不牢固时，可用开口销进行校验，浮球阀在制冷剂液面的下限和上限间应能自动启闭，实现自动控制供液。

6. 止回阀

止回阀的常见故障有关闭不严、不能开启和不能关闭。

1）止回阀的阀芯与阀座关闭不严时，可对阀芯进行研磨，使阀芯和阀座的密封面配合良好。若密封面使用的是聚四氟乙烯密封圈，可将密封圈更换。关闭不严的另一原因是止回阀的弹力不足，应检查弹簧的弹力是否符合要求，否则应换新的。

2）止回阀不能开启和关闭可能是阀芯与阀的支承座之间有杂物卡住。应将阀门拆下，检查阀芯与支承座之间的配合。若有拉毛、锈蚀或间隙过小时应用细砂纸打磨，如有污物则应清洗，以阀芯在阀座内上下动作灵活为宜。止回阀不能开启也可能是阀门前后的压力差不够，小于止回阀的开启压差，或是止回阀的弹簧力太大的原因。应根据实际情况排除故障，或查找制冷剂流动压差太小的原因，或更换合适型号的止回阀。

三、法兰的检修

法兰的主要故障是密封泄漏。常见的故障原因有：法兰垫片损坏，法兰的密封线有伤痕，法兰和管道焊接时不垂直而造成两片法兰不平行，法兰螺栓的预紧力过大或不均匀使法兰产生塑性变形而翘曲，是法兰与管道的焊接处泄漏。

若法兰连接处的石棉垫片老化而损坏，失去密封能力，可换新垫片。注意，应将法兰密封槽中的旧垫片清除干净，将新垫片涂上黄油石墨粉，然后对角均匀拧紧螺栓即可。

法兰密封面损坏不严重时，可对密封面进行研磨。若严重锈蚀或损坏时，必须更换法兰。

法兰与管道焊接处泄漏时可进行焊补。但是法兰与管道焊接时，一般是两重焊接。出现泄漏时再进行补焊，很难保证不再泄漏。如果焊补不成功则需更换法兰。

如果出现法兰与管道焊接不垂直、法兰翘曲变形、法兰上有砂眼以及严重锈蚀等现象，都应更换新法兰。

第五节　制冷压缩机的检修

一、检修的目的和内容

1. 检修的目的

活塞式制冷压缩机在使用过程中除了应正确合理地进行操作调整外，还要做好经常的维护和检修工作，才能保证制冷机处于完好的运转状态。通常活塞式制冷压缩机能否正常运转主要取决于以下因素：

1）正常操作时制冷压缩机的润滑系统应畅通，油压、油温、油面和油的质量应符合规定。制冷压缩机的吸、排气压力和温度等参数的变化应符合正常工况的要求。

2）安装、维修及保养工作应确保制冷压缩机各运转部位的装配间隙、几何精度、零部件的磨损程度及制造质量等都符合规定的技术要求，使制冷压缩机具有良好的输气性能。

从以上因素看，操作与维修应该有机地结合，在机器运转中通过操作调整解决不了的问题，应停车后通过检修的方法来解决。检修的目的就是通过对机器零部件的拆卸、清洗和测量，检查零件的磨损或损坏情况，用修理或更换零件的方法，恢复零件的几何形状、尺寸及良好的运转性能，以保证压缩机的正常运行，并延长机器的使用寿命。

机器的检修有两种，即计划检修和事故检修。计划检修根据计划执行时间的长短分为大、中、小修。事故检修是当事故发生时的及时检修。

2. 检修的内容

表10-1列出了制冷压缩机检修的内容和周期。进行大修时的检修内容包括中修和小修的内容，而中修则包括小修的内容。

表10-1　制冷压缩机检修的内容和周期

主要部件名称	主要检修内容		
	小修（周期约700h）	中修（周期约2000～3000h）	大修（周期为1年）
阀与阀片	检查清洗阀片，调整开启度，更换损坏的阀片、弹簧等零件，检验阀门的密封性	测量和调整阀片余隙，检修或更换关闭不严密的阀门	检查校验各种控制阀和安全阀，更换填料，必要时应更新阀芯上的合金，或换新阀
气缸与活塞	检查气缸的表面粗糙度，清洗气缸的活塞	检查活塞环的锁口间隙、环槽间隙；检查活塞销的间隙及磨损，必要时应更换新件	测量活塞、活塞环、活塞销及衬套的磨损量，根据实际情况维修或更换

（续）

主要部件名称	主要检修内容		
	小修（周期约 700h）	中修（周期约 2000～3000h）	大修（周期为 1 年）
连杆组件及轴承	检查连杆螺栓、螺母和防松装置是否松脱或损坏，如有则应及时维修	检查连杆大头轴瓦和小头衬套；测量配合间隙，如需要可进行刮研处理和修整	依照修复后的连杆轴颈修整连杆轴瓦或重新浇铸轴承合金，检查连杆大头孔的平行度和连杆的弯曲度，并加以修复
曲轴和主轴承		测量各主轴承的间隙，必要时进行修整	测量曲柄扭摆度、水平度、与主轴颈的平行度，检查轴颈磨损量及表面损伤，以便修整或更换，修整或浇铸主轴承
轴封		检查轴封各零件的配合情况，清洗轴封内部及进出油管	检查动环、静环、密封圈和弹簧的性能，必要时进行研磨修整或更换新件
润滑系统	更换冷冻油，清洗曲轴箱和过滤器	清洗油三通阀和润滑系统，检查油泵的配合间隙	修整油泵轴承，调整泵齿轮和油泵内的配合间隙，必要时应更换新件
其他	检查卸载的灵活性	检查电动机与制冷压缩机传动装置的扭摆，检查地脚螺栓和飞轮的坚固情况	检查校验控制元件及压力表，清除冷却水套内的水垢

二、检修前的准备工作

1. 人员准备

为了培养制冷操作人员的责任心和技术技能，对制冷压缩机的小修工作一般由制冷维修工和操作工配合完成；中修由维修班长负责，组织制冷维修工完成；大修时需要多工种配合，应由单位领导分管负责，由专业技术人员参加，对维修的操作人员进行合理的组织和调配，实行分工负责，使检修工作有秩序地进行。

2. 检修工具的准备

应准备好检修所需的各种检修工具及设备，如吊栓、套筒扳手、活动扳手、钢锯、钳子、锤子、螺钉旋具和管子钳等普通钳工工具。另外还应准备塞尺、游标卡尺、外径百分尺、百分表、内径量表、卡钳、框架水平仪等测量仪表和工具。

3. 易损件和检修材料的准备

应准备机器的各种易损件，如阀片、气阀弹簧、活塞环、连杆螺栓、小头衬套、活塞销、主轴承、轴封摩擦环、橡胶密封圈、垫片、盘根填料、活塞和气缸套等。

准备好检修所需的各种辅助材料，如纱布、汽油、煤油、冷冻油、油盘、细砂纸、研磨纸和油石等。清洗机器零件用的汽油、煤油等易燃品应注意保管，禁止与明火和高温物体接近，以防发生火灾。

三、活塞式制冷压缩机的检修

1. 活塞式制冷压缩机的拆装和间隙测量

（1）拆卸时的注意事项

1）活塞式制冷压缩机拆卸前必须切断电源，切断机器与系统的联系，并放出机内剩余的氨气（或其他工质）。排氨时若机器内压力较高，应查明原因并进行排除。若机器内压力在 0.05MPa 以下时，可用放空阀上接橡胶管放氨，将氨气排至室外水桶或循环水池内。

排氨后将曲轴箱内的冷冻油放出，并切断水路，放掉冷却水套和油冷却器中的冷却水。

2）拆卸机器时要有步骤地进行，一般应先拆部件，后拆零件，由外到内，由上到下，有次序地进行拆卸。拆卸零件时不宜用力过大，不易拆下时应查明原因，采用适当措施拆卸，以防止零件损坏。

3）压出和打出的轴套、销钉类零件，拆卸时应辨明其方向。敲击时应放置垫块，防止损坏零件的表面。

4）对于拆下来的复杂零件、形状相同的零件和位置方向不可改变的零件，要做好标记或进行编号，并有秩序地放置到专用支架或工作台上，切不可乱扔乱放，以免造成零件表面的操作。

5）体积较小的零件经拆卸清洗后，可装配在主要零部件上，以防丢失。

6）对清洗后的零件应及时涂油，用布盖好，以防零件锈蚀和沾染积尘。对拆下的水管、油管、气管等，清洗后要用木塞或布条塞住管口，防止进入灰尘、污物。

（2）整机拆卸与间隙检测　活塞式制冷压缩机拆卸时应先将各部件和大零件拆下，并测量有关间隙。系列活塞式制冷压缩机主要部件的配合间隙见表 10-2。

表 10-2　系列活塞式制冷压缩机主要部件的配合间隙表

配合部件名称		间隙/mm			
		70 系列	100 系列	125 系列	170 系列
气缸套与活塞	环部	+0.12 ~ 0.20	+0.33 ~ +0.43	+0.35 ~ +0.47	+0.37 ~ +0.49
	裙部		+0.15 ~ +0.21	+0.20 ~ +0.29	+0.28 ~ +0.36
活塞上的止点间隙直线余隙		+0.06 ~ +1.2	+0.7 ~ +1.3	+0.9 ~1.3	+1.0 ~ +1.6
吸气阀片开启度		1.2	1.2	2.4 ~ 2.6	2.5
排气阀片开启度		1	1.1	1.4 ~1.6	1.5
活塞环锁口间隙		+0.28 ~ +0.48	+0.3 ~ +0.5	+0.5 ~ +0.65	+0.7 ~1.1
活塞环与环槽的轴向间隙		+0.02 ~ +0.06	+0.038 ~ +0.055	0.05 ~ 0.095	+0.05 ~ +0.09
连杆小头衬套与活塞销		+0.02 ~ +0.035	+0.03 ~0.062	+0.035 ~0.061	+0.043 ~0.073
活塞销与销座孔		−0.015 ~ +0.017	+0.015 ~ +0.017	+0.015 ~ +0.016	−0.018 ~0.018
连杆大头轴瓦与曲柄销		+0.04 ~ +0.06	+0.03 ~ 0.12	+0.08 ~ +0.175	+0.05 ~ +0.15
连杆大头端面与槽柄销的轴向间隙	4 缸			+0.3 ~ +0.6	
	6 缸	+0.3 ~ +0.6	+0.3 ~ +0.6	+0.6 ~ +0.86	+0.6 ~ +0.88
	8 缸	+0.4 ~0.7	+0.42 ~0.79	+0.8 ~ +1.0	+0.8 ~ +1.12
主轴颈与主轴承的径向间隙		+0.03 ~0.10	+0.06 ~0.11	+0.08 ~0.148	+0.10 ~0.162
曲轴与主轴承的轴向间隙		+0.6 ~ +0.9	+0.6 ~ +1.0	+0.8 ~2.0	+1.0 ~ +2.5
油泵间隙	径向			+0.04 ~ +0.12	+0.02 ~ +0.12
	端面			+0.04 ~ +0.12	+0.08 ~ +0.12
卸载油活塞环锁口间隙				+0.2 ~0.3	

常用的测量工具有钢直尺、卡钳、游标卡尺、千分尺、千分表（百分表）、塞尺和水平仪等。

1）气缸盖与吸、排气阀组的拆卸。拆卸气缸盖时，首先拧下气缸盖上的短螺栓、螺母，再均匀拧松两只长螺栓、螺母，当气缸盖被安全弹簧顶起约 2~3mm 时，用平口螺钉旋具起下粘贴在气缸上的密封垫片，以免其损坏。拆下气缸盖后，取出安全弹簧和气阀组。注意检查气阀弹簧、阀片有无损坏，气阀组件是否松动及气阀的升程间隙是否正常等。

使用塞尺测量排气阀片的升程，正常升程应在 1.4~1.6mm 之间。若超过 1.8mm 则应更换阀片。用深度游标卡尺测量吸气阀片的升程，以 125 系列制冷压缩机为例，正常升程应在 1.9~2.1mm 之间，如超过 2.3mm 则应更换新阀片。

气缸拆卸后可进行气缸顶部余隙的测量。测量的方法通常是将细而软的熔丝搓成小团，小团上蘸些黄油，按前、后、左、右的方位放置在活塞顶面上。然后装上排气阀、安全弹簧和气缸盖。气缸盖螺钉拧紧后盘车 3~4 周。再拆开气缸盖，取出压扁的熔丝，用游标卡尺或外径百分尺测量其厚度，前、后、左、右 4 个点的平均值即为所测余隙。如余隙过大，可能是连杆的大头轴瓦磨损造成的，应该更换轴瓦或调整气缸垫片，使余隙符合要求。若余隙过小，易引起活塞顶部与内阀座相撞，容易使机件损坏，可加厚气缸垫片，使其余隙增大。余隙测量后可拆开排气阀组。在拆卸穿心螺母时一般用梅花扳手卡住，按逆时针方向在地板上摔几下即可松脱。拆卸气阀弹簧时不能硬拉，应顺时针拧动后取下弹簧，以免将其损坏。

2）拆卸曲轴箱侧盖。拆卸时先将螺母松开，用手锤轻轻敲击侧盖，或用平口螺钉旋具将侧盖撬开一个缝隙，然后将垫片起开，取下曲轴箱侧盖。拆卸后应检查曲轴箱油中的污物和金属屑的多少。

3）拆卸活塞连杆组件。拆卸连杆大头时，应检查连杆大头的轴向移动是否灵活，再用塞尺测量连杆大头端和曲柄销的轴和间隙。拆卸连杆大头盖的同时，应测量连杆大头轴瓦的径向间隙。径向间隙可用塞尺进行测量，也可用压熔丝的方法测量。一般选用较细的 5A 熔丝，放置在大头轴瓦上，然后连同熔丝一起装配在曲柄销上。装好后再拆下来，用外径百分尺测量压扁的熔丝，即可测出径向间隙。如大头轴瓦的径向间隙超过规定值，应更换新的轴瓦。

拆下连杆大头盖后用吊栓将活塞连杆部件提出，这时应用塞尺测量活塞环和环槽的高度间隙，该间隙一般在 0.05~0.07mm 之间，最大不应超过 0.15mm，否则更换活塞。

将活塞上的活塞环全部拆下，然后将活塞放在气缸内，测量活塞与气缸之间的间隙。测量时分上、中、下 3 个部位进行，上部应测活塞径向的前、后、左、右 4 个点，最好用两把塞尺从两边同时插入，这样测量较准确。若所测间隙超过最大值，应检查活塞和气缸的磨损程度，以确定是否更换气缸套或者活塞。活塞和气缸的最大允许磨损量见表 10-3 和表 10-4。

表 10-3　活塞的最大允许磨损量　　　　　　　　　　　　　（单位：mm）

活塞直径	活塞圆度	活塞圆柱度
50~100	0.20	0.20
101~150	0.20	0.20
151~200	0.25	0.25

表 10-4　气缸的最大允许磨损量　　　　　　　　（单位：mm）

气缸直径	圆　　　度		径向磨损	
	<500r/min	≥500r/min	<500r/min	≥500r/min
50 ~ 100		0.25		1.00
101 ~ 150		0.30		1.20
151 ~ 200	0.30	0.35	1.60	1.50

把拆下的活塞环放入气缸内，用塞尺测量活塞环的锁口间隙。不同直径的活塞环的锁口间隙可查表 10-3。如锁口间隙超过最大值则应更换新环。

拆卸活塞连杆组时，用尖嘴钳把活塞销两端的钢丝圈拆下，然后用铜棒或木棍将活塞销敲出来。若活塞销过紧，可用 80℃以上的热水浸 5 ~ 10min，然后再敲打，即可拆下，也可用专用工具将活塞销拉出。

拆下活塞销后，可把活塞销放在连杆小头衬套内用塞尺测量其间隙。如 125 系列压缩机的正常间隙为 0.035 ~ 0.06mm，超过 0.15mm 时应换衬套或活塞销。

4）拆卸气缸套。拆卸气缸套的专用工具为两个吊栓。将吊栓拧进气缸套顶部吸气阀座的螺孔内，即可拉出气缸套。若不易拉出，则可用木棒敲击气缸底部进行配合。拉出气缸套时，尽量不要损坏铝合金垫片。

5）拆卸能量调节机构。先将油管拆下来，再拆卸油缸盖法兰上的螺母。因法兰后边有弹簧，最后一对螺母应慢慢松开。拆下法兰后取出油活塞，用木棒在吸气腔内敲击油缸，即可把油缸、弹簧和拉杆一起取出。

一般每两个气缸就有一套卸载机构，因每列气缸和机体前部的距离不同，所以拉杆的长度也不同。拆卸时应做好记号，以免混淆而影响安装。

6）拆卸油精滤器、油泵和油三通阀。拆下滤油器和油三通阀之间的油管，然后拆下油精滤器上的螺母，取下油精滤器。拆下油精滤器盖上的螺钉进行清洗，检查刮片、夹片有无损伤并对有损伤的钢片进行检修或更换。

拆油泵时，先用手转动泵轴，看其转动是否灵活，然后将泵盖螺母拧下，检查主动齿轮、从动齿轮和泵盖是否磨损，然后可取出油泵。

将油三通阀与机体相连接的 4 个螺栓拧下，取下三通阀，抽出油粗滤器。在拆卸油三通阀之前，将阀盖、指示盘、限位板、阀体用划针划上装配记号；然后拧下指示盘螺钉，取下指示盘，再拆下指示阀盖，取出阀芯，检查橡胶密封圈是否老化或损坏。

7）拆卸吸气过滤器。把吸气过滤器法兰螺钉拧松，因法兰盖后有弹簧，拆卸最后的螺钉时用手推住法兰盖，以防弹簧将法兰盖弹出。

8）拆卸联轴器。拆卸联轴器时如可不移动电动机，应将压缩机联轴块、中间连接块和电动机联轴块统一画上装配记号。如需移动电动机，除在联轴器上画装配记号外，还应画出电动机底脚的安装位置记号，以便于装配。

拆下中间连接块的螺钉，把中间连接块推到电动机一侧。将联轴块的压板螺钉拧松，但不要将螺钉取下，并在联轴器下面垫上方木，以防联轴器掉下时砸坏公共底座或者伤人。然后在联轴块的内侧垫上方木，用大锤敲击，也可用长撬棒将其撬松。松动后拧下压板螺钉，取出联轴器和半圆键。

9）拆卸轴封。均匀拧松轴封的压盖螺母，对角线上留下两个螺母暂不拧下，以防轴封弹簧将轴压盖装置或其他零件弹出。其他螺母拧下后用手推住压盖，慢慢拧下最后两个螺母，拆下轴封组件。拆卸时注意不要损坏动环和静环的密封面。轴封的静摩擦环紧贴在轴封盖上，可用螺钉旋具在非密封面侧轻轻撬开，即可将其拆下。

10）拆卸后轴承座。先用方木在曲轴箱内把曲轴垫好。拆下油管及其与机器连接的螺钉，将 2 根 M12 专用螺栓拧到轴承座上的螺孔内，把轴承座顶开，然后慢慢将其撬开。撬动时用力应均匀，防止卡住曲轴，并注意不要损坏垫片。

拆卸前应先用塞尺测量前后两端主轴承的径向间隙，正常值应在 0.08 ~ 0.15mm 之间，轴向间隙应在 0.8 ~ 2.0mm 之间。

11）拆卸曲轴。后轴承座已拆除，曲轴可从后轴承座孔取出。卸曲轴时，曲轴后端要缠上布条，以防其移动时滑脱。轴前端有两个 M16 的螺孔，可在上面拧上较长的螺栓，并插上合适的钢管，以便抬曲轴用。中间可利用曲轴箱顶部的气缸座孔，用麻绳抬曲轴。这样前、中、后协同一致，慢慢将曲轴移出。注意应在轴承座孔上也垫上垫布，防止曲拐碰伤轴承座孔。

12）拆卸其他零部件（如安全阀等），如果需要可将仪表盘上的压力表、油分配阀及压缩机的吸排气阀门也拆下。

2. 零件的检查与修理

（1）气缸套的检查与修理　检查气缸套的磨损时可用内径千分表测量。把校正好零位的内径千分表，放在气缸内径的上、中、下三个部位交叉测量六次，以检查气缸内壁的圆度、圆柱度及磨损情况。系列化制冷压缩机缸套内径的磨损达到最大磨损量时，如圆度大于最大磨损量的 1/2 时，应更换气缸套。除磨损外，缸套上的吸气阀线破损或气缸严重拉毛时，也应更换新缸套。气缸套内径有轻微拉毛时，可用 280 号细砂纸沿圆周方向进行打磨修理。气缸上平面不平或密封线缺损时，可进行研磨修理。

（2）排气阀组的检查与修理　检查阀片是否损坏，是否有翘曲和磨损。若有损坏则应更换阀片。气阀弹簧应安装端正，没有偏斜且弹性正常。外阀座下平面与气缸顶平面的接触处可用灯光检查，以不漏光为合格。

（3）活塞体的检查与修理　活塞的磨损可用外径千分尺进行测量。测量活塞的上、中、下三个位置的磨损程度、圆度和圆柱度。当活塞直径方向的磨损超过 0.3mm，或圆度和圆柱度超过最大磨损量（见表 10-3）时，应更换新活塞。活塞的表面有轻微拉毛时，可用细砂纸沿圆周方向进行打磨修理。

（4）活塞环的检查与修理　活塞环的径向磨损不应超过 1mm，活塞环的高度间隙和锁口间隙不应超过规定值（见表 10-2），超出规定要求时应换新环。换新环时若锁口间隙过小，可用整形锉修整。活塞环与环槽间径向间隙可用卡钳检查。

（5）活塞销的小头衬套的检查与修理　用外径千分尺测量活塞销的磨损，一般磨损量达 0.1mm 或圆度超过直径公差的 1/2 时，应换新活塞销。连杆小头衬套可用内径千分表进行测量，一般磨损 0.1mm 以上时应更换新衬套。

（6）连杆大头轴瓦的检查与修理　大头轴瓦的磨损可通过检查连杆大头的间隙确定。可用压铅法进行测量，也可用千分表通过测量曲柄销的内径和大头轴瓦的内径来测量间隙，测量值与规定值的差即为磨损量。若磨损大于 0.13mm 以上时，应换新轴瓦。

换新轴瓦时，应检查轴瓦的边缘是否与连杆大头的母线对齐，轴瓦的背面是否与连杆大头的内圆面贴合紧密。轴瓦与曲柄销应接触均匀，装配间隙符合要求，轴向移动要灵活。否则应用三角刮刀对接触面进行修刮，直至轴瓦面接触均匀。更换新轴瓦时，应根据磨损程度决定选用普通轴瓦还是加厚轴瓦。

（7）主轴承轴衬的检查与修理　主轴承的磨损可用内径千分表来测量。若主轴承轴衬磨损不大，但配合面有拉毛现象时，可用三角刮刀刮削修理。当轴衬的磨损超过 0.15mm，或轴衬和主轴的径向间隙超过 0.25mm 时，应更换新的主轴承衬。为了使轴衬和主轴颈的接触面均匀，装配间隙适当，更换新主轴承轴衬时，应对轴衬的内表面进行刮削。方法是使用三角刮刀对轴衬的内表面分段进行小花刮削，反复多次，直至轴衬套在主轴颈上转动灵活为止。试装配后，配合面上的摩擦点应均匀散布，左右侧边缘不应与主轴接触，而且装配间隙要符合要求，这时才可以将轴衬装到主轴承座上。在装主轴承轴衬时要注意销子孔应对准销子，若对不准则应重新卸下后再进行装配。

（8）曲轴主轴颈和曲柄销的检查与修理　曲轴的主轴颈和曲柄销的磨损可用外径千分尺测量。主轴颈的磨损量大于 0.35mm 时应进行大修或更换曲轴。曲柄销的磨损可分为总磨损、椭圆磨损和圆锥磨损。测量时找出最大磨损点，当最大磨损量超过轴径的 0.5% 时，应进行修理或更换新曲轴。对曲轴的修理一般采用喷焊和喷镀工艺对磨损处进行喷钢或镀铬，喷镀后再进行机加工，使修复处的几何尺寸及表面粗糙度符合工艺要求，然后再进行装配。

（9）连杆螺栓的检查　对连杆螺栓不做修理。若发现螺栓变形、螺纹损坏处出现裂纹、螺栓与螺母螺纹配合松动时，都应更换新件。查看连杆螺栓的螺纹是否完好、有无裂纹，可用放大镜观察。一般裂纹处都有渗油的黑迹。

（10）轴封的检查与修理　轴封的常见故障是泄漏。如果是橡胶密封圈老化或损坏则可更换新件。轴封弹簧的弹力不足时也会造成轴封泄漏，这时可将新旧弹簧放在平板上，若两者的高度差大于 8mm，应换新弹簧（如有条件也可进行热处理校正）。

应对摩擦环进行仔细检查，如摩擦面的磨损超过 0.5mm 时应换新件。若两环的摩擦面有拉毛现象，可用研磨法进行修理。一般先粗磨，再细磨，最后精研。研磨时使用 300 号研磨粉，精研采用 W1.5 微粉油磨，直至其表面粗糙度达到规定要求。

（11）油泵的检查与修理　制冷压缩机常用的油泵有外啮合齿轮泵、月牙形内啮合齿轮泵和转子或内啮合齿轮泵。齿轮泵常因吸排口的压差作用造成油泵壳的偏磨。若装配精度不高，齿轮之间啮合不均匀，则可造成轮齿磨损。齿轮端面与泵盖之间的磨损、拉毛现象都会使输油效率降低。

泵壳有轻微磨损或拉毛时，可用细砂纸打磨修复处理。泵盖拉毛时可在平板玻璃上用研磨砂进行研磨修平，使其表面粗糙度达到要求。泵壳的磨损超过 0.6mm 时应换新泵壳。若齿轮端面有轻微磨损时可用细砂纸打磨，然后通过调整泵盖垫片的厚度来调整间隙（也可通过研磨泵壳端面来调整）。当齿轮端面磨损超过齿厚的 10% 以上时，应更换新齿轮。当油泵齿轮啮合不均匀时，可用涂色法找到接触点，用刮刀进行刮修或用细砂纸进行打磨修理。

（12）卸载装置的检查与修理　卸载装置又称为能量调节机构。卸载装置的组成部件在油压力和弹簧力的作用下，应动作灵活自如。卸载装置常见的故障有油缸弹簧力不足、转动不灵活、拉杆凸缘和环槽卡死、油缸与活塞拉毛或间隙过小等。

在对卸载装置进行检修时，应仔细地拆下弹簧和新件比较，弹簧弹力较低或弹簧损坏时应更换新的油缸弹簧；转动环不灵活时应查看原因，如有污物卡住则应拆下清洗；如果转动环拉毛或与缸套摩擦，可用细砂纸打磨。若拉杆与凸缘转动环槽处卡住，可用锉刀锉去毛刺，再用细砂纸打光即可。当油缸与油活塞拉毛或间隙过小时，也可用细砂纸磨光，直至活塞在油缸里能动作自如为止。

（13）油三通阀的检查与修理　油三通阀拆卸后应注意检查阀芯和橡胶密封圈是否完好。如阀芯拉毛则应用砂纸打磨，如油缸严重损坏时可更换新件。橡胶密封圈处的泄漏一般是因为损坏或老化，如橡胶又长又细，在阀芯上套得不紧或出现裂口、断开时，应更换新橡胶密封圈。

3. 活塞式制冷压缩机的组装

活塞式制冷压缩机拆卸后，所有的零件都经过清洗、检查和修理，运转部位的间隙及关键零件的几何尺寸都进行测量后，即可重新对压缩机进行组装。组装时先将零件组装成部件，然后再进行总装。

（1）部件的组装

1）组装连杆组件。装配连杆小头衬套时应注意油槽的方向，装配后必须检查与活塞销的径向间隙是否适当，活塞销在衬套内的转动是否灵活。

活塞销不应过长，其长度以装配后两边钢丝挡圈能卡进凹槽为准。装活塞销时，可将活塞浸在沸水中 5～10min，然后用木锤将活塞销轻轻敲入活塞的销孔内。装配前应该对活塞和连杆进行编号，防止混淆而造成零件配合不好。安装活塞上的油环时要注意方向。

2）气阀组部件的组装。气阀组部件的组装方法如下：

① 气阀组装配前应先检查气阀弹簧，若有损坏应全部换新，以免弹簧的弹力不匀而使阀片漏气。弹簧拧进弹簧座后其自由高度应一样，且不偏斜。

② 将阀片放在外阀座上，同时压上阀盖，并将阀片和外阀座用螺栓连接好。注意阀片是否放正。

③ 装上内阀座和气阀螺栓。注意：气阀螺栓一定要拧紧，并使螺杆上的销子孔对准槽形螺母的缺口，然后装上开口销。若拧紧后没有对准，可挫修螺母底面或加垫片，不能用松螺母的方法来安装开口销。

④ 装配后应重新检查阀片有无装偏，用螺钉旋具检验阀片活动是否灵活，并用煤油进行试漏。

⑤ 油三通阀和油分配阀部件的组装。装配油三通阀时应根据拆卸时所做的装配标记定位装配。标牌上的销钉要装平，手柄的位置要与标牌上的位置相符。油三通装配好后，可用吹气的方法判断加油、放油及工作的位置是否正确。

油分配阀也应按事先做的记号组装，避免装错。阀芯装好后，要根据标牌所指示的位置进行试通，再安装手柄。试通时从进油口吹气，用手指按住通往油缸的出油接头，从"0"位到"1"位逐个检查，无误后再装好标牌和手柄。

（2）制冷压缩机的总装　总装是将已经组装好的部件和大零件，按一定的顺序逐件装入机体。

在进行总装时，除对每个零件的相对位置进行仔细检查外，还要检查零部件有无碰伤，是否清洁。在装配过程中，相互运动的零件表面均要涂上润滑油，以防锈蚀，同时也易于装配。安装时注意检查垫片的密封性，不得有裂纹和破损。垫片的厚度往往会影响机件的装配间隙，应按要求选用，不得任意改变。装配螺栓螺母时要注意用力均匀，应选用套筒或梅花扳子，不允许使用活扳子，否则会损坏螺母。

活塞式制冷压缩机的装配程序及装配时的注意事项如下：

1）安装前轴承座。检查石棉橡胶纸垫片有无损伤，垫片有裂纹或折断应重新更换，没有成品时可用石棉耐油纸板按原尺寸重做。安装前轴承座时，要在石棉纸垫上涂上黄油，使石棉纸垫贴牢以便于安装，再次拆卸时也不易损坏。

2）安装曲轴。安装时要将前后主轴颈、曲柄销及所有油孔都用煤油洗涤干净，确保油路畅通。用干净布将主轴颈包上以免碰伤表面，曲轴搬运时要注意前后水平，慢慢移动，从后轴承座孔装入机体内。注意不要碰伤曲轴和机体，并注意安全。

3）安装后轴承座。安装后轴承座时也要求石棉纸垫完好，后轴承孔的端面和孔座光洁、无毛刺和划痕，然后进行安装。安装时将后轴承座从曲轴的动力输入端套入，对准螺栓，用木棒或麻绳将曲轴稍抬高一点，不要碰伤螺栓的螺纹，用撬棒或手锤轻轻敲入。螺母应对称拧紧，装好后转动曲轴时曲轴应灵活。曲轴装入后应测量曲轴与轴承座的轴向间隙，如不符合技术要求可调整石棉垫片的厚度。

4）安装轴封。先把轴封盖处的橡胶密封圈及固定摩擦环装好，装固定环时要注意密封面平正，并要对准定位孔；顺序将弹簧座、弹簧、钢圈、耐油橡胶垫及活动摩擦环等零件套入曲轴，再将轴封盖慢慢推入，使动环和静环的密封面对正；均匀拧紧轴封盖上的螺栓。轴封盖安装时要注意垫片应完好。

5）安装联轴器。在曲轴和联轴器的配合面上稍涂点润滑油，将半圆键装入键槽，半圆键两侧须和键槽贴合。套上联轴器，用锤子轻轻敲紧，要注意不能偏斜，半圆键顶面与联轴器键槽底面应略有间隙。

制冷压缩机和电动机的两个半联轴器之间要有 $2 \sim 4mm$ 的间隙，安装后要用直尺进行径向找平，并对两个联轴器的平行度和同心度进行测量和调整。

6）安装油泵（转子式内啮合齿轮油泵）和油精滤器。首先将油泵壳体装在前轴承座上，泵体螺栓孔侧的油路孔及石棉纸垫上的孔都要与前轴承座上的通孔对准，以防装反而堵塞油孔；将油垫板装入油泵，注意垫板上的两个半圆孔应和机体上的进出油孔对齐；装上偏心套筒，再装上内、外转子。装内转子时，传动轴应穿过垫板中心孔插入传动块的条形长孔，内、外转子的外端面应在同一平面上。装上油泵的端盖，螺钉要对角均匀拧紧。泵盖与转子的端面间隙应为 $0.03 \sim 0.05mm$。油泵装上后盘动曲轴，要求油泵转动灵活。

油泵装好后可安装油精滤器。安装前应检查石棉纸是否完好，安装时应注意方向，油温度计要向上，出油孔对准油泵体上的油孔。

7）安装油三通阀。当油泵安装完后，即可安装油三通阀。先将油粗滤器装入曲轴箱内，再将六孔盖装入，六孔盖与过滤器端面之间的石棉纸垫要完整；然后安装油三通阀，拧紧螺母；再装油三通阀与油泵之间的连接油管，连接油管要清洗干净并畅通，两端配好纸垫并分别与油泵进油孔和油三通阀的出油孔对好，拧紧螺母。

8）安装卸载装置。因拉杆有长短之分，安装时应按拆卸时的编号顺序安装。先装卸载油缸外圈的垫片，再将油缸和拉杆装入，将弹簧用垫片和螺钉固定，然后装油活塞。将卸载油缸的法兰盖用螺栓均匀上紧。安装后用螺钉旋具插入法兰中心的通孔，推动油活塞，检查卸载装置的动作是否灵活。

9）安装气缸套。安装气缸套时要对号安装，特别是要注意转动环有左、右旋之分，不能装错。对顶杆要进行检查，其高度应相同。

先将铝合金垫圈装进缸套孔座的密封机上，然后用专用吊栓平直地把气缸套插入机体的缸套孔座，插入时不能用力过猛。注意缸套外的转动环槽要对准拉杆的凸缘，定位销要对准定位槽。

装好后要检查卸载装置是否正确。再次从卸载油缸法兰的中心孔用螺钉旋具插入，推动油活塞，此时顶杆应能灵活升降。

10）安装活塞连杆组件。在安装前将活塞和气缸表面涂上油，并将活塞环的锁口错开120°，将曲轴转到上止点位置。按气缸套的编号，用吊栓吊起活塞连杆组件，装入气缸套内（注意：连杆大头的尺寸大于气缸套的内径时，应先安装活塞连杆组件，后安装气缸套），连杆大头装到曲柄销上，装上大头盖，并拧紧连杆螺栓。螺栓头部的侧平面要和连杆大头平面贴合，连杆螺栓拧紧后穿入防松的开口销进行固定。

安装连杆时盘动曲轴，应将已装上的气缸套压住，以免被活塞推上来。活塞连杆组件安装好后应盘动曲轴，所有安装好的机件应运动灵活。

11）安装气阀组与气缸盖。安装吸、排气阀组前，应先用专用螺钉在卸载油缸法兰中心孔处顶住油活塞，使小顶杆落下，处于上载状态；然后才可将吸气阀片正放在气缸套的吸气阀座上；再把组装好的排气阀座放在气缸套顶部的密封面上。放好后将排气阀座转动一下，检查有无卡住现象，这时可将安全弹簧放好。

最后安装气缸。安装时要注意气缸盖冷却水套的进、出方向，检查缸头垫片是否完好。要注意缸盖的弹簧座孔要与安全弹簧对准，然后拧上两根长螺栓的螺母。重新试验卸载装置移动的灵活性后，再均匀拧紧缸盖上的其他螺母。

安装后应对零件的安装情况进行检查，转动曲轴，若发现有轻重不匀或有碰击的感觉，则可能是余隙太小，活塞碰击了内阀座。此时必须将气缸套取出，用增加垫片的方法调整余隙。若曲轴转动太紧，应检查连杆轴承间隙。用螺钉旋具拨动连杆，找出轴向移动不灵活的连杆轴承重新进行安装，直至合格为止。

12）安装其他零部件。控制台、油路管道、油压调节阀、安全阀、吸排气阀及放空阀等都应按原位置装配好。安装时注意阀门和接口的垫片、垫圈应完好，确保密封。

最后装上曲轴箱侧盖，并从机体加油处用漏斗向曲轴箱加油，接通水路，准备试车。

（3）制冷压缩机的试车　活塞式制冷压缩机大修后，尤其是更换曲轴、连杆大头轴瓦、气缸和活塞等重要零件后，需要对维修质量进行检查，对相互运动的零件表面进行磨合，以降低其表面的粗糙度，为恢复正常运转做准备。

制冷压缩机连通制冷系统进行负荷试车后，若无异常现象，即可交付生产使用。

4. 活塞式制冷压缩机的常见故障及其检修

当制冷压缩机发生故障时应立即停车检查。根据故障现象和工况参数的变化进行具体分析，找出故障原因，确定故障位置，确定排除故障的方法。注意尽量不用开车的方法找原因，以免使机器发生更大的事故。

活塞式制冷压缩机的常见故障、原因分析及排除方法见表10-5、表10-6。

表 10-5   活塞式制冷压缩机的常见故障、原因分析及排除方法

常见故障	原因分析	排除方法
压缩机不能正常启动运行	1. 供电电压过低,电动机线路接触不良 2. 排气阀片漏气,造成曲轴箱内压力太高 3. 能量调节机构失灵 4. 温度控制器失调或发生故障 5. 压力继电器失灵	1. 检查电压过低原因,如系电网临时出现降压,待电网电压恢复后再次启动,检修线路及电动机有关连接处 2. 检查漏气阀片,研磨阀片、阀座密封线或更换阀片 3. 检查供油管路是否有堵塞、压力过低、油活塞卡住等情况,根据查出原因进行修理 4. 调整温度控制器,检修发生的故障 5. 检修压力继电器,重新调压力参数
压缩机启动、停机频繁	1. 由于排气阀片漏气,使高低压部分压力平衡,造成进气压力过高 2. 温度继电器幅差太小 3. 由于冷凝器缺水或出现阀门关闭,造成压力过高,压力继电器动作	1. 拆卸缸盖,研磨泄漏的排气阀片、阀座密封线或更换阀片 2. 调整或更换温度继电器 3. 检查冷凝器的冷却水量和出液阀
压缩机启动后,没有油压或运转中油压不起	1. 油泵管路系统连接处漏油或管道堵塞 2. 油压调节阀开启过大或阀芯脱落 3. 曲轴箱油太少 4. 曲轴箱内有氨液,油泵不进油 5. 油泵严重磨损,间隙过大 6. 连杆轴瓦和主轴瓦,连杆小头衬套和活塞销严重磨损 7. 压力表阀未打开 8. 曲轴箱后端盖垫片错位,堵塞油泵进油通道	1. 检查通道,疏通油管路,紧固接头 2. 调整油压调节阀,将油压调至需要数值;阀芯脱落的,要重新装好、紧固 3. 及时加油 4. 及时停车,排除氨液 5. 修理或更换零件 6. 修理更换严重磨损零件 7. 打开表阀 8. 拆卸检查,纠正错位的垫片
油压过高	1. 油压调节阀未开或开启太小 2. 油路系统内部堵塞 3. 油压调节阀阀芯卡住	1. 调整油压调节阀,使油压达到要求值 2. 检查疏通油路系统 3. 检修调节阀
油泵不上压	1. 油泵零件严重磨损,致使间隙过大不泵油 2. 油压表不准,指针失灵 3. 油泵的部件检修后装配不适当	1. 检修油泵零件或换新零件 2. 检查疏通油路系统 3. 检修装配部件或重新安装
曲轴箱中润滑油起泡沫	1. 润滑油中混有大量氨液,压力降低时由于氨液蒸发引起泡沫 2. 曲轴箱加油过多,连杆大头搅动润滑油引起	1. 将曲轴箱中氨液抽空 2. 将曲轴箱中多的润滑油放出,使油位达到规定油面线
油温过高	1. 曲轴箱油冷却器没有供水 2. 轴与瓦装配不适当,间隙过小 3. 润滑油中含有杂质,致使轴瓦拉毛 4. 轴封摩擦环安装过紧或摩擦环拉毛 5. 吸、排气温度过高	1. 打开供水阀 2. 调整轴、瓦装配间隙,使之符合要求 3. 更换新油;换新瓦片 4. 检查修理轴封或更换摩擦环 5. 调整系统供液阀
油压不稳定,忽高忽低	1. 油泵吸入有泡沫的油 2. 油路不畅通	1. 查找油起泡沫的原因并消除 2. 检查疏通油路

（续）

常见故障	原因分析	排除方法
压缩机耗油量过多	1. 油环严重磨损,装配间隙过大 2. 油环装反,环的锁口安装在了一条垂直线上 3. 活塞与气缸间隙过大 4. 排气温度过高,使润滑油被气流大量带走 5. 曲轴箱油面过高 6. 油分离器的自动回油阀不灵,油不能自动回到曲轴箱而被排走	1. 更换新油环 2. 重新装配油环 3. 调换活塞环,必要时更换缸套 4. 查明排气温度过高的原因并消除 5. 将多余的油放出 6. 检修油分离器处自动回油阀
曲轴箱压力升高	1. 活塞环密封不严造成高压向低压串气 2. 排气阀片关闭不严 3. 缸套与机座不密封 4. 曲轴箱内进入氨液,蒸发后致使压力升高	1. 检查修理或更换活塞环 2. 排查排气阀片与阀座密封线是否严密、平整,阀片如有破裂应更换 3. 拆下缸套后把接合处清洗干净重新装配 4. 抽空曲轴箱内的氨液
能量调节机构失灵	1. 油压过低 2. 油管堵塞 3. 油活塞卡住 4. 拉杆与转动环安装不正确 5. 油分配阀装配不当	1. 增大油压 2. 清洗疏通油管 3. 拆卸清洗,换去脏油,按正确要求重新组装 4. 检查装配情况,修理转动环,使其能灵活转动 5. 用通气法检查各工作位置是否适当
排气温度过高	1. 冷凝压力太高 2. 回气压力太低 3. 回气过热 4. 活塞上死点余隙过大 5. 缸盖冷却水流量不足	1. 加大冷凝器的冷却水量,放除空气 2. 调整调节阀或向系统加氨 3. 参见本表"回气温度过高"项 4. 按出厂说明书要求调整 5. 加大缸盖冷却水流量
回气温度过高	1. 蒸发器中氨液太少,供液阀开得过小 2. 回气管道隔热保温不良或保温层受潮损坏 3. 吸气阀片漏气或破裂	1. 适当开大供液阀,若系统缺氨,应立即补充 2. 检查保温层或更换隔热材料 3. 检查研磨阀片或更换阀片
排气温度过低	1. 压缩机温冲程 2. 中冷器供液过多	1. 关小调节阀 2. 关小中冷器供液阀
压缩机吸气压力比正常蒸发压力低	1. 供液阀开启太小,供液不足,因而蒸发压力下降 2. 吸气管路中阀门未全开 3. 吸气管路中阀门的阀芯脱落 4. 系统中液氨量不足,虽然开大供液阀,压力仍不上升 5. 吸气过滤器太脏 6. 回气管路路有"液囊"现象 7. 回气管太细	1. 供液阀适当开大些 2. 将应全开的阀门都开足 3. 检查修理或更换新阀门 4. 按照实际情况补充液氨 5. 清洗过滤器 6. 将管路中有"液囊"段拆掉重新焊接管道 7. 按设计要求调整管径
压力表指针跳剧烈	1. 系统内有空气 2. 压力表指针松动 3. 表阀开启过大	1. 放掉空气 2. 检修压力表或换新压力表 3. 关小表阀

（续）

常见故障	原因分析	排除方法
压缩机排气压力比冷凝压力高	1. 排气管中阀门未全开 2. 排气管道内局部堵塞 3. 排气管道设计不合理	1. 开足排气管道中的阀门 2. 检查、清理堵塞物 3. 进行重新设计计算，改变管径
压缩机湿冲程	1. 供液阀开启过大 2. 启动时吸气阀开启过快 3. 冷库融霜恢复正常降温时吸气阀开启太快	1. 关小供液阀 2. 开机时应缓慢开启吸气阀 3. 缓慢开启吸气阀，并注意压缩机运转情况，若回气温度下降过快，应暂停开启吸气阀，待运转正常后继续慢慢开启
气缸中有敲击声	1. 活塞上死点余隙过小 2. 活塞销与连杆小头孔间隙过大 3. 吸排气阀片固定螺栓松动 4. 安全弹簧变形，弹力变小 5. 活塞与气缸间隙过大 6. 润滑油过多或不干净 7. 阀片断裂掉入气缸中 8. 连杆扭曲 9. 气缸与曲轴连杆中心线不正 10. 液氨冲入气缸产生液击	1. 按规定重新调整 2. 更换连杆小头衬套或换活塞销 3. 紧固螺栓 4. 更换弹簧 5. 检修更换活塞环或缸套 6. 放油或清洗换油 7. 停机检修，更换阀片 8. 矫正或更换阀片 9. 检查修理 10. 调整操作
轴曲箱有敲击声	1. 连杆大头瓦与曲拐轴颈的间隙过大 2. 主轴承与主轴颈间隙过大 3. 开口销断裂，连杆螺母松动 4. 联轴器中心不正或联轴器键槽处松动 5. 主轴承(如采用滚动轴承时)轴承钢球磨损，轴承架断裂	1. 调整或更换新瓦 2. 修理或换新瓦 3. 更换新开口销，紧固连杆螺母 4. 调整联轴器或检修键槽或更换新键槽 5. 换新轴承
气缸壁温度过高	1. 油泵故障，油压过低或油路堵塞 2. 活塞与气缸壁间隙太小或活塞走偏 3. 安全块或假盖密封不严，高低压串气 4. 吸气温度过高 5. 润滑油质量不好，黏度太小 6. 冷却水套内水垢太厚或水量不足 7. 吸排气阀片损坏 8. 活塞严重磨损	1. 停机检修 2. 检查修理 3. 检查修理 4. 调整操作 5. 更换新油 6. 清除水垢后加大冷却水量 7. 检查更换阀片 8. 更换新环
气缸拉毛	1. 活塞与气缸间隙太小，活塞环销口尺寸不正确 2. 吸气中含有杂质 3. 润滑油黏度太低或有杂质 4. 排气温度过高，引起油的黏度降低 5. 连杆中心与轴颈不垂直，活塞走偏	1. 按要求间隙重新装配 2. 检查吸气阀处的过滤器，并清洗 3. 更换润滑油 4. 调整操作，降低排气温度 5. 检修校正
阀片漏气或断裂	1. 压缩机湿冲程，阀片变形或劈裂 2. 阀片安装不平或装歪 3. 阀片材质不合格	1. 调整操作，避免压缩机湿冲程，更换阀片 2. 检查阀片，把阀片安放平衡 3. 使用合乎要求的阀片

（续）

常 见 故 障	原 因 分 析	排 除 方 法
轴封漏油严重	1. 装配不良 2. 动环与固定环摩擦面拉毛 3. 橡胶密封圈老化或松紧不适当 4. 轴封弹簧弹力减弱 5. 固定环背面与轴封压盖不密封 6. 曲轴箱内压力过高	1. 正确装配 2. 检查研磨密封面 3. 更换橡胶圈 4. 更换弹簧 5. 检查拆卸固定环,把背面清洗干净,重新装配好 6. 调整操作,停机前使曲轴箱降压,并检查排气阀是否泄漏
轴封油温过高	1. 润滑油不足 2. 润滑油不干净 3. 动环与固定摩擦面压得过紧 4. 填料压盖过紧 5. 主轴承装配间隙过小	1. 检查油泵与油管路是否堵塞 2. 清洗过滤器,更换新油 3. 调整弹簧强度 4. 均匀紧固压盖螺母 5. 调整间隙达到正确要求
连杆大头瓦熔化	1. 润滑油中杂质太多,致使轴瓦拉毛发热熔化 2. 油泵不供油,形成干摩擦而熔化 3. 连杆大头轴瓦装配间隙小 4. 曲轴油孔堵塞	1. 更换新油,装配新瓦片 2. 检查油泵,更换新瓦片 3. 正确安装,按规定调整间隙 4. 检查清洗曲轴中的油路
压缩机主轴承发热	1. 主轴承径向间隙过小 2. 两个主轴承同轴度超差或曲轴翘动 3. 带过紧 4. 润滑油不足或断油 5. 主轴瓦拉毛	1. 检查调整间隙 2. 检查主轴承与曲柄平行度,进行校正 3. 调整带的松紧度 4. 检查油泵油路或补充新油 5. 检修换新瓦
检修活塞在气缸中卡住	1. 润滑油质量低劣,杂质多 2. 气缸缺油 3. 气缸温度变化剧烈 4. 活塞环搭口间隙太小	1. 更换合格润滑油 2. 疏通油路 3. 调整操作,避免气缸温度剧烈变化 4. 按规定调整装配间隙

表 10-6　小型氟利昂制冷压缩机常见故障、原因分析及排除方法

常 见 故 障	原 因 分 析	排 除 方 法
压缩机在运转中突然停机	1. 吸气压力过低,低于压力继电器的低压下限值 2. 排气压力过高,引起高压继电器动作断电 3. 油压过低,油压继电器动作断电 4. 电动机过载,热继电器动作断电	1. 检查原因,属于管道堵塞的要疏通管道,如系统制冷剂不足就补充 2. 检查冷凝器的冷却量或冷却风量 3. 检查输油系统管道和油泵 4. 检查电源电压是否偏低或冷负荷过大
排气压力过高	1. 水冷冷凝器冷却水量不足或风冷冷凝器的冷却风量不足 2. 冷凝管簇表面水垢过厚或油污太厚,造成散热困难 3. 制冷系统内有空气 4. 制冷剂灌注过多 5. 排气管道中阀门发生故障,造成压力过高	1. 检查水阀是否全开,加大供水或检查电动机电压、转速,传动带是否过松 2. 清洗水垢,刷洗油污,使冷凝器管簇表面清洁干净 3. 放掉空气 4. 排出多余的制冷剂 5. 检查修正阀门

（续）

常 见 故 障	原 因 分 析	排 除 方 法
压缩机湿冲程	1. 热力膨胀阀失灵,开启度过大 2. 电磁阀失灵,停机后大量制冷剂进入蒸发排管,再次开机时进入压缩机 3. 系统灌注制冷剂量过多 4. 热力膨胀阀的感温包松动或未绑扎,致使热力膨胀阀开启度增大	1. 关闭供液阀,检修热力膨胀阀 2. 检修电磁阀 3. 放出多余的制冷剂 4. 检查感温包的绑扎情况
压缩机卡死	1. 润滑油中有脏污杂质 2. 油泵输油管阻塞,使气缸缺油、活塞卡死 3. 油泵主齿轮插入曲轴中的柄销扭断,致使油系统断油	1. 更换新润滑油 2. 检修油泵管路 3. 检修更换油泵主齿轮轴
气缸中有异声	1. 气缸上死点余隙过小 2. 活塞销与连杆小头衬套间隙过大 3. 阀片断裂 4. 曲轴曲拐或连杆大头击油产生油液击声	1. 调整加厚气缸垫片 2. 更换活塞销或衬套 3. 立即停机更换阀片 4. 短时间可不必停机,如长达几分钟后要停机检查
曲轴箱中有声	1. 连杆螺母松动 2. 连杆大头轴瓦间隙过大	1. 停机重新紧固 2. 更换瓦片
压缩机启动不起来	1. 电源断电或熔丝接触不良、烧断 2. 启动器的接触点接触不良 3. 温度控制器失调或发生故障 4. 压力继电器的调定不合适	1. 检查电源、熔丝 2. 检查启动器,用纱布擦净触点 3. 检查温度指示位置,检查各元件 4. 检查压力继电器各元件和调定值
压缩机制冷量不足	活塞环磨损或活塞与气缸间隙因磨损而过大	更换新活塞环或检修换新部件
压缩机与电动机联轴器有杂声	1. 压缩机与电动机联轴器配合不当 2. 联轴器的键和键槽配合不当 3. 联轴器的弹性圈松动或损坏 4. 带过松 5. 联轴器内孔与轴配合松动	1. 按正确装配要求重新装配 2. 调整键与键槽的配合,换新键 3. 紧固弹性圈或换新件 4. 调整拉紧带 5. 调整装紧联轴器

四、螺杆式制冷压缩机的检修

螺杆式制冷压缩机具有结构简单、可靠、易损件少、对液击不敏感等优点，目前在空调系统、食品冷藏方面都已开始大量使用。螺杆式压缩机可采用氨和氟利昂制冷剂。螺杆式制冷压缩机常见故障、原因分析及排除方法见表10-7。

表10-7　螺杆式制冷压缩机常见故障、原因分析及排除方法

常 见 故 障	原 因 分 析	排 除 方 法
启动负荷大或不能启动	1. 排气压力过高 2. 排气止回阀泄漏 3. 能量调节未在零位 4. 机内积油或液体过多 5. 部分机械零件磨损 6. 压力继电器故障或调定压力过低	1. 打开吸气阀,使高压气体回到低压系统 2. 检查止回阀 3. 卸载复原至零位 4. 用手盘压缩机联轴器,将机腔内积液排出 5. 拆卸检修、更换、调整 6. 拆卸检修、更换、调整

（续）

常 见 故 障	原 因 分 析	排 除 方 法
机组启动后连续振动	1. 机组地脚螺栓未紧固 2. 压缩机与电动机轴线错位偏心 3. 压缩机转子不平衡 4. 机组与管道的固有振动频率相同而共振 5. 联轴器平衡不良	1. 塞紧调整垫块,拧紧地脚螺栓 2. 重新找正联轴器与压缩机同轴度 3. 检查、调整 4. 改变管道支撑点位置 5. 校正平衡
机组启动后短时间振动,然后稳定	1. 吸入过量润滑油或液体 2. 压缩机积存油而发生液击	1. 停机用手盘压缩机联轴器,使液体排出 2. 将油泵手动启动,一段时间后再启动压缩机
运动中有异常响声	1. 转子内有异物 2. 止推轴承磨损破裂 3. 滑动轴承磨损,转子与机壳磨损 4. 运转连接件(联轴器等)松动 5. 油泵气蚀	1. 检修压缩机及吸气过滤器 2. 更换 3. 更换滑动轴承,检修 4. 拆开检查,更换键或紧固螺栓 5. 检查并排除气蚀原因
压缩机无故自动停机	1. 高压继电器动作 2. 油温继电器动作 3. 精滤器压差继电器动作 4. 油压差继电器动作 5. 控制电路故障 6. 过载	1. 检查、调整 2. 检查、调整 3. 拆洗清滤器、调整 4. 检查、调整 5. 检查修理控制线路元件 6. 检查找出原因并排除
制冷能力不足	1. 喷油量不足 2. 滑阀不在正确位置 3. 吸气阻力过大 4. 机器磨损间隙过大 5. 能量调节装置故障	1. 检查油泵、油路,提高油量 2. 检查指示器指针位置 3. 清洗吸气过滤器 4. 调整或更换部件 5. 检修
能量调节机构不动作或不灵	1. 四通阀不通,控制回路故障 2. 油管路或接头不通 3. 油活塞间隙过大 4. 滑阀或油活塞卡住 5. 指示器故障;定位计故障;指针凸轮装配松动 6. 油压过低	1. 检查四通阀和控制回路 2. 检修吹洗 3. 检修更换 4. 拆卸检修 5. 检修 6. 调整油压
排气温度或油温过高	1. 压缩比过大 2. 油冷却器传热效果不佳 3. 吸入过热气体 4. 喷油量不足	1. 降低压缩比或减少负荷 2. 清除污垢,降低水温,增加水量 3. 提高蒸发系统液位 4. 提高油压或检查原因
压缩机机体温度高	1. 机体摩擦部分发热 2. 吸入过热气体 3. 压缩比过高 4. 油冷却器传热效果差	1. 迅速停机检查 2. 降低吸气温度 3. 降低排气压力或负荷 4. 清洗油冷却器
耗油量大	1. 一次油分离器中油过多 2. 二次油分离器有回油	1. 放油至规定油位 2. 检查回油通路
油压不高	1. 油压调节阀调节不当 2. 喷油过大 3. 油量过大或过小 4. 内部泄漏	1. 调整油压调节阀 2. 调整喷油阀,限制喷油量 3. 检查油冷却器,提高冷却能力 4. 检查更换"O"形密封环

（续）

常见故障	原因分析	排除方法
油压不高	5. 转子磨损, 油泵效率降低 6. 油路不畅通（精过滤器堵塞） 7. 油量不足或油质不良	5. 检查或更换油泵 6. 检查吹洗油滤器及管路 7. 加油或换油
油面上升	1. 制冷剂溶于油内 2. 进入液体制冷剂	1. 继续运转提高油温 2. 降低蒸发系统液位
压缩机及油泵油封漏油	1. 磨损 2. 装配不良造成偏磨振动 3. "O"形密封环变形腐蚀 4. 密封接触面不平	1. 运转一个时期, 看有否好转, 否则停机检查 2. 拆卸检查调整 3. 检修或更换 4. 检查更换
停车时压缩机反转不停（有几次反转是正常的）	1. 吸入止回阀卡住, 未关阀 2. 吸入止回阀弹簧弹性不足	1. 检修 2. 检查、更换

第六节　定期检修制度

一、定期检修的目的与意义

制冷机是在温度、压力变化范围较大、转速较大的情况下运行的。机器在运转中，会有机械摩擦、气流冲击、温度和压力突变的情况，因此机械零件、组件、设备好坏，以及整个制冷系统的内部清洁，都会直接影响到制冷机的工作能力及使用寿命。

为了防止机器内部零件的机械磨损、金属疲劳造成事故、损伤，防止机器部件自然磨损超出极限允许值，使机器保持良好性能和恢复机器的工作能力，安全地延长使用期限，必须让制冷机运转一段时间后，进行计划预防性的检修工作（即定期检修）。

计划预防性的检修分为检查、修理两部分。通过这种检查、修理相结合的定期检修工作，以期达到以下三个目的：

1）避免机器零件过早磨损，经常保持制冷机的良好性能。

2）预防机器的故障，消除发生意外事故的隐患，避免造成不必要的损失。

3）延长机器使用期限。

事实证明，正确的维护设备，严格地执行维修保养制度，采用完善的修理方法，保持机件的精度标准，就能减少设备的修理工作量和修理费用，就能大大减少故障性检修次数。

目前，制冷机一般实行三级维修保养制度，即小修、中修、大修。而每一级维修均包括拆卸、修理、装配、试验四个作业过程，只不过其内容作业量与范围大小不同而已。

二、定期检修时间的选择

维修保养时间怎么定，要根据每个冷冻厂各自使用制冷机的情况，特别是制冷维修工的水平、各单位经济情况等因素决定。如大连冷冻机厂规定对170单级制冷机，［转速725r/min、缸径170mm、行程140mm；使用条件最高工作压力1.5MPa（表压），最高排温不超过145℃，压力差1.4MPa，压缩比为8，蒸发温度范围5～–30℃］的小修时间是720h左右，中修时间为2500h，大修时间为8000h（这些时间是制冷机运转时间）。

检修时间的选择，可根据制冷运行业季节性明显的特点，灵活安排。除了根据规定时间执行制冷机维修外，有的单位定期维修，无固定时间界限，特别是季节性强的单位，按行业特点，业务情况机动安排（如空调，在冬季进行一次较全面的检修）；有的单位无专职操作管理员（如小型伙食冷库等），也没有定期维修制度，只能执行故障性修理的办法。故障性修理弊端很多，次数频繁，工作量重复，有时甚至产生恶性循环，故应尽量避免。

三、定期检修内容与范围

定期检修分小修、中修和大修，其内容和范围见表 10-8。

表 10-8　小修、中修、大修的内容与范围

	小　修	中　修	大　修
检修内容与范围	1. 换损坏的零部件 2. 拆洗假盖，检查阀片密封情况 3. 检查气缸粗糙度，除污垢 4. 检查连杆螺钉保险片、开口销 5. 清洗曲轴箱、滤网、油过滤网，更换冷冻油 6. 检查卸载装置的灵活性 7. 排除其他跑、冒、滴、漏故障	1. 检查吸、排气阀片开启度、密封性 2. 检查校对部分气缸与活塞；连杆大小轴瓦；主轴承间隙；活塞环锁口、径向间隙等 3. 清洗曲轴箱 4. 清洗润滑系统，检查油泵配合间隙 5. 检查电动机与主机传动装置，制冷机组基础螺钉紧固情况 6. 清洗活塞、气缸、卸载装置 7. 小修工作全部内容	1. 凡可拆卸、分解的零部件,需全部清洗;检查、测量各相对运动部件的磨损及配合间隙;更换损坏或已超过使用期限的零部件（相对摩擦部位每年的磨损在 0.03mm 以下,均属正常磨损） 2. 校验、检修所有仪表;检查安全保护装置的灵敏性、可靠性,调定值的正确性 3. 电动机的吹灰;调换润滑脂、冷冻油 4. 电器控制系统的检查 5. 必要时,测量曲轴柄扭摆度、水平度及主轴颈与连杆的平行度 6. 必要时,测量连杆大小头孔的平行度;连杆本身弯曲度;连杆大小头孔的圆度 7. 主阀门杆填料;阀芯的密封性 8. 各类密封器的检修 9. 冷却水系统除水垢 10. 中、小修工作全部内容

注：1. 每套制冷机组，都有一本检修日记。
　　2. 更换的所的零部件的去向，都应有明确的记录。

四、检修注意事项

制冷机的检修需要将整个机组拆卸、分解成组合件、部件或零件。这是整个修理过程中不可缺少的工作环节。有时为了修理或更换某一二个零件，往往要将相连或相关的许多机件拆散。在拆卸时，应注意以下几点：

1）拆卸必须按照与装配相反的顺序进行。

2）拆卸时，应当按照装配部件分别进行。

3）拆卸时，应先搞清楚它的内部构造和各零件的连接方式后再拆。

4）合理使用工具，避免损坏零部件。

5）合理使用各类清洁剂、保护剂。

6）拆卸的各部件，应有秩序地放置，不要乱丢以免散失和损坏；同时需小心轻放，避免增加额外的修理工作量。

7）第一次拆卸零部件，应标上记号，以免在装配时发生差错。

8）拆卸曲轴时，应使用适当的起重工具，且在曲轴下垫木块。

9）敲击零件时，应垫有木块，或用铜榔头、木榔头；活塞绝不可敲击。

10）拆卸活塞销时，应用加热法将活塞加热到 100℃ 左右以后进行。

11）拆卸活赛环时，要均匀用力或者用简易工具，不要乱拨，乱撬，以免断裂或变形。

第三篇

节能新技术

第十一章 供热空调系统节能概述

第一节 供热空调系统能耗

一、采暖能耗

采暖能耗表示在采暖期内用于建筑采暖所消耗的能量，其中包括锅炉（换热器）及其附属设备运行过程中消耗的热量和电能，室外管网输送热介质过程中消耗的热量，以及为保持室内计算温度需由室内采暖设备供给的热量，即为建筑物耗热量。

根据我国的气候特点，从建筑热工特征出发划分为严寒地区、寒冷地区、夏热冬冷地区、夏热冬暖地区和温和地区。采暖地区为一年内日平均气温低于等于 5℃ 超过 90d 的地区，主要是三北地区（即东北、华北及西北）。在采暖区的大中城市，分散锅炉房供暖比例最大。据 29 个大中城市统计，分散锅炉采暖约占全部建筑采暖的 84%。虽然，近年来在一些地区出现了燃气或燃油的单户独立式采暖设备（壁挂式燃气热水器）和系统，但是以城市热网、区域热网或较大规模的集中锅炉房为热源的集中供热采暖系统仍将成为城市住宅采暖方式的主体。1991 年我国集中供热面积为 27651 万 m^2，至 2000 年发展到 110766 万 m^2，增加了 4 倍，平均每年增加集中供热面积 0.83 亿 m^2。三北地区 2004 年城市集中供热普及率已达到 49%，其余的仍以分散锅炉房供热为主。夏热冬冷地区无集中供热设施，冬季长江中下游城镇除用蜂窝煤炉外，电暖器或燃气采暖炉的使用也越来越广泛，在上海等大城市热泵型冷暖两用空调器发展很快。

二、空调能耗

目前在建筑能耗中，采暖空调能耗占 65%，热水能耗占 15%，电气能耗占 14%，炊事能耗占 6%。2006 年，我国已成为继美国之后的第二大空调市场，家用空调的普及率从 1999 年的 24.48% 增加到 2006 年的 34.7%，这主要归功于房地产市场的蓬勃发展和人民生活水平的迅速提高。从地区分布来看，家用空调数量夏热冬冷地区占一半以上，温和地区可忽略不计，严寒和寒冷地区及夏热冬暖地区各占 25% 左右。正是由于家用空调的普及，采暖能耗所占比例呈下降趋势，相反，空调能耗所占比例不断上升。

我国商业建筑（主要包括宾馆、办公楼、医院、公寓、商场等）近年来发展很快。商业建筑中中央空调普及率大约是 70%。商业建筑能耗包括空调、照明、生活热水、动力等。表 11-1 列出了上海市商业建筑能耗的构成。表 11-2 列出了北京市部分宾馆电耗的构成。从这两个表可知，空调能耗所占的比例最大。

表 11-1　上海市商业建筑能耗的构成　　　　　　　　（%）

	空　调	照　明	热　水	动力和其他
宾馆	46.1	13.5	31	9.4
商场	40.5	33.7	10.7	15.1
办公楼	49.7	33.3	2.7	14.3
医院	30.3	13.9	41.8	14

注：摘自《商业建筑空调节能改造技术指南》。

表 11-2　北京市部分宾馆电耗的构成　　　　　　　（%）

	亮马河大厦	新世纪饭店	天桥饭店	香山饭店
空调系统	55	44	50	50
照明系统	17	20	17	6
锅炉	2	2	4	5
电梯	9	9	13	14
给排水	9	17	12	16
办公设备	8	8	4	9

注：摘自《商业建筑空调节能改造技术指南》。

北京市宾馆的能耗指标（能耗费）为 74 ~ 144 元/m²，北京市大中型商场的电耗指标为 160 ~ 220kW·h/(m²·年)。

表 11-3 和表 11-4 分别列出了办公楼的能耗构成和电耗构成。

表 11-3　办公楼一次能耗构成　　　　　　　　（%）

建筑能耗 100	空调 47.2	冷热源 20.0	机组 16.0
			辅机 4.0
		输送系统 27.2	换气用风机 10.9
			空调用风机 9.5
			空调用水泵 6.8
	电梯、卫生、其他用 20.5		
	照明用 32.3		

注：摘自《商业建筑空调节能改造技术指南》。

表 11-4　办公楼耗电量构成　　　　　　　　（%）

总用电量 100	照明 33.3	
	冷暖空调 41.4	制冷机 14.2
		空调动力 27.2
	其他动力（电梯、计算机、给排水）25.3	

注：摘自《商业建筑空调节能改造技术指南》。

三、国内外建筑能耗的比较

在 20 世纪 70 年代能源危机后，发达国家开始致力于研究与推行建筑节能技术，而我国却忽视了这一方面的问题。时至今日，我国建筑节能水平远远落后于发达国家。我国的建筑能耗在能源总消费量中所占的比例已从 20 世纪 70 年代末的 10% 上升到近年的 27.4%。而国际上发达国家的建筑能耗一般占全国总能耗的 33% 左右。以此推断，建设部科技司研究认为，随着城市化进程的加快和人民生活水平的提高，我国建筑耗能比重最终还将上升至 35% 左右，建筑耗能已经成为我国能源发展的软肋。我国单位建筑面积采暖能耗是发达国家标准的 3 倍以上，与发达国家存在较大的差距。而对于美国而言，全球石油资源的战略布局以及石油的开采区域和运输线路等关键点的调整工作已基本完成，我国却没有那样强有力的能源后盾支持，在这样的国情下，建筑节能水平的改善实际上比发达国家更为紧迫。

发达国家城市及乡村建筑到了冷天普遍采暖，在气温低于舒适温度时就开启采暖设备，采暖室温一般为 20 ~ 22℃。与我国相比，在相近的气候条件下，发达国家一年内采暖时间长，并全年供应生活热水；炎热地区则安装空调设备，但建筑能耗却比我国低得多（见表 11-5）。许多国家通过控制新建建筑能耗指标和加大对既有建筑的改造，降低了建筑能耗。德国的单位面积采暖能耗的变化见表 11-6。实施节能标准后，北京采暖住宅能耗相当于德国低能耗住宅，但采暖期仅为 125d。

表 11-5 北京建筑采暖能耗与部分国家的比较 （单位：W/m²）

北京执行新节能标准前采暖期的平均能耗	30.1
北京执行新节能标准后采暖期的平均能耗	20.6
瑞典、丹麦、芬兰等国采暖期的平均能耗	11

表 11-6 德国住宅采暖能耗的变化

住宅发展阶段	住宅采暖能耗/[kW·h/(m²·年)]	备 注
20 世纪 70 年代以前的老住宅（未改造）	300 ~ 400	北京未执行节能标准前采暖能耗为 100kW·h/(m²·年)（125d 连续采暖），执行节能标准后为 62kW·h/(m²·年）
20 世纪 80 年代的节能住宅	150 ~ 200	
20 世纪 90 年代的低能耗住宅	50 ~ 80	
超级低能耗住宅	20 ~ 40	

目前国内商业建筑的能耗水平与美、日等国相比也存在较大的差距。以上海为例，办公楼全年一次能耗量为 1.8GJ/(m²·年)，比日本相应办公楼的节能标准 [1.25GJ/(m²·年)] 高 43.3%。

建筑物围护结构保温隔热性能差和供热空调系统能效较低是我国采暖空调能耗偏高的主要原因。目前我国建筑保温隔热水平与气候条件接近的发达国家相比，差距相当大，大体上外墙差 4 ~ 5 倍，屋顶差 2.5 ~ 5.5 倍，门窗气密性差 3 ~ 6 倍。采暖空调系统的效率相当低，还缺乏控制调节，运行管理水平也不高。上述条件使我国单位建筑面积采暖能耗约比同等条件下的发达国家高 3 倍。

四、建筑节能的重要性及标准化

1. 建筑节能的重要性

（1）巨大的需求压力 我国正处于工业化和城市化快速发展阶段，每年有近 1500 万农村人口向城市转移，而城市人口能耗是农村人口的 3.5 倍，从而引起能耗愈来愈大。目前，全国既有建筑面积 370 多亿 m²，每年新建建筑 16 亿 m²；预计到 2020 年，全国房屋建筑面积将达到 686 亿 m²，建造能耗和使用能耗的压力巨大。

（2）紧缺的资源压力 我国的经济总量占世界经济总量的 4%，却在消耗世界 8% 的石油、40%的水泥、31%的煤炭，25%的铝。如果按照这样的能源消费速度，我国资源储备消费期限是：煤炭70～80年，石油50年，预计到2020年全国空调制冷电力高峰负荷约相当于10个三峡电站，电力投资达1.4万亿元。

我国正处于工业化和城镇化快速发展阶段，工业的增长、居民消费结构的升级，特别是城镇化进程的快速发展，对能源的需求将更加紧迫。但是我国能源、土地、水、原材料等资源严重短缺而实际利用效率又低，难以支撑经济的发展速度。就能源消费而言，能源利用效率不高；采暖能耗是国际先进水平的3～4倍，空调制冷效率较低；电力供应紧张在大部分省市蔓延持续。严峻的事实表明，我国要走可持续发展道路，发展建筑节能刻不容缓。

（3）恶化的环境压力 为了人类免受气候变暖的威胁，1997年12月，在日本京都召开的《联合国气候变化框架公约》缔约方第三次会议通过了旨在限制发达国家温室气体排放量以抑制全球变暖的《京都议定书》，并于2005年2月16日正式生效。

我国作为京都协议的签约国，将从2008年开始承担减排义务。在2008～2012年间温室气体排放量比1990年减少5.2%，目前我国二氧化碳排放量已位居世界第二，到2025年前后，我国的二氧化碳排放总量很可能超过美国，居世界第一位。中国作为有责任的大国，保护人类共同的生存空间责无旁贷。

2. 建筑节能的标准化

建筑节能，从总体上讲，是通过政策指导，以节能技术和产品为基础，实现建筑产品的生产过程、建筑的施工过程和建筑的使用等三个方面的节能目标。标准是科学技术成果和实践经验的综合反映，是工程技术人员进行规划、设计、施工等工程实践和工程建设管理的准则和依据。因此，标准化是实施建筑节能的技术基础和前提，具有重要的作用，它具体表现在以下几个方面：

1）建筑节能标准为普遍推广应用建筑节能技术提供了科学依据。

2）建筑节能标准是建筑节能技术和产品推广应用的重要手段和有力保证。

3）建筑节能标准的制定和实施工作也是建筑节能技术发展的主要动力。

为加强法制建设，国家颁布了一批有关建筑节能的政策、法规和标准，主要有：1986年，建设部发布了JGJ 26—1986《民用建筑节能设计标准（采暖居住建筑部分）》（1995年发布了修订版）；1993年，国家技术监督局和建设部联合制定和发布了GB 50176—1993《民用建筑热工设计规范》和GB 50189—1993《旅游旅馆建筑热工与空气调节节能设计标准》等。1997年，全国人大通过了《中华人民共和国节约能源法》，这部我国的节能大法，对于节约能源作出了全面规定，其中第37条明确指出：建筑物的设计与建造应当依照有关法律、行政法规的规定，采用节能型的建筑结构、材料、器具和产品，提高保温隔热性能，减少采暖、制冷、照明的能耗。

此外，我国还颁布了一批与建筑节能相关的专业标准（特别是用能设备标准），各省、直辖市等也结合自身情况发布了地方法规与标准。

第二节 供热空调系统的节能

一、供热空调系统中的节能项目

影响供热空调系统节能的因素有：系统的效率、机器效率、控制、自然能源和排出能量的利用、设定条件是否适合。

实际节能过程中，节能对象的状况是多种多样的，故必须对上述因素进行更细致的分类，计算出所需要的能量，从详细分类的表中，通过表格检验法筛选出有效的节能措施，研究后编制出节能计划。

表 11-7 为供热空调系统节能各因素的检验表。

表 11-7　供热空调系统节能检验表

节 能 项 目		计划	设计	施工	维护管理	备 注
项　目	因　　素					
全面计划	1. 适当分区,防止损失 供热空调区与非供热空调区 供热空调时间的分区 有无通风及通风量的分区	○	○			好的维护管理
	2. 提高系统机器的运行效率	○	○		○	
	3. 室内条件不同的分区 温度、湿度、照明密度、空气净化程度、人员密度、使用机器	○	○			
	4. 负荷特性的分区 峰值时间,负荷等级	○	○			
	5. 建筑物的压力平衡 掌握正、负压	○	○		○	
	6. 能源 根据区域性负荷特性,研究使用能源的类型	○	○		○	
室内环境计划	1. 设定温度、设定湿度 条件的缓和 引入温感指标(KT) 开始、停止时及夜间条件的缓和 跟踪室外温度变化的能力 设定允许变动范围	○	○		○	防 止 过热、过冷
	2. 新风量 必要最小量 新风制冷的可能性	○	○		○	
	3. 照明密度 掌握要求的照度	○	○		○	
	4. 制冷、供热期间 必要性的再研究	○	○		○	
	5. 气流(温度)的分布 送风方法、位置、回风	○	○			
输送系统和负荷侧系统	1. 防止输送管网热损失 输送管网的隔热保温 管网水力平衡技术 小区水力平衡技术 防止空气进入及排气自动化 减少局部阻力	○	○	○	○	管 网 保 温工 程 的 完善化
	2. 降低室内负荷 平顶暗装、水冷照明器具 防止混合损失 通过顶棚回收、窗际回收方法回收周边负荷	○	○		○	

（续）

节能项目		计划	设计	施工	维护管理	备　注
项　目	因　素					
输送系统和负荷侧系统	3. 减少动力消耗 变风量方式 变流量方式 扩大利用温差 采用加压风机、水泵 设置低负荷专用风机、水泵 缩短风管长度(直线化) 原则上水输送系统为闭式 降低流速(风速) 提高水管、风管的保温性能	○	○	○		管网保温工程的完善化
系统、机器计划	1. 没有混合损失(能量损失)的计划 外周、内区的设定 辐射方式(冷却、加热) 送风形式 2. 与负荷特性一致的计划 制冷或采暖的负荷特性 热回收方式 3. 制约条件 气象条件(计算负荷)、机器、系统的安全性 同时使用率	○ ○ ○	○ ○ ○			
自然能源的利用	1. 太阳能的利用 2. 地热的利用 3. 风能的利用 4. 井水、河川水的利用	○ ○ ○ ○	○ ○ ○ ○			
热(冷)源系统	1. 热(冷)源机器的高效率运行 适应部分负荷 台数控制 利用蓄热槽 防止锅炉停止时事故的出现 设定冷(热)水温度,冷却水温度 2. 排热废热回收热能的利用 了解热源:一般排气、变压器、电动机、照明、 燃烧排气、温排水 3. 热回收系统 4. 热泵 5. 全热(显热)交换器 6. 废热锅炉 7. 自然能量的利用 新风制冷 太阳能利用 8. 蓄热方式的削峰,热回收装置的高效运行 潜热利用 密闭式、多槽式、温度分层式 系统、机器的蓄热	○ ○ ○ ○ ○ ○ ○ ○	○ ○ ○ ○ ○ ○ ○ ○		○ ○ ○	好的维护管理

（续）

节能项目		计划	设计	施工	维护管理	备注
项目	因素					
控制系统	1. 室内环境控制 　设定温、湿度控制（随室外温度而改变） 　新风量控制 　照明控制 2. 机器运行控制 　最佳启动停止 　台数控制 　流量（风量）控制 　预测运行控制 　需要量控制 　预防性维修 　削峰控制	○ ○	○ ○		○ ○	采用计算机控制
排、废能量的利用	1. 排气的热回收 2. 废弃物的热回收 3. 排水的热回收	○ ○ ○	○ ○ ○			
换气（通风）系统	1. 降低换气输送动力 　回避换气过大 　不需要时停止换气 　低负荷时换气量的控制 　采用局部给排气 　用空调替代换气量大的场所（变电室、机房） 　利用自然换气 　采用空气清洁器 　大容量风机的台数控制 2. 降低换气负荷 　预冷、预热时停止新风 　新风量控制（人数、CO_2 检测） 　采用新风制冷 　采用全热交换器 　排气用于机房、停车场 　排气作为冷却塔的冷却用空气 　降低最大负荷时的换气量	○ ○	○ ○	○	○ ○	

二、供热空调系统运行节能

1. 冷热源效率控制

（1）降低冷却水温度　由于冷却水温度越低，制冷机的制冷效率就越高。冷却水的供水温度每上升 1℃，制冷机的制冷效率下降近 4%。降低冷却水温度就需要加强冷却塔的运行管理。首先，对于停止运行的冷却塔，其进出水管的阀门应该关闭。否则，因为来自停开的冷却塔的水温度较高，混合后的冷却水温度就会提高，制冷机的制冷效率就降低了。其次，冷却塔使用一段时间后，应及时检修，否则其效率会下降，不能充分为冷却水降温。

（2）提高冷冻水温度　由于冷冻水温度越高，制冷机的制冷系数就越高。冷冻水的供水温度每上升 1℃，制冷机的制冷效率可提高 3%，所以在日常运行中不要盲目降低冷冻水温度。首先，不要设置过低的制冷机冷冻水设定温度。其次，一定要关闭停止运行的制冷机的水阀，防止部分冷冻水走旁通管道，否则经过运行中的制冷机的水量就会减少，导致冷冻水的温度被制冷机降到过低水平。

2. 在最小运行能耗下运行

在供热空调系统的热源机器、输送用机器和末端机器等许多地方都使用动力，其中主要是电动机、锅炉和吸收式制冷机。做节能计划时，不仅应使这些能量入力在全系统中为最小，而且在各部分运行时的入力也应最小。以下介绍机器和系统的节能运行。

（1）机器　应使机器在系统中能高效率运行。一般机器的出力是根据最大负荷选定的，但在全年的运行期内，机器大部分为部分负荷。为此，希望机器在部分负荷时的运行效率也能最好。供热空调中主要的对象机器是锅炉，制冷机，送、排风机，空调器和水泵等，为了保证这些机器在部分负荷条件下也能高效运行，在节能计划时，就应考虑机器出力的合理选择和机器的控制方法等问题。

（2）系统　如果各种机器能够高效率运行，但系统不能高效率运行，那也不能获得预期的节能效果。全系统高效率运行的基本条件是部分负荷的效率高。目前常采用的是与供热空调设备有关的节能系统，见表11-8。

降低输送动力的方式是可变流量方式，即对空气是VAV方式，对水是VWV方式。

表 11-8　供热空调的节能系统

节能系统	机　器	节能系统	机　器
可变流量方式 VAV 方式 VWV 方式 台数控制	VAV 机组 水泵转速控制 风机或水泵	高效率控制系统 辐射采暖空调 蓄热系统	计算机控制 低温地板辐射采暖 立式蓄热槽、潜热蓄热

（3）计算机控制　如前所述，设备机器、输送系统以及由它们构成的全系统都是按系统的最大负荷设计的，但平时部分负荷多，负荷不一定，因此，在机器的启动停止，跟踪负荷的变化和系统节能运行上，控制就承担了非常重要的作用。

利用计算机的控制系统对机器、系统进行调节、控制，能获得较明显的节能效果。

3. 动力节能

（1）采用大温差　如果系统中输送冷热量用的水（或空气）的供回水（或送回风）温差采用较大值，那么当它与原有温差的比值为 m，从流量计算公式知道，采用大温差时的流量降为原来流量的 $1/m$。这时，水泵和风机要求的功率减小到原来的 $1/m$。可见，加大温差的节能效果是明显的。

在满足中央空调精度、人员舒适和工艺条件下，应尽可能加大送风温差。要注意的是，供回水温度差不宜大于8℃。

（2）选用低流速　因为水泵和风机要求的功耗大致与管路系统中的流速成正比，因此，要取得节能的运行效果，在设计和运行时不要采用高流速。此外，干管中采用低流速还有利于系统的水力工况的稳定。例如，改变风机的转速可以改变风机的性能参数，风机的功率与转速成三次方的关系，而流量与转速成一次方的关系，降低转速来降低流量的同时可以大幅度降低能耗。当流量减少1/3时，能耗可减少约70.4%；当流量减少1/2时，能耗可减少87.5%，且风机的效率基本不变，仍可稳定高效地工作。

4. 利用排热

在供热空调设备中利用排热的节能系统有回收利用从锅炉等燃烧机器中废气保有热的热回收系统。其他常用的还有采用热泵排热回收装置的热回收系统，采用全热交换器从建筑物排气中回收排气保有热的热回收系统，见表 11-9。

表 11-9　利用排热系统

项　目	利　用　系　统	机　　器
利用热源机器的废热	从锅炉、其他燃烧机器的废气中回收热量的系统	热管 废气锅炉
回收室内发生的热量	热泵系统 回收排气热的系统	空气源热泵 水(地)源热泵 全热交换器
排水热回收	热水排水热回收	热管

5. 利用自然能源

利用自然能源的简单方式是通过自然换气的夜间蓄热方式控制室内温度上升，简称为简单除热方式，如春、秋季利用低温室外空气供冷的方式，通过开窗等自然换气的供冷方式等节能系统，见表 11-10。

利用自然能的系统还有利用太阳能的采暖空调系统、太阳电池和风力发电等，参见表 11-10。

表 11-10　利用自然能的系统

项　目	系　统	项　目	系　统
自然通风、新风的利用	室外空气供冷 夜间冷却 自然通风 风力发电	利用太阳能	采暖空调系统 太阳电池

第十二章　机器设备的节能

第一节　效　率

工程学上效率的定义是：机械做的有用功和供给机械所有能量的比。

日常用语上效率的定义是：机械做的功和消耗的能量的比，是功的能耗。

在给予的总量中能有效利用的比例即为效率。对于机械来说，指的是有效功和供给能量之比，对于以热为动力的机械来说，供给能量指的是供给热量或燃料的发热量，此时的效率称为热效率。

效率的本质可用下式表示：

$$效率 = 出力/入力 \tag{12-1}$$

此时，入力、出力可以是人、物、金钱，也可以是能。原则上，效率的出力、入力应该是同一单位，故效率一般应是无量纲的。

一、热效率中的焓效率和㶲效率

在上述的原则效率中，有几种定义。首先是能效率，其出力、入力都是能，能定义中也有几种类型。在能定义中使用焓的称为焓效率，使用㶲时称为㶲效率。分别用以下公式表示：

$$焓效率 = 出力焓/入力焓 = 1 - (未利用焓 + 损失焓)/入力焓 \tag{12-2}$$

$$㶲效率 = 出力㶲/入力㶲 = 1 - (未利用㶲 + 损失㶲)/入力㶲 \tag{12-3}$$

热力学上，焓的定义式为：

$$H = U + pV$$

式中　H——焓；

　　　U——热力学能，又称内能；

　　　p——压力；

　　　V——体积。

通常以 0℃ 为标准值，理解为物质的保有热量。一般情况下，热效率指的是焓效率。

㶲的定义式为：

$$E_x = Q(T - T_0)/T$$

式中　E_x——㶲；

　　　Q——热源传递的热量；

　　　T——热源的热力学温度；

　　　T_0——环境的热力学温度。

根据卡诺定理，㶲等于热机械的最大功。因此，㶲表示传热量中能有效利用的做功部分。若将不能利用的部分 Q_0 称为无效能，则 $Q_0 = Q - E_x = QT_0/T$。若将㶲 E_x 与 Q 的比称为有效比 λ_k，则 $\lambda_k = E_x/Q = (T - T_0)/T$。故，$\lambda_k$ 等于卡诺效率。能不仅用于热量中，也能有效用于功中，㶲效率评价指标比焓效率更合理些。

表12-1、表12-2分别列出了热水锅炉（焓效率90%）和高压蒸汽锅炉（焓效率90%）的㶲效率。

表 12-1　热水锅炉（焓效率90%）的㶲效率

	焓/（kJ/kg）	㶲/（kJ/kg）	㶲 效 率
入口（30℃）	125.6	6.44	$0.9 \times \dfrac{32.54}{209.1} \times \dfrac{41860}{42865} = 0.136 = 13.6\%$
出口（80℃）	334.7	38.98	
差值	209.1	32.54	

注：燃料的低位发热量为41860kJ/kg，燃料的㶲为42865kJ/kg。

表 12-2　高压蒸汽锅炉（焓效率90%）的㶲效率

	焓/（kJ/kg）	㶲/（kJ/kg）	㶲 效 率
入口（220℃）	943.1	255.8	$0.9 \times \dfrac{1318.2}{2430.2} \times \dfrac{41860}{42865} = 0.477 = 47.7\%$
出口（500℃）	3373.1	1574.0	
差值	2430.0	1318.2	

注：燃料的低位发热量为41860kJ/kg，燃料的㶲为42865kJ/kg。

从表12-1可知，当焓效率为90%的热水锅炉采用㶲效率评价时，仅为13.6%；当焓效率为90%的高压蒸汽锅炉采用㶲效率评价时，约为47.7%。若将高压蒸汽锅炉的高压、高温用过热蒸汽作为采暖、生活热水用热源的低压、低温利用时，其焓效率表示热水锅炉与高压蒸汽锅炉相等。但若采用㶲效率评价时，则说明高压蒸汽锅炉比热水锅炉高3.5倍。

㶲效率评价使用得尚不太多。但在评价热电联产、总能利用系统和热泵等高效化的能量利用系统时，㶲效率具有很重要的意义。

二、能效比

能效比指的是空调的能耗与效用的比值。具体而言就是一台空调用1kW的电能产生多少千瓦的冷量（热量）。能效比分为两种，分别是制冷能效比EER（Energy Efficiency Ratio）和制热能效比COP（Coefficient of Performance）。制热能效比也称为空调器的制热性能系数。一般情况下，就我国绝大多数地域的空调使用习惯而言，空调制热只是冬季取暖的一种辅助手段，其主要功能仍然是夏季制冷，所以一般所称的空调能效比通常指的是制冷能效比EER。EER值和COP值越高，空调器能耗越小，性能比越高。

$$EER = \frac{制冷量}{有效输入功率} \tag{12-4}$$

$$COP = \frac{制热量}{有效输入功率} \tag{12-5}$$

国家的EER标准是考量空调单位时间内的功耗与制冷量的比值，这是基于定频空调的工作原理。由于其工作频率恒定，所以其功耗与制冷量也是一个固定值，可以很容易地进行考量。而变频空调的工作频率、功率都是随时变化的，所以一般的EER标准并不十分适用，而应该使用SEER（季节能效比）标准。季节能效比指的是变频空调在制冷季节期间，空调进行制冷运行时从室内除去的热量总和与消耗电量总和之比。就定速空调而言，SEER与EER的数值是一样的；就变频空调而言，SEER值要比某一时段的EER值更能真实地反映空调的节能水平。

表12-3列出了SEER的4种负荷状态，表12-4列出了COP的5种负荷状态。若负荷状态不同，则SEER、COP的值也不同。

表 12-3　SEER 的负荷状态

（单位：℃）

名称	室内 DB/WB	室外 DB	运 行
A	26.7/19.4	35.0	连续
B	26.7/19.4	27.8	连续
C	26.7/13.9	27.8	连续
D	26.7/13.9	27.8	间歇

表 12-4　COP 的负荷状态

（单位：℃）

名称	室内 DB/WB	室外 DB/WB	运 行
高温 I	21.1/15.6	16.7/13.6	连续
高温 II	21.1/15.6	8.3/6.1	连续
循环	21.1/15.6	8.3/6.1	间歇
结霜	21.1/15.6	1.7/−1.1	除霜,采暖
低温	21.1/15.6	−8.3/−9.4	连续

注：DB—干球温度；WB—温球温度。

第二节　离心式制冷机组的节能

一、离心式制冷机组的特点

离心式冷水机组是近年发展推广的大型制冷机组种类之一，它具有单机容量大、叶轮转速高、输气量大；高效单级压缩机、运动件小、易损件少、工作可靠、机构紧凑、运转平稳、振动小、噪声低等特点。它单位制冷量重量指标小，EER 值高，调节方便；能量控制在 10%～100% 内无级调节，可满足各种工艺实际需要。空调用离心制冷机组的综合调节特性与其组成的离心制冷压缩机、蒸发器、冷凝器的调节特性密切相关，而这三大设备的调节特性之间又是相互制约、相互影响的。同时，在空调用离心式制冷机组的运行过程中，影响其综合调节特性的工况条件、因素也是错综复杂的。所以需要了解空调用离心制冷机组的综合调节特性，以制定比较经济的运行方案。

二、压缩机的节能

1. 提高压缩机的调节性能的方法

大多数离心式压缩机在实际运行时都是在一定工况范围内工作，仅在一个工况点运行的情况较少。所以，除提高设计点的效率之外，提高离心式制冷压缩机的调节性能也是节约能源的有效途径之一，以下介绍三种较常用的方法。

（1）进口节流调节　这种调节方法是在离心式制冷压缩机的进气管路上安装节流阀，通过改变节流阀的开度，就可以改变制冷压缩机运行的特性曲线和机组的运行工况，以适应空调负荷的变化。来自蒸发器的制冷剂气体经过一定开度的节流阀时，由于节流阀的节流作用，流速增加、压力下降、气温稍降。因而节流作用改变了制冷压缩机的进气压力，相应改变了制冷压缩机的出气压力和特性曲线。

这种进口节流调节方法一般用于离心式制冷压缩机所配电动机转速无法改变的小制冷量的机组上，方法简单、操作方便。

（2）进口导叶调节　目前，空调用离心式制冷压缩机基本上都是采用这种调节方法来进行系统的能量调节的。这是由于离心式制冷压缩机采用轴向或径向进口导叶调节方法简单，调节工况范围较宽，仅在导叶角度接近全闭时类似于进口节流情况外，其余角度调节的经济性均优于进口节流调节方法。

此种控制方法与改变进口压力的方式节能量相近。在这种方法里，利用一组可调整的导叶，置于空气压缩机进口以控制流量。其优点为：

1）改变导叶角度可以降低或提高排放压力。

2）调节流量所损耗之功率比改变进口压力少，因为它并不直接调节流量。

（3）转速调节　离心式制冷压缩机的转速调节是一种经济的调节方法，它可以避免其他调节方法所带来的附加损失。在采用转速调节时，随着压缩机转速的下降，其对应压力下的压缩机喘振流量点向小流量方向逐渐移动。如果转速增加，效果则相反。据有关资料介绍，当压缩机工作转速 n 下降30%时，喘振点左移30%，制冷量下降70%，轴功率下降约60%。

空调用离心式制冷机组在采用等制冷量调节时（即蒸发温度 t_0 一定），一般是改变冷凝器冷却水的进水温度来调节的。这主要是由于进入冷凝器的冷却水温随室外气候的变化而变化，故冷凝器的特性曲线也将随之发生变化。因此，在冷凝温度 t_k 变化时，为保持制冷机组的制冷量一定和不变的蒸发温度 t_0，则必须改变压缩机的转速与之相适应，以达到在任何气候条件下的制冷量调节的目的。同时，从运行节能角度来看，离心式制冷压缩机所消耗的内功率（kW）与其转速的三次方成正比关系，即

$$N_2 = \left(\frac{n_2}{n_1}\right)^3 N_1 \tag{12-6}$$

式中　N_1、n_1——制冷压缩机在调速前运行中所消耗的功率和转速；

　　　N_2、n_2——制冷压缩机在调速后运行中所消耗的功率和转速。

当转速降低后，制冷压缩机在运行中所消耗的内功比原来减少的量是可观的。

2. 压缩机结构上的节能

从压缩机结构上看，其能耗与叶轮本身的设计、扩压器和蜗壳的设计等有关。当前，各生产厂家制造的离心机，在额定工况条件下的效率差不多，但在部分负荷时，为了保持高效率，一般采用图 12-1 所示的开式叶轮。开式叶轮的特点是能任意地加工出叶轮的直径和叶轮宽度，若直径的加工能与温度相匹配，宽度的加工能与制冷能力相匹配，则能使所有的工况都能保持高效率。

在某种条件下设计的压缩机，当改变条件运行时，其效率一定会降低。如热回收式离心式热泵的夏季和冬季的条件相差很大，当将按冬季条件设计的压缩机不经任何改变在夏季运行时，其动力消耗比夏季专用压缩机高得多。

图 12-2 所示为制冷机设置 2 台压缩机，分别供夏季和冬季用，不仅能有效地降低能耗，而且还能互为备用。

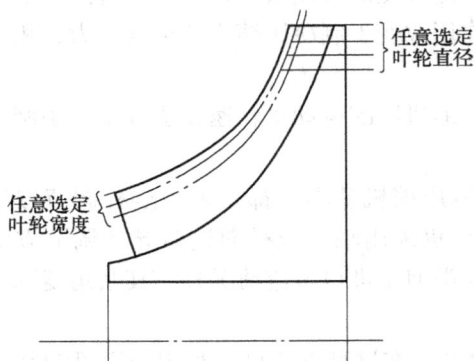

图 12-1　开式叶轮的加工法　　　　　　图 12-2　有 2 台压缩机的离心式制冷机

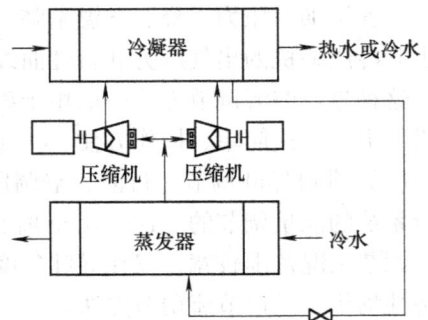

三、换热器的节能

对于一个选定压缩机的制冷系统而言，换热器无疑是提高制冷量的关键所在，其换热面积的大小、换热效率的高低都对制冷量有着直接的影响。

1. 换热器的分类

由于换热器的种类繁多，用途广泛，因此出现了多种分类方法。按换热器传热面的形状和结构分类，主要有以下几种：

（1）管式换热器 这类换热器都是通过管壁传热的换热器。按传热管的结构形式可分为管壳式（列管式）、套管式、绕管式和蛇管式四种。

（2）板式结构换热器 这类换热器部是通过板面传热的换热器。按传热板的结构形式可分为螺旋板式、板式、板肋式和板壳式四种。

（3）其他形式的换热器 这类换热器是一些具有特殊结构的换热器，一般都是为了满足某些特殊要求而设计的，如离心式换热器、液体耦联间接换热器、湿式空气冷却器等。

制冷机有以空气作为热源的，也有以水作为热源的。但离心式制冷机大多以水—水制冷机为主流。当离心式制冷机是水—水制冷机时，其蒸发器、冷凝器都是管壳式，管内通水，管外为制冷剂。

2. 管式换热器结构上的改进

（1）肋片管的应用 老式换热器的传热管大都是光管，结构简单、制造容易。但光管的传热性能不好。用肋片管代替光管不仅可以增加有效传热面积，而且可以促进流体的湍流，因而可使传热效率提高。当管内外流体的表面传热系数差别很大时，在表面传热系数较小的一侧采用肋片非常有效。由于肋片管的传热效率高，在完成同一热负荷时可用较少的管数，壳体直径也相应减小，因而可使得换热器紧凑，并减少金属的消耗量。采用肋片管还可减少结垢。经验表明，当介质与壁面间的温度差增加时，结垢的程度会相应增加。使用肋片管时，肋片顶端部分的温度接近于周围介质的温度，而肋片根部的温度则接近于管壁的温度，这样肋片管表面的平均温度就比光管低（当介质被加热时）或高（当介质被冷却时），这样就使得介质与壁面的温差降低，因此可使结垢减少。径向肋片管的应用已相当广泛，烟气的余热回收换热器、空冷器、空调器、制冷机的空冷式冷凝器和冷却空气的蒸发器大都采用了径向肋片管。

（2）螺纹管的应用 在管壳式换热器中使用的低肋片管大都是螺纹管。螺纹管一方面可以提高传热面积，同时管体的螺旋式促进管内工质流动形成湍流，但流体的阻力并不显著增加。螺纹管对油类冷却具有较好的效果。螺纹管有内螺纹、外螺纹、小（大）螺旋角等多种形式。

（3）多孔管的应用 除上述各种传热管外，还出现了改良传热表面性能的表面多孔管，主要用于沸腾换热场合，可以使工质在过热度很小的工况下沸腾。试验表明，表面多孔换热面一般可使沸腾传热系数提高 2 ~ 20 倍。图 12-3a 是用于蒸发器的核沸腾

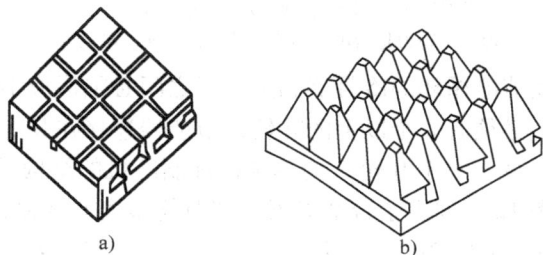

图 12-3 传热管

a）核沸腾传热管（蒸发器） b）高性能传热管（冷凝器）

传热管，在其外表面上有许多气孔，当液体制冷剂通过它传热时，它们成为气泡的发泡点，激烈地搅拌周围的液体，促进了制冷剂侧的传热。图 12-3b 是用于冷凝器的高性能传热管的模型图。与传统的传热管相比，在它上面多了许多呈三角形的突起表面，这些表面能很好地切割液化的制冷剂，使表面的液膜变薄，提高了传热效果。

冷却水出口和制冷剂冷凝的温度差（称为 LTD）达到了 0.5 ~ 2.5℃，比以往的 3 ~ 5℃小得多。过去认为只有使用板式热交换器才能获得较小的 LTD，但改进的管壳式热交换器也能满足这一要求。如果从耐压、气密性和维护（污染面的清扫）方面考虑，今后离心式制冷机仍将使用管壳式热交换器。此外，由于其高性能传热管的部分负荷特性较好，故节能效果明显。

四、制冷循环上的节能

制冷循环有单纯制冷循环、节能循环、过冷却循环及组合循环。从图 12-4 可知，节能循环的节能效果最大，若在该循环上再加上子冷却器（过冷却），则还能降低比动力。

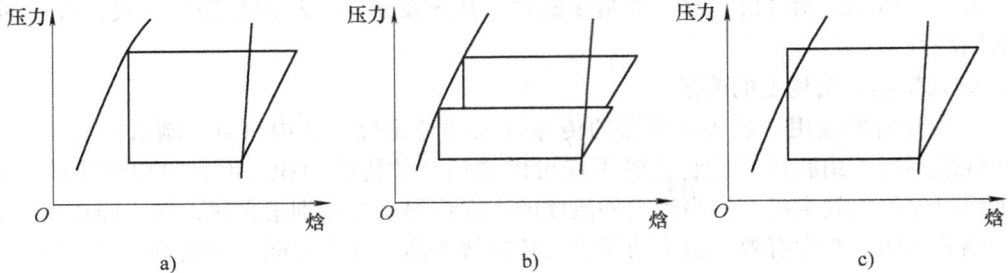

图 12-4 在莫里尔图上表示的各种循环

a）单纯循环   b）节能循环   c）过冷却循环

表 12-5 为使用制冷剂 R11 的各种循环的理论比动力的比较。

表 12-5   各种制冷循环的理论比动力

循 环 种 类	节 能 器	子 冷 却 器	理论比动力
单纯循环	未加装	未加装	1.906
过冷却循环	未加装	加装	1.853
节能循环	加装	未加装	1.804
过冷却 + 节能循环	加装	加装	1.769

注：1. 蒸发温度 2℃，冷凝温度 40℃，过冷却温度 5℃，节能器温度 21℃。
　　2. 理论比动力是指单位制冷量的理论功耗，单位为 kW/USRt，其中 USRt 为美国冷冻吨，1USRt = 3.51685kW。

在节能循环的冷凝器和蒸发器之间必须形成中间压力，并要保持中间压力，故原则上在压缩上必须有 2 个以上的叶轮，节能器连接在其中间段上。

单级（一个叶轮）的单纯循环制冷机的结构最简单，理论上价格最低，故障最少。

表 12-6 列出了带节能器的超节能型离心式制冷机的规格。这种制冷机的制冷能力大于 700USRt（2462kW）。从目前来看，它的节能效果最好，在全年运行时间长、电价高的地方，它的年计算费用比其他机种低。

图 12-5 所示为带有过冷却器的冷凝器的概念图。在冷凝器内冷凝的制冷剂液体，由于

表 12-6　超节能形离心式制冷机的规格

制冷量/USRt	800	800	1000	1000	1300	1300	1500	1500	1800	1800	2800	2800
制冷量/kW	2813	2813	3516	3516	4571	4571	5274	5274	6329	6329	9846	9846
冷水出口温度/℃	5	7	5	7	5	7	5	7	5	7	5	7
电动机出力/kW	520	490	650	610	850	800	1000	930	1180	1100	1960	1740
冷水系统 冷水流量/(m^3/min)	8.06	8.06	10.08	10.08	13.10	13.10	15.12	15.12	18.14	18.14	28.22	28.22
压力损失/mH_2O	8	8	10	10	10	10	9	9	10	10	10	10
压力损失/kPa	78	78	98	98	98	98	88	88	98	98	98	98
通道数	2											
冷却水系统 冷却水流量/(m^3/min)	9.70	9.70	12.10	12.10	15.80	15.81	18.20	18.20	21.90	21.90	34.00	34.00
压力损失/mH_2O	8	8	10	10	10	10	9	9	10	10	10	10
压力损失/kPa	78	78	98	98	98	98	88	88	98	98	98	98
通道数	2											

注：USRt（美国冷冻吨）和 mH_2O（米水柱）为非法定计量单位。

要在冷凝器的原有压力下继续冷却，故必须采用图 12-5 所示的特殊结构。为了尽量地增加过冷却度，就必须尽量地降低流过过冷却器的冷却水的温度，因此，首先要让冷却水通过过冷却器，然后再进入到冷凝器内，如图 12-5 所示。

图 12-6 所示为离心式制冷机的部分负荷特性，纵坐标表示驱动压缩机的主电动机的入力。从该图可知，在部分负荷时，仅仅由于电动机效率的降低导致增加的电动机输入功率非常有限。

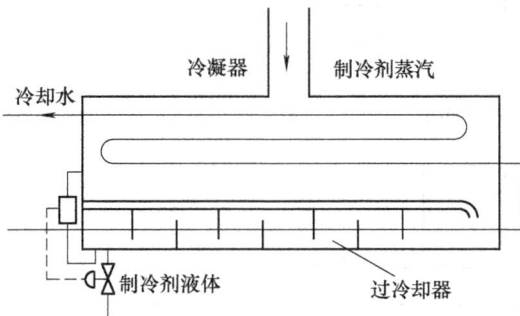

图 12-5　带有过冷却器的冷凝器

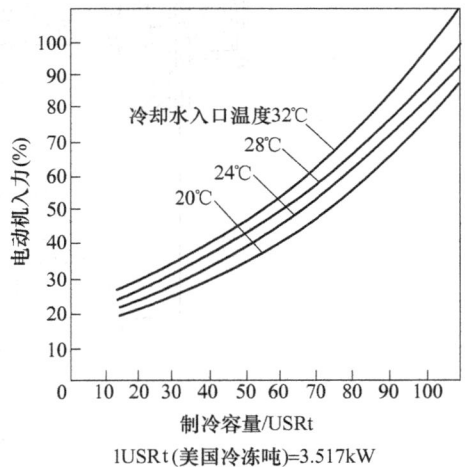

图 12-6　离心式制冷机的部分负荷特性

五、使用多年后能耗的变化

当在制冷机使用多年后，内部出现了不该发生的气体短路现象或表面粗糙现象时，就会产生能量损失。

离心式制冷机的定期检查，至少应每年 1 次，涉及交换润滑油，检查仪器、电气和传热管的污染状况及传热管是否被腐蚀等。

压缩机的主要部件（轴承、叶轮、密封等）一般应每 5 年或运行 20000h 后更换。

当传热管被污染或空气渗入机内后，会增加能耗。为了使机器保持最佳的状态，应按照厂商编写的说明书进行维护管理。为了排除渗入机内的空气，可安装全自动抽气装置，也可安装管道自动清洗装置。

离心式制冷机一般使用 15 年，如果维护好，可增加它的使用寿命。

第三节　螺杆式冷水机组的节能

一、冷水机组部分负荷时的运行调节

冷水机组很少在 100% 负荷的条件下运转，一般情况下都是部分负荷运转。螺杆压缩机的能量调节是通过调节压缩机的吸气容积来实现的，在部分负荷运转时通过滑阀改变其吸气位置，减少吸气容积，从而使制冷系统中冷媒循环量减少，最终减少其制冷量和消耗功率。

螺杆式制冷压缩机组制冷量的调节是通过安装在制冷压缩机内的滑阀控制装置来实现的。滑阀装置是由装在压缩机内的滑阀、油缸、油活塞、能量指示器及油管路、手动四通阀组成（或电磁四通阀），实现自动调节。滑阀的位置受油活塞位置控制。手动四通阀有增载、停止和减载三个手柄位置。螺杆式制冷压缩机组制冷量调节原理见图 12-7。

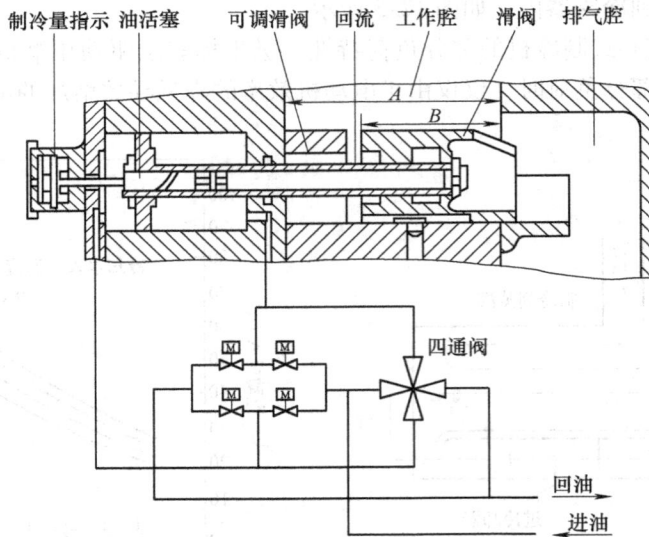

图 12-7　制冷量调节原理图

螺杆式制冷压缩机属于容积式压缩机，具有内压缩性，有一定的内压力比，而制冷机的工作范围较宽，其工作压力比（冷凝压力/蒸发压力）随运行工况而定。因此，螺杆式制冷压缩机的内压力比也随之变化，使螺杆式制冷压缩机的内压力比接近或等于外压力比。此时机组的运转效率最高。否则，机组的运转将会形成等容压缩或等容膨胀过程，使压缩机运转而消耗的功率增加。当内压力比与外压力比之差愈大，多消耗的功率也愈大。因此，为使机组能长期经济运转，则必须对机组的内容积进行调节，使内压力比接近或等于外压力比。

二、不同种类蒸发器的螺杆式冷水机组的性能比较

目前在空调冷冻领域中使用的水—制冷剂式蒸发器主要可分为两种：满液式蒸发器、干式蒸发器（直管干式蒸发器、U 形管干式蒸发器）。

1. 满液式蒸发器与直管干式蒸发器的比较

在螺杆式冷水机组的压缩机和冷凝器相同的情况下，分别采用满液式蒸发器或干式蒸发器，按如下技术参数进行性能测试。

蒸发器冷水入口温度：12℃；

蒸发器冷水出口温度：7℃；

冷凝器冷却水入口水温度：32℃；

冷凝器冷却水出口水温度：37℃；

污垢系数：$0.000086m^2 \cdot K/W$。

采用满液式蒸发器或直管干式蒸发器的螺杆冷水机组的性能测试数据见表 12-7、表 12-8。

表 12-7　采用满液式蒸发器的螺杆冷水机组测试数据

型　号	工质与系列	制冷量/kW	耗电量/kW	每千瓦制冷量的耗电量/kW	每千瓦制冷量的耗电量的平均值/kW
KLFW-175S	R-22 单机	580	112.8	0.1945	0.1932
KLFW-200S		686	132.9	0.1937	
KLFW-225S		791	152.3	0.1925	
KLFW-250S		915	175.6	0.1919	
KLFW-340D	R-22 双机	1160	225.6	0.1945	0.1935
KLFW-450D		1582	304.6	0.1925	
KLFW-140S	R-134a 单机	465	89.6	0.1927	0.1922
KLFW-170S		555	106.8	0.1924	
KLFW-200S		636	121.8	0.1915	

表 12-8　采用直管干式蒸发器的螺杆冷水机组测试数据

型　号	工质与系列	制冷量/kW	耗电量/kW	每千瓦制冷量的耗电量/kW	每千瓦制冷量的耗电量的平均值/kW
KLFW-175S	R-22 单机	595	127	0.2134	0.2144
KLFW-200S		690	145	0.2101	
KLFW-225S		774	168	0.2171	
KLFW-240		820	178	0.2171	
KLFW-330	R-22 双机	1085	234	0.2157	0.2164
KLFW-450D		1548	336	0.2171	
KLFW-100S	R-134a 单机	337	76	0.2253	0.2221
KLFW-120S		407	90	0.2211	
KLFW-150S		500	110	0.2200	

按以上两表的测试数据，以 R-22 为制冷剂时，采用满液式蒸发器的螺杆式冷水机组与采用直管干式蒸发器的相比较，每千瓦制冷量节省的耗电量为（0.2144 − 0.1932）kW = 0.0212kW，节电 11.2%；以 R-134a 为制冷剂时，采用满液式蒸发器的机组每千瓦制冷量节省的耗电量为（0.2221 − 0.1922）kW = 0.0299kW，节电 15.67%，这是十分可观的数字。

据有关资料统计，以 R-22 为制冷剂时，各种冷水机组每千瓦制冷量的平均耗电量为：离心式机组 0.189 ~ 0.193kW，采用干式蒸发器的螺杆式机组 0.213 ~ 0.229kW，活塞式机组 268 ~ 280kW。而按表 12-7 中的测试数据，采用满液式蒸发器的螺杆式机组每千瓦制冷量的平均耗电量为 0.193kW，接近离心式冷水机组的耗电量；如以 R-134a 为制冷剂时，它的耗电量更低，只有 0.192kW。这是值得重视和研究的。

2. U 形管干式蒸发器与直管式蒸发器的比较

以 R-22 为制冷剂，按以下技术参数进行性能测试，其性能测试数据见表 12-9、表 12-10。

蒸发器冷水入口温度：12℃；

蒸发器冷水出口温度：7℃；

冷凝器冷却水入口水温度：30℃；

冷凝器冷却水出口水温度：35℃；

污垢系数：0.000086m² · K/W。

表 12-9　采用 U 形管干式蒸发器的螺杆式冷水机组测试数据

型　号	制冷量/kW	耗电量/kW	每千瓦制冷量的耗电量/kW
KLSW-040S	138	30	0.2174
KLSW-050S	174	37	0.2126
KLSW-060S	210	44	0.2095
KLSW-080S	282	61	0.2163
KLSW-100S	358	78	0.2179
平均数	232	50	0.2148

表 12-10　采用直管式干式蒸发器的螺杆式冷水机组测试数据

型　号	制冷量/kW	耗电量/kW	每千瓦制冷量的耗电量/kW
KLSW-040S	132.35	30.2	0.2282
KLSW-050S	165.15	36.2	0.2192
KLSW-060S	200.50	43.4	0.2165
KLSW-080S	268.65	57.9	0.2155
KLSW-100S	339.60	75	0.2209
平均数	221.25	48.54	0.2200

按以上两表的测试数据，以 R-22 为制冷剂时，采用 U 形管干式蒸发器的螺杆冷水机组与采用直管干式蒸发器的相比较，每千瓦制冷量节省的耗电量为（0.2200 − 0.2148）kW = 0.0052kW，节电 2.4%。

根据测试结果，如果制冷机组型号增大，则采用 U 形管干式蒸发器比采用直管干式蒸发器在节电上没有多大差别。因此，U 形管干式蒸发器用于小型和中型冷水机组比较合适。对于制冷量为 40 万 kcal/h（465.2kW）以下的冷水机组，采用 U 形管干式蒸发器更节能。

三、冷水机组冷凝热回收

近年来，随着人们节能环保意识的不断提高，人们越来越多地关注各种废热的回收和利用。由于这种类型的废热是冷水机组制冷时的副产品，属于低品位能源，但利用其生产生活热水，具有极高的经济价值。另外，由于冷水机组加装热回收器，提高了冷水机组的冷凝能力，因此，也提高了冷水机组的制冷量，节约电能，可谓一举两得。

　　目前，市场上经常使用的大中型冷水机组按压缩机类型可分为活塞式、螺杆式和离心式三大类。其中由于离心式压缩机出口氟利昂温度偏低，热回收价值不大暂不予考虑。活塞式、螺杆式冷水机组压缩机出口氟利昂温度都较高（一般为80℃左右），非常适合热回收利用。本节主要介绍水冷螺杆式冷水机组冷凝热回收和利用，其冷凝热回收系统流程如图12-8所示。

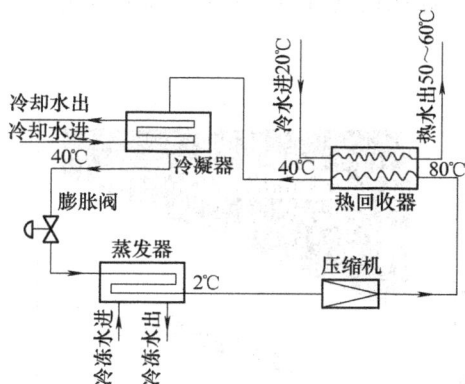

图 12-8　冷凝热回收系统流程图

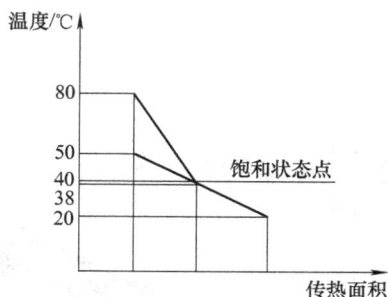

图 12-9　R22 和水的温度变化曲线

　　那么，冷水机组冷凝热到底有多少热量可以利用来生产热水呢？如果按照图12-8流程生产热水，既可以提高水温，又能提高冷水机组冷凝热的回收率。对应于此流程，水和氟利昂 R22 的温度变化曲线如图 12-9 所示。

　　按照以上方式，冷水机组冷凝热的热回收量可为制冷量的 49.7%，为冷凝热的 39.3%。一般冷水机组铭牌上标明的是额定制冷量，故将热回收率定义为热回收量占额定制冷量的比率。当然，随着热回收进水温度的增大，热回收率随之降低。加装热回收装置后，进入冷凝器的氟利昂 R22 为气液混合物。

　　风冷式或活塞式冷水机组，由于压缩机出口氟利昂 R22 温度更高，在其他条件不变的情况下，产水量更大，热回收率更高。

四、起动时的特性

　　冷水机的起动、停止时的允许频率一般为每小时 6 次以内。此外，考虑油的顺利供给和从制冷循环中的回油，压缩机每 1 次的持续运行时间应多于 5min。当开-关冷水机时，在制冷循环中的高压侧、低压侧的压力有一个反复调整的过程，即均压过程，从而损失了制冷能力。从再起动至稳定运行的时间上看，达到稳定的压力约需 0.5 ~ 2min，推算出的起动损失约为 1% ~ 3%。与空冷机比，冷水机的制冷循环单纯，热交换器的热容量小，对过渡变化的跟踪性能强。

五、使用多年后的变化

　　多年使用后，冷水机组性能降低的主要原因是水热交换器的污染，特别是再循环使用的冷却水可能会对冷却水系统带来以下方面的障碍。

　　1）水垢。钙、硅等盐类浓缩后沉淀在热交换器内。

　　2）沉渣。藻类、微生物等形成的黏性物质和尘埃混合后沉淀并附在热交换器上。

　　3）腐蚀。氯离子等腐蚀性离子形成的热交换器本身的腐蚀生成物等。

这些物质降低了热交换器水侧的传热系数，使冷凝器高压压力上升，水冷却器低压压力降低，并导致制冷循环的效率降低。特别是当冷凝器污染造成的高压压力上升将直接导致冷水机耗电量的增加，故必须每年清洗 1 次。图 12-10 所示为冷水机高压压力与清洗的关系，传热管污染增加的热阻用污染系数（$m^2 \cdot K/W$）评价。根据污染系数是否超过生产厂家规定的临界值（图 12-10），根据高压压力上升的情况进行判断。除此之外，从节能的观点上看，需要进行定期检查的项目，还有压缩机、电源、膨胀阀的开度，水量、制冷剂量是否泄漏等。

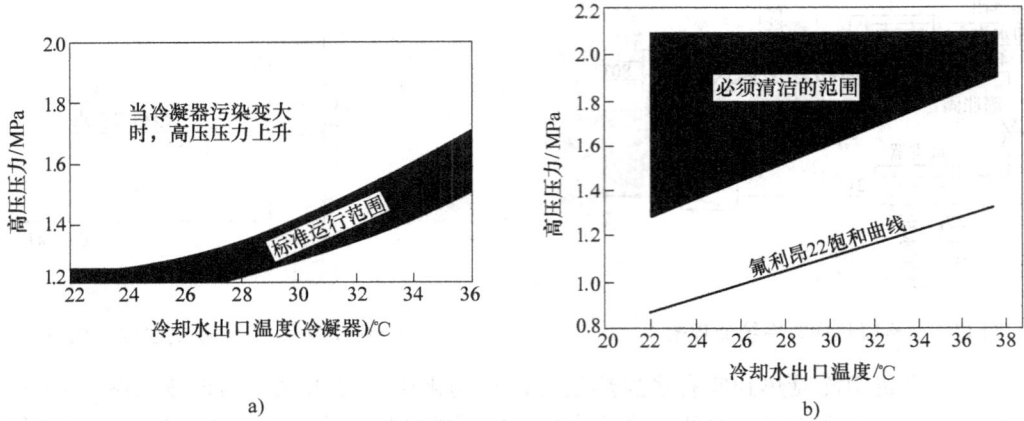

图 12-10　冷凝器的运行压力和清洗的必要范围
a）标准运行压力（100%容量运行时）　b）污染增大后，必须清洗的范围

第四节　吸收式冷热水机组的节能

吸收式冷热水机的性能与冷却水的温度、流量、冷媒水的温度、流量及换热器内的污垢系数、加热蒸汽的压力、溶液的循环量等有关。

一、外部条件的变化对机组性能的影响

外界条件（即冷媒水出口温度、加热蒸汽的压力、冷却水进口温度、冷却水与冷媒水的流量以及污垢系数等）在运行中偏离了设计工况，制冷机组的性能就要发生变化。因而了解机组运转条件，合理进行运行调节，使其实现高热效低能耗运行具有重要意义。

1. 冷媒水出口温度与机器性能

图 12-11 表示吸收式冷热水机的控制系统，空调时，用电阻温度计检测冷水出口温度，比例控制燃料控制阀。图 12-12 表示冷水出口温度与负荷的关系。在冷水入口温度 12℃，出口温度 7℃的工况下，若 100%负荷对应的冷水出口温度为 7℃，则通过燃料控制阀的控制能使 50%负荷时的冷水出口温度为 6℃。

当吸收式冷热水机组在热源温度、冷却水进口温度、溶液的循环量、冷却水量和冷媒水量等运行参数不变时，其制冷量将随冷媒水出口温度的升高而增大，随冷媒水出口温度的降低而减小。当其他参数不变时，蒸发器出口冷媒水温度与制冷量的关系如图 12-13 所示。根

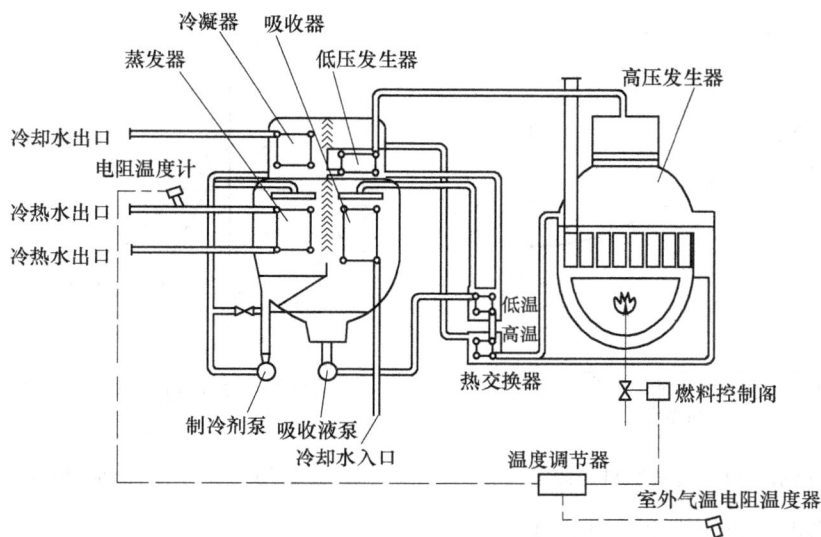

图 12-11　吸收式冷热水机控制系统

据有关资料介绍，对于单效溴化锂吸收式制冷机在其冷媒水出口温度每变化1℃时，其制冷量约变化6%～7%。这是由于在冷媒水出口温度变化时，蒸发压力、冷凝压力将随之发生变化，制冷循环中溶液的放气范围也随之发生变化。

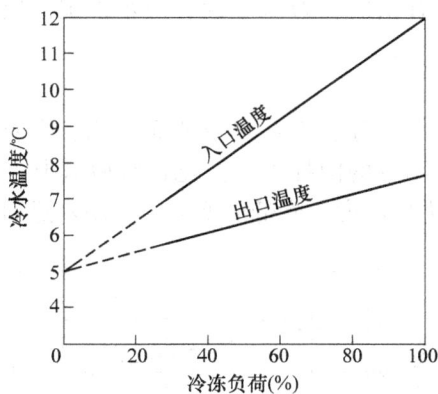

图 12-12　冷水出口温度与负荷的关系

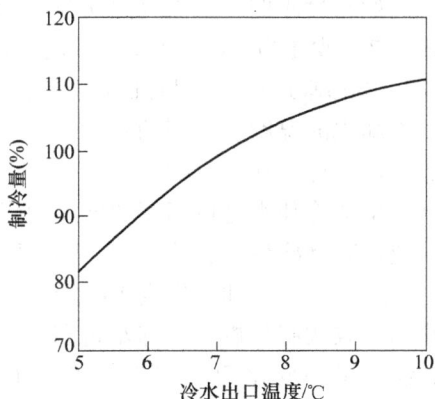

图 12-13　冷水出口温度与制冷量的关系

图 12-14 表示冷水出口温度和燃料消耗量的关系。冷水出口温度越高，燃料消耗量越小，即节能效果越好。因此，从部分负荷的能效上看，不希望降低冷水出口温度。不降低冷水出口温度的控制方法有冷水入口控制方式和室外气温补偿控制方式。冷水入口控制时，在部分负荷状态下，冷水出口温度上升，但若不进行温度管理，在冷水流量变化时，可能出现冻结的问题，实用效果不好。作为解决的措施之一是采用室外气温补偿控制方式，即在不改变冷水出口温度控制方式的前提下，用室外气温补偿出口温度，用图 12-11 所示的室外气温电阻温度计检测室外温度，通过室外气温补偿用温度调节器判断负荷的变化并修正冷水出口温度。图 12-15 所示为室外气温补偿控制方式。

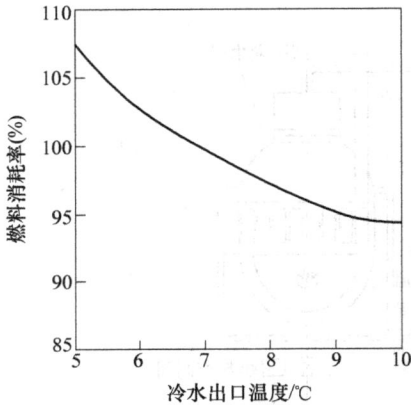

图 12-14　冷水出口温度和燃料消耗率

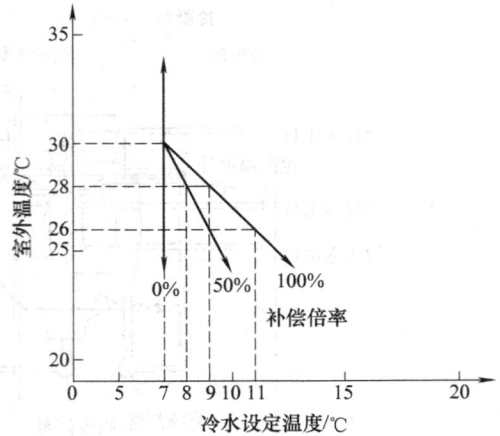

图 12-15　室外气温补偿控制

用下式修正设定的冷水出口温度：

$$t_2 = t_1 + \Delta t_0 \alpha \tag{12-7}$$

式中　t_2——修正后的冷水设定温度（℃）；

　　　t_1——修正前的冷水设定温度（℃）；

　　　Δt_0——室外气温的变化（℃）；

　　　α——补偿倍率。

例如在过渡期，室内气温从30℃降低至26℃，在补偿倍率为50%时，冷水设定温度自动地从7℃改变为9℃，50%负荷时的冷水出口温度为8℃。

2. 冷却水进口温度与机组的性能

冷却水的温度随不同的水源（如循环冷却水、河水、海水等）及季节而变化。吸收式冷热水机的冷却水入口标准温度是32℃。在其他条件不变的前提下，溴化锂吸收式制冷机的制冷量随冷却水进口温度的增大而降低，随冷却水进口温度的降低而增大。冷却水进口温度的变化对制冷量的影响如图 12-16 所示。据有关资料介绍，对于冷却水先进吸收器再经过冷凝器的溴化锂吸收式制冷机，冷却水进口温度每变化1℃时，制冷量约变化5%～6%。冷却水进口温度降低，将首先引起吸收器稀溶液温度与冷凝压力降低，前者促使吸收效果增强，因此稀溶液浓度降低，而后者却将引起浓溶液浓度的升高，两者均使浓度加大，制冷量增加。图 12-17 表示冷却水入口温度和燃料消耗量的关系。冷却水入口温度越低，燃料消耗量越小，其原因是溶液浓度降低，浓度差增大。当冷却水入口温度太低时，可能出现制冷剂充灌量不够的问题。故冷却水温度希望控制在22～32℃范围内。

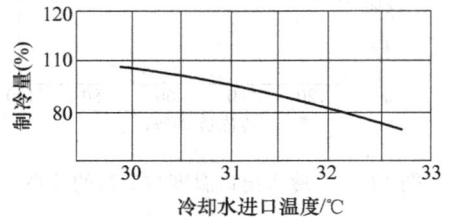

图 12-16　冷却水进口温度和制冷量的关系

3. 加热蒸汽压力与机组性能

在其他条件不变的情况下，溴化锂吸收式制冷机的制冷量随着加热蒸汽压力的升高而增大，蒸汽压力对制冷量的影响如图 12-18 所示。试测数据表明，对于单效溴化锂吸收式制冷机加热蒸汽压力提高 0.01MPa，制冷量约增加 3% ~ 5%；对于双效溴化锂吸收式制冷机，蒸汽压力每变化 0.1MPa，制冷量约变化 9% ~ 11%。加热蒸汽压力的下降，首先引起浓溶液温度与浓度的降低，随之吸收器中吸收剂吸收蒸汽的能力减弱，浓度差减小，因此制冷量下降。

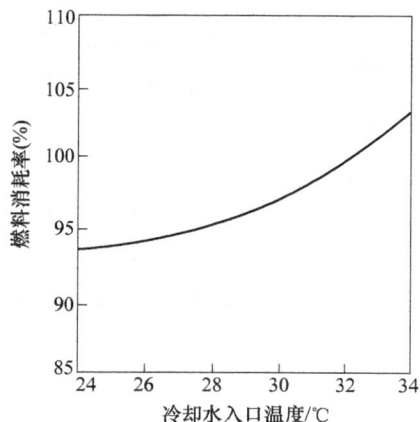

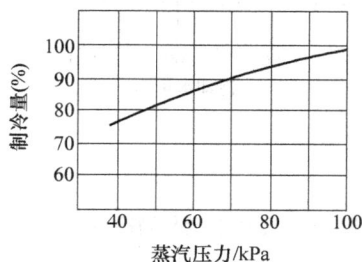

图 12-17　冷却水入口温度和燃烧消耗量的关系　　图 12-18　加热蒸汽压力和制冷量的关系（单效机）

提高加热蒸汽压力是提高溴冷机组制冷量的方法之一，但随着蒸汽压力的提高，浓溶液的浓度上升，机组在高浓度下运行时，容易发生结晶，而且随着浓溶液温度的上升，一方面高压发生器中的温差热应力增大，有可能造成换热管胀接处的泄漏，另一方面由于铬酸锂在高温下分解而影响缓蚀效果。因此，在溴化锂吸收式制冷机组的运行中，加热蒸汽的压力也不能提得过高，一般其上限使高压发生器出口浓溶液的温度不超过 160℃ 为宜。

4. 冷却水量与机组的性能

在冷却水量发生变化时，随着冷却水量的减少，制冷量降低，反之则制冷量增加，如图 12-19 所示。不过冷却水量的变化，除了引起循环中蒸发压力、冷凝压力、吸收器出口稀溶液温度和发生器出口浓溶液温度等参数的变化外，还会引起吸收器、冷凝器中冷却水的流速的变化，使传热情况发生变化。

图 12-20 表示冷却水流量和燃料消耗率的关系。在负荷为 60% 时，当冷却水流量从80% 减少到 50% 时，燃料消耗率从 96% 增加到 115%，即冷却水流量减少时，吸收式冷热水机的燃料消耗率增加。故必须与输送动力的减少部分比较后，确定是否采取改变冷却水流量的方式。图 12-20 右侧的临界水量表示的是在高压发生器的压力规定状态下变冷却水量的范围。例如 75% 的冷却水流量只能在负荷小于 88% 时才能实施。当冷却水流量不够时，安全装置动作，停止吸收式冷热水机的运行。

5. 冷媒水量与机组的性能

图 12-21 所示为冷水流量和制冷量、燃料消耗量的关系。在冷水出口温度、冷却水入口温度一定时，减少冷水流量能增加温度差，燃料消耗量有改善的倾向。此时，在蒸发器内，变流量将降低总传热系数，但冷水入口温度上升增加的对数平均温差比较大，溶液浓度降低，浓度差增大等使燃料消耗量略有降低。冷水变流量控制对吸收式冷热水机没有很大的影响，但它是一种有效降低输送动力的手段。

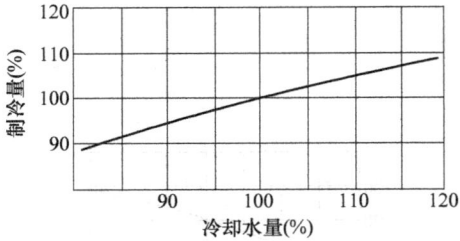

图 12-19 冷却水量与制冷量的关系

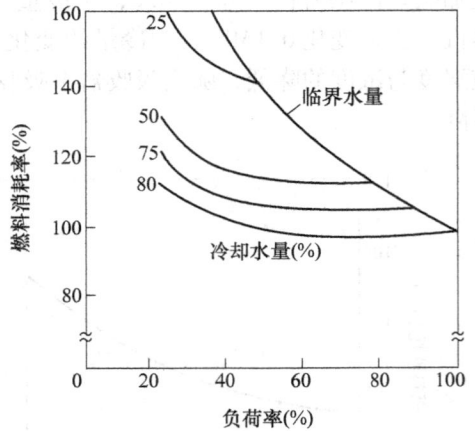

图 12-20 冷却水流量和燃料消耗量

二、吸收式冷热水机起动时的特性

1. 起动时间

起动时间指的是从起动吸收式冷热水机到具有额定制冷能力的时间，它与冷水温度、冷却水温度和吸收液浓度有关。但这些值对冷水、冷却水的保有水量，对空调系统、负荷条件和停止时的运行状态都有很大的影响，因此，不能都采用假定的参数。图 12-22 ~ 图 12-25 所示为吸收式冷热水机组在各种条件下的起动特性。图 12-22 ~ 图 12-24 所示为一般情况下冷却水温度条件不同时的数据，图 12-25 所示为一般条件下在吸收液浓度非常低（溴化锂质量分数为 58% ~ 60%）状态下起动的数据。

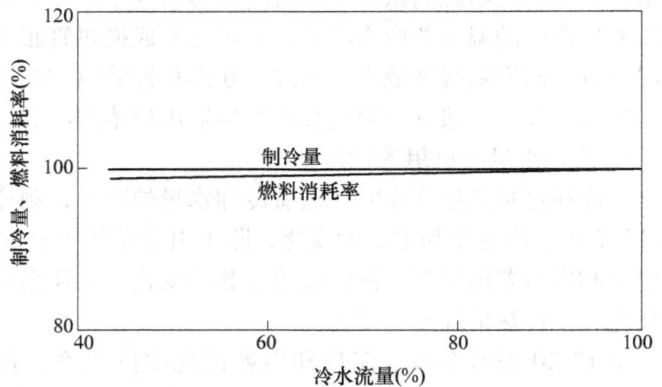

图 12-21 冷水流量和制冷量、燃料消耗量

2. 冷水温度的影响

冷水温度越高，在蒸发器内交换的热量越大，吸收式冷热水机组起动后很快就能达到设计的制冷效果。冷水保有量多的系统需要较长的时间才能达到额定冷水温度，但其运行状态的燃料消耗率也较低。

3. 冷却水温度的影响

冷却水温度越低，吸收器的吸收能力越高，故很快就能达到设计的制冷效果，当然，其运行状态的燃料消耗率也低。

4. 吸收液浓度的影响

起动时的吸收液浓度越高，吸收器的吸收能力也越高，很快就能达到设计的制冷效果。此外，由于吸收液浓缩到额定状态的时间变短，起动时间也缩短。因此，吸收式冷热水机组在低负荷运行状态下或在制冷剂流动过程中停止时，由于吸收液浓度降低，重新起动的时间将延长。

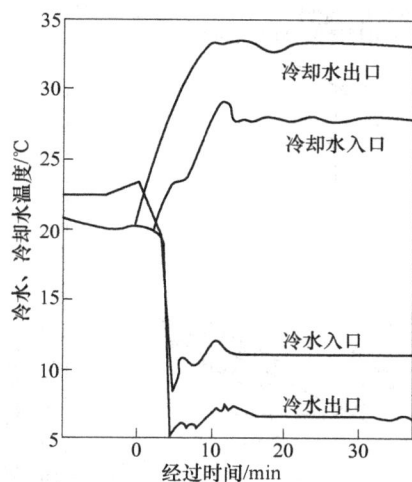

图 12-22 吸收式冷热水机组起动时的特性（一）

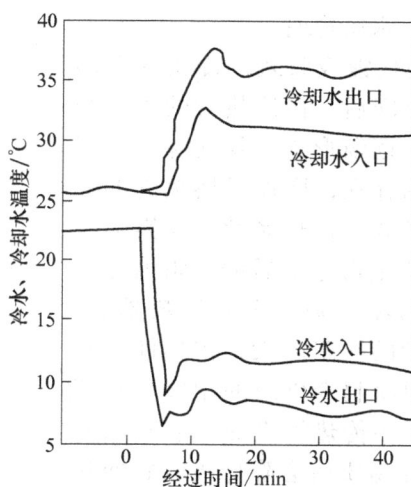

图 12-23 吸收式冷热水机组起动时的特性（二）

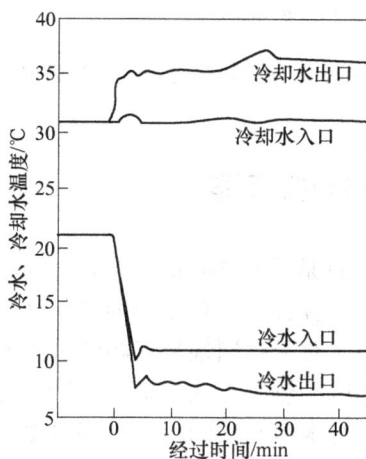

图 12-24 吸收式冷热水机组起动时的特性（三）

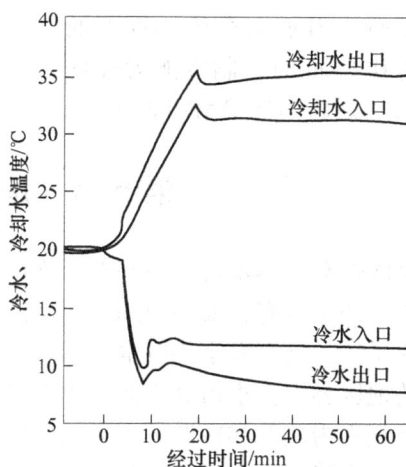

图 12-25 吸收式冷热水机组起动时的特性（四）

三、吸收式冷热水机组使用多年后的变化

直接影响吸收式冷热水机本体多年运行性能变化的主要原因是真空度管理不好时的吸收液被污染形成的影响。当液体被污染时，传热管表面会被污染，从而降低了各热交换器的传热性能。只有加强真空度的管理，才能防止吸收液不被污染。

1. 真空度管理

吸收式冷热水机的内部应保持真空。运行时吸收器的饱和蒸气压应为 $800 \sim 933 \mathrm{kPa}$，当机内存在不凝性气体时，会对制冷能力和效率产生很大的影响。此外，即使从机器外漏入很少量的空气，空气中的氧也会腐蚀金属。因此，必须及时将机内发生的气体和漏入的空气排出去。在大型吸收式冷热水机内都有连续抽气装置和抽气泵，使机内保持高真空。

2. 水质管理

溴化锂吸收式制冷机在运转一段时间后，在传热管的内壁与外壁上逐渐形成一层污垢，这层污垢的存在，增加了换热管的热阻，降低了传热系数，在换热管表面产生污垢前后的热阻值之差称为污垢系数。污垢系数越大，换热管的热阻越大，传热性能越差，因而制冷机组的制冷量将下降。当在传热管表面上有水垢和沉渣等物质后会降低吸收式冷热水机的性能或出现腐蚀损耗的现象，故应加强水质管理。图 12-26 所示为冷却水系统传热管污染产生的影响。当水垢在传热管上的厚度为 0.6mm 时，制冷能力降低至 76%，燃料消耗费增加 25%。

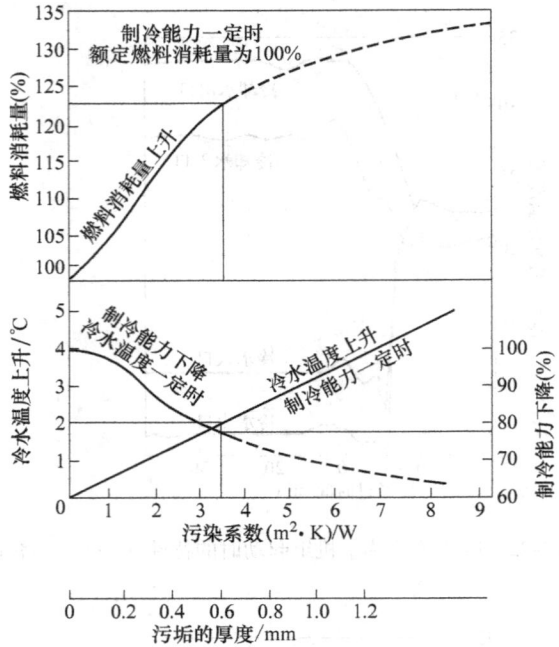

图 12-26　冷却水系统传热管污染产生的影响

第五节　风冷热泵式机组的节能

风冷热泵冷热水机组的制造、推广和使用在我国也只是最近 10 多年的事。风冷热泵冷热水机组的优点有：安装使用方便，插上电源即可使用，省去了一套复杂的冷却水系统和锅炉加热系统；具有夏季供冷水和冬季供热水的双重功能，对于我国幅员辽阔的国土而言，相当大的地区界于夏季需制冷而冬季需制热的范围，这种风冷热泵冷热水机组就特别适用；由于以空气作为热源和冷源可大大地节约用水，也缓免了对水源水质的污染；将风冷热泵冷热水机组放在建筑物顶层或室外平台即可工作，省却了专用的冷冻机组和锅炉房。但风冷热泵冷热水机组由于空气的比热容小，传热性能差，它的表面传热系数只有水的 1/50 ～ 1/100，所以空气侧换热器的体积较为庞大；由于空气中含有水分，当空气侧表面温度低于 0℃时翅片管表面上会结霜，结霜后传热能力就会下降，使制热量减小，所以风冷热泵机组在制热工况下工作时要定期除霜。综上所述，风冷热泵冷热水机组由于既能供冷水又能供热水的特点深受用户欢迎。近年来，国际上对风冷热泵冷热水机组的使用范围和提高其经济性研究较多，使产品的应用更加广泛。

一、夏季环境温度、冷水出水温度对机组性能的影响

根据我国制定的风冷热泵冷热水机组的标准，机组的额定制冷量是指环境空气温度为 35℃、出水温度为 7℃时机组的制冷量。在实际工作时，由于环境温度不同和空调系统末端装置设计的进水温度不同，机组的制冷量是变化的。图 12-27 所示是上海冷气机厂生产的 LSQFR-130 机组的制冷量、功耗随环境温度和出水温度变化的特性曲线。由图上可以看出风冷热泵冷热水机组的制冷量是随冷水出水温度的增加而增加，并随环境进风温度的增加而减少。这主要是由于冷水出水温度增加时，相应于系统的蒸发压力提高，压缩机的吸气压力提高后，系统中的制冷剂流量增加了，于是制冷量增大。相反，当环境温度增加时系统中的冷凝压力提高，压缩机的排气压力提高后使系统中的制冷剂流量减少，于是制冷量也减少。

从图 12-27 所示也可看到，机组的功耗是随冷水的出水温度的增加而增加，并随环境温度的增加而增加。这主要是由于当冷水出水温度增加时蒸发压力提高，此时如环境温度不变，则压缩机的压力比减小，对每千克制冷剂的耗功减少，但是由于系统中制冷剂的流量增加，因而压缩机的耗功仍然增大；当环境温度升高时，使系统的冷凝压力升高，导致压缩机的压力比增加，对每千克制冷剂的耗功增加，此时虽然由于冷凝压力提高后使系统中的制冷剂流量略有减少，但压缩机的耗功仍然是增加的。由图上可以看出，风冷热泵机组的制冷量和输入功率大体上与冷水出水温度和环境温度呈线性关系。

二、冬季环境温度、冷水出水温度对机组性能的影响

根据我国制定的风冷热泵冷热水机组的标准，机组的额定制热量是指环境温度为 7℃、出水温度为 45℃时机组的制热量。在实际工作时，由于环境温度不同，空调系统中要求冬季供热水温度不同，而使机组的制热量随之变化。图 12-28 所示为 LSQFR-130 机组的风冷热泵冷热水机组的制热量随环境温度和热水出水温度变化的特性曲线。由图上可以看出，风冷热泵冷热水机组的制热量随热水出水温度的增加而减少，随环境温度的降低而减少。这主要是由于机组制热时，如要求出水温度提高，则必须相应提高冷凝压力，当压缩机冷凝压力提高后，必然导致系统的制冷剂流量减少，制热量也相应减少。当环境温度降低到 0℃左右时空气侧换热器表面结霜加快，此时蒸发温度下降速率增加，机组制热量下降加剧，必须周期地除霜，机组才能正常工作。

从图 12-28 也可见，机组在制热工况下的输入功率随热水的出水温度增加而增加，随环境温度的降低而减少。这主要是由于热水出水温度提高时要求冷凝压力相应提高，此时如环

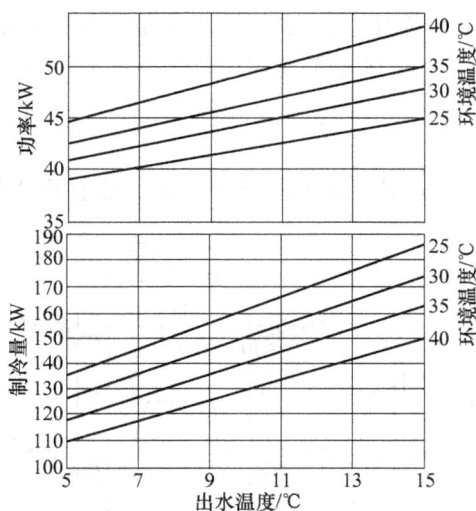

图 12-27 LSQFR-130 机组制冷量、功耗与环境进风温度和冷水出水温度的关系

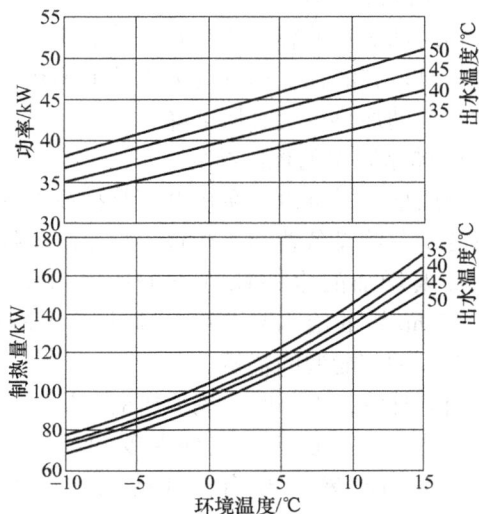

图 12-28 LSQFR-130 机组制冷量、功耗与环境进风温度和热水出水温度的关系

境温度不变，则压缩机的压力比增加，压缩机对每千克制冷剂的耗功增加，导致压缩机的输入功率增加。当环境温度降低时系统中的蒸发温度降低，使压缩机的制冷剂流量减小，特别是环境温度降低到0℃以下时由于空气侧换热器表面结霜，传热温差大，此时流量减少更快，相应压缩机的输入功率大大减小。一般当环境温度降低到 −4 ~ −5℃以下时可起动辅助电加热器以加热供暖系统的回水，从而补偿风冷热泵机组制热量的衰减。

三、冷热水量和室外风量对机组性能的影响

1. 冷热水量的影响

制冷时，当冷水入口温度一定时，冷水量增加使制冷能力亦增加，耗电功率也增加。其原因是冷水出口温度提高和蒸发温度提高之故。

采暖时，当热水入口温度一定时，供热能力随着热水量的增加而增加，但耗电功率有降低的趋势。其原因是热水出口温度变低和冷凝温度降低之故。但对冷热水机器来说，必要的参数是出口温度，当出口温度一定时，即使冷热水流量的变化使冷热水出入口温差发生了变化，但制冷（供热）能力和耗电功率几乎没有变化，原因是蒸发温度和冷凝温度主要是根据出口温度而决定的。因此，与加大冷热水流量增加水泵动力消耗方式比较，在标准流量下提高制冷时的出口温度、降低采暖时的出口温度的方式更节能。

2. 室外风量的影响

当减少空气侧热交换器的风量，制冷时会使冷凝温度上升，制冷能力下降，耗电量增加；采暖时会使蒸发压力降低，供热能力和耗电量减少，降低了机组的能效系数。因此，从节能方面考虑，必须确保吸风口和送风口达到设计的面积。

四、辅机的能耗

空冷热泵机组的辅机有在采暖运行时室外温度降低、热水出口温度降低时工作的辅助加热器；制冷运行时，室外温度较高时向冷凝器（空气侧热交换器）喷水降温的控制结构。压缩机停止运行时，为了防止制冷剂溶解至制冷机油内而工作的曲轴箱加热器等。

1. 辅助加热器

辅助加热器的容量由生产厂商确定，一般为 $0.5kW/hp$（$1hp = 745.7W$）。当辅助加热器动作时，它的耗电功率约为无辅助加热器时的 1.5 倍。随着节能建筑隔热性能的提高，采暖时，辅助加热量会有所下降。

2. 喷水降温的控制结构

一般设计时空冷热泵机型不是按夏季峰值负荷时的制冷能力选择的，而是比它小 1 级，其目的是节约设备费和运行费。喷水降温控制结构需要增加的水的耗量小于 $0.2L/(min \cdot hp)$，50hp 级的给水泵耗电功率小于 0.2kW，故它是一种节能型的辅机。

当室外温度上升时，制冷机的高压压力上升。当达到预先设定的室外温度和高压压力时，喷水用电磁阀开启，自动地向冷凝器（空气侧热交换器）喷水，见图 12-29。图 12-30所示为喷水降温后的制冷能力。在室外温度 35℃，DB 条件下，喷水水温 20℃、喷水

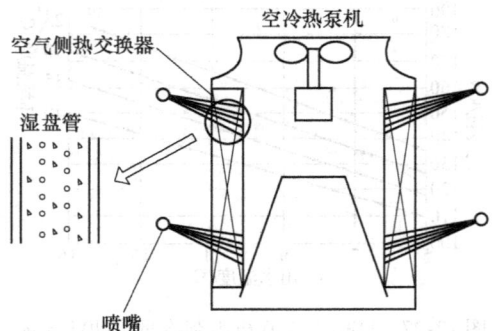

图 12-29　喷水降温控制结构

量 0.2L/（min・hp）的条件下进行降温后，制冷能力约提高 15%。此时，耗电量约降低 10%，能效系数约提高 27%，见图 12-31。

3. 曲轴箱加热器

曲轴箱加热器的容量，每台 40～60hp 压缩机约为 0.15kW；在空冷热泵机停止运行期间通电，耗电量约比运行时增加不到 1%。

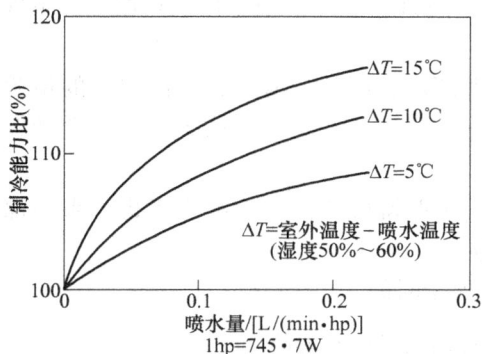

图 12-30　制冷能力特性（喷水后）　　　图 12-31　能效系数（喷水后）

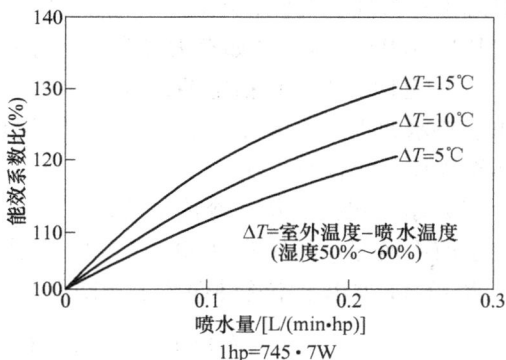

五、空冷热泵机启动时的特性

空冷热泵机的启动有两种，一种是每天早晨的启动或较长时间停止后的启动，另一种是恒温阀停止后的再启动，即停止时间较短后的启动。后者，即使停止数十分钟后启动，制冷机油的温度也不会降得太多，液体制冷剂往低压侧移动量少，液体制冷剂几乎不会溶解至制冷机油内，再启动时不会发生任何问题。前者，由于停止时间较长，液体制冷剂将汇集到低压侧，流入压缩机内并溶解至制冷机油内，启动时，将会产生液体制冷剂对压缩机的反冲和气泡使油位上升等导致损坏压缩机的现象。

为了防止出现上述问题，可以采取泵低速启动（在液体管线中安装电磁阀，启动时的某段时间内关闭电磁阀，断开往低压管线供给液体制冷剂，并缓慢地回收汇集至低压侧的液体制冷剂的方法），也可采取停止低速泵（停止时，运行低速泵将液体制冷剂回收至高压侧，并在回收后的状态下停止运行的方法）。

使用时注意的事项是，机器运行 6h 前必须开启曲轴箱加热器，保持制冷机油至一定温度，然后再启动。

六、空冷热泵机多年使用后的变化

设备所处的环境条件对多年使用后空冷热泵机的性能变化有很大的影响。环境条件指的是设置场所的空气污染程度，冷水、热水的水质和运行的时间以及维护的程度等。

1. 水垢和清洗

空气侧热交换器受到周边空气污染的影响，例如汽车的排气、海边空气中的含盐量等都会加快肋片的腐蚀。预防措施是采用树脂涂层肋片、特殊涂料肋片或铜肋片等。

空冷热泵机水侧热交换器一般使用市政水，受大气污染等的影响较小，水质变化也不大。

当冷热水的水被污染后，污垢等附着在传热管表面上，降低传热性能，因此，应进行定期清洗。清洗一般采用化学清洗法，使用的药液应与污染物的种类相匹配，洗净后，应进行中和处理，确保完全排出药液。

2. 预防保全的内容和效果

预防保全包括日常检查、定期检查和事前更换等。如果做好了预防保全工作，就能充分发挥空冷热泵机的性能，并将故障和偶发事故控制在最小范围内，还能延长它的寿命。

（1）日常检查　每日启动、运行、停止时都要进行日常检查，并将以下项目记录在运行日志上：日期、时间、电压、电流、高压、低压、油压、冷水、热水出入口温度，室外温度（DB、WB），其他（如有无异常声音等）。

（2）定期检查　包括定期检查空冷热泵机的各部件，调节、清扫、注油部件的检验和冷水、热水的水质检查等。定期检查的时间是1个月、3个月、6个月或1年。安全装置的动作至少应每年检查1次。

（3）事前更换　从空冷热泵的设计寿命着想，从保持可靠性和性能上考虑，事后保全将比事前更换部分部件缩短50%～60%的耐用年数。

表12-11列出了空冷热泵机的预防保全内容和保全时间。

表12-11　空冷热泵机的预防保全内容和保全时间

设 备 部 件		保 全 内 容	保 全 时 间
活塞式		拆检	4年
螺杆式		拆检	5年
水热交换器		清洗	3年
空气热交换器		清洗	5年
风机	V带	交换	3年
	轴承	交换	7年
保安部件(压力开关、压力计等)		交换	5～7年
电气部件		交换	7～10年
结构部件		清洗、刷漆	3～5年

注：本表中的保全时期为大概的目标值，如设置环境和使用状况不同，其值也不相同。

第六节　锅炉的节能

在能源消耗系统中，锅炉及供热系统占有很大的比例，因而提高锅炉的热效率，降低锅炉及供热系统的热损耗，是节约能源的一项十分重要的任务。由于环保要求，目前许多城市已普遍使用燃油（气）锅炉，运行成本增加很多。本节旨在通过介绍一些技术方法来提高锅炉热效率，达到锅炉安全经济节能运行的目的。

一、锅炉热效率分析及减少热损失

通过测定和计算锅炉各项热量损失，以求得热效率的方法叫反平衡法，又叫间接测量法。此法有利于对锅炉进行全面的分析，找出影响热效率的各种因素，提出提高热效率的途径。反平衡热效率 η 可用以下公式计算。

$$\eta = 100\% - 各项热损失的百分比之和$$
$$= 100\% - (q_1 + q_2 + q_3 + q_4 + q_5)\% \qquad (12\text{-}8)$$

式中　q_1——排烟热损失；

　　　q_2——气体不完全燃烧热损失；

　　　q_3——固体不完全燃烧热损失；

　　　q_4——散热损失；

　　　q_5——灰渣物理热损失。

排烟损失的大小，直接影响锅炉热效率。应该尽可能降低排烟温度，排烟温度越高，排烟热损失越大。一般排烟温度每提高 12~15℃，排烟热损失将增加 1%。排烟温度应由技术经济比较来决定，排烟温度降低，锅炉效率增加，可节省燃料。但是，此时锅炉受热面增加，投资增加。另外，排烟温度下降，受热面腐蚀加重。因此，合理的排烟温度应由这两方面作技术经济比较来决定。对中、小容量的工业锅炉而言，排烟温度可按表 12-12 选用。

表 12-12　排烟温度值表

容量/（t/h）	燃　　料	
	分析水分≤3%的煤	分析水分 = 4%~20%的煤
$D < 10$	160~180℃	120~130℃
$D > 10$	180~200℃	140~150℃

排气热回收是一种有效改善效率的方式。图 12-32 所示为锅炉效率和排烟温度的关系。在工业锅炉的尾部加装省煤器或空气预热器是降低排烟温度的有效措施。中小容量的工业锅炉大多是加装省煤器，水温提高 1℃ 排烟温度可下降 2~3℃。一般装有省煤器的水管锅炉，排烟热损失约为 6%~12%，不装省煤器时往往高达 20% 以上。常用锅炉的排气温度是 260~300℃，效率一般是 85%~87%；设置空气预热器、省煤器回收排气热量后，排气温度下降到 140~200℃，锅炉效率提高到 90%~93%。

锅炉的其他热损失也应采取措施使之减小，如加装二次风，降低固体不完全燃烧热损失 q_3；做好炉体及烟箱的保温，以降低散热损失 q_4 等。

二、强化受热面传热

锅炉对流受热面的传热过程如图 12-33 所示。

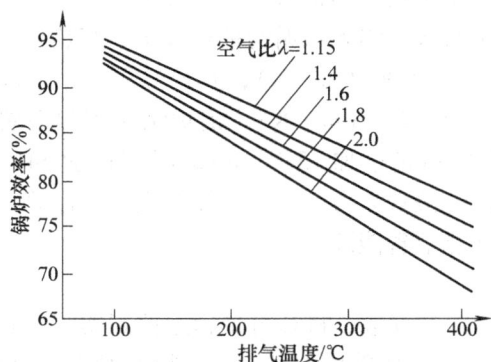

图 12-32　锅炉效率和排烟温度、空气比的关系

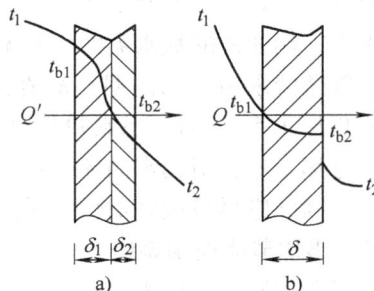

图 12-33　锅炉对流受热面的传热过程

在正常情况下，锅炉受热面不结水垢、不积灰，其传热情况较好，此时，单壁导热的热量可按下式计算。

$$Q = \lambda \frac{A(t_{b1} - t_{b2})}{\delta} \tag{12-9}$$

式中　A——受热面积（m^2）；

　　　δ——壁厚（m）；

　　　λ——热导率［W/(m·K)］；

　　　t_b——相应的壁温（℃）；

　　　Q——传热量（kJ/h）。

如 $\delta = 0.004m$、$t_{b1} = 181℃$、$t_{b2} = 175℃$，取钢材的 $\lambda = 45.28 W/(m·K)$，则单位面积（$A = 1m^2$）传递的热量为

$$Q = [45.28 \times 1 \times (181 - 175)/0.004] W = 67920 W$$

如若受热面结水垢，其传热情况如图 12-33a 所示，此时传热量 Q' 按下式计算。

$$Q' = \frac{A(t_{b1} - t_{b2})}{\frac{\delta_1}{\lambda_1} + \frac{\delta_2}{\lambda_2}} \tag{12-10}$$

式中　δ_1、δ_2——钢材和水垢的厚度（m）；

　　　λ_1、λ_2——钢材和水垢的热导率［W/(m·K)］。

如果结水垢厚度为 1mm［取水垢热导率 $\lambda_2 = 1.75 W/(m·K)$］，则其传热量将下降为

$$Q' = \frac{1 \times (181 - 175)}{\frac{0.004}{45.28} + \frac{0.001}{1.75}} W = 9095 W$$

由上面的实例可见，结水垢（积灰情况相同）后，传热量显著下降，如需保持同样的传热量，则必须增加燃料量，就要浪费能源，且此时热阻增加，壁温将升高为

$$T_{b1} = \frac{Q}{A}\left[\frac{\delta_1}{\lambda_1} + \frac{\delta_2}{\lambda_2}\right] + T_{b2} = \left[\frac{67920}{1}\left(\frac{0.004}{45.28} + \frac{0.001}{1.75}\right) + 448\right] K = 493 K$$

即比原来升高45℃，如若结水垢厚度大于1mm，温升将更大，有时会烧坏管子。因此，为了节约能源和保证锅炉安全运行，必须保证受热面不结垢、不积灰，这就要求锅炉给水应按标准处理，锅炉必须安装吹灰器，锅炉运行时必须吹灰。锅炉水垢的种类很多，其热导率相差也很大，例如硅酸盐水垢的 λ 值较小，为 $0.08 \sim 0.23 W/(m·K)$，其温升更大，危险性更大；碳酸盐水垢（结晶型）λ 值较大，为 $0.56 \sim 5.83 W/(m·K)$。锅炉结垢不但浪费燃料（水垢厚1.5mm时，燃料量增加6%；5mm时燃料量增加15%；8mm时则增加34%）、使金属过热，还会引起水循环破坏、腐蚀，化学清洗浪费人力、物力，缩短锅炉寿命等一系列恶果。因此应尽量做到锅炉无垢或薄垢运行，才能节省能源。

三、锅炉节能控制系统

以工业控制计算机为核心，并配以智能型仪表、数显表、PLC 可编程序控制器等，对锅炉运行中的各种参数进行监测、调节和计量；利用当代高科技产品——变频器对锅炉引风、鼓风、炉排、补水泵、循环水泵电动机等进行调速控制，使风机、水泵等处于经济合理的运行状态，这对提高锅炉的工作效率、延长锅炉寿命、提高过程的稳定性等方面都有很大改善。

1. 运行参数的检测与监测

锅炉系统在运行过程中需要检测的参数繁多（系统模拟参见图12-34），对这些参数需要进行实时监测、调节和计量。系统运行过程中传感器在线检测运行参数信号传给控制室数显仪表，仪表显示工况参数值，同时将信号传输给计算机。计算机显示每台锅炉运行的实时参数，形象地显示锅炉系统工艺流程图，并在相应位置显示主要的现场模拟量参数，对主要实时参数进行任意时刻前30min的曲线显示，以便观察变化趋势，对主要历史参数进行1min间隔的趋势曲线显示，以便观察设备的运行工况趋势。

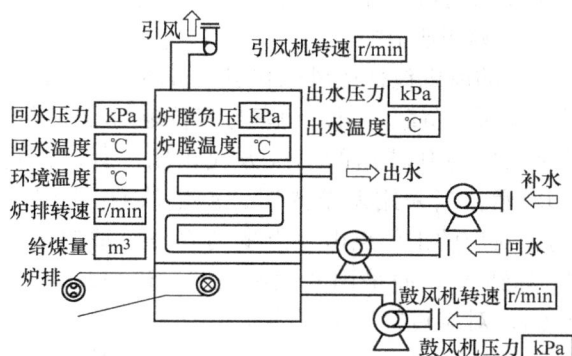

图12-34 锅炉系统模拟图

2. 锅炉运行的自动控制

锅炉运行的控制系统流程如图12-35所示。

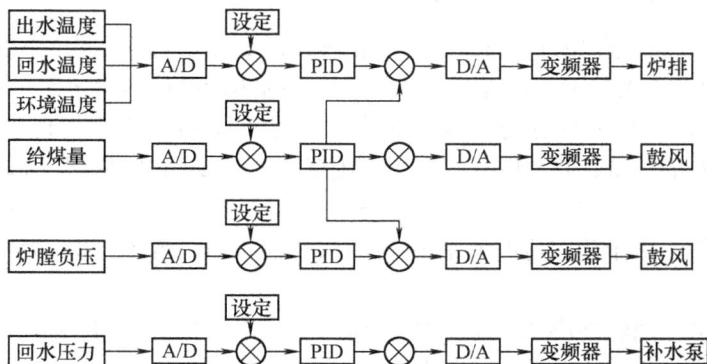

图12-35 锅炉运行的控制系统流程图

（1）引风控制 以锅炉负压值为指标并结合送风量的变化，由计算机进行运算和调节、控制引风机变频器，驱动引风机通过变频器调节引风量，保持炉膛负压最佳工况。

（2）鼓风控制 以给煤量为指标，并结合风煤比，由计算机进行运算和调节、控制鼓风机变频器，驱动鼓风机通过变频调速调节风量，使煤得到完全燃烧。

（3）给煤控制 以锅炉出水温度为指标，并结合环境温度、回水温度的变化和风煤比，由计算机进行运算和调节控制炉排电动机变频器，驱动炉排电动机通过变频调速控制给煤量，也可采用电磁调速电动机（滑差电动机）调节炉排速度控制给煤量。同时，煤挡板高度也可通过执行器自动或手动控制。

（4）补水控制 计算机根据锅炉回水压力的变化，控制补水泵变频器，由变频器驱动水泵运行实现自动补水，保证管网压力稳定。

（5）循环水控制 根据热网运行参数的变化，采用自动控制的方法，由计算机控制循环水泵变频器调节循环水流量。对于多台水泵，可用变频器调节转速，用调节基板或可编程序控制器（PLC）控制泵的投入台数，实现循环水流量的自动控制。

3. 变频调速节能

锅炉的风机包括送风机和引风机两种，可选用变频调速器与控制阀并存的控制方式。对于风机和泵类负载，所需功率与其转矩和转速成正比，而转矩又与其转速的平方成正比，也即其轴功率与其转速的三次方成正比，所以，使转速下降可达到明显的节能目的。如图12-36所示，当采用调节阀时，流量从 Q_1 下降到 Q_2，对应的工作点由 A 点变到 B 点，轴功率由 N_1 降到 N_2；而采用变频调速时，流量从 Q_1 降到 Q_2，对应转速从 n_1 降到 n_2，工作点由 A 点变为 B 点，轴功率由 N_1 降到 N_3，由图可直观看出，同样的流量 Q_2，后者与前者相比，轴功率降低了 $\Delta N = N_2 - N_3$，由此可见变频调速技术节能效果是非常明显的。

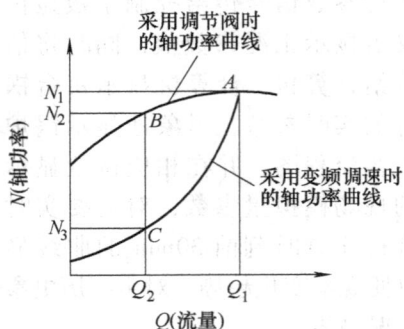

图 12-36 采用调节阀与采用变频调速的轴功率对比图

四、蒸汽冷凝水的回收

目前一般的工业和生活用蒸汽锅炉，蒸汽多用作热源，而实际上被使用的仅仅是蒸汽的潜热——汽化热，蒸汽的显热——凝结水具有的热量几乎全部被丢弃。蒸汽在用汽设备中放出汽化热后，变为近乎同温同压下的饱和冷凝水，由于蒸汽的使用压力大于大气压力，所以冷凝水所具有的热量可达蒸汽全部热量的 20%～30%，且压力、温度越高，冷凝水具有的热量就越多，占蒸汽总热量的比例也就越大。如果能够100% 的回收冷凝水的热量，并加以有效利用，则锅炉所需要的燃料可节约 20%～30%。冷凝水的回收就是对蒸汽热量和凝结水量的回收和利用。其经济效益可以归结为：

（1）节约燃料 由于蒸汽冷凝水有较高的回水温度（一般约 60～95℃），可以提高锅炉的补给水温度。

（2）节约用水 回收冷凝水一般可以达到锅炉补给水量的 40%～80%，减少锅炉软水用量，回水中钙镁离子含量很低，所以也节省了水处理费用。

（3）提高环保质量 由于燃料的降低，将减少锅炉燃烧废气的排放，同时凝结水水质好，可以减少锅炉的排污量，改善环境。

但由于蒸汽管道和冷凝水系统常伴有腐蚀发生，回收的凝结水中铁离子含量一般较高。如果回收作给水的凝结水铁离子含量高，就会加速锅炉金属的电化学腐蚀，同时容易在锅炉受热面生成铁垢，影响传热。有关资料表明，可以从以下三方面对此进行预防：首先，在水处理方面，控制给水中的溶解氧含量和碳酸盐碱度，减少氧腐蚀和二氧化碳腐蚀，必要时加一些防腐药剂，防止系统腐蚀；其次，考虑凝结水管道采用耐压耐高温的工程塑料管代替普通钢管，减少管道腐蚀影响；最后，在凝结水进入给水箱或凝结水箱前应增设旁路和取样点，及时化验凝结水，避免给水污染和确保锅炉的运行安全。

五、重视维护保养与加强管理

1）由于锅炉及供热系统温度比环境温度高得多，使锅炉本体及供热系统向周围放热而产生损失在所难免。为了减少热损失，必须加强维护，对锅炉本体及管道要做好保温层，减少热损失。热力管网及阀门等漏水也是热损失一个不可忽视的环节，热力管路的绝热保护必须妥善处理。对使用热水管道集汽罐排气时，尽量使用自动排气阀或密闭关锁阀门，避免随便开阀门放热水。另外，经常检查供热系统中的阀门、接头及散热气孔，随时消除漏水现象。

2）加强管理，包括技术管理及成本管理两方面。在技术管理方面，应根据具体情况尽可能设置完善的管理系统。如燃烧中应该有取样装置、各种计量装置及仪表。必须进行科学合理的定期排污。有资料表明，锅炉排污与节能的关系是，若排污率超标每增加 1%，所消耗的能源 Q 占锅炉能耗的 0.2% ~ 1%。在成本管理方面，减少燃料自然损耗；蒸汽和热水是锅炉房的产品，产量要有计划，分析要有计量。锅炉设备维修管理也是十分重要的，停炉时要有检查制度，并派专人维修，对操作人员要加强节能意识的教育，形成一个人人讲节能，人人关心节能的局面。

第七节　组装式空调机组的节能

一、组装式空调机组的构成及其性能

组装式空调机组由以下部分构成：压缩蒸气制冷剂的压缩机；冷凝蒸气制冷剂的冷凝器（水冷式或空冷式）；减压液体制冷剂和控制流量的膨胀阀或毛细管；蒸发制冷剂的蒸发器等。

1. 压缩机

容积式压缩机的制冷能力按下式计算。

$$Q_0 = \left(\frac{V\eta_v}{v} \right) \Delta h_E \tag{12-11}$$

式中　Q_0——制冷能力（kJ/h）；

V——排量（m^3/h）；

v——吸入蒸气的比体积（m^3/kg）；

η_v——体积效率；

Δh_E——低温侧制冷剂的有效质量焓差（kJ/kg）；

$V\eta_v/v$——制冷剂的循环质量。

从机组看，压缩机可看做是一种液体循环泵，该泵的性能仅与排气压力、吸气压力和温度有关。Δh_E 与制冷剂膨胀阀（毛细管）前的过冷却度和吸入过热度有关。压缩机的性能是吸入压力饱和温度和排出压力饱和温度（冷凝温度）的函数。

2. 冷凝器

用下式表示冷凝器的性能：

$$Q_c = c_{min} \varepsilon (T_r - T_1) \tag{12-12}$$

式中　Q_c——交换热量（kJ/h）；

c_{min}——冷却流体 1h 内变化 1K 所交换的热量 [（kJ/(h·K)]；

ε——热交换器的有效度 [等于 $1 - \exp(-NTU)$]；

T_r——制冷剂温度（等于冷凝温度）（K）；

T_1——冷却流体的入口温度（K）。

水冷时 $c_{min} = c_{p,w} G_w$，$c_{p,w}$ 为水的比定压热容 [kJ/(kg·K)]，G_w 为冷却水量（kg/h）；空冷时 $c_{min} = c_{p,a} G_{ao}$，$C_{p,a}$ 为空气的比定压热容 [kJ/(kg·K)]，G_{ao} 为冷却风量（kg/h）。

NTU 为换热器相对于流体热容流量的传热能力的大小，按下式计算：

$$NTU = AU/c_{\min} \tag{12-13}$$

式中　A——热交换面积（冷却流体侧）（m^2）；

　　　　U——传热率 $[kJ/(m^2 \cdot h \cdot K)]$。

水冷时：

$$\frac{1}{3.6U} = \frac{1}{K_r \tau \eta_f} + \frac{1}{K_w}$$

空冷时：

$$\frac{1}{3.6U} = \frac{\tau}{K_r} + R_m + \frac{1}{K_\alpha}$$

式中　K_r——制冷剂侧表面传热系数 $[W/(m^2 \cdot K)]$；

　　　　τ——内外面积比；

　　　　η_f——肋效率；

　　　　K_w——水侧表面传热系数 $[W/(m^2 \cdot K)]$；

　　　　K_α——空气侧表面传热系数 $[W/(m^2 \cdot K)]$；

　　　　R_m——肋金属热阻（$m^2 \cdot K/W$）。

水冷时，若入口水温一定，以冷凝温度作为参数，则它的性能是冷却水量的函数。空冷时，以冷凝温度作为参数，则它的性能是空气温度或冷却风量的函数。

此外，将冷凝器与压缩机组合成一体的机组称为冷凝机组。冷凝器放出的热量是制冷能力和压缩机的动力之和。

3. 蒸发器

用下式表示蒸发器的性能：

$$Q_E = G_{ai} CF(h_a^E - h_a) \approx \frac{A_0}{(\tau/K_r) + R_m}(T_s - T_r) \tag{12-14}$$

$$CF = 1 - BF \tag{12-15}$$

$$BF = \exp\left(-\frac{K_\alpha A_0}{c_{p,a} G_{ai}}\right) \tag{12-16}$$

式中　Q_E——交换热量（kJ/h）；

　　　　G_{ai}——空气流量 $[kg(DA)/h]$；

　　　　h_a^E——入口空气质量焓（kJ/kg）（DA）；

　　　　h_a——在蒸发器平均表面温度条件下的饱和空气质量焓（kJ/kg）（DA）；

　　　　CF——接触系数；

　　　　BF——分流系数；

　　　　A_0——空气侧传热面积（m^2）；

　　　　T_s——蒸发器的平均表面温度（K）；

　　　　T_r——制冷剂温度（等于蒸发温度）（K）。

若以蒸发温度作为参数，则蒸发器的特性是入口空气温度和风量的函数。此外，空气焓和湿球温度是相对应的，故可用湿球温度取代空气质量焓。

二、机组运行特性

1. 机组运行点

通过压缩机特性图能求出机组的运行点（见图 12-37）。此时，采用膨胀阀或毛细管调节制冷剂流量，使进入到蒸发器内的制冷剂量达到设计要求量。从蒸发器到压缩机的吸入管道内会产生压力损失，因此，蒸发温度不一定等于吸入压力下的饱和温度，故应尽量减少该处的压力损失。

2. 实际运行特性

上述机组的运行特性是冷凝器侧的流体温度和流量、蒸发器侧的空气质量焓和风量的函数。

一般厂商样本上表示的能力和耗电功率是根据国家相关标准规定的温度条件下（见表12-13）的值。当温度条件变化时，其值发生变化（见图12-38～图12-42）。图12-38所示为根据室内入口空气湿球温度、风量和冷凝温度计算水冷机制冷能力的过程。图12-39所示为根据冷却水入口温度、冷却水水量、室内侧空气入口湿球温度计算冷凝温度的过程。从图12-40上，能根据上述运行点计算出机组的耗电功率。图12-41和图12-42分别表示根据室外温度条件计算空冷热泵的能力和耗电功率的过程。

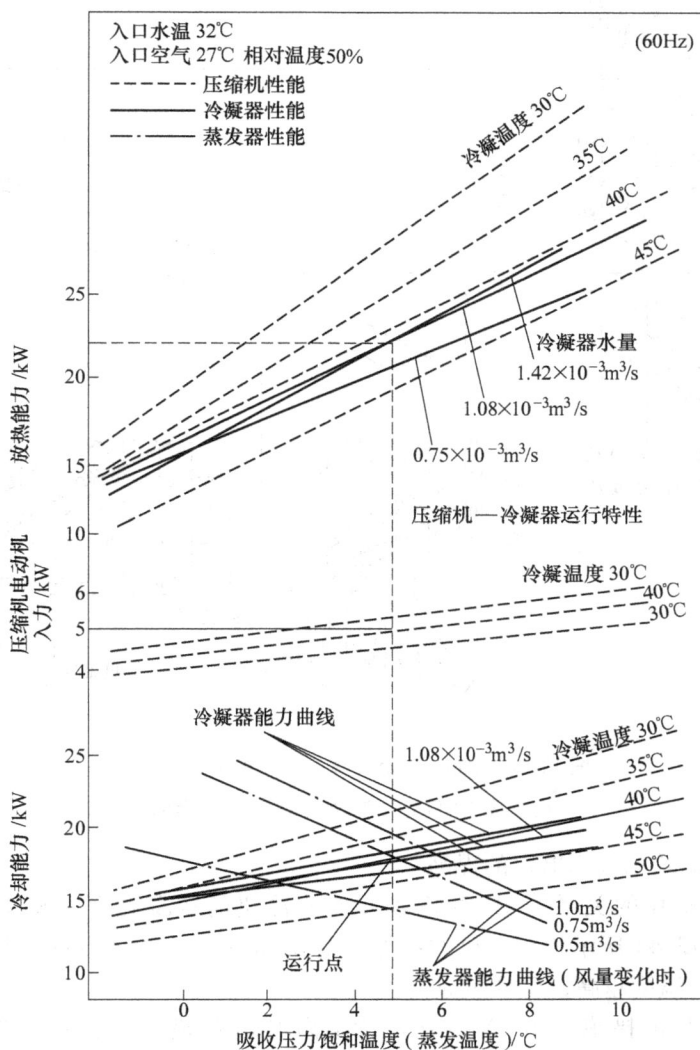

图 12-37　压缩机特性图上的机组运行点

表 12-13　标准温度条件　　　　　　　　　　　（单位：℃）

	室内侧入口空气状态		空气侧状态					
			空冷式		水冷制冷专用		水冷热泵式	
	干球温度	湿球温度	干球温度	湿球温度	入口水温	出口水温	入口水温	出口水温
制冷条件	27	19.5	35	24	30	35	18	29
采暖条件	21	—	7	6	—	—	15.5	—

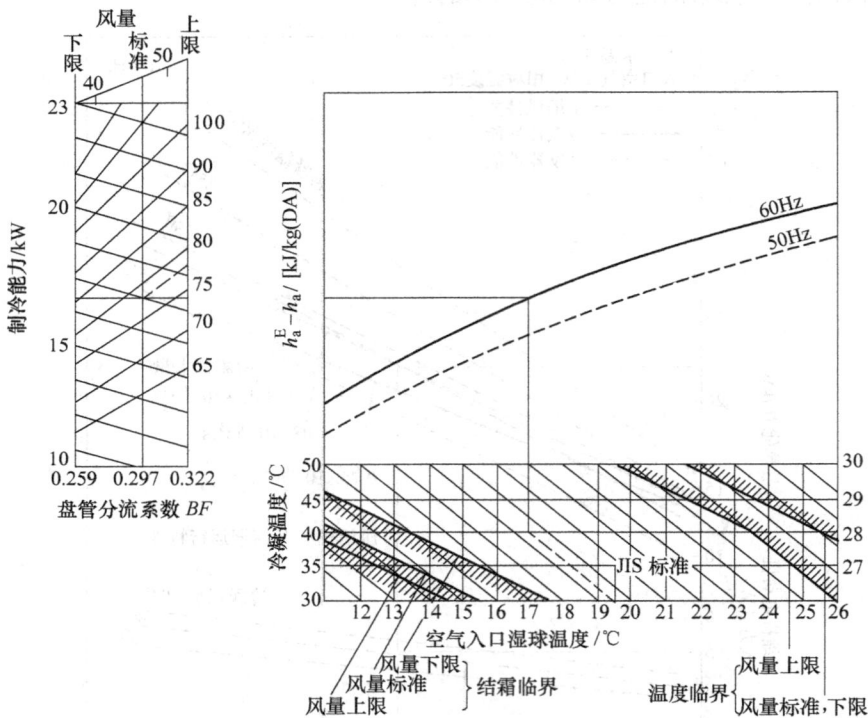

图 12-38　5hp（3728.5W）水冷机的能力特性

h_a^E—盘管入口空气焓　h_a—盘管表面空气焓

3. 机组制冷能效比（EER）的提高

（1）温度与 EER 的关系　图 12-43 所示为水冷机的冷凝温度、入口空气湿球温度和 EER 的关系，图 12-44 所示为空冷机的室外温度和 EER 的关系。当室外温度、冷凝温度越低，或者空气湿球温度越高，EER 就越高。

（2）提高 EER 的措施　图 12-45 所示为提高 EER 的措施，最主要的措施是提高压缩机、冷凝器和蒸发器的性能。从图 12-46 可知，对 EER 影响最大的因素是压缩机效率的提高。

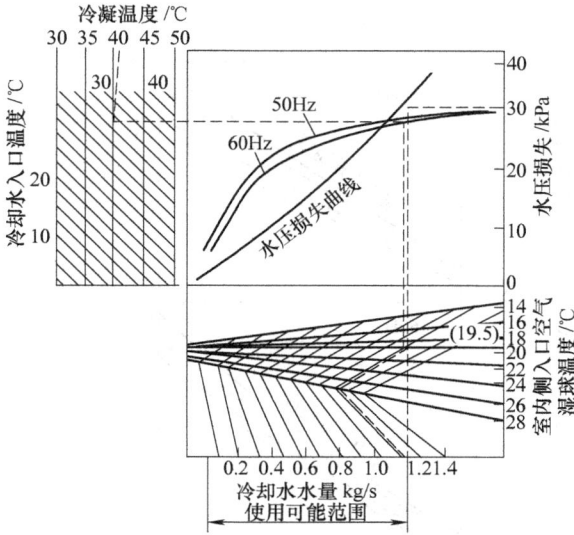

图 12-39　5hp（3728.5W）水冷机的冷凝器特性

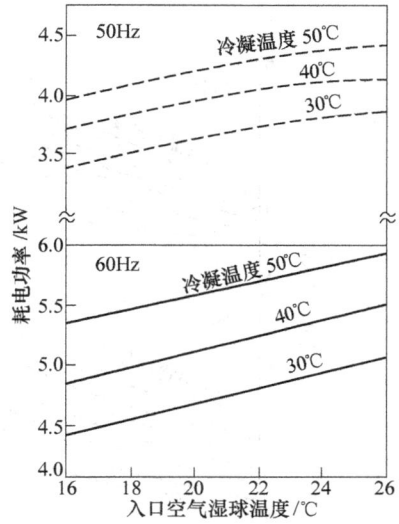

图 12-40　5hp（3728.5W）水冷机
的耗电功率特性

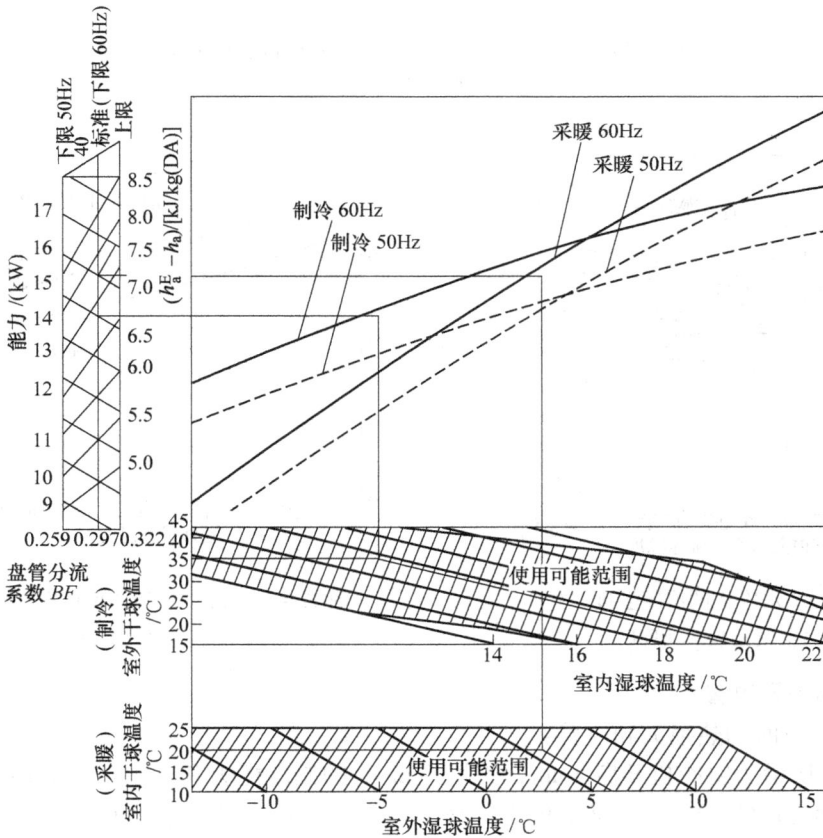

图 12-41　5hp（3728.5W）空冷热泵的能力特性

h_a^E—盘管入口空气焓　h_a—盘管表面空气焓

例：在标准条件下 60Hz 制冷能力 13000kcal/h，采暖能力 14000kcal/h

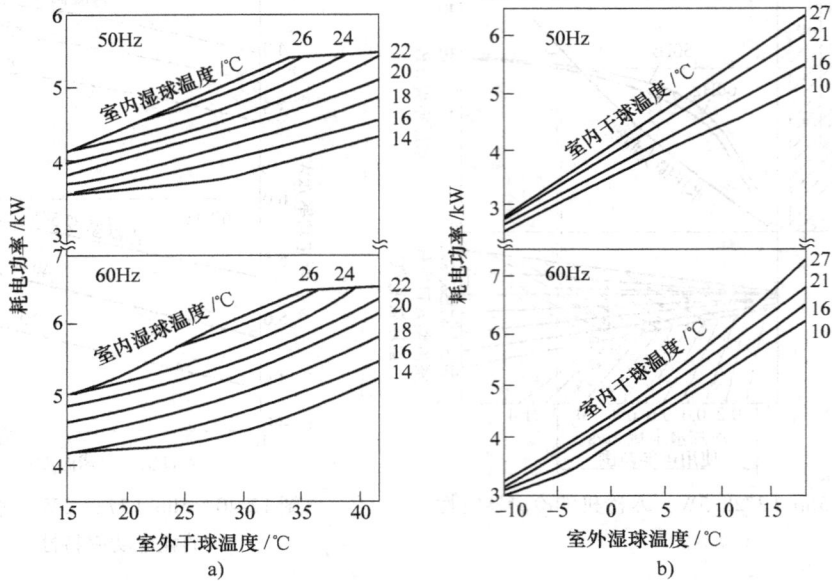

图 12-42　5hp（3728.5W）空冷热泵的室外温度-耗电功率特性

a）制冷　b）采暖

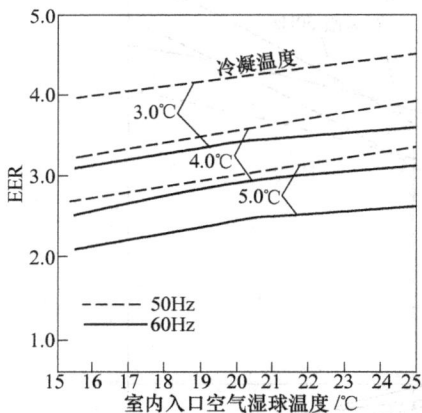

图 12-43　水冷机的冷凝温度-入口空气温度和 EER

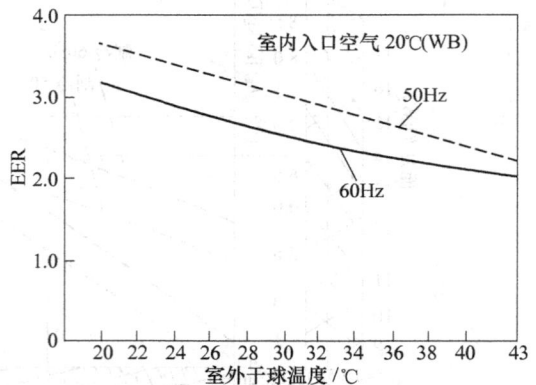

图 12-44　5hp（3728.5W）空冷机的室外温度和 EER

三、热损失及改善

1. 开关运行时的热损失和改善

图 12-47 所示为空冷机开启 5min、关闭 5min 时的制冷能力和耗电量。制冷能力估计为理想状况连续运行的 50%，实际上仅为 41%，EER 为 83%。产生损失的主要原因如下。

1）起动损失，即从压缩机、风机开始运行到达稳定的正常的性能时的损失，也就是压缩机停止时，制冷循环的液化制冷剂没有效果。

2）压缩机停止时，在蒸发器中凝结水再蒸发产生的损失。

制冷能力 Q
$Q=\Delta h_E G_T$

制冷效率 $(\Delta h_E = h_3 - h_2)$

单级循环
多级循环

提高措施

减少 h_2
$(h_2 \to 小)$
选择合适的过冷却度
多级压缩循环
过冷却增强盘管
液、气热交换

$EER=\dfrac{制冷能力}{总耗电量}$

加大分子

降低分母

制冷剂循环量 G_T
$G_T = V\eta_V / v$
V: 排量
v: 吸入气体比体积
η_V: 体积效率

降低冷凝温度 $(\eta_V \to 大)$
提高蒸发温度 $(\eta_V \to 大)$
降低吸入气体温度 $(V \to 小)$
减少管道压力损失 $(\eta_V \to 大)$
减少吸入管道的压力损失
增加压缩机的体积效率
减少吸入管道的压力损失
降低再膨胀损失
降低泄漏损失

压缩机做功 W
$W=\dfrac{绝热压缩功}{(压缩效率)\times(机械效率)\times(电动机效率)}$
$\dfrac{}{\eta_t \quad \eta_m \quad \eta_M}$

绝热压缩功
$W_0 = \dfrac{K}{K-1} p_1 V_1 [(\dfrac{p_2}{p_1})^{\frac{\kappa-1}{\kappa}} - 1]$
(齿轮间歇 $=0$ 时)

压缩比 $\dfrac{p_2}{p_1}$ 的减小
降低冷凝温度
提高蒸发温度

使绝热压缩接近等温压缩

压缩比减小
压缩功
减少排量 V
多变曲线
隔热

风机动力 N
$N=\dfrac{风量\times静压}{(静压效率 \eta_s)\times(电动机效率 \eta_M)}$

压缩效率 η_t
机械效率 η_m
电动机效率 η_M

减少吸入,排气阀损失,提高电动机效率

提高风机静压效率 η_s
提高电动机效率 η_M

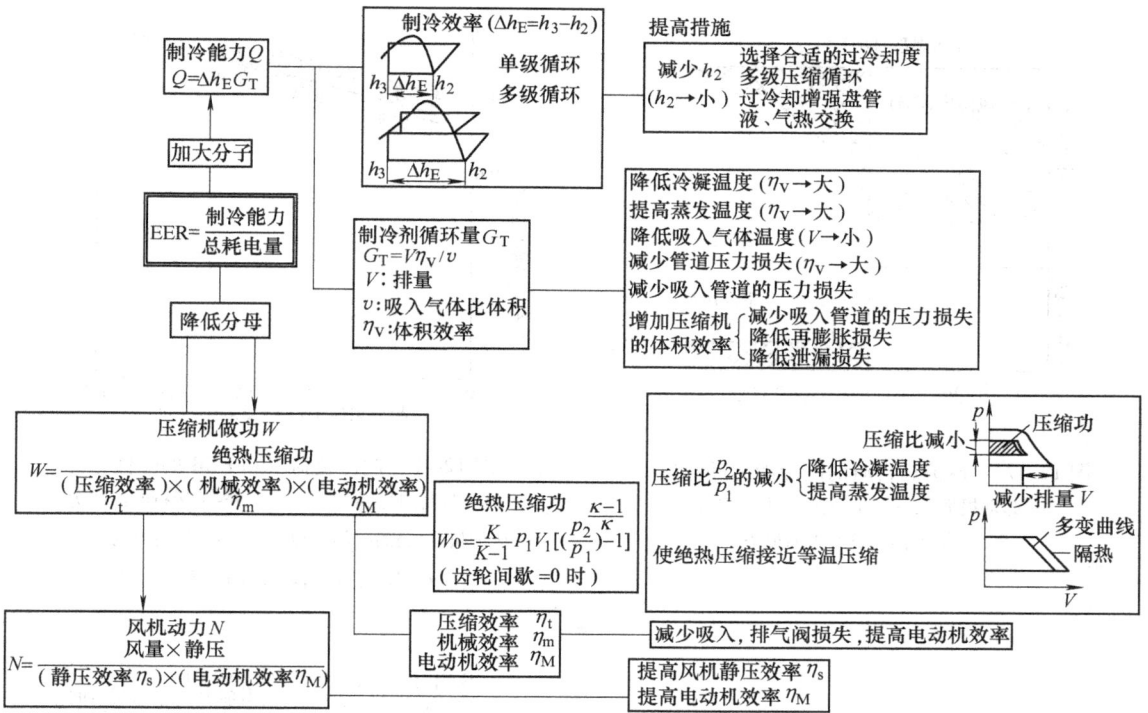

图 12-45 提高 EER 的措施

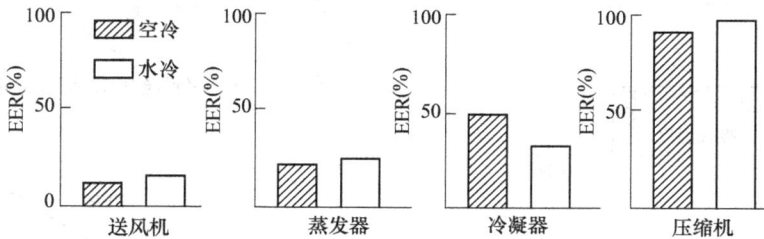

空冷
水冷

送风机　蒸发器　冷凝器　压缩机

图 12-46 各因素对 EER 的影响

3) 压缩机停止时,室内风机入力的损失。

其中 1) 是主要原因,2)、3) 中若将室内风机与压缩机开、关连动,则能改善 EER,但改善的效果较少。原因是,连动时减少了 3) 的损失,但同时减少了凝结水再蒸发的制冷能力,故减少了全部制冷能力。但连动时能够有效地防止显热比的提高。

以 PLF (部分负荷率) 表示相对稳定运行时开、关运行时的 EER 降低率;以 CLF (制冷负荷率) 表示制冷能力的降低率,则从图 12-48 可知,CLF 在 0.1 ~ 1.0 之间时,两者为直线关系。

减少起动损失的方法是在压缩机停止运行的同时,断开冷凝器和蒸发器之间的制冷剂回路。试验结果表明,采用此种方法可使制冷能力的 EER 提高 15% ~ 20%,采暖能力的 COP 提高 5% ~ 10%。

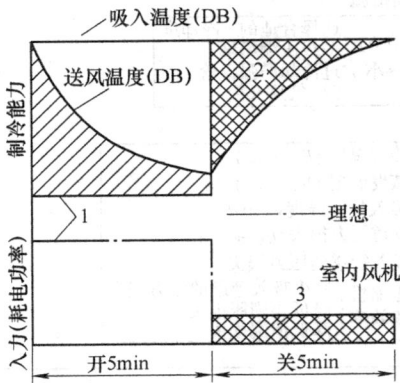

图 12-47　开-关运行时的制冷能力耗电量
1—起动损失　2—室内风机入力的损失
3—凝结水再蒸发产生的损失

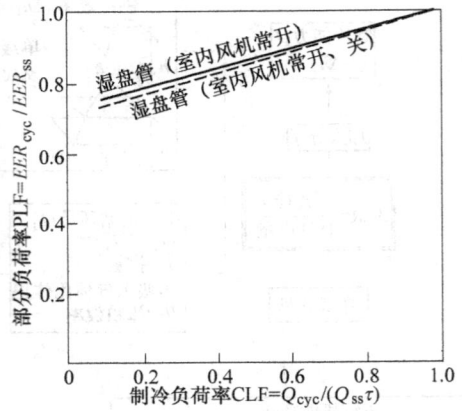

图 12-48　制冷负荷率和 EER 的降低
Q_{ss}—稳定运行时的能力　Q_{cyc}—开-关运行时的能力
τ—压缩机开-关的时间　EER_{ss}—稳定运行时的 EER
EER_{cyc}—开-关运行时的 EER

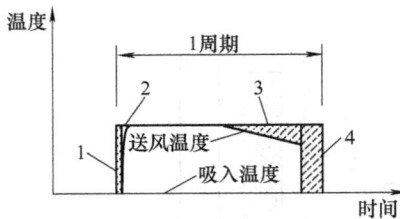

图 12-49　结霜-除霜循环时的
室内机组运行特性
1—热起动损失　2—起动损失
3—结霜损失　4—除霜损失

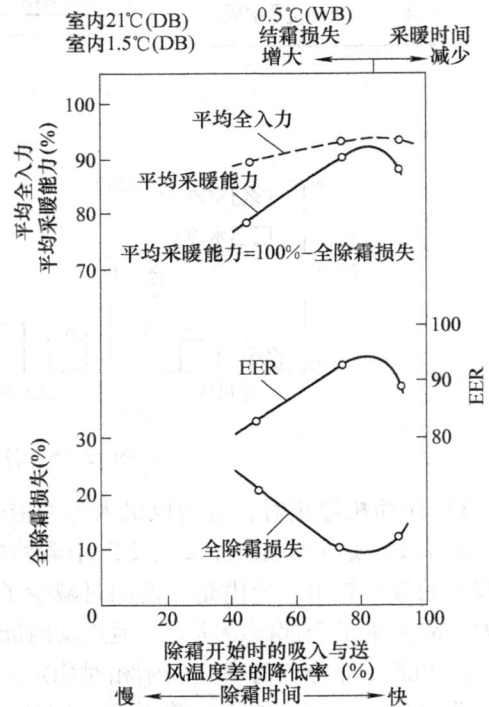

图 12-50　除霜时间和除霜损失

2. 结霜、除霜时的热损失

图 12-49 所示为空冷热泵的运行特性，斜线部分表示热损失，各组成部分的内容及与最大能力的比值如下：

（1）热起动损失　除霜后到室内热交换器变暖时期，停止室内风机运行，采暖能力为 0 的损失（与（2）合计为 1% ~ 3%）。

（2）起动损失　从起动室内风机到送风温度为稳定状态的损失。

（3）结霜损失　结霜时，增加了热交换表面的热阻，降低了吸热能力的损失（约 2% ~ 10%）。

（4）除霜损失　从除霜开关动作后进入到除霜周期至终了的损失（约 6% ~ 10%）。

故降低（3）、（4）的损失非常重要。关于（3）热交换器的性能是至关重要的，但正确地检测结霜和进入除霜周期也是很重要的。图 12-50 所示为除霜开始时的吸入温度和送风温度差与最大温度差的降低率与除霜损失的关系。从该图可知，在降低率为 85% 时开始除霜，其损失最小，EER 最大。

第八节　空调机及风机盘管的节能

一、空调机的节能

1. 空调机的能效比

一般用能效系数 C_{AHU} 表示空调机的能效比。C_{AHU} 可按下式求出。

$$C_{AHU} = \frac{Q_S + Q_L}{3.6 \times (E_A + E_W)} \qquad (12-17)$$

式中　Q_S——显热量（kJ/h）；

　　　Q_L——潜热量（kJ/h）；

　　　E_A——空调机空气动力（W）；

　　　E_W——空调机水泵动力（W）。

空调机内部包括的部件对机内压力损失有很大的影响，风机的布置形式对压力损失的影响也很大（见图 12-51），其中 VR 形水平式布置的压力损失最小。表 12-14、表 12-15 列出了在图 12-52 所示条件下计算出的空调机制冷和采暖时的 C_{AHU}。

制冷时的条件：

1）送风机全压力效率　$\eta_T = 50\%$；

2）泵效率　$\eta_P = 60\%$；

3）入口空气条件 28℃（DB），22℃（WB）；

4）冷水入口温度 7℃；

5）冷水出口温度 12℃；

6）标准风速 $v_f = 2.7 m/s$；

7）盘管 7 形肋 6 排。

采暖时的条件：

1）入口空气条件　15℃（DB）；

2）热水入口温度　50℃；

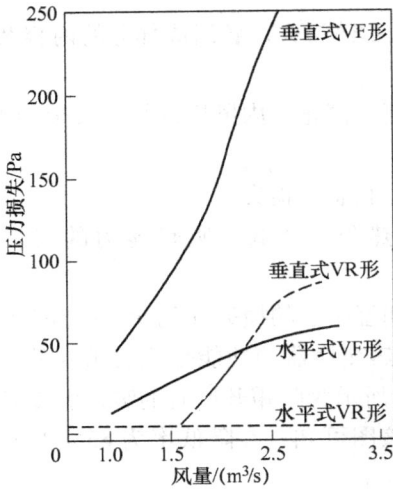

图 12-51　不同布置形式的压力损失图

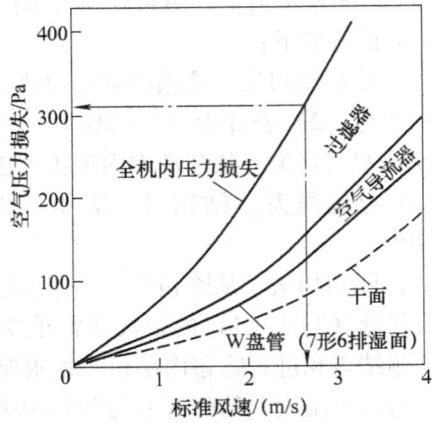

图 12-52　空调机内压力损失

表 12-14　空调机的 C_{AHU}（制冷）

风量/ （m³/s）	冷却能力/ kW	水量/ （m³/s）	水压损失/ kPa	E_W/ W	空气压力损失/ Pa	E_A/ W	C_{AHU}
1. 42	40. 96	1. 95 × 10⁻³	4. 02	13	313. 81	891	45. 3
4	124. 32	5. 92 × 10⁻³	23. 93	237	313. 81	2510	45. 2
5. 14	150. 49	7. 2 × 10⁻³	5. 20	63	313. 81	3225	45. 7
7. 78	232. 6	1. 103 × 10⁻²	9. 22	170	313. 81	4880	46. 0
10. 72	331. 92	1. 57 × 10⁻²	16. 87	442	313. 81	6728	46. 3

注：入口空气条件 28℃（DB），22℃（WB）$t_{wl} = 7℃$，供回水温度为 5℃。

表 12-15　空调机的 C_{AHU}（采暖）

风量/ （m³/s）	加热能力/ kW	水量/ （m³/s）	水压损失/ /kPa	E_W/ W	空气压力损失/ Pa	E_A/ W	C_{AHU}
1. 42	46. 07	2. 2 × 10⁻³	4. 90	18	268. 68	765	58. 8
4	128. 51	5. 33 × 10⁻³	3. 92	41	268. 68	2157	58. 5
5. 14	167. 123	8. 0 × 10⁻³	6. 28	84	268. 68	2770	58. 5
7. 78	256. 09	1. 22 × 10⁻²	10. 98	224	268. 68	4192	58. 0
10. 72	356. 58	1. 695 × 10⁻²	19. 22	543	268. 68	5779	56. 4

注：入口空气条件 15℃（DB），8℃（WB），$t_{wl} = 50℃$，供回水温度为 5℃。

3）热水出口温度　45℃。

2. 空调机能效

空调机部分负荷时入口空气条件变化与 C_{AHU} 的关系如图 12-53 所示。空调机部分负荷的控制方法有水量控制和风量控制。图 12-54 所示为入口空气温度 28℃（DB），22℃（WB），冷水入口温度 7℃，盘管正面风速 2.7m/s，盘管规格 3976W × 1925EL 的水量和制冷能力的关系。利用该图能计算出部分负荷时的水量，表 12-16 所列为计算出的空调机部分负荷时的 C_{AHU}。

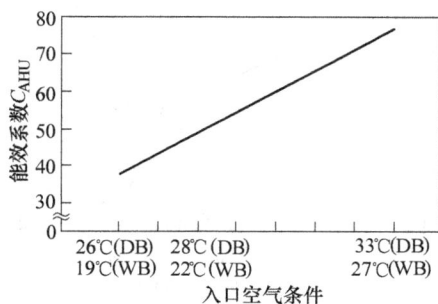

图 12-53　入口空气条件和空调机 C_{AHU}

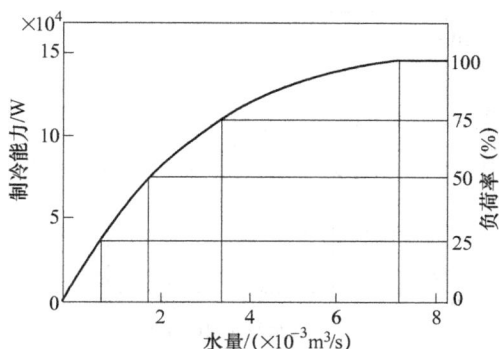

图 12-54　空调机负荷特性（风量一定）

表 12-16　空调机部分负荷时的 C_{AHU}（控制水量）

负荷率 （%）	冷却能力/ kW	水量/ （m³/s）	水压损失/ kPa	E_w/ W	空气压力损失/ Pa	E_A/ W	C_{AHU}
100	150. 49	7.2×10^{-3}	5. 20	63	313. 81	3225	45. 7
75	112. 87	3.42×10^{-3}	1. 18	6. 7	313. 81	3225	34. 9
50	75. 25	1.833×10^{-3}	0. 29	0. 9	313. 81	3225	23. 3
25	37. 62	8.33×10^{-4}	0. 10	0. 1	313. 81	3225	11. 6

注：泵效率 60% 一定。

图 12-55 所示为水量一定时，风量和制冷能力的关系。使用该图能计算出部分负荷时的风量，表 12-17 所列为风量控制时计算出的空调机部分负荷时的 C_{AHU}。图 12-56 所示为控制水量、控制风量时的部分负荷率与空调机 C_{AHU} 的关系。从该图可知，控制风量时的 C_{AHU}更好。其条件是泵效率、风机效率固定不变，实际上，部分负荷时的泵效率和风机效率均会降低。

表 12-17　空调机部分负荷时的 C_{AHU}（控制风量）

负荷率 （%）	冷却能力 /kW	水量/ （m³/s）	水压损失/ kPa	E_w/ W	风量/ （m³/s）	空气压力损失/ Pa	E_A/ W	C_{AHU}
100	150. 49	7.2×10^{-3}	5. 20	63	5. 14	313. 81	3225	45. 7
75	112. 87	7.2×10^{-3}	5. 20	63	3. 22	123. 56	796	131. 4
50	75. 25	7.2×10^{-3}	5. 20	63	1. 72	35. 30	122	406. 7
25	37. 62	7.2×10^{-3}	5. 20	63	0. 72	5. 88	7	537. 4

注：风机效率 50% 一定。

风机部分负荷运行方法有入口导叶片方式、出口风阀方式、蜗旋风阀方式和转速控制方式等。转速控制有机械变速装置、可变速电动机、变频器（可变电压、可变频率装置）等，变频方式是主要方式。图 12-57 所示为不同方式的部分负荷时的电动机的入力比。利用它能求出部分负荷时风机的效率。图 12-58 所示为不同方式的部分负荷效率。表 12-18 列出了变频控制时空调机部分负荷时的 C_{AHU}。E_A 按下式计算：

$$E_A = \frac{理论空气动力}{风机效率 \times 变频器部分负荷率} \qquad (12\text{-}18)$$

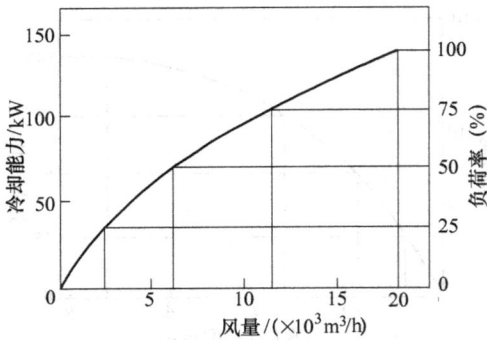

图 12-55　空调机负荷特性（水量一定）

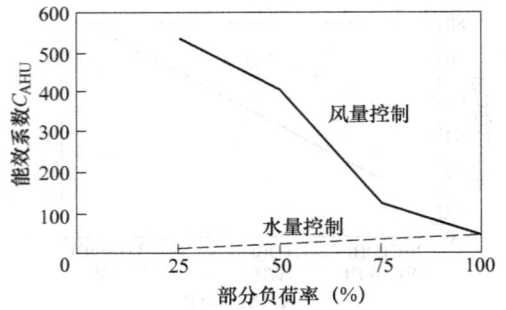

图 12-56　空调机部分负荷时的 C_{AHu}

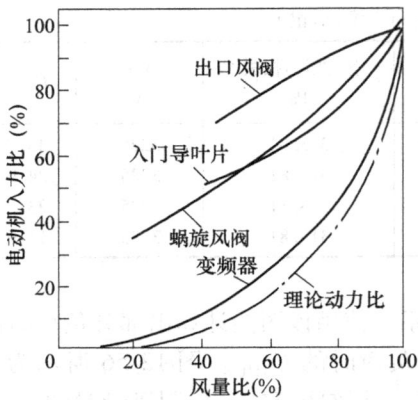

图 12-57　风机部分负荷时入力特性

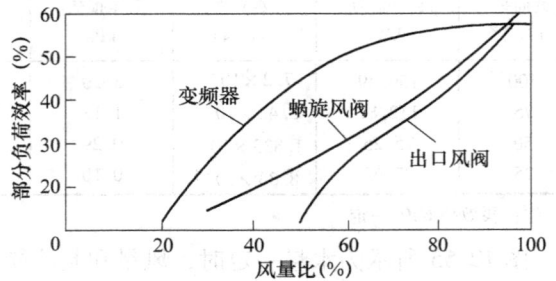

图 12-58　风机部分负荷效率（风机效率乘部分负荷率）

表 12-18　变频器控制时空调机部分负荷时的 C_{AHU}

负荷率 （%）	冷却热量/ kW	C_{w}/ W	风量/ （m^3/s）	空气压力损失/ Pa	变频部分负 荷效率（%）	E_{A}/ W	C_{AHU}
100	150. 49	63	5. 14	313. 81	48	3359	43. 9
75	112. 87	63	3. 22	123. 56	45	877	120
50	75. 25	63	1. 72	35. 30	34	179	311
25	37. 62	63	0. 72	5. 88	9	47	342

二、风机盘管的节能

1. 风机盘管的能效比

风机盘管机组的能效比用 C_{FCU} 表示，其计算公式如下：

$$C_{FCU} = \frac{Q_S + Q_L}{E_{FM} + E_W} \qquad (12\text{-}19)$$

式中　　Q_S——显热量（W）；

$\quad\quad Q_L$——潜热量（W）；

$\quad\quad E_{FM}$——风机盘管机组电动机入力（W）；

E_W——风机盘管机组水压损失动力（W）。

表 12-19 列出了风机盘管机组的 C_{FCU} 值。

表 12-19 风机盘管机组 C_{FCU} 值

规格	E_{FW}/W	水量/(m^3/s)	水压损失/kPa	E_W/W	制冷能力 水温/℃	W	制冷 C_{FCU}	采暖能力 水温/℃	W	采暖 C_{FCU}
200	31	6.7×10^{-3}	7.35	0.8	5	1727	54.3	40	1296	40.8
					7	1477	46.4	50	2017	63.4
300	43	1.5×10^{-4}	6.86	1.7	5	2965	66.3	40	2035	45.5
					7	2547	57.0	50	3163	70.7
400	51	2×10^{-4}	13.33	4.4	5	4198	75.8	40	2779	50.1
					7	3605	65.0	50	4326	78.0
800	95	3.33×10^{-4}	10.49	5.8	5	7897	78.3	40	5315	52.7
					7	6768	67.1	50	8269	82.0
1200	115	5×10^{-4}	22.16	21.4	5	10234	75.0	40	6931	50.8
					7	8780	55.3	50	10781	79.0

注：1. 入口空气条件26℃（DB），19℃（WB，制冷），22℃（DB，采暖）。

2. 泵效率60%。

2. 风机盘管能效

为了适应室内外条件的不断变化，必须对风机盘管机组所提供的冷热量进行调节。常用的方法有水量调节和风量调节。图 12-59 所示为风机盘管的水量比与制冷能力的关系，图 12-60 所示为风量比与制冷能力的关系。表 12-20 列出了控制水量时的部分负荷的 C_{FCU}，表 12-21 列出了控制风量时的部分负荷的 C_{FCU}。

风机盘管部分负荷运行时常用的水泵调速方法有分级调速和无级调速。分级调速有双速或多速电动机、机械调速等方法；无级调速有采用直流电动机、采用整流子电动机、变频变速等方式。

表 12-20 风机盘管部分负荷时的 C_{FCU} 值（控制水量）

负荷率（%）	冷却热量/W	E_{FM}/W	水量/(m^3/s)	压力损失/kPa	E_W/W	制冷 C_{FCU}
100	3605	51	2	13.33	4.4	65.0
80	2884	51	0.95	3.14	0.5	56.0
60	2163	51	0.53	1.18	0.1	42.3
40	1442	51	0.26	0.29	0	28.3

注：泵效率60%。

表 12-21 风机盘管部分负荷时的 C_{FCU} 值（控制风量）

负荷率（%）	冷却热量/W	E_{FM}/W	E_W/W	制冷 C_{FCU}
100	3605	51	4.4	65.0
80	2884	32	4.4	79.2
60	2163	23	4.4	78.9
40	1442	19	4.4	61.6

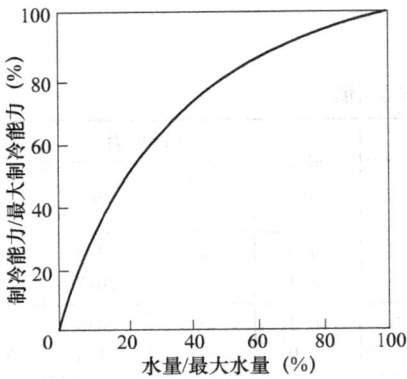

图 12-59　水量比和能力比

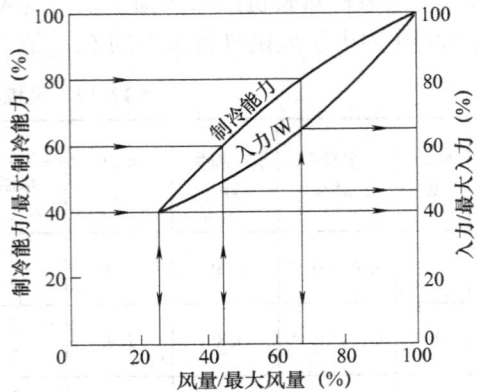

图 12-60　风量比与能力比

三、使用多年后的变化与维护管理

空调机、风机盘管多年使用与能效的关系主要表现在盘管的冷却、加热性能的降低和风机性能的降低等两方面。

肋片的污染和腐蚀是造成盘管性能降低的主要原因。污染会降低肋片的传热系数，增加空气的阻力损失。据以往经验，前者降低值约 1%～2%，后者与肋片的坡度有关，常发生的问题是堵塞。室外空气的不同污染状态对肋片的腐蚀状态有很大的影响，如处在交通量大的道路旁边时，肋片的寿命仅为 4～5 年。水侧的污染对盘管性能有很大影响，对蒸汽盘管影响不大，但冷热水盘管的污染系数将会使冷却加热能力降低约 10%，若清洗及时，其性能将恢复到原来的状态。

1. 风机盘管的维护管理

（1）空气过滤器的清洗和更换　盘管空调器在使用一段时间后在过滤器表面将会积存不少的灰尘，从而增加了空气的阻力，使盘管空调器的送风量减少（如果仅在盘管空调器的回风口装设空气过滤器，由于回风阻力的增大，相应回风量减少，而新风量却增大），使风机效率极大下降；如果在空气过滤器上的积灰超过极限值则有可能将进风通路堵死，使系统无法工作。因此，对盘管空调器内空气过滤器的定期清洗和更换是相当重要的。空气过滤器的清洗和更换周期由机组所处的环境、工作时间的长短、使用条件来决定。

（2）盘管换热器的维护

1）防止盘管及进、出水管结垢，最好在冷水系统中使用经过软化处理的软化水，冬季运行时禁止使用高温热水或水蒸气作为热媒，且使热水温度不超过 60℃ 为宜，尽量减少和避免在盘管换热器的肋片管内结垢而使其传热系数降低，换热性能变差，甚至使盘管的肋片管或水进、出口处堵塞。

2）夏季初次启用风机盘管机组时，应控制冷水温度，使其逐步降至设计水温，避免因立即进入温度较低的冷水而使机壳和进、出水口产生结露滴水现象。

3）定期对盘管空调器中的换热器进行清灰处理，如果积灰较少，则可使用压缩空气进行吹除或清扫；如果附着灰尘比较多，甚至肋片及肋片管之间发生堵塞，则应将换热器拆下，放入清洗液中，用浸泡的方法进行清除。

4）当发生盘管换热器中某些肋片管由于腐蚀而泄漏或由于其他原因冻裂时，应拆下进行修补或更换，更换时应使用同型号、同规格的换热器，如果型号、规格不明时，也可采用与原换热器结构尺寸相同、排深一样的换热器。

（3）盘管机组风机的维护

1）对风机叶轮进行清扫。风机盘管机组一般采用多叶式送风机。这种风机的叶片是弯曲形状。经过一段时间运行之后，弯曲的叶片表面会慢慢地沾附着许多灰尘，甚至严重时会使叶片的弯曲部分变平。此时，尽管盘管机组的其他部分的维护和修理都较正常，风机的性能也会明显下降，送风量显著减少。因此，定期对送风机叶轮的表面进行检查并认真清扫是非常必要的。

2）对风机轴承定期加油。如果盘管机组中的风机轴承为含油轴承时，则应定期对风机轴承进行加油处理，否则使用一段时间后，盘管机组的噪声会明显增大。虽然盘管机组使用滚珠轴承可以不用经常加油，但机组运转噪声较高。

（4）定期清理滴水盘　盘管空调器在夏季运行中，当盘管结露后，冷凝水便落到滴水盘中，并通过防尘网流入排水管排出，但由于空气中的灰尘及油类和杂物慢慢地黏附在滴水盘内，造成防尘网和排水管的堵塞，如果不及时对滴水盘进行清理，冷凝水就会从滴水盘中溢出，造成房间滴水和污染天花板等现象。

（5）盘管空调系统中管道及阀门的保温和排污

1）盘管空调系统中一般情况下采用冷热水共用一条管的方法，即两管制。这些管道最容易由于锈蚀而使螺纹连接部分漏水，同时还会由于输水管道的锈蚀而使锈渣随水流至盘管的进水口及阀门处，造成进水口的堵塞和阀门的无法关闭而使盘管机组无法使用。一般在供水中断、空气进入管路系统中之后管道内产生锈渣，开始送水后便会将其冲刷下来带至盘管供水入口和阀门处。因此，建议在盘管机组的进、出水管上设旁通管，在盘管空调器正式投入使用前，利用旁通管冲刷供、回水管路，且通过回水管路将锈渣带到回水箱处，再设法排放，以减少管路堵塞的可能性。

2）供、回水管路及阀门的保温。在盘管空调系统中，供、回水管路一般都进行必要的保温处理，以提高其热效率和防止由于管外结露而污染地面、顶棚等。如果供、回水管路的保温层与管壁接合不好，管外空气与管壁接触也会产生结露，这些露水沿着管壁流至保温接缝处而溢出。因此，定期对盘管机组的进、出管及阀门的保温情况进行必要的检查、维护和修理，也是保证盘管空调器正常运行的必要条件。

2. 空调机的维护管理

空调机的维护管理内容见表12-22。

表 12-22　空调机的维护管理内容

项　　目	维护管理内容	项　　目	维护管理内容
风机	电动机运行电流值 确认电动机的噪声 电动机各部分的安装状态 确认轴承的噪声 轴承的异常振动 轴承的润滑油状态 联接器的检查 风机风阀手柄的动作 V 带轮的状态 V 带的状态（老化、张力）	盘管	肋片的污染 冷凝水盘的状态 冷凝水排水状态 加湿器喷雾的状态 分离器的状态
		过滤器	过滤器的材质状态 过滤器的安装状态 外板、框架的生锈状态 隔热板的状态 检查门的状态

第九节　冷却塔的节能

一、冷却塔的效率

在研究冷却塔能效时，出力是冷却能力，该值与温度条件（冷却塔入口水温和出口水温的差为水温范围）和循环水量有关。有关标准规定的冷却塔的标准设计温度条件为：入口水温37℃，出口水温32℃（水温范围5℃），室外湿球温度27℃。入力是冷却塔各部分消耗能量之和，包括导入室外空气风机耗能和循环水泵消耗在冷却塔内的能量。冷却塔的效率用下式表示：

$$EF = \frac{Q_0}{3600(L_F + L_P)} \tag{12-20}$$

式中　EF——冷却塔效率；

Q_0——冷却能力（kJ/h），压缩式制冷机取负荷的1.3倍，吸收式制冷机取负荷的2倍；

L_F——风机耗电量（kW），按式（12-20a）计算；

L_P——水泵耗电量（kW），按式（12-20b）计算。

$$L_F = E/\eta_M \tag{12-20a}$$

$$L_p = \frac{rWH\rho g}{\eta_P \eta_M} \times 10^{-3} \tag{12-20b}$$

式中　E——电动机功率（kW）；

r——富裕系数，取值为1.05；

W——水泵流量（m³/s）；

H——水泵扬程（m）；

ρ——水的密度（kg/m³）；

g——重力加速度（m/s²）；

$\eta_P \eta_M$——水泵与电动机效率的乘积，一般取值0.6~0.7。

噪声低的冷却塔的效率高，其原因是低噪声冷却塔的风机效率更高。降低噪声的措施是加大塔体，减少风量或降低风机转速，上述措施同时也降低了风机轴功率，减少了入力，故提高了冷却塔的效率。

密闭式冷却塔使用了管式热交换器，增加了循环水压力损失，附加了散布水水泵，增加了水泵功率，故效率比开式冷却塔低。

二、影响冷却塔节能的主要因素

工业冷却水80%以上采用循环冷却水，按每小时冷却10000m³水（$\Delta t = 10℃$）计算，水泵及风机的耗电每年约六七百万千瓦小时。就全国范围来说，这个电耗十分可观，给冷却塔的节能留下很大的空间，也提出了迫切的期望。据保守的测算，全国每年新增循环水量约为5亿m³，则每年约耗电3亿kW·h。20世纪90年代初，新建的工业用冷却塔几乎是清一色的逆流塔，就因为它比横流冷却塔节能。影响冷却塔效率的几个因素及改善措施如下。

1. 冷却塔工艺设计参数的选择

冷却塔工艺设计参数如流量、进水温度、出水温度、湿球温度、干球温度等的确定决定了冷却塔的造价和能耗的规模。

当循环水量和风量一定时，入力和全负荷相同时，出力（冷却能力）与温度条件有关。图 12-61 所示为冷却塔的部分负荷特性，即以室外湿球温度变化时的冷却塔出口水温作为参数计算能力比的方法。当温差范围为 5℃ 时，能力比为 1；当温差范围为 10℃ 时，其能力比为 2。从图 12-61 可知，在室外湿球温度为 27℃、出口水温为 32℃ 时，若能力比为 1，则入口水温为 37℃（100% 负荷时的出力）。当入口水温为 37℃、出口水温为 30℃ 时，从能力比 1.4 和出口水温 30℃ 交点得到的室外湿球温度为 21.4℃。同样还能求出入口水温为 37℃、出口水温 26℃ 时的室外湿球温度为 5℃，说明当入口水温一定或出口水温一定时，冷却能力随室外湿球温度的降低而增加。

实际运行时，当室外湿球温度降低时，冷却塔出口水温也降低，而热负荷并不随室外湿球温度的降低而增加，故冷却水温度不能上升到设计温度，冷却塔入口水温不能维持不变。相反，当室外温度变低时，热负荷变小，冷却水温度也不会上升，冷却塔也不需要冷却到室外湿球温度以下，实际上在比标准设计温度条件低的温度下达到了平衡，温差范围变小，冷却塔的部分负荷效率也比全负荷时低。

图 12-62 所示为出力一定时冷却塔的必要风量与室外湿球温度的关系。

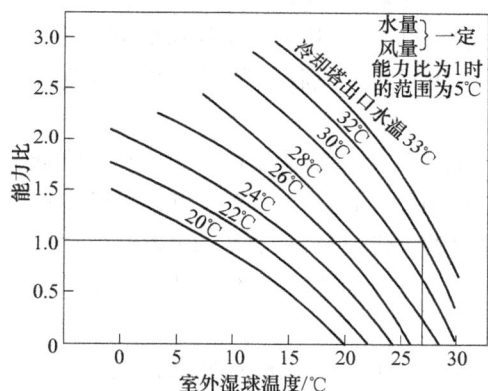

图 12-61 部分负荷特性

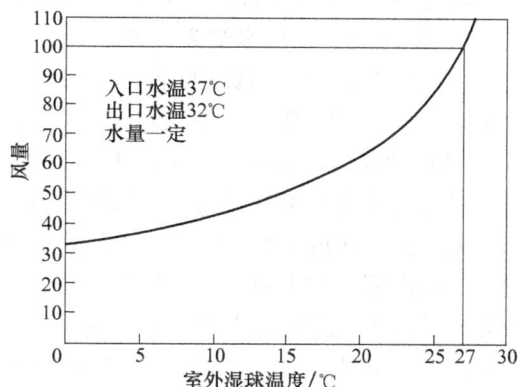

图 12-62 室外湿球温度和风量的关系

2. 冷却塔风机的节能

从节能的角度看，风机选型及匹配对冷却塔的节能与否举足轻重，正确的选型可提高风机本身的运行效率，达到节能的目的，而风机与冷却塔的优化匹配，使节能效果更为显著。

风机节能的最佳方案是控制风机转速，可通过改变电动机控制系统来调节电动机运行的转速，从而达到控制风机转速的目的。若采用变频器调节风机转速改变风机风量，可使冷却塔在出水温度提高 2~3℃ 的情况下，仍能满足冷却塔出水温度小于等于 32℃ 的工艺要求，这显然可节省电能。冷却塔风机节能潜力为 40%~50%。图 12-63 所示为用转速控制风机时入力的变化。图 12-64 所示为用转速控制风机时电动机出力和入力的关系。转速控制用于冷却塔不仅节能，而且从水质污染和噪声上看也是最有效的控制方式。

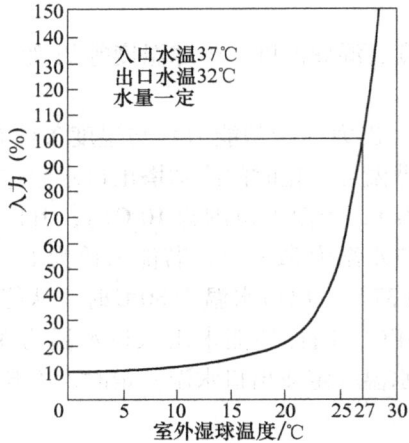

图 12-63 用转速控制风机时入力的变化

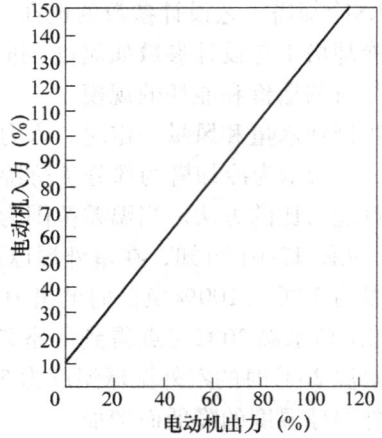

图 12-64 电动机出力和入力

3. 冷却塔各分部优化设计节能

（1）各分部尺寸、线型优化　为获得均匀流畅的气流流场，减小气流阻力，增大工作风量，进而增大水处理量或降低冷水温度，降低能耗，采取如下措施是非常必要和可行的。

1）进风口面积不小于冷却塔淋水面积的 40%。

2）淋水填料支梁面积不宜大于淋水面积的 10%，并宜采用流线型断面。

3）除水器宜以配水管为支梁，若设支梁应尽量减小其面积，并采用流线型断面。

4）塔的收缩段与风筒的集气段设计成合理、统一线型的气流收缩装置，可明显改善气流状态，使冷却塔的气流收缩段阻力大幅度减小。

（2）动能回收型风筒　风筒扩散段是将通过塔内的空气以一定速度送入大气中，降低风筒出口气流速度，提高风机工作风量或减少风机运行轴功率。在这个意义上讲，风筒出口面积越大，空气速度越低，但空气的扩散是遵守一定规律的，若设计不合理，就会出现气流离壁，产生涡流，增大阻力；若风筒太高又不经济。因此，只有合理线型才能保证在风筒高度较低的条件下，达到动能回收的目的。

（3）风机大型化　在冷却塔相同平面尺寸、同样风量条件下，风机直径大，风机出口空气动压小，因此可以节能。风机直径与塔的横断面积要有适当的比例，一般风机旋转平面面积与塔的横截面积之比在 0.25 ~ 0.3 时，节能效果明显。

（4）除水器的优化　除水器的优化是指对除水器的形式、除水效果、阻力和设置位置的综合优化。首先，除水器应有合理的线形和结构形式，做到流径曲折、孔径和尺寸适宜，集水与会流措施得当，避免二次夹带。除水器设置位置对除水效果影响很大。除水器不宜设在塔的气流收缩段，宜低位放置，建议以配水管为支梁，使其处于气流平顺、均匀段。经测试表明，这种安装方式气流分配均匀、收水效果好，而且阻力小，还省去了除水器支架的阻力。

上述这些措施在全流道流线型冷却塔中得到了应用，实践证明是成功的，降低了塔的阻力，提高了风量，增加了气流分配的均匀性。

三、冷却塔使用多年后的变化与维护管理

开放式冷却塔使用多年后，热交换材料之间的堵塞是风量降低和冷却能力降低的原因。

当空气流过水膜充填材料的水流表面时，水被蒸发浓缩，在表面产生不纯物；水质等原因也会在其表面上产生水垢等，它们将堵塞空气通道，增加空气阻力，降低空气流量。堵塞的程度与循环水的水质与温度，补水的水质与量，使用水处理剂的情况，清扫（含药品洗净）的次数和阳光的照射等有关。当空调冷却塔采用不处理的市政水作为循环水和补水时，运行11年后，冷却水温度的升高将会使制冷机高压升高，降低制冷能力。

保持规定风量是使冷却塔性能不变的必要条件。防止风量降低的措施是冷却塔的维护管理，包括冷却水的水处理和排污等水质管理。排污的方式大致上可分为与水质无关，将排污量控制到一定值的方式和通过电导率、pH 调节器等传感器连续地检测水质，适应水质要求自动的排污方式。定量排污存在水的无效利用的溢流浪费、排污不够和不能根据运行条件改变而变化等问题。自动排污能解决以上的问题。表 12-23 列出了冷却塔的排污方法。

表 12-23 排污方法

序号	项　　目	方　　法
1	溢流排污	从溢流排污管排污,且人为地进行补水
2	安装排污管	在水槽或冷却塔内安装排污管连续排污
3	安装排污开关	在循环泵的排气管上安装压力开关进行排污
4	安装时间开关和电磁阀	在冷却水管道上安装排污管和电磁阀,与时间开关连动间歇排污
5	采用电导率调节器的自动排污	通过能连续地检测冷却水水质的电导率调节器进行自动排污的方式
6	采用 pH 调节器的自动排污	将冷却水的 pH 值设置在某范围内,通过 pH 调节器进行自动排污的方式
7	采用 pH、电导率调节器的自动排污	5 项和 6 项的结合
8	其他	包括自动排污装置、防腐剂自动注入装置等连动装置

第十节　泵与风机的节能

泵与风机是全国通用的耗电量较大的设备，它们被广泛地应用于国民经济的各部门及各种生活设施中。它们的数量众多、分布面极广、耗电量总和巨大，有很大的节电潜力可挖。

一、泵与风机的性能曲线

叶片式泵与风机的基本性能曲线简称为叶片式泵与风机的性能曲线，它们表示出在一定的转速下，流量与其他基本性能参数之间的相互内在的联系。泵与风机的性能曲线全面而直观地反映该泵或风机的工作性能，它是用户选择和使用泵与风机所必需的基本依据。性能曲线图上任一个横坐标（流量）值，均对应了纵坐标上一组性能参数：扬程或出口全压、轴功率、效率等。这一组流量、扬程或出口全压、轴功率、效率值，表示了该泵或风机性能曲线上的一个工况点。而对应于最高效率点的工况点称为最佳工况点或最高效率工况点。用户在选择泵或风机及其管路系统时，主要任务之一是尽可能使泵或风机实际工作在最佳工况点附近，以便有高的运行经济性。定性分析泵或风机的性能曲线，还可得出如下的结论：离心泵和后向叶轮离心风机应在关闭出口阀门下起动；轴流式泵与风机则应在出口阀门全开下起动。这是因为泵与风机在起动时，为防止起动电流过大而使电动机过载，应在最小功率下起动。离心泵及后向叶轮离心风机在阀门全关时的轴功率最小，故应在阀门全关下起动。同一台轴流式泵与风机在流量越大时，其轴功率越小，故应在阀门全开（即流量最大）时起动。

二、泵与风机的调节

1. 调节方式分类

泵与风机的调节方式与节能的关系极为密切，大量的调查统计表明，一些在运行中需要进行调节的泵与风机，其能量浪费的主要原因，往往是由于采用了不合适的调节方式。因此，研究并改进它们的调节方式，是节能最有效的途径和关键所在。

叶片式泵与风机的调节方式可分为非变速调节和变速调节两大类，见图 12-65。

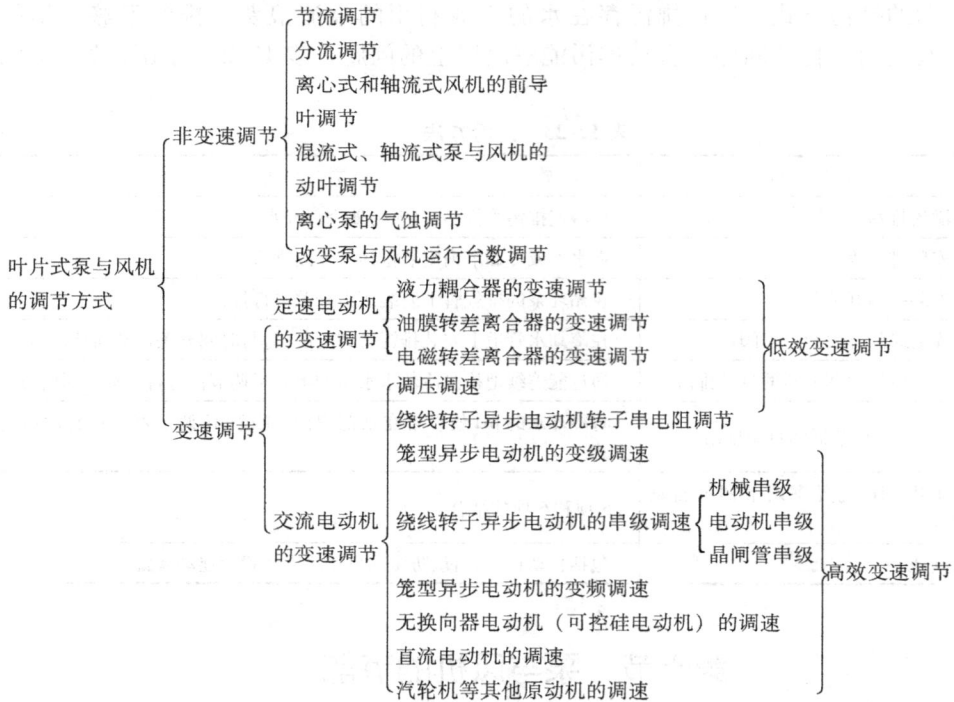

图 12-65　叶片式泵与风机的调节方式

2. 风机各调节方式的耗电特性

图 12-66 所示为风机的 7 种非变速调节的耗电特性。图中横坐标为 q_v/q_{v0}，纵坐标为 P/P_0。q_{v0}、P_0 分别为未经调节时工作点的流量和轴功率；q_v、P 分别为调节工况时的流量和轴功率。应该指出，同一种调节方式，由于调节装置本身或泵与风机的结构特点和尺寸的不同，其调节效率也将有所不同。图 12-67 是根据 7 种特定型号规格的风机及调节装置作出的。当风机或调节装置的结构特点和尺寸变化时，其调节性能也将或多或少地变化。所以，图 12-67 只能定性地说明这 7 种调节方式的耗电特性。

3. 定速电动机变速调节的工作特性比较

表 12-24 为定速电动机变速调节的工作特性比较。

4. 交流电动机变频调速系统效率的比较

把交流电动机和调速装置看成一个整体，则把这个整体的工作效率称为交流调速系统效率，又称为交流电动机及其调速装置的综合效率，以 η_z 表示。显然交流调速系统效率 η_z 等

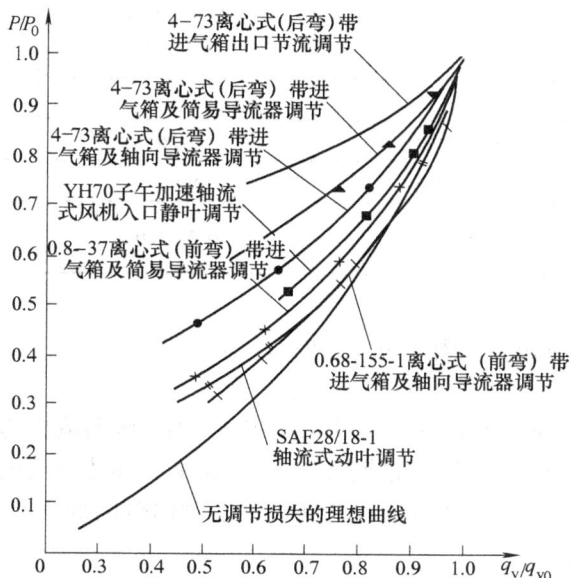

图 12-66　风机非变速调节的耗电特性

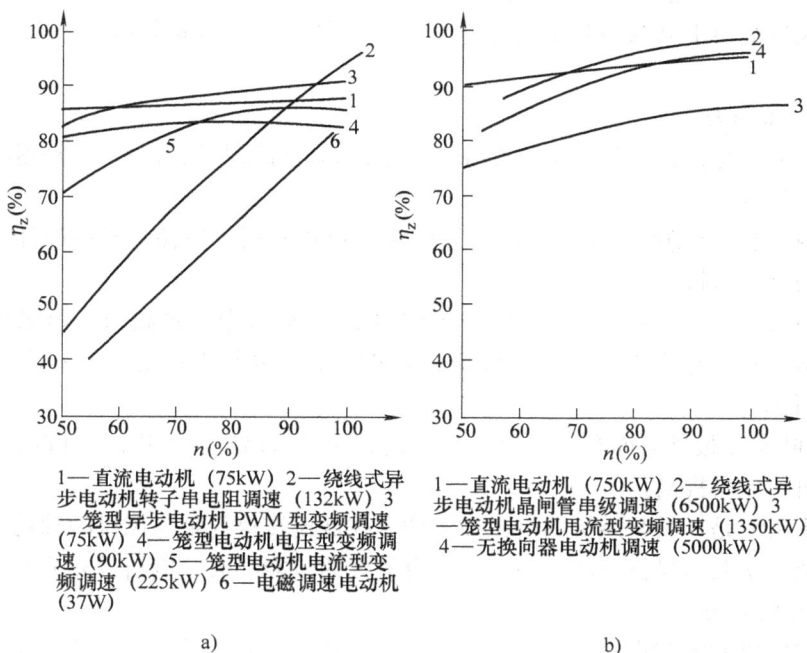

1—直流电动机（75kW）2—绕线式异步电动机转子串电阻调速（132kW）3—笼型异步电动机 PWM 型变频调速（75kW）4—笼型电动机电压型变频调速（90kW）5—笼型电动机电流型变频调速（225kW）6—电磁调速电动机（37W）

a)

1—直流电动机（750kW）2—绕线式异步电动机晶闸管串级调速（6500kW）3—笼型电动机甩流型变频调速（1350kW）4—无换向器电动机调速（5000kW）

b)

图 12-67　各种电气调速方式的综合效率 η_z

a）中小容量电动机各种调速系统综合效率 η_z 的比较　b）大容量电动机各种调速系统综合效率 η_z 的比较

表 12-24　液力耦合器、液力调速离合器、电磁调速离合器的工作特性比较

名称 工作特性	液力耦合器 （HKD）	油膜转差离合器 （HVD）	电磁转差离合器 （涡流联轴器）
可靠性	高	高	高
可传递的最高转速比 n_2/n_1	96% ~98%	100%	80% ~98%
最大传动效率	94% ~95%	99%	78% ~95%
转速比控制范围 n_2/n_1	0.3 ~0.67	0.3 ~1.0	高 i_n:0.3 ~0.97 低 i_n:0.3 ~0.83

注：i_n 是变速传动方式的额定转速比。

于交流电动机效率 η_d 和调速装置效率 η_v 的乘积，即

$$\eta_z = \eta_d \eta_v \tag{12-21}$$

应该注意的是：当调速装置是由变频器等组成时，因变频器输出的电流或电压波形为非正弦而产生的高次谐波，对电动机的性能会产生不良影响，如使电动机的效率下降等，因此式（12-21）中电动机效率 η_d 值已不是对电动机单独测出时的效率值，而应是和变频器共同工作时的电动机效率值。

图 12-67 给出的各种调速系统的 η_z 值，严格讲这只是一个典型的实测数据。实际上，由于各制造厂的设计、制造、工艺等水平并不完全相同，因此，即使是同型号同容量的调速系统，其综合效率值也会有一定差异。

三、减少泵与风机能量损失的方法

在进行能量交换中泵与风机的能量损失，按其性质可分为机械损失、容积损失及流动损失。

1. 减少机械损失

圆盘摩擦损失是机械损失的主要部分。在选择和设计泵与风机时，要获得小的圆盘损失需要注意以下几点：

1）在选择或设计扬程（出口全压）高的泵（风机）时，应该选择或设计转速较高而叶轮直径较小的泵与风机。

2）在选择或设计具有高扬程（出口全压）的低比转速泵与风机时，可采用多级泵或风机，或适当增大叶轮叶片的出口安装角度，尽量避免采用大的叶轮直径来达到高扬程（出口全压）的目的。

3）降低叶轮盖板外表面和泵（风机）壳内表面的粗糙度，可以减小圆盘摩擦损失，从而使泵或风机的效率提高。

最后应指出的是，泵与风机的机械损失功率在低比转速的泵与风机的轴功率中占有较大的比例，因此，从泵与风机节能的角度看，有较大的节能潜力，应给予充分的注意。

2. 减小容积损失

减小泵与风机的容积损失、提高容积效率主要从两方面着手：一是减小动、静间隙形成的泄漏流动的过流截面；二是设法增加泄漏流道的流动阻力。

泵与风机容积效率的高低与其比转速值及结构形式有关。一般而言，在吸入口直径相等时，比转速大的泵或风机，其容积效率也比较高；而在比转速相等时，流量大的泵或风机的

容积效率较高。由于低比转速泵的圆盘摩擦阻力损失和容积损失大，所以效率低、功率损失大。因此，在选用高扬程、小流量的泵时，应尽量选用比转速较大的泵，使该泵具有较高的效率。

3. 减小流动损失

分析计算时常把流动损失分为沿程阻力损失和局部阻力损失两类。为减少泵与风机内部的流动损失，提高流动效率，在设计或改造泵与风机时，应注意以下几点。

1）合理确定过流部件各部位的流速值。

2）在流道内要尽量避免或减少出现脱流。

3）要合理选择各过流部件的进、出口角度，以减少流体的冲击损失。

4）过流通道变化要尽可能地平缓；在流道内要避免有尖角、突然转弯和扩大。

5）流道表面应尽量做到光滑和光洁，避免有粘砂、飞边、毛刺等铸造缺陷。

第十一节　电动机的节能

一、电动机的能量损失及其降低措施

为了减少电动机的电能损耗，使电动机在工作中有较高的效率和功率因数，必须搞清楚其损失情况。图 12-68 为标准电动机能量损失的构成。图 12-69 列出了电动机机能量损失的种类和减少损失的措施。

二、标准型电动机与高效率电动机的比较

标准型电动机是指国家推广的节能电动机，如 Y 系列三相异步电动机、YB 系列隔爆型三相异步电动机等。所谓高效率电动机，在这里是指比 Y 系列具有更高效率的电动机，如我国目前已定型推广生产的 YX 型电动机。高效率电动机与标准系列电动机相比，并没有采用新的原理和新的技术，只是采用了励磁特性好、铁损小的导磁材料（硅钢片），增加了铁心量和铜的用量。因此，虽然电动机的损耗减少了，但一次投资费用却增加了，一般把总损耗比 Y 系列电动机平均降低 20% 以上的电动机统称为高效率电动机。表 12-25 是 YX 型高效电动机样机测试结果与 Y 型电动机的对比。

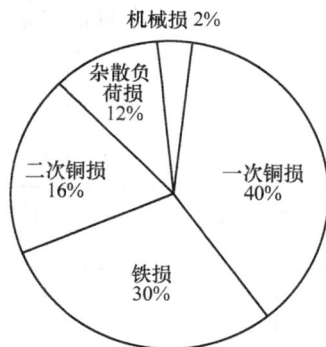

图 12-68　标准电动机的损失构成

从表 12-25 可知，高效率电动机与标准型电动机相比，各项效率升值为 6% ~ 16.6% 。

三、节能电动机及其特点

节能电动机是指电动机本身采用了新的结构和不同的工作原理而获得的高效率电动机。而在前面介绍的高效率电动机是用励磁性能好的导磁材料和较多的铜，并在槽配合、绕组形式、用扇结构、制造工艺等方面作了改进，但未采用新的工作原理。这就是节能电动机与一般高效电动机的区别。

典型的节能电动机是美国的万拉斯（Wanlass）电动机。其结构特点是其定子绕组与一般电动机的单绕组不同，而是由主绕组和辅助绕组（又称控制绕组）两套绕组组成。主绕组与电容器串联组成一支路，两套绕组的连接方式共有四种。节能电动机的基本特点是能在轻载时通过降低输入电动机端的电压来提高电动机的效率。所以节能控制器在实质上就是电

损失的种类 减少损失的措施

铁损 —— 减少磁通量密度
—— 采用低损失铁心材料
—— 采用薄电气铁板

固定损失

与负荷的大小无关，可看做不变的损失 无负荷时发生

机械损失 —— 摩擦损失 采用低损失润滑脂
—— 风损失 采用低损失冷却风机

损失

一次铜损 —— 增加导体断面积
—— 降低一次电流
—— 缩短线圈端的长度

负荷损失

随着负荷大小的改变而变化，发生在电动机内部与入力电流有关的损失

二次铜损 —— 增加导体断面积
—— 降低二次电流

杂散负荷损失 —— 转子槽数、铁心齿槽扭动的最优化
—— 降低空隙磁通量密度
—— 空隙率的最优化
—— 转子沟的绝缘处理

导体和铁心因负荷损失而发生的损失，但不包括负荷损失

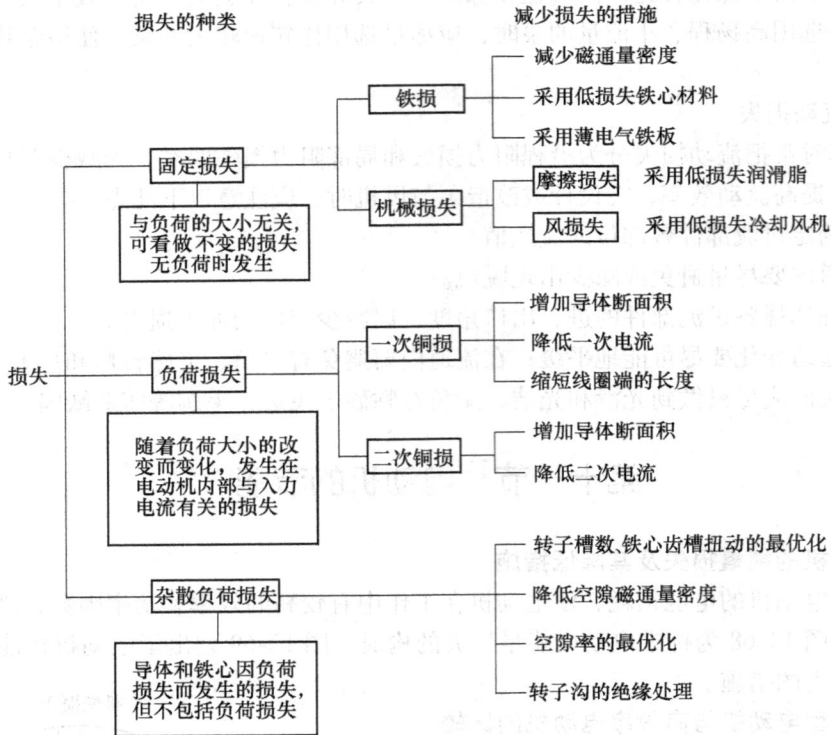

图 12-69　电动机能量损失的种类和减少损失的措施

表 12-25　YX 高电动机样机测试结果与 Y 型电动机的对比

电动机出力/ kW	标准型电动机全负荷效率 （%）	高效率电动机全负荷效率（%）	效率升值 （%）
0.2	56.0 以上	72.6	16.6
0.4	63.5	77.5	14.0
0.75	69.5	81.4	11.9
1.5	75.5	84.4	8.9
2.2	78.3	86.6	8.1
3.7	81.0	88.4	7.4
5.5	82.5	89.8	7.3
7.5	83.5	90.8	7.3
11	84.5	91.6	7.1
15	85.5	92.2	6.7
18.5	86.0	92.6	6.6
22	86.5	93.0	6.5
30	87.0	93.3	6.3
37	87.5	93.5	6.0

动机轻载时的调压节能装置，故又可称为控制定子电压节能器。

Wanlass 电动机与普通电动机相比较，当单机功率在 10kW 以上时，可减少 50% 损耗。若普通电动机效率为 80%（功率损耗 20%），则 Wanlass 电动机效率可提高到 90%（功率

损耗为 10%）。如果电容选择合适，可使功率因素 $\cos\phi$ 接近 1，节能效果是显著的。但其造价高，几乎是标准型电动机售价的 2 倍。表 12-26 是 Wanlass 电动机与其他电动机性能指标对比情况。

表 12-26　Wanlass 电动机与国内外电动机性能指标对比

力能 指标	Wanlass 电动机 0.75kW	高效电动机 0.75kW				一般电动机 0.75kW		
		中国 YX 系列	Coula 公司	西屋 公司	西门子	中国 Y 系列	BBC 公司	AEG 公司
效率 η （%）	82.9	80.7	81.8	84	79	74.5	72	72
功率因素	0.926	0.76	0.836			0.76	0.8	0.74

四、电动机的调速运行

离心风机和离心水泵在其满负荷运行时，具有最高效率。在其流量、全压发生变化时，采用调速运行方式，且使设备的运行工况点位于最高效率时，则可以达到较好的节能目的。电动机的转速 n 可按式（12-22）计算求出。

$$n = \frac{120f}{P}(1-s) \qquad (12\text{-}22)$$

式中　f——入力频率；

　　　P——极数；

　　　s——转差率。

从式（12-22）可知，改变电动机转速的方法有改变频率、极数和转差率三种方法，见表 12-27。

表 12-27　感应电动机速度控制的三要素

要　素	方　法	特　征
极　数	改变电动机的极数	分级变速,结构简单
转差率	改变入力电压	转速与负荷有关,受到容量的限制
频　率	改变入力频率和电压	能连续地改变感应电动机的转速

变频装置适合于水泵和风机，耗电功率与转速三次方近似成正比，例如，运行速度为 80% 时的耗电功率为 51.2%，节能效果比其他控制方式好，装置的转换效率也好。一般在空调系统中，风机的风量基本上在 50%～100% 之间变化，由图 12-70 可看出，风机风量在 50%～100% 范围内变化时，其所需轴功率的变化是相当大的。如风机在满负荷运行时其轴功率为 100%，在风机实行调速运行时，风机风量（转速）降为原风量（转速）的 90% 时，其运行轴功率为原来的 73%，可节约能耗 27%；如果风机转速降为原转速的 50%，风量降为原风量的 50% 时，则风机的轴功率降为原轴功率的 12.5%，其降低的幅度为 87.5%。这是采用其他调节方法无法比拟的。对于驱动风机或离心水泵的电动机采用调速控制也可达到节能的目的。

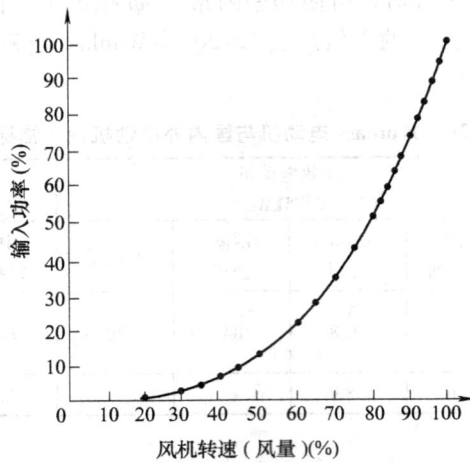

图 12-70　风机调速运行时风量、轴功率关系

第十三章　冷热电联产技术

第一节　概　　述

能源是国民经济发展的重要物质基础。能源工业是国民经济的基础产业，是实现现代化的物质基础，世界各国都把建立可靠、安全、稳定的能源供应保障体系作为国民经济的战略问题之一。我国是世界上能源蕴藏和能源生产大国，一次能源生产居世界第三位，但人均能源占有量仅为世界人均值的36%左右。同时，我国的能源利用率较低，目前仅为32%左右，与发达国家的能源利用率40%~50%相比，存在着较大差距，而单位国民生产总值能耗却是发达国家的3~4倍。我国政府对能源问题十分重视，提出了"节约与开发并重，近期把节约放在优先地位"的能源方针政策。

在能源供应日益紧缺的今天，合理利用能源，提高能源利用率已成为世界各国普遍关注的问题。冷热电三联产是在热电联产基础上发展起来的，它使燃料燃烧产生的具有较高品位的热能通过汽轮机或燃气轮机等热工转换设备发电，同时冬季利用做过功的品位较低的热能（或称余热）向用户供热、夏季利用消耗热能的制冷机组向用户供冷。

冷热电系统具有如下优点：

1）冷热电三联产是能源的分级利用，可以提高一次能源的利用率，达到能源综合利用的目的。

2）冷热电三联产稳定了用户的用热量，与只进行热电联产的系统相比增大了发电设备夏季的发电量，可以降低整体燃料消耗量。

3）在夏季空调用电高峰季节，冷热电三联产中用消耗热能的制冷机组代替电制冷机组，一方面减少了CFC（氯氟烃）的使用和二氧化碳的排放量，有利于减轻温室效应和保护臭氧层，另一方面缓解了电网用电压力。

4）空调末端采用风机盘管，各空调房间互相独立，便于灵活控制和调节，有利于节能。

因此，冷热电联产将会在世界各国得到广泛应用。

一、热电联产在国内外的发展

1. 热电联产在国内外的发展历史

早在19世纪80年代，霍利就利用工厂排汽进行了加热应用，这也是最早的联产应用。1893年"汉姆博哥（Humburg）"的市政大楼接收中心电站的热量进行取暖热利用，从此余热用于取暖逐渐成为一种较普遍的选择方案。到了20世纪初，汽轮机在技术和经济上显示出超过蒸汽机的趋势，英国在1905年制造了世界上第一台热电联产汽轮发电机组，开始了汽轮机既发电又供热（供汽）的历史。此后，在欧洲和美国的工业企业中都相继出现了各种热电联产汽轮发电机组。如1907年美国的WH公司制成了可以调节抽汽压力的抽汽式热电联产汽轮发电机组。当时欧洲和美国的工业正在迅速发展，电力供应十分紧张，各行各业的生产发展需要有可靠的电力保证，许多工业企业或部门的生产过程既需要电能又需要热能，而热电联产机组能够同时满足电能和热能的需要，并且比分别提供电能和热能的其他方案在技术上、经济上更为有利，因此，自1911年起，热电联产机组在欧洲和美国得到了快速的发展，迎来了热电联产技术发展的第一个高潮阶段。

随着汽轮发电机组容量越来越大，中心电站离城市也越来越远，这样使利用电站废热进行区域供暖的费用增加，而当时燃料便宜，电价相对较低，从经济角度出发，各企业都从电网购电，不愿发展热电联产项目，加上第二次世界大战的影响，使热电联产技术的发展出现了停滞的局面。但20世纪70年代的能源危机，促使人们重新考虑如何更有效地利用现有能源，各国政府都把节约能源、提高能源利用率作为本国的能源战略，这次能源危机促进了热电联产的发展，迎来了热电联产的第二个春天。

热电联产在我国的发展，也经历了上升、停滞、再上升三个阶段。大规模建设热电厂、发展热电联产工业是从新中国成立后开始的，从第一个五年计划开始，进行了大规模的工业建设，热电联产和电力工业的发展齐头并进，在一些新兴的工业区，建设了区域性公用事业热电站，如富拉尔基、吉林、长春、北京、太原、包头、兰州、西安、洛阳、武汉、南京、石家庄、保定等高、中参数热电厂。从1953年到1967年，共建成6MW以上供热机组的总容量达2950MW，占火电机组总容量的20%，其中公用电厂装机容量为2450MW，占80%以上。这一时期奠定了中国热电联产工业的基础。

在"四五"计划期间，由于备战和十年动乱的影响，热电联产发展十分缓慢，甚至到了停滞的地步。"四五"期间仅投产供热机组513MW，占新投产电机组容量的4.6%。其中，公用供热机组容量占29%，大部分是自备热电厂。"五五"期间，仍没有相对稳定的国民经济发展规划，投产供热机组的容量为975MW，占新建火电装机容量的6.8%，公用供热机组只占23%，主要也是企业的自备热电厂。

"六五"计划期间，热电联产建设开始了新阶段，中央提出了到2000年工农业总产值翻两番、人民生活提高到小康水平的宏伟战略目标，在能源政策上提出了节约和开发并重的方针，在节约能源上采取了一系列措施，积极鼓励集中供热、发展热电联产。"六五"和"七五"期间，原国家能源投资公司共参与节能基建热电项目291个，总容量6880MW（其中小热电2210MW），总投资91.6亿元，共节约基建投资52.6亿元。

2. 热电联产在国内外的发展现状

热电联产在北欧和东欧的发展较快。前苏联60%的采暖和工业用热来自热电站，热电占火电的比例为全世界最高，达到了39%，供热机组装机容量93000MW，年发电量4900亿kW·h，热电站的年供热量为5.5×10^{15}kJ，城市集中供热的热化率达到70%，有的城市达到100%。荷兰是欧洲热电联产最发达的国家之一，热电机组装机容量达4000MW，工业用户占一半以上，主要用于区域供热及该国发达的园艺工业。德国拥有22000MW的热电容量，其中一半用于大型市政，另一半用于工业，占全国总电力需求量的16%以上。向规模庞大，但很陈旧的区域供热的机组多为汽轮机组，向工业用户供汽的设备多为燃气轮机机组。英国约有3700MW的热电容量，还有200MW的待建容量，自1990年英国开始电力工业私有化以来，热电容量增加了50%，到2000年达5000MW左右。英国的热电容量约占总发电量的5%，绝大部分现有的供热机组是供应工业用热。

丹麦和芬兰热电联产和区域供热是北欧发展最快的。自1973年以来，丹麦由热电联产提供区域供暖的热量由原来的33%提高到64%。1991年，丹麦的热电联产电站能满足40%

的全国用热需求和28%的全国用电需求，到1995年，丹麦拥有热电联产电站240座，成为世界上热电容量占全国总发电量比例最高的国家。芬兰73%以上的区域供暖用热来自热电联产电站，同时热电联产电站也满足了30%的总用电量的需求，区域供热供应了45%的建筑采暖，到1996年，90%以上的总用热需求是通过热电联产提供的。

1978年美国国会通过的"国家能量法"，促进了美国热电联产事业的发展。1980～1985年美国的热电联产容量增加了10000MW以上，到1987年又增加了20000MW，到2000年，美国所新增加的发电能力，基本都是用热电联产来实现的，热电联产容量占美国总发电量的10%左右。

最近几年，中国热电联产事业得到了迅速发展，经过40多年来热电建设的经验积累，目前已形成一条中国式的热电联产发展道路。

到2003年底为止，中国热电联产的情况是，供热设备容量30000MW，年供热量20×10^8GJ；平均供热厂用电率7.10kW·h/GJ；供热标准煤耗40.77kg/GJ。6000kW及以上供热机组占同容量火电装机总容量的10%。在运行的热电厂中，规模最大的为吉林热电厂，装机容量850MW，在北京、沈阳、吉林、长春、郑州、秦皇岛和太原这些中心城市已有一批200MW、300MW大型抽汽冷凝两用机组运行。

二、冷热电联产在国内外的发展

1. 冷热电联产在国外的发展现状

世界上一些经济基础比较雄厚的国家，人民的生活水平也较高，能承受得起冷热电联产系统的巨额投资，且这些国家重视节能工作，环境保护意识很强。因此，三联产系统首先在经济发达国家得到了应用。表13-1列出了国外部分城市冷热电三联产系统。

表13-1　国外部分城市的冷热电联产系统

国家	城市	冷热电三联供区域	种类	年份
美国	洛杉矶	哈卡商业街、洛杉矶国际空港、逊丘里弟街区	DHC	
	巴托阿多		DHC	1938年(非商业) 1964年(商业)
	纽约	国际空港、罗斯奇弟鲁街区	DHC	
	华盛顿	卡皮杜鲁商业街	DHC	
	芝加哥	罗哈托住宅区	DHC	
	特弟斯巴左	NBS(美国标准局)	DHC	
	奥玛哈	奥玛哈街区	DHC	
	达累斯萨达母	达累斯萨达母街区	DHC	
	萨阿多里阿	萨阿多里阿街区	DHC	
加拿大	多伦多	多伦多市街区	DHC	
	温哥华	温哥华政府区	DHC	
	勒斯脱	勒斯脱街区	DHC	
法国	巴黎	巴黎街区	DHC	
英国	伦敦	伦敦市街区	DHC	1994(一期) 1996(二期)
	曼彻斯特	曼彻斯特机场	DHC	1993年投运

（续）

国　家	城　　市	冷热电三联供区域	种类	年　　份
葡萄牙	里斯本	世博新村	DHC	1998 年投运
日本	札幌	札幌市地铁车站	DHC	1989 年
	东京	新宿市中心（东京煤气公司运营）	DHC	1991 年投运
	大阪	千里街区	DHC	
韩国	汉城	汉城五个大街区	DHC	

注：DHC——区域供热供冷。

美国 1938 年在哈西杜的某大楼内首先建立了城市集中冷热电三联产系统，最近几十年，美国为了发展冷热电三联产事业，采取了更新经营模式、联合研究和政策扶植等措施，并编制了长达 20 年的研究发展目标，工业界也提出了"CCHP（Cornbined Cooling，Heating and Power，冷热电联产）创意"和"2020 年纲领"，以支持美国能源部的总体商用建筑冷热电联供规划，因此美国成为冷热电三联产应用技术较为成熟的少数国家之一。日本由于社会发达而资源缺乏，故对冷热电三联产工程十分重视。据报道，在 20 世纪 80 年代后半期，日本对区域供热和制冷的需求增长了一倍，达到每年 2.5×10^7 GJ，因此在东京、札幌、大阪等许多城市都出现了冷热电三联产系统。1998 年 5 月，欧洲第一套冷热电三联产机组在葡萄牙首都里斯本的世博新村投入运行，其机组的主要技术指标为：发电量 5MW、制冷量 60MW、供热量 44MW、管网总长 44km、冷水储罐 15000m³，其工艺过程为天然气在燃气轮机中燃烧发电，其排气被引至余热锅炉中产生蒸汽，蒸汽供给城市热力管网及制冷机组，而吸收式机组保证第一阶段的冷冻水的生产，即由 12℃ 降为 8℃，然后经压缩机冷却至 4℃。经测算，这样一套三联产机组的总效率较单独生产电（能）的机组的效率由 30% 提高到 85%。1990 年 10 月，韩国汉城委托芬兰柯诺能源有限公司为汉城及其卫星城建立了目前世界上最大的区域冷热电三联供系统，此工程提供的总热负荷为 4290MW，总冷负荷为 1120MW，覆盖区域 73km²，覆盖人口 245 万人。

2. 冷热电联产在我国的发展现状

我国的冷热电三联产系统是最近几年才发展起来的。1992 年，山东省淄博市率先利用张店热电厂的低压蒸汽的热源，实现了冷热电三联产。随后，济南、南京、上海等城市也相继出现了冷热电三联产系统。表 13-2 列出了我国部分城市的冷热电三联产系统。

虽然冷热电联产目前还是个新兴的研究方向，但由于其在大幅度提高能源利用率及降低二氧化碳和污染空气的排放物方面具有很大潜力，目前已经在西方发达国家和我国某些地区得到了较快的发展。我国 20 世纪 80 年代初期制定了"能源开发与节约并重，近期把节约放在优先地位"的能源发展总方针。这一节能规划的实施使得我国能以较少的能源投入支撑了经济持续稳定的增长，并且对提高经济效益，推进技术进步，减少环境污染等方面也起到极其重要的作用。未来我国的能源需求，尤其是优质能源的需求量也将持续上升，而随着人们对因能源使用而导致的局部地区乃至全球环境问题认识程度的逐渐加深，我国面临的环境压力也将越来越大。相信随着现代社会人居环境水平的提高和环保意识的增强，冷热电三联产事业必将在中国得到更大的发展。

表 13-2 我国的冷热电联产系统

城市	三联产区域	种类	概况	年份
淄博	张店	热电厂汽源	1993 年供冷 $7.5 \times 10^4 m^2$，供暖 $108 \times 10^4 m^2$，供汽 15.5t/h，铺设蒸汽管网 12km，投资 600 万元；铺设二极管网 20km，投资 800 万元；建冷暖站 6 座	1993 年投运
淄博	邕山村（万杰集团）	热电厂汽源	利用村属 12MW 热电厂排汽和冷暖站 1 座实现对全村 718 户、1905 人的三联供	
济南	顺花玉小区	热电厂汽源	采暖面积 $10 \times 10^4 m^2$，空调面积 $6 \times 10^4 m^2$，其中 60% 实现了集中供热、供冷、供生活用热水，热源为热电厂送来的低压蒸汽，小区设有汽水换热站，冬季用汽水换热器将蒸汽换成热水，夏季用蒸汽型溴化锂制冷机制冷、供生活用热水	
北京	热力公司办公楼	热电厂热源	供热、供冷面积 $5600 m^2$，三联供方案，制冷：热电厂蒸汽 + 吸收式制冷；采暖：热电厂热水 + 板式换热器；室内：风机盘管机组	1995 年 6 月投运
常州	市中心区文化宫	热电厂热源	冬季热负荷 11592MW，夏季冷负荷 15666MW，三联供方案同上	1997 年
太原	东山热网—太原火车站	热电厂热源	享受东山热网三联供项目的第一用户是太原火车站，该站选用热水两段型溴化锂吸收式冷水机制冷，供水温度 7℃，供冷面积 $2 \times 10^4 m^2$，用户室内温度达 23℃，供冷效果完全符合国家规定	
上海	黄浦区中心医院新大楼	燃气轮机 + 余热锅炉 + 吸收式制冷机组	燃气轮机选用美国 Solar 公司的 SAT-URN T1501 型余热锅炉，其参数为 0.8MPa，额定蒸发量 3300kg/h，2 台溴化锂吸收式制冷机组	1998 年 3 月一次试车成功
哈尔滨	哈尔滨制药厂	自备热电厂 + 吸收式制冷机组	哈尔滨制药厂三联供公用工程系统经过 10 多年的改造建设，形成了额定蒸汽蒸发量 175t/h，额定发电能力 9000kW，额定供压缩空气能力为 $800 m^3/min$，额定制冷能力 38850kW 的冷热电联产系统	1984 年额定蒸发量为 70t/h，额定发电 6000kW，两炉两机相继并网发电；1996 年溴化锂制冷机已增设至 20 台，额定制冷能力为 38850kW

第二节 冷热电联产系统的组成与应用领域

一、冷热电联产系统的组成

冷热电三联产系统包括由蒸汽轮机、燃气发动机或柴油机发动机等带动的发电机组，抽汽、排汽或工业过程余热驱动的制冷机组及抽汽、排汽或工业过程余热提供的供热及生活热水系统。冷热电联产系统按照各部分的功能分为五个部分，即驱动系统、发电系统、供热系统、制冷系统和控制系统。图 13-1 为冷热电联产系统简图，表 13-3 为冷热电联产系统构成。

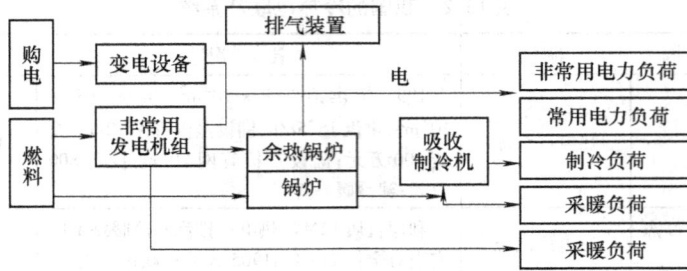

图 13-1　冷热电三联产系统简图

表 13-3　冷热电联产系统构成

分类	设备及组成	能源转换过程或功能	分类	设备及组成	能源转换过程或功能
驱动系统	蒸汽轮机	高压蒸汽→动力	供热系统	热源	抽、排气→供热热媒
	燃气轮机	煤气、天然气、油→动力		热力网	供热热媒的输送
	柴油发动机	油→动力		热用户	热量消费者
	燃气发动机	煤气、天然气→动力	制冷系统	压缩式制冷机	蒸汽动力→冷水
	燃料电池	煤气、天然气→动力		吸收式制冷机	蒸汽、燃气、油→冷水
发电系统	发电机	动力→电			

1. 驱动系统

驱动系统可分为蒸汽轮机系统、燃气轮机系统、柴油发动机系统、燃气发动机系统和燃料电池系统等。

（1）蒸汽轮机系统　产生高压蒸汽，以抽气或排气作为制冷、采暖和生活热水的热源，欧洲和我国广泛采用的热电联产即为这种形式。但存在如下问题：发电效率较低；单位出力的初投资高，目前，我国为 1 万元/kW；启、停时间较长；占地大；当蒸汽量比发电量多时，蒸汽会有余量等。

（2）燃气轮机系统　利用煤气、天然气、油等燃料驱动燃气轮机并发电，将排气引入余热锅炉内，以低压蒸汽或热水形式回收，满足用户采暖、空调和热水的要求。

（3）柴油发动机系统　发动机的排气进入余热锅炉，产生蒸汽或热水；气缸水套冷却通过热交换器产生热水用于制冷、采暖和生活热水。以柴油发动机作为能源驱动的发电机大多数为备用设备，仅用于天然气管网不涉及的地区，在有天然气管网的地方，大多采用燃气发动机系统。柴油发电机在额定负荷时的热平衡发电量约为30%，冷却水、润滑油的放热约为27%，排气的放热约为34%，其余为发电机的辐射散热。它的跟踪负荷变化能力强，具有如下特征：

1）发电效率高，发电量和回收热量的比适合于热电联产系统。

2）单位出力的初投资低。

3）运行简单，启停时间短。

4）小型、质量轻。

5）可作为备用机。

排热的形态如下：

1）在满负荷时，排气温度约为 450~500℃，便于安装热回收装置，但为了避免亚硫酸气体的腐蚀，只能回收 200℃ 以上的能量，此时仅能回收一半的排热量，用脱硫装置能够除去排气中的 SO_x，但处理含量为 0.04%~0.1%（体积分数）的 NO_x 却很困难。

2）冷却水，发动机气缸套内的放热量约为总输入能量的 30%，具有回收的可能性。冷却水温度约为 90℃，能满足用户采暖、制冷和生活热水的要求。

（4）燃气发动机系统　从燃气发动机的冷却水、排气中可进行热回收，系统构成同柴油发动机系统。但柴油发动机排气中含有许多污染物，不能直接用于直燃机，而燃气发动机排气非常洁净，可直接利用，发电效率约为 30%。但热平衡不同于柴油发动机系统，其冷却水的放热量多，排气量少，但温度高，而且能回收到 160℃ 的能量，能量的利用程度与柴油发动机系统基本相同。

（5）燃料电池系统　在燃料电池系统中，直接将天然气等变换为电力，在发电的同时，利用回收的热能采暖、制冷和供应热水。发电效率约为 40%，排热为 130℃，高温水或 70℃ 热水，综合热效率可达 80%。它具有如下特征：发电效率高；使用化学过程转换为电，噪声、振动小；即使小型亦能高效；SO_x、NO_x 排量少；启动需要一定的时间。

2. 供热系统

供热系统由热源、热力网和热用户三部分组成。热源负责制备热水、蒸汽，热力网负责热水、蒸汽的输送，热用户指用热的场所，可以是民用住宅、公共建筑，也可以是工业厂房。热用户对热量的需求也被称为热负荷，热负荷可详细划分为采暖和通风热负荷、热水供应热负荷、生产热负荷（包括工艺热负荷、生产动力热负荷）。热负荷也可根据随时间的变化特征分成季节性热负荷和非季节性热负荷，采暖和通风热负荷为季节性热负荷；热水供应热负荷和生产热负荷统称为常年性热负荷。

3. 制冷系统

冷热电三联产的制冷方式总体上可分为压缩式和吸收式两种，其中压缩式制冷又可分为电动压缩式制冷和蒸汽压缩式制冷；吸收式制冷有氨-水吸收制冷和溴化锂-水吸收制冷。电动压缩式制冷要消耗高品位的电能，蒸汽压缩制冷要消耗高品位的热能，而吸收式制冷消耗的是汽轮机抽汽、排汽或其他工业过程的余热等低品位的热能，实现了能量的分级应用。其基本工作原理为使用高沸点的物质（吸收剂或溶剂），在一定条件下可以吸收（或溶解）低沸点物质（制冷剂或溶质），组成二元溶液，溶液的温度低，溶质的溶解度就大；溶液的温度高，溶质的溶解度就小，利用溶液的这一特性制冷。目前，由于溴化锂-水吸收制冷技术比较成熟，而且可很方便地与热电联产技术结合，实现冷热电联产，因此，现在运行的冷热电联产机组大部分采用了这一技术。

二、冷热电三联产的应用领域

冷热电联产已经采用和将来可能采用的主要领域有三方面。

（1）工业领域中的三联产　工业领域中水泥厂、造纸厂、制药厂、食品加工厂、纺织印染厂、橡胶厂等本身的工艺过程就需要一定数量和参数的蒸汽，而且热负荷一般比较稳定。有时它们还因需用压缩空气和制冷（冷冻及空调）而消耗一定的电力。实现冷热电三联产则可以达到节电和节能的目的。

工业领域中实现三联产的一个途径是建设小规模的"工业能源中心"。特别是对开发区、工业区和新建的工业城（园）来说，通过集中的"工业能源中心"向工厂供热，为居民制冷，给全区提供电力，有节电节能及环保的多重效果。

（2）城市建设和改造中的三联产　建设规模较大的"城市能源中心"，通过地下管道向市内各重要建筑物供热、供冷和供电是城市三联产的主要途径。

实际上，这主要是现有热电厂的扩建和改造。热电厂的蒸汽（热源）通过一级管网输向由各种换热和制冷设备组成的"冷暖站"（溴化锂吸收式制冷机是通常采用的制冷设备），然后，由二极管网将"冷暖站"产生的冷水或热水输向用户的风机盘管实现空调或取暖。为保证正常运转、监控或调节，需配有完善的控制和计量系统。

实施冷热电三联产对热电站来说具有众多好处。特别是夏季由于热负荷不足，而电负荷增大，利用吸收式制冷空调则"削平"了用电的高峰，"填齐"了热负荷的波谷，既节电又节能，还带来了环保效益。

对城市来说，也可以利用垃圾焚烧炉来获得蒸汽，或者在邻近油气田和大型焦化厂、钢铁厂的地区，在汽轮机的前面前置燃气轮机，可兼得较好的环保效益。在人口稠密而又有众多未被利用的低品位热能的地方，利用热泵先提高其品位，然后加以利用使之产生一定规格的蒸汽或热水，也可以实现三联产。

（3）各种民用场合中的三联产　各种民用场合，像高层住宅、宾馆、医院、体育场馆、休闲中心、集体宿舍及火车站、轮船码头和飞机场等各种建筑和场所，对设施齐全、生活舒适有较高的要求，在这些地方实行独立的封闭式三联产也大有可为。

第三节　燃气轮机冷热电三联产

燃气轮机热电厂除了供热、供电以外，还可以实现集中供冷。夏季不需要采暖，采暖所需的蒸汽或热水可送到蒸汽型或热水型制冷机用来制冷。这种制冷系统除了用于空气调节外，还能用来增加燃气轮机的出力。燃气轮机的出力与大气温度密切相关，环境温度越高，出力越小。在夏季，燃气轮机的出力明显下降。如用排气余热来制冷，使燃气轮机吸入的空气温度下降，燃气轮机的出力则可以大大提高。实践表明，这部分的投资费用当年就可以从多产生的电力中得到回报。

以燃气轮机为原动机的典型的冷热电三联产系统如图 13-2 所示，它由一个联合循环的热电联产电厂和一个蒸汽吸收式制冷装置构成。

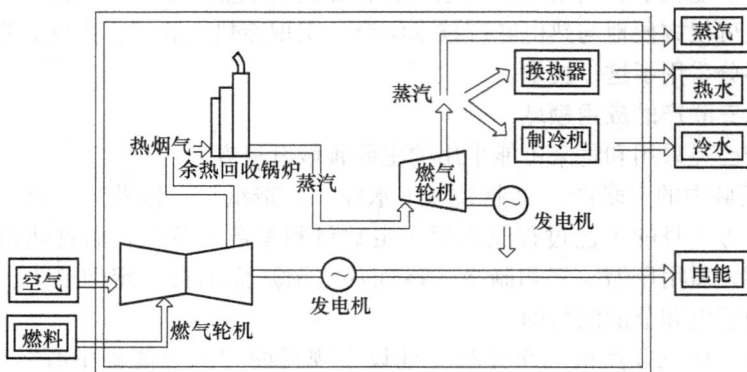

图 13-2　以燃气轮机为原动机的冷热电三联产系统

　　热电站在外供热负荷的同时，还可以通过溴化锂制冷机外供冷负荷，可以调节冬、夏季负荷的不均衡，又可满足生产工艺的要求。图 13-3 所示为某厂利用抽汽式机组外供生产用汽，经减温后至溴化锂制冷机制出冷水供给空调用的系统示意图。

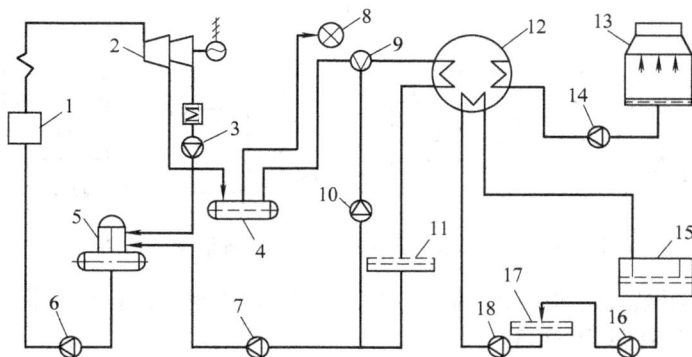

图 13-3　某厂冷热电联供生产流程图

1—锅炉　2—抽凝式汽轮发电机组　3—凝结水泵　4—分汽缸　5—除氧器　6—给水泵　7—热力站凝结水泵　8—热用户　9—减温器　10—减温水泵　11—凝结水箱　12—溴化锂吸收式制冷机　13—冷却塔　14—冷却水泵　15—空调室　16—冷冻水泵　17—冷冻水池　18—冷却循环水泵

　　图 13-4 所示为某国家利用背压机组的背压蒸汽作为热源，使吸收式制冷机投入运行，驱动离心式冷冻机制冷系统图。利用溴化锂吸收式制冷机实现冷、热、电三联供，其优点是消耗低品位的热能，价格低廉，且溴化锂溶液无毒，对环境无污染，无噪声，安全，可靠。

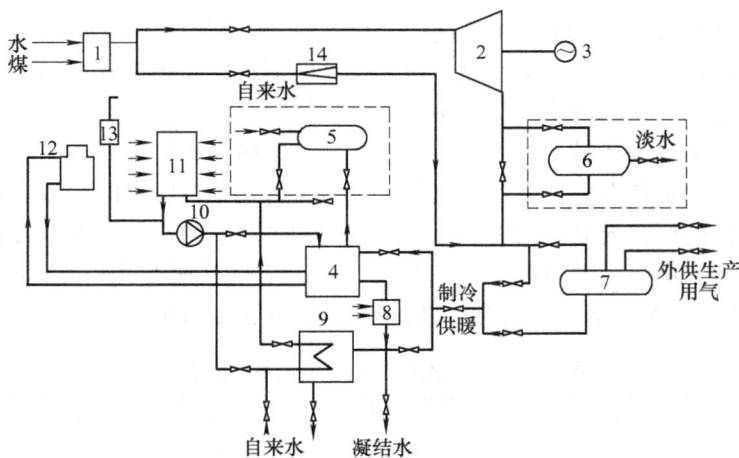

图 13-4　某国家冷热电联供原则系统图

1—锅炉　2—汽轮机　3—发电机　4—吸收式制冷机　5—蓄冷器　6—蓄热器　7—集汽联箱　8—加热器　9—汽水加热器　10—冷（热）水泵　11—风机盘管　12—冷却塔　13—膨胀水箱　14—减压阀

　　目前，我国背压汽供氨水吸收式制冷机制冷时的当量热力系数是压缩式制冷机的当量热力系数的 1.2 倍；如果采用高压汽轮发电机组，则为 1.39 倍。

　　以下举例说明采用不同制冷方式的联产系统经济性。某工厂电力负荷 1MW，制冷负荷 500USRt（USRt 为美国冷冻吨，1USRt = 3.517kW，下同）。

　　方案一，以燃气轮机发电，蒸气压缩式制冷，制冷效率 0.65kW/USRt，即要获得 500USRt 的制冷量，需要消耗 325kW 的电能，要满足该厂的电力和制冷需要，需要供给 1325kW 电力，如果燃气轮机的效率为 30%，则一次能源消耗量为 4417kW，能量平衡图见图 13-5。

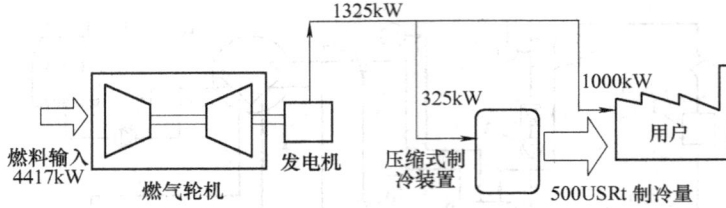

图 13-5　蒸汽压缩式制冷的联产系统能量平衡图

　　方案二，仍采用燃气轮机发电，制冷方式改为吸收式制冷，在供应相同电力和制冷量的情况下，一次能源消耗量为 3333kW。吸收式制冷循环比蒸气压缩式制冷节能 24.5%，而且燃气轮机的发电量减少，可以选用较小功率的机组，在燃气轮机停运时，仍能通过余热锅炉的补燃来维持制冷负荷，运行方式相对比较灵活，能量平衡图见图 13-6。

　　燃气轮机冷热电三联供电厂应该树立综合利用、适度规模的概念。在

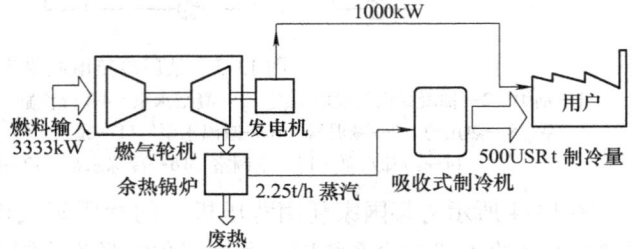

图 13-6　吸收式制冷的联产系统能量平衡图

公用设施的最小环境代价下达到最佳的投资效益比，尽可能使工程实现最优化的功能、功效、效益配置。根据一个区域对电、热、冷等产品的需求以及环境容量的空间、资源的配置与结构，优化确定一个合理规模，从而实现对资源的综合、高效利用，实现环境和资源代价最低，全系统能源损耗浪费最少，供能可靠性最高。将城市的热力厂和集中锅炉改造成高效率、低污染的燃气轮机热电厂技术上是完全可行的。首先是在已有的场地上完全能布置一套完整的燃气轮机热电厂，充分利用现有厂房、烟囱、供水、化水、供电等设施，节省建厂投资。当年施工，当年供热，噪声可控制在原有水平，对于装机 56MW 的燃气轮机热电厂其投资大约为 5000 元/MW。表 13-4 为燃气轮机冷热电联供系统的参数。

表 13-4　燃气轮机冷热电联供系统的参数

参　数	冬季(10℃)	夏季(25℃)	参　数	冬季(10℃)	夏季(25℃)
燃气轮机功率/kW	40296×2	36636×2	电站总功率/kW	99659	97667
余热锅炉蒸汽参数 [(压力/MPa)/(温度/℃)]	3.89/450	3.89/450	电站热电联供效率(%)	76.2	60.8
余热锅炉蒸发量/(t/h)	64.7×2	63.1×2	排放物：		
汽轮机功率/kW	19067	24395	$CO/(\mu L/L)$		1~3
供热量/(GJ/h)	343	171(制冷)	$NO_x/(\mu L/L)$		9~25
采暖面积/(×10^4 m^2)	200	100(制冷)	粉尘排放减少/(t/年)		3600
天然气消耗量/(m^3/h)	26415	4550	SO₂ 排放量减少/(t/年)	4000(含 S 量 1% 的煤)	
			节约用水/%		30~50

由上面的数据可见，以 S106 为标准模块的燃气-蒸汽联合循环热电厂是一项极大改善环境污染的环境工程，在经济上也是完全可行的，这对于改造城市供热采暖提供了一个新模式。随着整体煤气化联合循环的逐步商业化，清洁煤的冷热电三联供必将有更广阔的前景。

第四节 楼宇冷热电联供的概念

一、概述

制冷、采暖和湿度控制在人类生活中日益重要，世界上对于楼宇（包括商用建筑、写字楼、公寓和住宅小区）采暖供热有两种模式，欧美国家大都采用分散式的采暖设施，现在正向小型冷热电联供的方向发展。前苏联、东欧等国家主要采用大型热电厂、大中型锅炉房和大型热网。大型热电厂、大中型锅炉房和大型热网专门供商用、写字楼、公寓和住宅小区取暖、制冷并不一定经济，大型热电厂更适合于有稳定热负荷的工业企业，楼宇采暖、制冷应当因地制宜，采用多种方式解决。

楼宇冷热电联产 BCHP（Building Cooling Heating & Power），我们称之为冷热电联产或现场冷热电联产，即为建筑物提供电、冷、热的现场能源系统，通常也用小型冷热电联产 CCHP（Combined Cooling，Heating and Power）表示。目前，在我国大约 1/4 以上的能源消耗在建筑物上，对于平常使用的 $1kW \cdot h$ 电来说，大约要消耗相当于 $4kW \cdot h$ 热量的煤或 $2.5kW \cdot h$ 热量的天然气，而 CCHP 除了向建筑物供电外，余热还能为建筑物提供制冷、采暖、卫生热水、除湿或其他用途。现场或近现场产生的能量避免了传输和分配的损失，能够在回收热量的同时减轻电网压力。

冷热电联供系统与远程送电比较，可以大大提高能源利用效率。大型发电厂的发电效率为 35% ~55%，扣除厂用电和线损率，终端的利用效率只能达到 30% ~47%，而 CCHP 的效率可达到 80%，没有输电损耗。冷热电联产系统与大型热电联产比较，大型热电联产系统的效率也没有 CCHP 高，而且大型热电联产还有输电线路和供热管网的损失。显然 CCHP 可以减少输配电系统和供热管网的投资。

由于 CCHP 的能源效率可以达到 80% 以上，因此在提高能源效率的同时，还可以降低温室气体的排放。有关专家作了这样的估算，如果从 2000 年起每年有 4% 的现有建筑的供电、供暖和供冷采用 CCHP，从 2005 年起 25% 的新建建筑及从 2010 年起 50% 的新建建筑均采用 CCHP 的话，到 2020 年，二氧化碳的排放量将减少 19%。如果将现有建筑实施 CCHP 的比例从 4% 提高到 8%，到 2020 年，二氧化碳的排放量将减少 30%。

虽然楼宇冷热电联供系统有很多优点，但也存在不足：一是冷热电联供系统规模小，安装在楼宇里，只能使用天然气或油品；二是冷热电联供系统虽然规模比大型发电厂和大型热电联产小，但 CCHP 不能小到一家一户安装一台，只能适应一幢楼宇或一个小区的冷热电联供，不像小型户用空调器、户用热水器或户用电取暖器那样灵活机动。这在一定程度上限制了楼宇冷热电联供系统的大规模应用。因此，楼宇冷热电联供应用的关键是针对不同用户的用能特点，设计出合理，运行稳定、可靠，经济性能优越的系统。

二、楼宇冷热电联供的应用及发展

1. 国际上的应用发展

美国从 1978 年开始提倡发展小型热电联产（CHP），目前除继续坚持发展小型热电联产之外，正研究高效利用能源资源的小型冷热电联产（CCHP）。据美国1995年对商用楼宇终端能源消费的统计，采暖用能占22%，热水供应用能占7%，制冷空调用能占18%。CHP的供热只能解决29%的用能及提供电力，而CCHP连同制冷可提供47%的用能及电力。

美国对于BCHP作了许多研究，并本着开发和商业化的目的，在天然气、电力和暖通空调等行业的制造业进行了广泛深入的合作。在1999年3月11日～12日召开的芝加哥会议上，美国能源部规划了BCHP在楼宇应用上的技术发展步骤，规划中倡导增加综合利用多项技术，包括先进的燃气轮机、微型透平机、先进的内燃机、燃料电池、吸收式制冷机和热泵、干燥及能源回收系统、发动机驱动及电驱动蒸汽压缩系统、热储存和输送系统以及控制及系统集成技术，不仅满足建筑物的热和电力负荷的需求，也从整体上提高了从矿物燃料到能源的转换效率。提出了BCHP 2000宣言：BCHP将成为商业、机构建筑高效使用矿物能源的典范。

实例1　麻省理工学院（MIT）燃气轮机热电厂地处波士顿市中心，采用一台24.6MW ABBGT—10工业燃气轮机发电，与燃气轮机配套的是一台装有补燃设备和可调变速水泵的余热锅炉，余热锅炉供热能力为56MW，热电联合循环总热效率为85%。MIT热电厂冬季主要以蒸汽向校园供暖，将蒸汽通过管道输送到各个热力交换站置换热水采暖；夏季利用余热锅炉蒸汽推动蒸汽轮机压缩制冷机生产4℃冷水，通过冷水管道对全校进行集中制冷。

实例2　普林斯顿大学燃气轮机热电厂使用一台美国GE公司LM1600—PA轻型燃气轮机发电，此燃气轮机是由美国海军航空兵F18大黄蜂战斗攻击机使用的涡轮风扇喷气发动机的地面改型，功率为13.425MW，与MIT一样，冬季供暖，夏季利用余热锅炉蒸汽推动蒸汽轮机压缩制冷机生产4℃冷水，进行集中制冷。

实例3　Rutgers大学燃气轮机热电厂采用三台索拉公司的centaur50小型燃气轮机，功率为4.345MW，简单循环发电效率为29.24%，热电厂实际发电净出力13MW，供电效率为29%，热电联产效率为77%，补燃后的效率为85%以上。

目前世界备受重视的微型发电系统更加强调多机组合运行能力。美国STM公司将8台25kW外燃气轮机组合成为一个200kW发电单元，应用在密歇根州一个垃圾填埋厂代替一台燃气内燃机，收到了非常好的效果。

英国宝曼公司已经可以供应由8台80kW GT80微型燃气轮机组合构成1组的640kW的供电单元，其发电效率为27%，比同容量的小型燃气轮机发电机效率高，供热量可以从1200kW调节到2400kW，热电综合效率高达80%，任何一台机组发生问题，全系统仅减少1/8的出力，用户对用电量稍微加以调节就可适应。

美国开普斯通公司与用户合作，已将40多台微型燃气轮机同时应用在一个沼气利用项目上，露天布置在同一个现场，阵容非常壮观。系统露天布置需要设备具有污染排放率低、噪声低、结实耐用和高度自动化等条件，目前的分布式能源主要技术装备均可以满足这些要求。采用这一技术，既不需要厂房和烟囱，也不需要建设复杂的电力接入和控制系统，施工非常简单，建设周期十分短暂，仅为几周或几天，容量规模柔性变化，该技术不仅提高了电力供应的可靠性，同时有效地减少了其他辅助系统的投资，如热力管网、换热站等系统的配套，而综合热电效率与传统技术几乎没有什么差异。

美国能源部负责CCHP发展的机构认为，未来20年CCHP发展的关键因素包括政策及政治因素；市场、经济及公共设施的重建；气候的变化；室内空气质量；建筑设计/设备选型过程；能源使用效率；顾客的期望值；应变能力；技术的进步/新技术；满足各方利益的建筑楼宇。

2. 我国的应用发展

美国为发展冷热电联产采取了更新经营模式、联合研究和政策扶持等措施，并编制了长达 20 年的研究发展目标。中国如要发展小型 CHP、CCHP 也应组织联合攻关，政府扶持。现在看来，冷热电联产比热电联供更能适应中国大部分地区的供能需要，特别是中国过去采暖仅限制在黄河、秦岭山脉以北的"三北"地区，而现在黄河与长江之间的中间地带，为提高舒适度，也开始搞采暖工程，因此冬天制热、夏季供冷已不再是高档宾馆的专利，越来越多的企业、办公楼、学校、医院、住宅小区也都建设了独立的制热、供冷系统。

实例 1 上海黄浦区中心医院 1000kW 燃气轮机冷热电联供装置是中国最早的 BCHP 系统。黄浦区中心医院建筑面积 25000m²，医院大楼内安装了一台 1000kW 燃气轮机热电联供装置，为医院大楼提供电力，冷、暖空调以及生活用热水，该装置由一台美国索拉（Solar）公司生产的 Saturn T1501 型燃气轮机发电机组，上海发电设备设计研究所研制的一台单锅筒蛇形管强制循环烟道余热锅炉，两台 2t/h 油锅炉和两台溴化锂制冷机组 [一台制冷量 1.0×10^6 kcal/h（1kcal = 4184J，下同），一台 1.5×10^6 kcal/h] 以及其他辅助系统所组成。

实例 2 浦东国际机场出于对机场供电的可靠性要求、环境保护、能源综合利用、降低运行成本和提高企业经济效益等各种原因，在其能源中心配置了一台 4000kW 燃气轮机热电联供装置，为机场提供部分电力（约 1/4）和冷暖空调、生活用汽的热源（约 1/10）。该套装置由美国索拉公司成套供应，包括一台 Centaur50 燃气轮机发电机组，一台 Deltak 公司生产的不带补燃的废气余热锅炉以及有关辅助设施和系统，采用机炉集中控制就地及远程二级计算机控制，在额定工况下其性能参数如下：

发电功率：4003kW；

供热量：11t/h(0.1MPa 饱和蒸汽)；

热耗：12607kJ/(kW·h)；

燃料单耗：轻柴油 1181kg/h 或天然气 1376m³/h。

热电联供效率大于等于 80.1%，与单供相比（电由网供、蒸汽由燃油锅炉供）节能30% 左右。

经济分析表明，每年按 5840h 运行计算，年可节约运行费用约 550 万元左右（与单供相比）。该套设备总投资约 2564.7 万人民币，机组投运后考虑折旧等各种费用，约 3.5 年即可回收全部投资。本装置于 1998 年 9 月签约，1999 年 4、5 月份设备陆续进入现场安装，7 月底安装完毕并进行空载试车，一次投运成功。

第五节　小型冷热电联供动力设备

典型冷热电三联产系统一般包括动力系统和发电机（供电）、余热回收装置（供热）、制冷系统（供冷）等。针对不同的用户需求，冷热电联产系统方案的可选择范围很大，与CCHP 技术有关的动力设备包括小型燃气轮机、微型燃气轮机、内燃机、燃气外燃机、燃料电池等；制冷方式有压缩式、吸收式或其他热驱动的制冷方式。

一、小型燃气轮机

由于技术的不断进步，目前燃气轮机已具有尺寸小、质量轻、污染排放低、燃料适应性广的特点，而且燃气轮机容量范围很宽，从几十千瓦到数百千瓦的微型燃气轮机到300MW以上的大型燃气轮机，它们用于热电联产时既发电又产汽，有较高的发电效率（30%～40%）和较高的综合热效率（70%～80%）。

国际上通常将300～20000kW的燃气轮机归类为小型燃气轮机。燃气轮机的余热品质极佳，几乎全部是500℃左右的烟气流，非常便于回收利用，这是其他热电联产方式难以取代的。

小型燃气轮机冷热电联产的方式极为多样，例如燃气轮机—蒸汽/热水热电联产，将燃气轮机发电后排放的高温烟气通过余热锅炉转换成蒸汽或热水；燃气轮机—热泵联合循环，将燃气轮机的电能或机械能提供给热泵站，利用烟气余热交换将热泵的水温提高或者降低，也可将烟气直接用于陶瓷等建筑材料的烘干；燃气轮机农业联合循环，利用燃气轮机烟气中的热量、二氧化碳、水蒸气和氮氧化物提高农业大棚的产量；燃气轮机热电联产辅助大型火电厂循环，将燃气轮机作为推动大型火电厂水泵的动力设施，余热用于除氧，并将含氧高达15%的烟气注入火电厂的燃煤锅炉，改善燃烧，降低煤耗率等。

目前小型燃气轮机主要有美国索拉公司的星座系列和加拿大普拉特·惠特尼（P&W）公司的ST系列，前者为专门为地面应用设计的工业型燃机，后者为小型航空涡轮发动机的地面改型产品，或称为轻型燃机。

工业燃气轮机的特点是坚固可靠，应用广泛，可以作为固定电源或移动电源，可用于热电联产，也可与余热溴化锂机组组成冷热电联合循环系统，还可以直接提供工业动力或动力热力联产以及交通动力设备等。用于热电联产时，其电负荷的调节比较灵活，当用电量大而用热少时，可以采用燃气轮机—背压机同轴联合循环；当用电量小而用热量大时，可以采用余热锅炉补燃技术，能够适应各种需求变化。企业可以根据自己的用途和需求容量随意配置，起停调节和燃料切换全部可以自动控制，现场可以无人看守。表13-5列出了索拉公司生产的小型燃气轮机热电联供系统的性能参数。

表13-5　索拉公司小型燃气轮机热电联供系统性能参数

项　　目	Saturn 20	Centaur 40	Mercury 60	Taurus 60	Taurus 70	Mars 100	Titan 30
燃气机出力/kW	1181	3418	4072	5069	6728	10439	12533
燃耗率/[kJ/(kW·h)]	14987	13166	9209	12093	11281	11265	11115
天然气消耗量/(m³/h)	503	1280	1066	1743	2158	3344	3961
燃气轮机效率(%)	24.0	27.3	39.1	29.8	31.9	32.0	32.4
燃机排烟温度/℃	512	443	351	496	482	491	482
烟气量/(t/h)	22.7	65.8	60.6	77.7	95.9	147.3	176.0
余热锅炉直接供热（蒸汽压力1034kPa，饱和）							
蒸汽量/(t/h)	3.7	8.3	4.6	12.0	14.1	22.0	25.8
蒸汽折净热能/(GJ/h)	9.03	20.25	11.22	29.28	34.40	53.68	62.95
热电联供效率(%)	75.03	72.35	69.02	77.53	77.24	77.60	77.58

（续）

项　　目	Saturn 20	Centaur 40	Mercury 60	Taurus 60	Taurus 70	Mars 100	Titan 30
余热锅炉补燃至927℃直接供热（蒸汽压力1034kPa,饱和）							
补燃燃耗量/（GJ/h）	11.20	37.90	40.80	40.00	50.90	76.10	93.50
天然气消耗量/（m³/h）	318	1078	1160	1137	1447	2164	2659
蒸汽量/（t/h）	8.4	24.7	22.5	29.1	35.9	54.7	66.0
供热效率（%）	70.92	72.70	70.11	70.09	69.08	68.90	69.18
热电联供效率（%）	85.63	87.54	88.84	88.11	88.18	88.31	88.56

注：天然气热值35169kJ/m³。

图 13-7 所示为索拉燃气轮机热电联产 STAC（Steam Turbine Assisted Cogeneration）系统图。该系统由燃气轮机发电机组、余热回收蒸汽发生器（HRSG）、同轴蒸汽轮机组成。系统设计简单、可靠性高，目前系统容量为 6.6～16.8MW，分别采用 Taurus 60、Taurus 70、Mars 100、Titan 130 燃机。蒸汽轮机可以选用凝汽式、背压式，余热锅炉也可以选择补燃或不补燃型。图 13-8 所示为采用凝汽式蒸汽轮机的 STAC 系统出力的变化。图 13-9 所示为采用背压式蒸汽轮机带补燃的燃气轮机 STAC 系统出力的变化。图 13-10 所示为燃气轮机 STAC 系统效率随供热量的变化。图 13-11 所示为燃气轮机 STAC 系统效率随补燃量的变化。

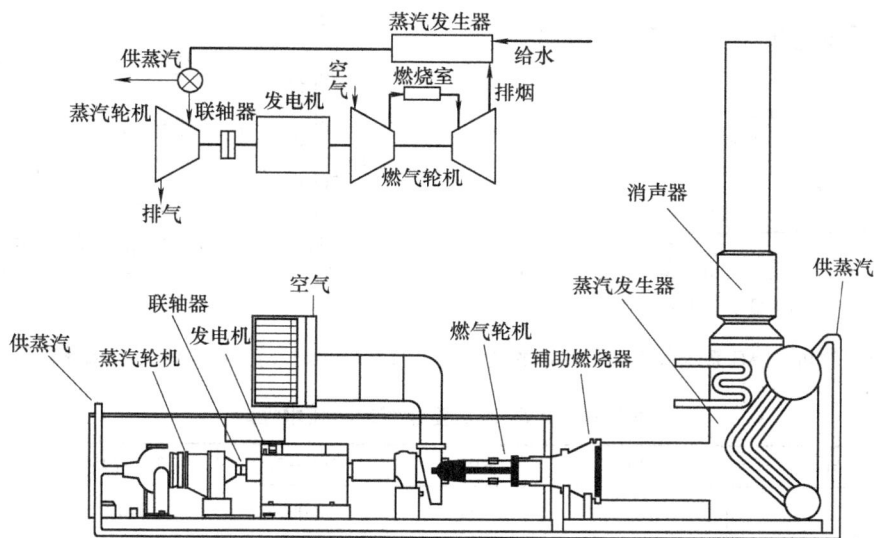

图 13-7　索拉燃气轮机热电联产 STAC 系统图

轻型燃气轮机主要是航空发动机的地面改型，特点是小巧轻便、起停快、技术先进、自动化程度更高，可采用涡流技术（ST6）或轴流技术（ST5）。压气机的设计可以采用轴流式（19 级以上叶片）或离心式，轻型燃机的压比目前已达到 30:1。一台 800kW 级 ST6 燃气轮机的质量仅仅 104kg，长度 1346mm；一套 395kW 带有回热循环的 ST5 燃机的总重也只有 816kg。表 13-6 列出了 P&W 轻型燃气轮机技术性能，轻型燃气轮机的技术也已经非常完善，大修寿命周期在 30000h 以上，每次大修后可以恢复到原先的出力水平。轻型燃气轮机可用于发电和直接动力，余热能够用于热电联产和与溴化锂制冷机组冷热电联产。

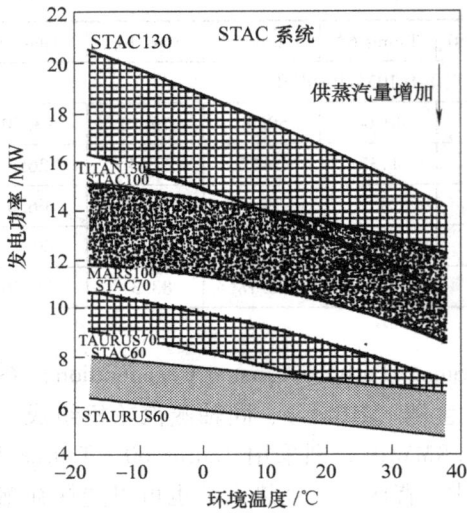

图 13-8　燃气轮机 STAC 系统出力的变化
（凝汽式蒸汽轮机）

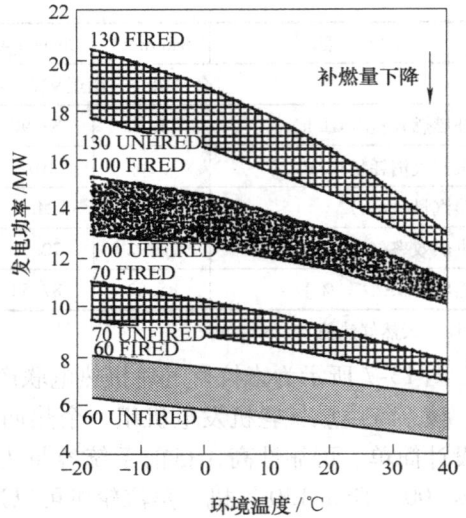

图 13-9　燃气轮机 STAC 系统出力的变化
（背压式蒸汽轮机 + 补燃）

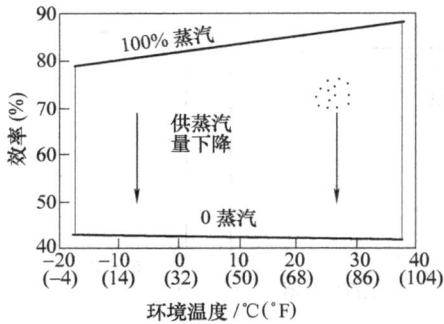

图 13-10　燃气轮机 STAC 系统效率随供热量的变化

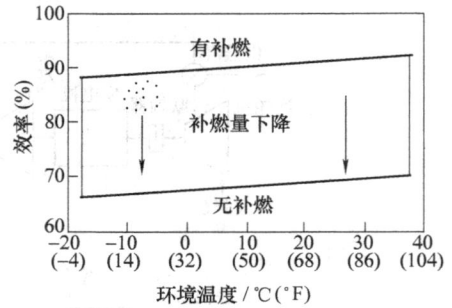

图 13-11　燃气轮机 STAC 系统效率随补燃量的变化

表 13-6　P & W 轻型燃气轮机技术性能

项　目	ST5R	ST5S	ST6L—721	ST6—795	ST6L—813
发电出力/kW	395	457	508	678	848
燃料耗量/GJ	4.35	7.00	7.82	9.88	11.74
燃耗率/[kJ/(kW·h)]	11009	15319	15385	14575	13846
发电效率(%)	32.7	23.5	23.4	24.7	26.0
排烟温度/℃	365	587	514	589	566
烟气流量/(kg/h)	7992	8280	10800	11664	14112
余热回收量/kW	511	1196	1337	1655	1924
热电综合效率(%)	75	85	85	85	85

　　轻型燃气轮机和工业燃气轮机在工作原理上几乎没有区别，都可以承担基本负荷连续运行，当容量大于 15MW 时，在尺寸、质量、燃烧器设计、涡轮设计、轴承（包括润滑油系统）等方面还是有较大不同。如工业燃气轮机转速慢、空气流速快、维护时间长，但两者

最大的不同是轴承设计，工业燃气轮机采用液体润滑轴承，而轻型燃气轮机采用反摩擦轴承。

小型燃气轮机可以适应天然气、液化石油气、煤气、柴油等多种燃料，并可随时自动切换，确保能源供应安全；大修周期一般在 30000～40000h，运行稳定可靠；调峰能力强，一般都可以在 30% 的工况下稳定持续运行，机组能够自动跟踪频率，实现电网和自备电源的混合运行；燃气轮机转速高达 10000r/min，电力品质优于电网电力。

小型燃气轮机正在进行三大技术改革：

（1）回热技术　将空气作为载体，利用燃烧后的烟气回收能量，提高效率。索拉公司的水星 60 机组采用这一技术，发电效率已经超过 39%；P&W ST5 机组采用回热器后，基本负荷效率为 32.7%。

（2）永磁发电机-大功率晶体可控变频技术　由于小型燃气轮机的轴转速极快，超过 10000r/min，ST6L-721 机组的转速达到 33000r/min，因此，使用变速齿轮箱功率损耗大，故障率高。如果采用永磁发电机，不需要励磁，发电效率可高达 95%。可控变频技术可以保障并网的安全可靠，提高自动化控制能力，降低生产成本。目前德国、日本已经可以制造 400kW 等级机组的永磁发电机-大功率晶体可控变频系统。

（3）直接与余热溴化锂空调联合循环　将燃气轮机烟气直接排入余热溴化锂空调机制冷供热，省略了锅炉、水处理系统等设备，大大方便了用户。索拉与远大公司合作在美国能源部的一个项目中中标，将建设一套 5000kW 的燃气轮机冷热电三联供系统。

二、微型燃气轮机

微型燃气轮机是功率为 25～300kW 的燃气轮机。微型燃气轮机的基本技术源自航天器辅助发电系统，柴油机透平增压器和自动推进设计。典型的微型燃气轮机装置由单级压气机、单级燃气透平和发电机组成。大多数压气机和透平设计都采用轴流式，看起来像汽车内燃机的透平增压器，并利用高速永磁发电机来产生高频交流电（AC）。微型燃气轮机转速通常高达 90000～120000r/min，高频交流电通过整流器、逆变器可以产生 60Hz、380V 的交流电。

微型燃气轮机是一种典型的用户能源系统，可以为楼宇和小型工厂项目提供现场电力、热力、制冷能源，燃料使用天然气、煤气、液化石油气和柴油。微型燃气轮机进入商业市场时间不长，目前的应用方向为工业、独立建筑物的热电联供、备用电源、连续供电、尖峰时供电等。美国的能源专家将微型燃气轮机称为能源的 PC 机（个人电脑），它在未来能源系统中的位置将处于与 PC 机在因特网中相同的位置，具有极大的发展前景。

目前，美国有四家、英国有一家微型燃气轮机生产商进入商业市场，霍尼韦尔公司（75kW 机组）、开普斯通（30kW 和 60W 机组）、艾略特能源系统（45kW 和 80kW 机组）、北方研究与工程公司（30～250kW）、宝曼（80kW 机组）。其中比较有代表性的是开普斯通公司，该公司到 2001 年 10 月为止已向用户销售了 1700 多台微型燃气轮机。此外，还有多家公司如艾利逊发动机公司、威廉姆斯国际公司、泰莱达因大陆汽车公司以及欧洲沃尔沃和 ABB、日本丰田公司也正在发展微型燃气轮机产品。

我国国家高新技术发展计划也资助了国内微型燃气轮机的研发，获得资助的是由哈尔滨东安公司、西安交通大学、中国科学院工程热物理所三家组成的联合体，目前正在研究具有自主知识产权的 100kW 微型燃气轮机及冷热电联供示范工程。

微型燃气轮机分为两类，一类为带回热器的，利用回热器回收燃气轮机排烟的热量，同时提高进入燃烧器的压缩空气的温度，从而提高发电效率，设备的电效率为 26% ~ 32%；另一类为不带回热器的，电效率为 15% ~ 22%。虽然不带回热器的微型燃气轮机发电效率有所降低，但燃气轮机本身的成本降低了。图 13-12 为带回热器的典型的微型燃气轮机发电系统。

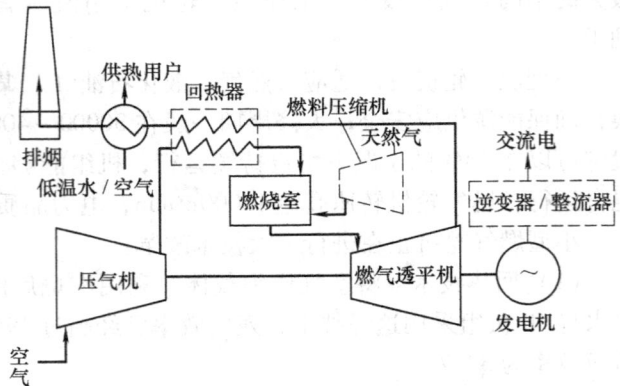

图 13-12　典型的微型燃气轮机发电系统

微型燃气轮机的核心技术包括采用高速转子，转速在 60000 ~ 120000r/min；利用回热技术提高发电效率；采用小型永磁发电机及先进的自动控制技术。

微型燃气轮机的优点如下：

1）体积小，质量轻，单位质量约为柴油机发电机组的 1/3，如美国开普斯通 30kW 微型燃气轮机，其尺寸为 1900mm（高）×714mm（宽）×1344mm（深），质量为 478kg。

2）转动部件少，运行可靠性比传统的内燃气轮机高，机组的转子由压气机叶轮、透平叶轮、发电机永磁转子组成，是一个整体，为整台机组中唯一的转动部件。

3）可以实现热电联产。微型燃气轮机的排烟温度在采用回热后仍达到 260 ~ 270℃，适合实现热电联供。

4）排放低，燃用天然气的微型燃气轮机的 NO_x 的排放量小于 $9\mu L/L$。

5）可以利用低热值燃料。微型燃气轮机的燃料应用灵活性很好，燃气混合使用也可以。燃气透平可以使用从液体中提取的气体燃料，更普遍的是从固体燃料或者废渣中提取气体燃料。当微型燃气轮机使用天然气时，通常需要将燃气压缩到特定压力后送入燃烧室。目前用于微型燃气轮机的小型气化炉正处于发展阶段。气化炉可从固体燃料中提取气体燃料，例如煤和生物质燃料。气化炉使得微型燃气轮机获得了广泛的接受，尤其是在国际市场和天然气供给缺乏的地方更受欢迎。气化炉有可能通过利用低价燃料来降低运行费用。

6）维修周期长，维护费用低。目前微型燃气轮机的运行维护周期为 5000 ~ 8000h，运行维护费用 0.005 ~ 0.0016 美元/kW。运行维护费用为 0.006 ~ 0.01 美元/kW 时，机组运行寿命可以达到 45000h。

目前微型燃气轮机应用上的问题主要是造价较高，微型燃气轮机造价为 700 ~ 1100 美元/kW，这一费用包括所有硬件、软件、初始培训，如果利用余热，则造价会增加 75 ~ 350 美元/kW，安装费用通常在设备造价基础上增加 30% ~ 50%。微型燃气轮机的制造商目前正致力于将造价降到 650 美元/kW 以下；此外，利用低热值燃料时，效率降低；发电功率受环境温度和海拔高度影响。

微型燃气轮机是一种现场能源系统，采用了无人值守的智能化自动控制技术和晶体变频控制技术，可以自动跟踪频率调节，保证了安全运行。回热器为选装设备，回热循环发电效率为 25% ~ 28%，但排烟温度降低到 300℃ 以下，热电综合效率为 75% 左右。不使用回热器发电效率为 14% 左右,排烟温度为 600℃ 以上,热电综合效率为 85%。宝曼公司的一项特殊设计,将回热器增加了自动调节功能,控制空气回热交换量,以适应热量需求的变化,解决了用户的调节问题。表 13-7 为宝曼 TG80 微型燃气轮机热电联供系统经济性分析结果。

表 13-7 宝曼 TG80 微型燃气轮机热电联供系统经济性分析

设 备	回热循环	前置循环	燃气锅炉
供热量/(kW/h)	150	420	420
设备供暖面积/m²	3000	8400	8400
设备利用小时/h	6500	6500	6500
年供热收入/元	161259.54	451526.72	451526.72
燃气轮机发电效率(%)	26	14	0
发电系统净出力(含压缩机功率损失)/kW	76.2	72.9	0
年供电收入/(元/年)	257556.00	246402.00	
年燃料费/元	289380.00	536900.00	438381.65
运行维护费/(元/年)	24765.00	23692.50	25000.00
收益/元	104670.54	137336.22	−11854.93
单位造价/(元/kW)	5162.60	6972.00	N/A
设备投资回收周期/年	3.95	4.06	N/A

注:天然气价 1.4 元/m³,电价 0.52 元/(kW·h),采暖费标准 26 元/(m²·年)并按此核算冷费。

美国能源部于 2000 年制定了新一代先进微型燃气轮机系统发展规划 AMS(Advanced Microturbine System,2000~2006),从 2000~2006 年,利用 7 年的时间,通过生产厂家、大学及研究所的广泛合作,完成了新一代微型燃气轮机的研制、生产、试验、示范等项目。参加这一项目的企业包括了石油、化工、造纸、炼铁等需要自备电厂和需要用热的单位。

AMS 的目标为高效率、低排放、长寿命、低成本、多燃料,其中发电效率至少达到 40%,NO_x 排放小于 7×10^{-6}(天然气),大修周期 11000h,设备寿命至少 45000h,系统造价小于 500 美元/kW,可以燃用柴油、乙醇、垃圾填埋物、生物质燃料。研究内容还包括先进材料的应用,以改善微型燃气轮机各部件的可靠性、运行寿命和提高运行温度。目前采用金属材料部件的微型燃气轮机效率受到燃气进口温度的限制,一般不超过 30%,采用陶瓷材料如碳化硅和氮化硅(Si_3N_4)后,则可以大大提高燃气轮机的热效率。目前陶瓷材料部件的微型燃气轮机正处于研究开发阶段,还需进一步的试验验证。表 13-8 为部分新一代微型燃气轮机的主要技术参数。

表 13-8 新一代微型燃气轮机的主要技术参数

供应商	燃料	转速/(r/min)	电功率/kW	效率(%)	压比	进口温度/℃	出口温度/℃	排气温度/℃	NO_x 排放量/(μL/L)
AlliedSignal	天然气	65000	75	28.5	3.7	930	650	240	<25
Bowman	天然气	115000	45	22.5		4.3	650	305	
Capstone	天然气	96000	30	—	3.2	840	—	270	—
GE/Elliott	天然气	116000	45	30.0				316	<9
NREC	天然气 柴油 丙烷	50000	70	33.0	3.3	870	—	200	—

由于微型燃气轮机进气温度与高温燃料电池（SOFC）排气接近，因此目前有几家厂商正在发展燃料电池联合微型燃气轮机的发电系统。这些系统运行所需的燃气由燃料电池产生（基本的 SOFC），燃气通过透平发电，联合系统的电效率可以大于 60%。

先进的微型燃气轮机是提供清洁、可靠、高质量、多用途的小型分布式供电的最佳方式，使电站更靠近用户，无论对中心城市还是远郊农村，甚至边远地区均能适用。有理由相信，一旦达到适当的批量，微型燃气轮机有能力与中心发电厂相匹敌。对终端用户来说，与其他小型发电装置相比，微型燃气轮机是一种更好的环保型发电装置。

三、燃气内燃机

往复式内燃机（包括 Otto 内燃机或柴油机）的应用非常广泛，其输出的机械功可以用于发电，也可以驱动其他设备，如制冷压缩机。所有的分布式发电技术中，往复式内燃机首先实现了商业化（超过 100 年）。往复式内燃机能使用天然气、丙烷或柴油等作为燃料，容量从 5kW 到 10MW，功率小于 1MW 的往复式内燃机最初是用于移动动力，逐渐也用于发电。

Otto 内燃机（火花塞点燃）和柴油机（压缩式点火）几乎在所有系统中都得到了广泛的应用，使用范围从小型动力驱动到大型（超过 60MW）的基本负荷发电厂。往复式内燃机用于发电投资小，启动迅速、可靠，变负荷性能好，余热可以回收，是在世界上应用最广的分布式发电技术。内燃机效率为 25%～40%，内燃机冷却系统和内燃机排气中的热能可以利用来供暖，生产热水或给一些吸收和除湿设备提供动力。

内燃机的排放比微型燃气轮机和燃料电池高。在国外一些地区，由于严格的地方性的空气质量标准，限制了内燃机 CHP 系统的应用。今后大型内燃机的应用将会受到日益严格的排放标准的制约，但是内燃机通过排气催化剂处理和良好的燃烧设计，可以大大地减少污染排放。

世界上生产燃气内燃机产品的公司很多，可以提供几十千瓦到几千千瓦的各种设备，世界上内燃机生产的代表厂商有：卡特彼勒公司、库伯能源服务国际公司、瓦克厦公司、颜巴赫公司、康明斯公司、瓦锡兰柴油机公司等，我国也有多家企业可以生产。表 13-9 列出了世界上一些内燃机生产厂商及其产品的容量等级。

表 13-9　世界上内燃机生产厂商及其产品的容量等级

生产厂家	容量等级/kW	生产厂家	容量等级/kW
卡特比勒公司	100～3000	MAN 柴油机	400～51500
库伯能源服务国际公司	350～6500	Mirrlees Blaekstone, Inc.	600～10000
Fairbanks Morse 内燃机分部	1200～21400	罗尔斯洛伊能源	3000～51000
Genergy 电力公司	60～2000	Tecogen	60～75
Hess 微型联产公司	85～450	Wabash 电力设备	60～100000
国际电力技术公司	<15000	瓦锡兰柴油机	300～16000
颜巴赫内燃机公司	250～2000	瓦克夏内燃机分部	75～2400

内燃机的工作包括吸气、压缩、燃烧、排气四个过程，燃料和空气的混合通常在燃烧室火花塞点火之前进行（图 13-13）。在涡轮增压装置中，空气和燃料混合之前要先经过压缩，

燃料空气混合物被引入一端封闭、带有可移动活塞的燃烧室，当活塞快到达冲程顶端时（优化发电效率或者降低排放，会有一个最佳的时刻），火花塞点燃混合物（在非火花塞点火的系统中，混合物通过压缩的方式点燃），高温燃气的压力推动活塞在气缸中运动，移动活塞中的能量传给旋转的曲轴，当活塞到达缸顶时，废气阀打开，废气从气缸中排出。

燃气内燃机将燃料与空气注入气缸混合压缩，点火引发其爆燃做功，

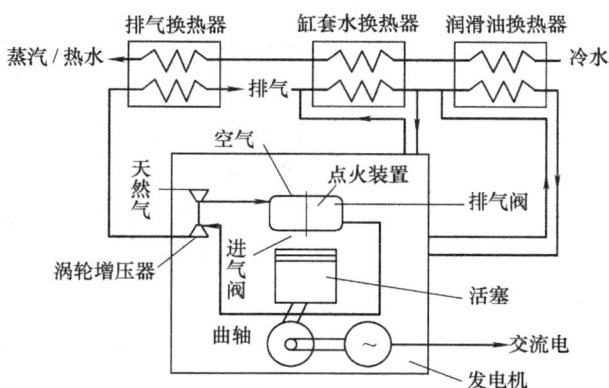

图 13-13　燃气内燃机热电联产系统简图

推动活塞运行，通过气缸连杆和曲轴，驱动发电机发电，燃烧后的烟气温度达到 500℃ 以上，气缸套冷却水可以达到 110℃，加上空气压缩机和润滑油冷却水中的热量，可以回收用于热电联产。燃气内燃机的优点是发电效率较高，设备投资较低，缺点是余热回收复杂，余热品质较低。表 13-10 为卡特比勒燃气内燃发电机热电联产技术参数。

表 13-10　卡特比勒燃气内燃发电机热电联产技术参数

机　　型	G3306TA	G3406TA	G3406LE	G3412TA	G3508LE	G3612SITA	G3616SITA
发电机额定输出功率/kW	110	190	350	519	1025	2400	3385
发动机转速/(r/min)	1500	1500	1500	1500	1500	1000	1000
涡轮压缩机压缩比	8.0:1	11.6:1	9.7:1	12.5:1	11.0:1	9.0:1	9.0:1
最小进气压力/(kgf/cm²)[①]	0.11	0.11	0.11	0.11	0.11	3.02	3.02
天然气耗量/(m³/h)	41.6	59.4	107.7	144.6	309.9	685.9	957.0
废烟气排量/(m³/h)	418	904	1278	2509	4815	37472	51928
废烟气温度/℃	540	415	450	453	445	450	446
废烟气排热量/(MJ/h)	263	382	616	1166	2199	5438	7445
废烟气含氧量(%)	0.5	8.5	4.0	10.2	8.2	12.3	12.2
缸套冷却水出口温度/℃	99	99	99	99	99	88	88
缸套冷却水排热量/(MJ/h)	594	616	1350	936	2937	2218	2986
中冷器进口温度/℃	54	32	32	32	32	54	32
中冷器润滑油排热量/(MJ/h)	18	97	83	216	695	1462	2366
发电效率(%)	27.29	33.00	33.53	37.04	34.14	36.11	36.51
供热效率(%)	54.27	47.37	49.07	41.36	48.55	34.30	34.50
总热效率(%)	81.56	80.36	82.60	78.40	82.68	70.41	71.01
热电比(%)	199	144	146	112	142	95	95

① 1kgf/cm² ≈ 0.1MPa。

图 13-14 为采用贫燃的燃气内燃机热电联产系统图，其最高的综合热电效率可以达到 91%。图 13-15 为燃气内燃机冷热电联产系统图。

四、燃料电池

1839 年，William Grove 首次研制了燃料电池，然而直至 20 世纪 60 年代在阿波罗宇宙飞船上，燃料电池才真正用于发电。尽管燃料电池技术要达到广泛应用还需一段时间，但这一技术的进展极为迅速。因为燃料电池代表了未来的能源技术，世界各国都投入了大量资金、

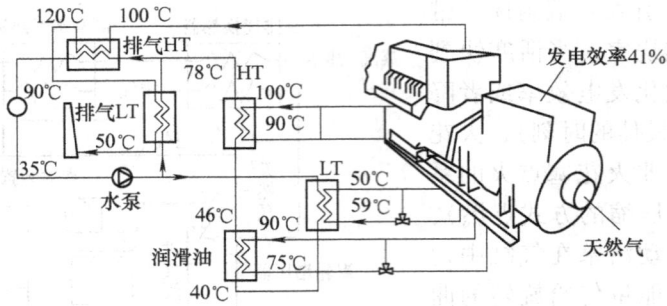

图 13-14　燃内燃机热电联产系统图

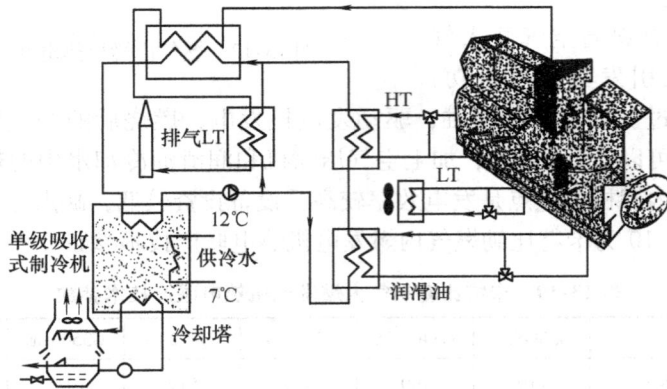

图 13-15　内燃机冷热电联产系统图

HT—高温　LT—低温

人力进行开发研究。燃料电池除了用于发电外，现在也用于交通工具，如汽车等。目前燃料电池的发电功率为 25～1000kW。

　　燃料电池通过氢和氧之间没有燃烧的电化学反应产生电力，燃料电池没有转动部件，因此也不会出现机械失效，不受卡诺循环限制，能量转换效率可以达到 40%～60%；环境友好，几乎不排放 NO_x 和 SO_x，CO_2 的排放量比常规电厂减少 40% 以上。燃料电池与一般电池不同之处在于燃料电池的正、负极本身不包含活性物质，只是起催化转换作用。世界上主要的燃料电池生产商有：ONSI、Ballard 发电系统、能源研究公司、M-C 电力、SOFCo、TMI、西门子西屋、美国 PEM 燃料电池公司、Analytic Power（AP）、H-Power、燃料电池开发者、机械技术公司、Dai 燃料电池等。

　　燃料电池有许多种类，但其基本原理都相同（图 13-16）。燃料电池由电解液分开的两个电极组成。给燃料电池的阳极输入氢燃料，阴极输入氧气（或者空气），在催化剂辅助下，氢原子的电子和原子核分离，氢离子通过电解液到达阴极，在两极外接一个电回路时，就会产生直流电，在阴极氢和氧结合生成水并放出热。燃料电池的电极和电解液部分被叫做"堆"，这部分在整个系统中费用最

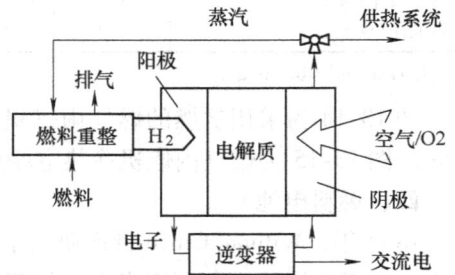

图 13-16　燃料电池原理示意图

大，在运行一段时间后效率会降低，因此必须进行堆置换。

　　燃料电池在实际应用中经常直接用氢作为燃料，也可以从富氢燃料如甲烷、天然气、煤气、甲醇、乙醇、汽油等石化燃料或生物能源中重整制取。利用适当的方法将不同的燃料转化成氢燃料，可以增加燃料电池的灵活性和经济性，改进后的燃料电池 NO_x 和 CO 排放率均较低。

　　燃料电池有多种，一般都适合热电联产。其主要分类为：磷酸型燃料电池（PAFC）、质子交换膜燃料电池（PEMFC）、熔融碳酸盐燃料电池（MCFC）和固体氧化物燃料电池（SOFC）。这些燃料电池都有各自的容量范围和余热温度，可以适应不同 CHP 系统的需要。不同种类燃料电池的差别在于所用的电解质材料不同，不同的电解质在费用、运行温度、效率等方面各有优缺点。目前只有磷酸型燃料电池用于商业发电，其他种类的燃料电池还处于测试实证阶段。

　　磷酸型燃料电池是目前进入市场的商业化的燃料电池，发电效率大约为 40%，如果用于热电联产，其效率可以达到 85%，工作温度在 205℃ 范围。磷酸型燃料电池在阳极产生富氢燃气，在阳极氢原子被氧化得到电子和质子，质子穿过点阵层（聚四氟乙烯硅碳化物）进入磷酸溶液，与阴极氢离子、氧和电子结合产生水。目前市场上有超过 200 套磷酸型燃料电池系统在运行，大部分每套功率为 200kW 左右。实践证明，它们的运行高度可靠，能作为各种应急电源和不间断电源广泛使用。磷酸型燃料电池的副产品是水和热能，燃料电池生产直流电，通过转换器可以将直流电转换为交流电。图 13-17 所示为磷酸型燃料电池热电联产系统框图。图 13-18 所示为日本东京电力公司 200kW 磷酸型燃料电池空冷电站流程图，表 13-11 为该电站性能指标。

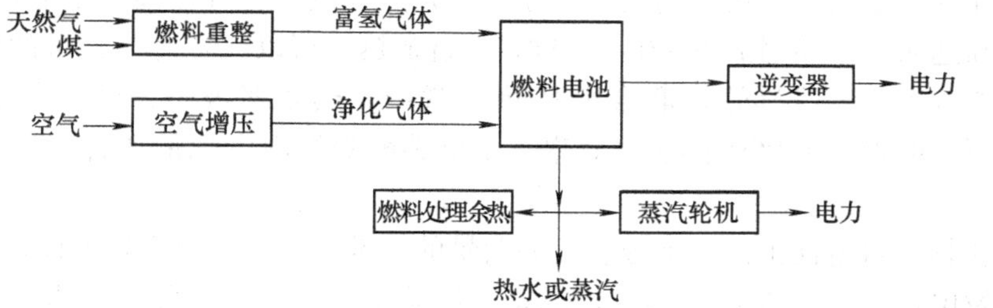

图 13-17　磷酸型燃料电池热电联产系统框图

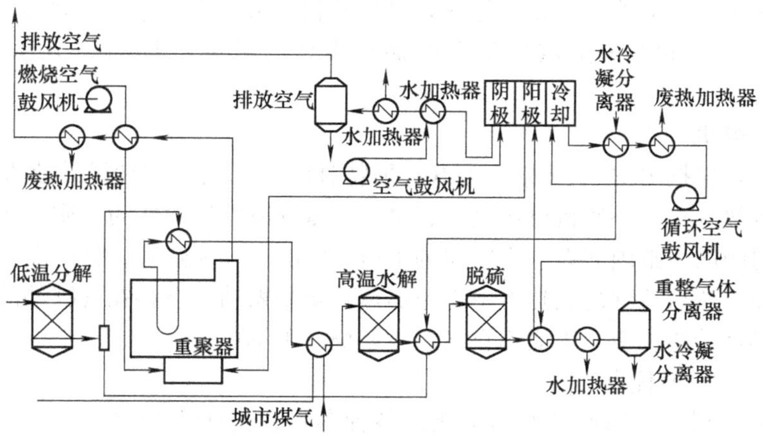

图 13-18　200kW 磷酸型燃料电池空冷电站流程图

表 13-11　200kW 磷酸型燃料电池空冷电站性能指标

项　目	空冷 N200	项　目	空冷 N200
额定功率（交流）/kW	220	总热效率（%）	75
输出电压（交流）/V	210	燃料	城市煤气
最小功率（交流）/kW	50	额定功率时燃料消耗/（m³/h）	60
控制功率范围（%）	22.7 ~ 100	冷启动时间/h	4
发电效率（%）	35	NO_x 排放	$\leqslant 30 \times 10^{-6}$
废热回收率/%	40	电站区域噪声水平/dB	$\leqslant 50$

　　质子交换膜燃料电池用质子交换膜（也叫聚合电极膜）加入两个电极中形成燃料电池。膜是由聚合硫黏蛋白酸制成的，有些类似特氟纶，燃料电池用这种材料来传导原子，将氢气和空气中的氧气通过作为固体电解质的质子交换膜反应，生成电能和 60 ~ 80℃热水，发电效率为 40%，造价较低，极具应用价值，特别是家庭热电设施和汽车上可以广泛使用。质子交换膜燃料电池工作温度比其他燃料要低，能量密度极高，可以迅速根据电需求的变化来改变输出，大多数是为小型设备发电，例如用于运输和居住。质子交换膜燃料电池也不包含其他化学杂质，例如液体酸等，从而使得这种燃料电池可以和许多常规的工程材料兼容。目前大多数燃料电池厂商致力于质子交换膜燃料电池的生产，这种燃料电池的质量比功率和体积比功率已分别达到 700W/kg 和 1000W/L，在提供住宅动力方面有很大的市场潜力。

　　熔融碳酸盐燃料电池工作温度为 650℃左右（可以高达 760℃），目前这种电池正处于实证阶段。理论证明，可以使用熔融碳酸盐电极，通过多孔陶瓷材料和金属材料，将熔融状态的碳酸盐作为电解质，直接利用氢气、煤气、天然气或沼气等在高温下非燃烧反应发电。其发电效率高达 45%，并能产生 600 ~ 700℃高温余热，可以代替燃气轮机的燃烧室，形成燃料电池—燃气轮机—蒸汽轮机联合循环热电联产，热效率极高，可以在发电效率超过 60% 的情况下，取得接近 95% 的热电效率。熔融碳酸盐燃料电池最适合大型工业应用和固定中心发电。

　　固体氧化物燃料电池也是一项很有发展前景的技术，可用于大型发电设备中，包括工业和大型中心发电站，小型设备（25 ~ 100kW）目前正处于实证阶段。固体氧化物系统通常用坚硬的陶瓷材料代替液体电解液，工作温度可以达到 980℃，发电效率可以达到 60%，可利用氢气、一氧化碳、天然气、煤气化气等多种燃料，最适合集中或分散发电和热电联产，使用燃料电池—燃气轮机—蒸汽轮机联合循环发电时效率可提高到 70%，热电效率接近 95%。

五、燃气外燃机

　　燃气外燃机是根据 1816 年苏格兰人 Ro. 斯特林的一项发明原理设计改进而来的，又称斯特林发动机或热气机。外燃机可用氢气、氮气、氦气或空气等作为工质，按斯特林循环工作，在热气机封闭的气缸内充有一定容积的工质，气缸一端为热腔，另一端为冷腔，工质在低温冷腔中压缩，然后流到高温热腔中迅速加热，膨胀做功，燃料在气缸外的燃烧室内连续燃烧，通过加热器传给工质，工质不直接参与燃烧，也不更换。

　　1. 斯特林发动机的优点

　　（1）可用多种燃料　斯特林发动机能用各种燃料，包括液态的、气态的或固态的。因为斯特林发动机的燃烧过程是连续的，而且是在缸外接近于大气压力的状态下进行的，所以对燃料品质的要求不高，凡是燃烧温度可达450℃以上的任何种类的燃料都可以作为斯特林发动机的能源，如煤油、重柴油、煤炭、薪柴和秸秆、煤气、天然气、沼气、酒精和植物油等燃料都可燃用。当采用载热系统（如热管）间接加热时，几乎可以使用任何高温热源（太阳能、放射性同位素和核反应等），而发动机本身（除加热器外）不需要作任何更改。

（2）热效率高　斯特林发动机是一种高效率的能量转换器。斯特林发动机的理论循环效率等于卡诺循环效率。现有样机的试验表明，斯特林发动机的理论循环效率达66% ~ 70%，实际效率达32% ~ 40%。

（3）排气污染少　斯特林发动机燃烧过程具有净化排气的最大潜力，这是由于：①斯特林发动机的燃烧过程是连续的；②空气燃烧比的变化对效率影响很小，而对功率几乎没有影响，发动机可以在足够的过量空气下运转；③燃料的燃烧是在高温下进行的，因此燃烧非常完善，废气中的一氧化碳、碳氢化合物和碳烟含量很少。

（4）噪声低　内燃机的噪声主要是由于燃烧时气缸压力的急骤升高和燃烧气体在开始排气时，突然形成的大梯度压力降所产生的。斯特林发动机缸内的压力是按正弦规律变化的，因而不会产生燃烧爆炸和排气波。斯特林发动机没有气阀机构且运转平衡，因而没有气阀的冲击和活塞的敲缸声等，噪声比内燃机低15 ~ 20dB。

（5）运转特性好　斯特林发动机气缸中的压力变化平稳，最大压力与最小压力之比一般为2左右，因此转矩均匀，运转平稳。斯特林发动机的转速变化范围大，最大转速与最小转速的比值一般为8 ~ 10（内燃机为3 ~ 5）。此外，斯特林发动机的超负荷能力很大，能在超过额定负荷50%的情况下正常运转，而内燃机一般只能超载15%。

（6）工作可靠，维修费用低　斯特林发动机没有容易出故障的气阀机构、高压喷油系统和需要良好润滑的活塞环，同时，因为斯特林发动机的润滑系统与大气隔绝，不受燃烧产物的污染，所以在相当长的运转时间内不需要更换润滑油，润滑油的消耗量很少。

2. 斯特林发电系统

（1）工作原理　斯特林发动机由两个密封的充满工作气体的气缸（膨胀缸和压缩缸）组成，这两个缸的活塞通过曲轴连接。当工作缸的气体被太阳能加热发生膨胀，将推动活塞位移做功，功的一部分推动压缩缸中的气体压缩、升温，另一部分先通过再热器蓄热，然后通过冷却器被冷却，工作完成时，由于曲轴的惯性，活塞回复到原有的工作位置。

常用的斯特林发动机的形式有两种，平衡浮子式和双活塞式，如图13-19所示。平衡浮子式斯特林发动机有1个动力活塞和1个浮子式活塞，浮子式活塞下部空间由热源不停加热，活塞上部空间受到冷却，空气在热端膨胀，在冷端收缩，不断从热端移到冷端。当发动机内部压力达到最大时，动力活塞被膨胀的气体推动，从而在机轴上施加了机械功，驱动飞轮的转动。双活塞式斯特林发动机有两个动力活塞，热动力活塞不断受到热源加热，冷动力活塞不断受到冷却，加热过程中，热动力活塞气缸内气体受热膨胀，两个活塞下移从而带动机轴转动。

（2）利用太阳能的发电系统　太阳能碟式/斯特林发动机发电系统由凹面太阳能聚光器（碟）、空腔吸热器、斯特林发动机及发电机组成，如图13-20所示。太阳能碟式聚光器是将太阳辐射从碟式反射镜面上浓缩的装置，碟式系统的跟踪是双轴跟踪，斯特林发动机的吸热器通常是管式或热管式，放置在碟的焦平面上。斯特林发动机工质通常是氢气或氮气，典型的碟式发电装置动力范围为10 ~ 50kW，多个碟互联可以形成大于MW级的发电站，工作温度约

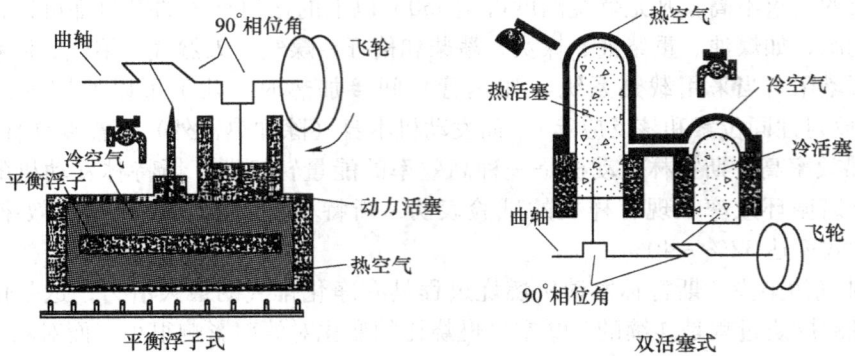

图 13-19　常用的斯特林发动机的形式

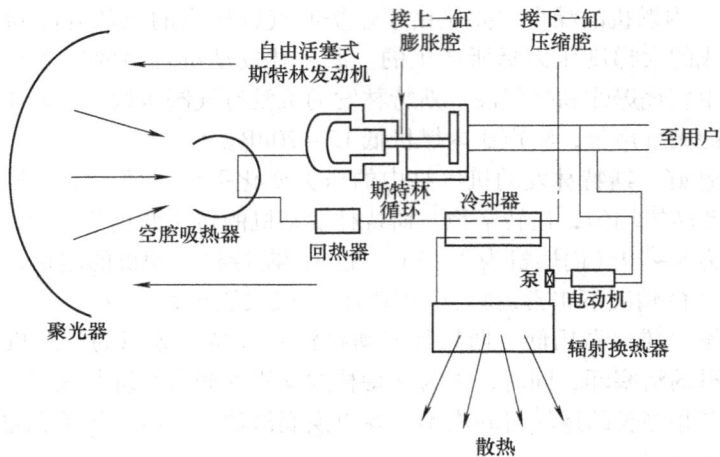

图 13-20　太阳能碟式/斯特林发动机发电系统

690℃，发电效率最高可达 20.3%，目前正在发展的技术方向为与化石燃料混合使用。

　　1984～1985 年间，美国能源部（DOE）和 Advanco 公司合作研制了先锋 1 号 25kW 的碟式抛物面斯特林发电机样机，并在加州的兰乔米拉吉进行了试验。该模块由 Advanco 碟形抛物面收集器和 25kW 斯特林公司的 4-95Mark Ⅱ 型发电机构成，性能优异，发电的最高效率达 29.4%，日平均效率为 22.7%。在为期 18 个月的试验期间，该碟式斯特林系统的可利用度为 72%。2001 年，德国施莱西—伯格曼及合伙人工程设计事务所与 SOLO Kleinmotoren GmbH 等公司合作发展了 EuroDish。该系统斯特林发动机主要参数如下。

　　型号：Single acting，90V-engine；

　　扫气容积：160cm^3；

　　总的电力输出：9.8kW；

　　上网：400V，50Hz，3 相；

　　接收器温度：650℃；

　　工作气体：氦气；

　　气体压力：$2 \times 10^6 \sim 15 \times 10^6$Pa；

　　动力控制类型：压力控制。

模块式太阳能热发电装置可以组合成不同的容量。如同用风力机组组成风力田那样，太阳能发电装置也可以组成太阳田，以充分利用太阳能。太阳能热发电装置往往可两用，在黑夜和阴雨天，它可以用天然气或其他热源发电，使供电不致中断，这是光伏电池无法相比的。

碟式/斯特林系统的投资为 58500 ~ 80000 元/kW，且随着科学技术的发展及大规模批量生产，太阳能电站的投资成本也在不断地下降，如果碟式/斯特林系统未来形成产业化大规模应用，电站投资可降到 20000 元/kW 左右。以斯特林能源系统公司生产的考库姆（SES）4—95 型斯特林发电系统为例，该机发电能力为 25kW，可积木式无限组合扩大，可独立使用，也可并网发电。考库姆（SES）4—95 要求 1000W/cm² 的太阳能辐照度，塔克拉玛干沙漠内肖塘地区的太阳能辐照度每时每刻都在变化，不考虑一天之内如何变化，假定肖塘地区每天平均日照 7.3h，肖塘全年日照时数为 2661.2h，每台机组年发电量为 66530kW·h，每天的平均发电量为 182.5kW·h，对于一个 1200 人、300 户左右的中型村庄来说，假设每户日均耗电 0.8kW·h，全村日需电 240kW·h，若使用两套考库姆（SES）4—95 发电系统，日发电约 365kW·h，基本可满足居民生活及简单的生产用电。2 套考库姆（SES）4—95 发电系统需初投资 100 万元，系统年发电量为 131400kW·h，每度电价按 0.8 元计算，则为 105120 元，不包括设备维护费用等在内，10 年即可基本收回投资。

由于中国西部地区多为偏远山区，村村相距较远，村庄规模较小，铺设常规电网和送变电装置费用昂贵。如果使用柴油机发电，油料消耗多，费用高，零配件损坏后不易采购，而且在高原缺氧环境下，柴油机出力不足，效率很低。这些地区干旱少雨，光照时间长，海拔高，大气透明度好，光辐射强度大，极其适合太阳能发电。虽然碟式/斯特林系统与化石燃料的集成目前还在实验当中，但斯特林机可以同时使用太阳能、其他化石燃料及生物质能。而且，在阴雨天及夜晚，斯特林发电系统还可使用其他热源继续发电，一方面可以有效利用设备，降低成本，另一方面可以持续供电，满足用户需要。同时，若将发电系统与电网相连，则可在电力富裕时将多余的电量送至电网，电力不足时也可备应急之需。

（3）**斯特林发动机热电联产系统**　斯特林发动机由其独特的优点，可以利用太阳能、各种生物质能源发电，除了用于偏远地区、农村供电外，还能够作为家用能源装置，实现热电联供。斯特林发动机能够根据用户对热、电的需求适当调整热、电输出的比例，并具备振动小、噪声低等特点，750W 小型热电联供系统，7m 处噪声仅 50dB。

目前发展的直接燃用生物质能的斯特林发动机有三种，发电量分别为 9kW、35kW、150kW。其中使用木屑为燃料的 35kW 的斯特林发动机已完成 600h 试验（图 13-21），并在现场运行 700h 以上，机组性能参数见表 13-12。由于供暖温度比设计值高，系统满负荷运行功率为 28kW，发电效率受到木屑燃料含水量的影响，一般为 18% ~ 20%，其热电联供系统性能见表 13-13。

图 13-22 所示为丹麦国家实验室设计开发的生物质气化斯特林机热电联产示范工程系统，系统包括 1 台 200kW 的上吸式气化炉和 1 台 35kW 的斯特林发动机。系统所用的生物质燃料为木屑，气化炉出口的燃气与空气预热器出口的热空气在斯特林发动机燃烧室中燃烧，释放出热量；排气分为两路，一路用于预热空气，另一路与空气混合进入气化炉，按照设计约有 15% 的排气返回到气化炉。斯特林发动机冷却水来自于工业用户，进口水温为 25℃，出口水温为 40℃，这一温度太低不适合工业应用，因此斯特林发动机出口的冷却水再进入排气冷却器吸热，温度达到 80℃，可以作为工业或采暖热源。

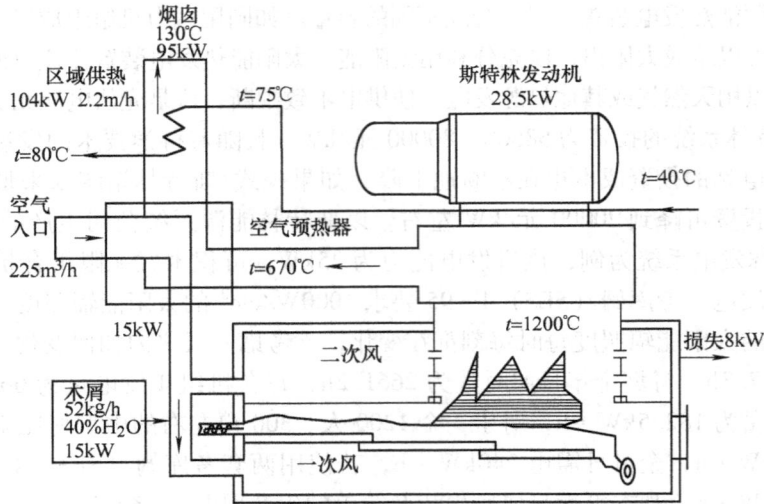

图 13-21　35kW 木质燃料斯特林热电联供系统

表 13-12　5kW 斯特林发动机特性参数

项　目	数　值	项　目	数　值
功率/kW	40	工质	Helium
孔径/mm	140	最高温度/K	953
气缸数	4	发电机效率(%)	90
转速/(r/min)	1010	设备质量/kg	1400
平均压力/MPa	4.0	设备尺寸/m(长×宽×高)	1.3×0.8×1.2

表 13-13　35kW 斯特林热电联供系统性能

项　目	数　值	项　目	数　值
平均压力/MPa	4.0	发电功率/kW	28.5
热端温度/℃	620	厂用电/kW	2
加热器最高温度/℃	710	木质燃料消耗(40% H_2O)/(kg/h)	52
冷却水入口温度/℃	40	燃料热值/kW	150
斯特林机出口冷却水温度/℃	75	发电效率	0.19
系统出口水温/℃	80	热电联产效率	0.87
区域供热量/kW	104		

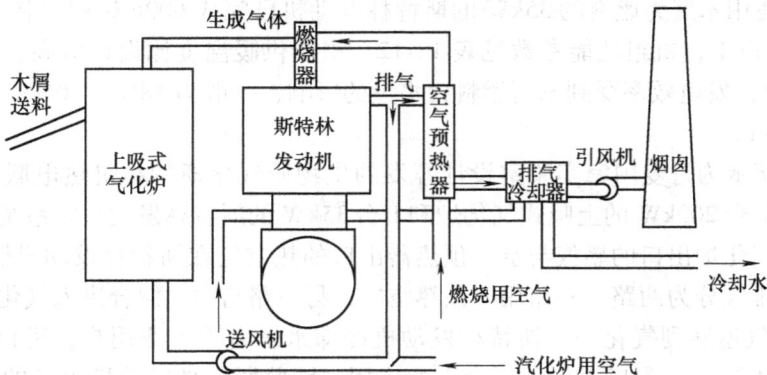

图 13-22　生物质气化斯特林发动机热电联产示范工程系统图

　　图 13-23 为该示范工程的热力学仿真计算结果，斯特林机的发电效率为 30.6％，整个系统的发电效率为 17.7％，热电联供的综合热效率为 75.3％。

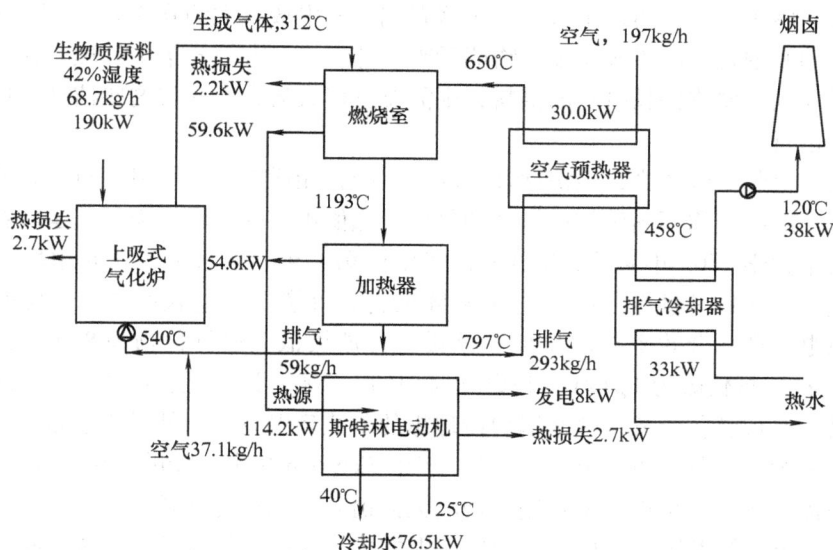

图 13-23　示范工程的热力学仿真计算结果

　　美国热发电计划与康明斯公司合作，1991 年开始开发商用的 7kW 碟式/斯特林发电系统，该系统适用于边远地区独立电站。美国热发电计划还同时开发 25kW 的碟式发电系统。25kW 是经济规模，因此成本更加低廉，而且适用于更大规模的离网和并网应用。表 13-14 为 STM 生产的 25kW 斯特林发动机性能参数。

表 13-14　STM 生产的 25kW 斯特林发动机性能参数

项　　目	数　　值	项　　目	数　　值
发电输出功率/kW	25	天然气消耗/(m³/h)	8.65
效率(%)	29.6	转速/(r/min)	1800
供热功率/kW	44	设备尺寸/m(长×宽×高)	2.01×0.7×1.07
供热效率(%)	52.1	NOx 排放量/[g/(kW·h)]	0.05
燃料消耗量/MJ	304.05	CO 排放量/[g/(kW·h)]	0.25
功率输出总量/kW	69	大修周期/h	50000
热电总效率(%)	81.7		

　　中国西部农村地区有大量的生物能资源，同时偏远地区又缺电严重，利用生物能发电既可合理处置废弃的生物能资源，减少环境污染，又可解决用电问题。仍以 1200 人、400 户左右的中型村庄为例，如果建一个 25kW 左右的小型生物质气化发电系统，假设每天运行 15h，每天的平均发电量为 375kW·h；假设每户日均耗电 0.8kW·h，全村日需电 240kW·h，则发电系统完全可满足居民生活及简单的生产用电，并有可能向电网供电。从燃料来源来看，生物质气化发电原料消耗量 1.5～1.8kg/(kW·h)，年耗原料 191t，如果每亩地平均年产麦秸、玉米秸秆约 150kg，则需要 1274 亩（1 亩 = 666.6m²）农田提供的原料。目前，生物质斯特林发动机系统初投资约为 4000～5000 元/kW，则 25kW 需投资 12.5 万元。据统计数据来看，玉米棒 0.05～0.09 元/kg，玉米秸秆 0.04 元/kg，棉花秸秆 0.05 元/kg，而小

麦秸秆随季节性有所变化，为 0.12 ~ 0.4 元/kg，平均下来这些秸秆的成本为 2 元/kg，按目前电站一天运行 15h，一天要烧 0.56t 料，也就是 112 元，而发电 375kW·h，这样发电原料成本为 0.30 元/(kW·h)。再加上人工、维修费用，发电成本大约 0.4 元/(kW·h)。

目前存在的问题是，由于农业废弃物能量密度低，难以大规模集中处理，在秸秆的储存方面又带来了问题，要维持长时间的供料，则需要有很大的仓库存放这些秸秆，这也就限制了电站的持续运行。

斯特林发动机装置效率高，经济性好，环保节能，能适应多种燃料，对燃料的品质要求不高，能很好适应因使用不同生物质带来的气化气热值不一的问题，而且其运转特性好，维护费用低。清华大学 2003 年 4 月成功开发出了中国第一个斯特林外燃机热电联产项目，工程燃料用天然气，采用了世界上最先进的 STM 斯特林外燃机热电联产技术，发电效率超过 30% 以上，热电联产综合效率超过 80%。该设备排放极低，氮氧化物为 8μL/L，为普通燃气锅炉的 1/15；一氧化碳为 1μL/L，是燃气锅炉的 1/200。设备运行噪声不到 68dB（1m），几乎没有振动，是代替传统燃气热水锅炉最理想的节能环保设备。外燃机设备还具有极好的经济性，每立方米天然气可以发电 3kW·h，产生 5kW·h 热水，能够产生约 3.5 元的产值。该系统基本不需要维护，可以远程控制，现场无人值守，大修寿命长达 5×10^4 h。

表 13-15 列出了微型燃气轮机、小燃机、内燃机、外燃机等各类燃气热电联产设备的效率及排放对比。

表 13-15 各类燃气热电联产设备的效率及排放比较

方 式	微型燃气轮机	小燃机	内燃机	外燃机	燃料电池	燃气锅炉
发电效率(%)	26	25 ~ 41	32 ~ 40	29	40 ~ 70	0
热电效率(%)	77 ~ 86	77 ~ 88	80	75	80 ~ 95	85
排放值/(μL/L)	16	25	<100	25	0	>200

第六节　楼宇冷热电联供系统（BCHP）实例

楼宇冷热电联供（BCHP）系统设计通常依据下述原则：一种是"以电定冷（热）"，即根据楼宇配电负荷来确定发电机功率，根据发电机尾气余热来配套制冷和制热设备。这种方式注重了余热回收效率，再考虑楼宇冷热负荷要求。另一种方式是"兼顾冷热电负荷"，这种方式是根据楼宇冷热电负荷来成套 BCHP 系统，兼顾余热利用效率和楼宇能源负荷，综合性能好。当然，影响 BCHP 系统配置方式的因素很多，系统必须根据楼宇的具体情况而定。

一、Maryland 大学楼宇冷热电联产

Maryland 大学 BCHP 系统是典型的"以电定冷（热）"的项目，其可以提供学院综合楼的冷热电能源需要，同时满足了科研要求。BCHP 系统选用微型燃气轮机作为发电设备，涡轮机、压气机和发电机都置于一个单轴上。压气机将助燃空气通过单级径向压缩进回热器，压缩空气被尾气废热加热后进入燃烧室与燃料混合，燃烧进一步升温；燃烧空气在涡轮机内旋转带动永磁发电机，涡轮机尾气进入换热器与空气换热；发电机输出三相可变电压/可变频率，输出电力通过逆变器将可变电压/可变频率转换为固定电压/固定频率，向终端供电。

涡轮发电机自备可选择电池包，当外部电网出现异常，也能确保系统不间断供电，实现其独立和并网运行的稳定性和可靠性。涡轮发电机运行噪声在 65dB 以下，排气清洁，给回收尾气余热提供了良好条件。

制冷时，将发电机 280℃ 的尾气导入溴化锂吸收式制冷机，加热发生器内的溴化锂溶液并产生蒸汽，蒸汽冷凝为冷剂水后在蒸发器内蒸发，制取空调冷水（额定出口温度 6.7℃），带走空调系统热量，冷剂水蒸发为蒸汽被吸收器浓溶液吸收，形成稀溶液，再返回至发生器加温浓缩。制热时，发电机尾气导入制冷机发生器，将溶液加热产生蒸汽，高温蒸汽在蒸发器内加热空调水，制取采暖温水（额定出口温度 50℃）。传统的冷热电联产是将发电机尾气通过余热锅炉转换为蒸汽，再用蒸汽制冷，这样能源转换环节多，系统复杂，

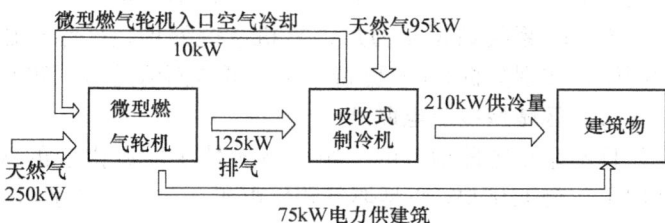

图 13-24 Maryland 大学微型燃气轮机冷热电联产系统原理图

能效低，且不安全。Maryland BCHP 系统没有尾气换热中间环节，直接将尾气应用于溴化锂吸收式制冷机，以提供制冷和采暖，其原理见图 13-24。微型燃气轮机的技术指标见表 13-16，溴化锂吸收式制冷机的性能指标见表 13-17。

表 13-16 微型燃气轮机的技术指标

项　　目	参　　数	备　　注
额定功率/kW	75	15℃,标准大气压下
天然气耗量/(m³/h)	27	压力≥0.62MPa(绝对压力)
发电效率(%)	28.5	15℃,标准大气压下
排气温度/℃	280	
排气流量/(kg/s)	0.67/0.76	并网运行/独立运行
NO_x 晚排放量/(μL/L)	<13	15℃,标准大气压下满负荷状况

表 13-17 溴化锂吸收式制冷机技术指标

项　　目	参　　数	项　　目	参　　数
机组型号	BD7N280-15	制热量/kW	114
制冷量	23USRt[①]	温水出口温度/℃	50
冷水出/入口温度/℃	6.7/12.2	温水流量/(m³/h)	19.6
冷水流量/(m³/h)	12.8	尾气入口温度/℃	280
冷却出/入口温度/℃	36/29.4	配电量/kW	1.2
冷却水流量/(m³/h)	24.3		

① 1USRt = 3.517kW。

对于以上微型燃气轮机 BCHP 系统，其发电效率为

$$\eta_e = \frac{75}{260} = 28.85\%$$

吸收式制冷系数为

$$EER = \frac{210}{125 + 95 - 10} = 1$$

综合热效率为

$$\eta = \frac{75 + 210}{250 + 95} = 82.61\%$$

2001 年 6 月，Maryland 大学 BCHP 系统成功投入试运行。Maryland 大学能源与环境技术中心（CEEE）及机械工程系等研究机构对溴化锂吸收式制冷机及 BCHP 系统进行了一次全面详细的测试，包括发电量、制冷量、发电效率、EER、供热效率、冷温水、冷却水进出口温度和流量、尾气温度、系统电耗等技术指标。测试结果完全达到了设计目标值，Maryland 大学 BCHP 系统数据是通过计算机系统处理、存储和显示，并将数据库链接至 Maryland 大学网站，实现数据 5min 更新一次，可全面清楚地了解此系统最新的实时运行工况。

二、区域型冷热电联产

日本东京芝浦地区的一组支持多楼宇能源供应的区域型冷热电联产项目（图 13-25），采用了 4 台 1100kW 小型燃气轮发电机，分两组分别与余热回收锅炉和蒸汽溴化锂吸收式空调组合成为系统，满足东京瓦斯大楼、东芝大楼和靠海大楼 N、S 座等 5 座建筑的电力、采暖、制冷、生活热水和除湿需要。任何一台机组如果发生故障停机，仅损失 1/4 的供电能力，因此只需要申请 1/4 的备用容量就可以保证系统供电的安全运行。

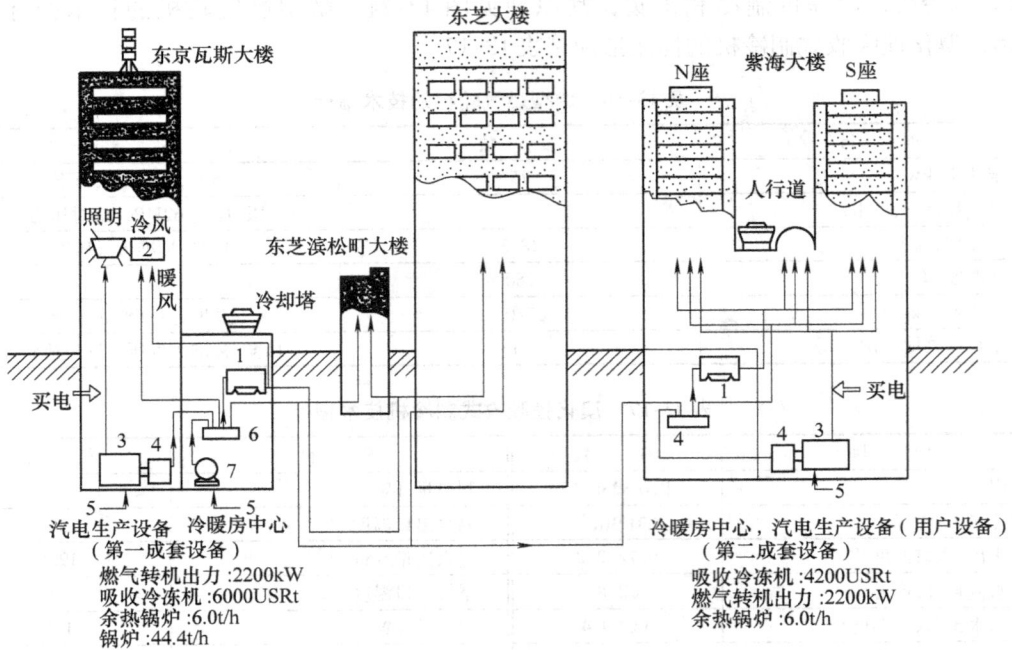

图 13-25　日本芝浦区域冷热电联供系统示意图

1—吸收冷冻机　2—空调机　3—瓦斯透平　4—排热锅炉　5—城市天然气　6—分汽器（集气器）　7—锅炉

中国目前已有的楼宇冷热电联供系统包括上海黄浦中心医院、上海浦东机场、北京燃气集团监控中心、北京次渠门站综合楼等项目。

黄浦区中心医院在其新建的层高为 18 层、建筑面积 25000m² 的医院大楼内采用了楼宇冷热电联供系统，大楼能源需用能耗预测如下。

（1）电力　2200kW。

（2）冬季采暖　白天负荷 3021kW（相当于 0.6MPa 的饱和蒸汽 4.5t/h）；夜间负荷 2200kW（相当于 0.6MPa 的饱和蒸汽 3.3t/h）；此外生活热水需用蒸汽，白天 2.5t/h，夜间 1.5t/h。

（3）夏季供冷　白天负荷 4300kW（相当于 0.6MPa 的饱和蒸汽 6.5t/h）；夜间负荷 3140kW（相当于 0.6MPa 的饱和蒸汽 4t/h）；生活热水耗汽白天和夜间分别为 2.5t/h 和 1.5t/h。

由于医院地处市内 I 类地区，不允许以煤为动力燃料，而且医院能耗的热电比无论冬季还是夏季均大于 2:1，因此本工程采用以燃气轮机作主机的热、电、冷三联供系统。由可行性研究报告得知：若采用燃气轮机配余热锅炉和蒸汽吸收式制冷机及汽水交换器，同时当热负荷超过余热锅炉的出力时，由燃油锅炉作补充，系统的能源转换率可达 71%，这是指所有设备在采暖或供冷季度中都以设计负荷运行时才能实现的。

系统安装了一台 1000kW 燃气轮机热电联供装置，为医院大楼提供电力、冷、暖空调以及生活用热水，该装置由一台美国索拉公司生产的 Saturn T1501 型燃气轮机发电机组，上海发电设备设计研究所研制的一台单锅筒蛇形管强制循环烟道余热锅炉，两台 2t/h 油锅炉和两台溴化锂制冷机组［制冷量一台 100×10^4 cal/h（1cal = 4.1840J，下同），另一台 150×10^4 cal/h］以及其他辅助系统所组成，该工程投资 1500 万元人民币（含设备进口税等）。在设计工况条件下，性能参数如下。

发电功率：1130kW；

供汽量：3.3t/h（0.8MPa 饱和蒸汽）；

油耗（轻柴油）：345g/（kW·h）；

热电联供效率：71%，与分别单供比节能约 20%。

三联供机组实际运行的经济性与实际负荷变化有很大关系，在什么样负荷下运行经济上才有利，可根据资料进行分析。原始数据如下：

燃油价格：2200 元/t；

电价：0.61 元/（kW·h）；

机组大修、折旧等费用：0.1 元/（kW·h）。

燃机参数利用索拉公司提供的计算机程序算出。蒸汽参数 0.6MPa，饱和温度；环境温度夏季取 37℃、冬季取 10℃；进、出口阻力均分别取 980Pa、1274Pa；燃油锅炉效率取 85%。三联供系统经济效益计算见表 13-18。

表 13-18　三联供系统经济效益计算

燃机负荷率(%)		20	30	40	50	60	70	80	90	100
燃气轮机负荷/kW	夏季	178	266	355	444	533	622	711	799	888
	冬季	222	332	443	554	665	776	886	997	1108
单机效率(%)	夏季	8.0	11.9	14.2	16.1	17.7	19.0	20.0	20.9	21.6
	冬季	10.4	13.7	16.4	18.4	20	21.2	22.2	23.1	23.8
产汽量/（kg/h）	夏季	1593	1627	1763	1906	2058	2209	2383	2508	2688
	冬季	1730	1940	2067	2203	2444	2676	2845	2983	3359
折算电价/［元/（kW·h）］	夏季	0.90	0.78	0.68	0.65	0.59	0.57	0.54	0.54	0.48
	冬季	0.75	0.61	0.56	0.53	0.51	0.47	0.47	0.47	0.44

表 13-18 中折算电价指发电油价减去用燃油锅炉取代余热锅炉产汽的油价的差再除以发电量的每千瓦小时电价。图 13-26 为三联供机组的负荷与经济性关系曲线,由图可见,夏季运行时只有负荷大于 500kW 时(图中横线与上面一根曲线在横坐标上的交点)折算电价才低于市电价格,而冬季时只要当负荷大于 300kW 时(下面一根曲线的交点)以上就有经济效益。经济分析结果表明,按每年运行 5840h 计算,则每年可节约运行燃料费用 120 万元左右,机组如果按额定负荷

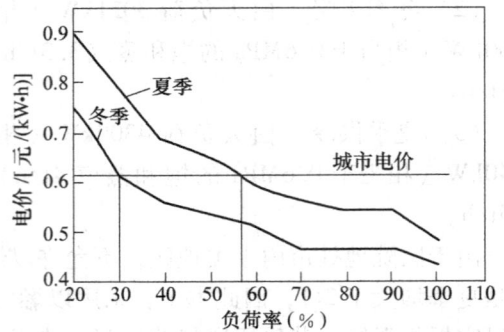

图 13-26 三联供机组的负荷与经济性关系

运行并考虑折旧等各种费用,约 4~5 年时间即可收回投资。本装置于 1998 年 3 月一次投运成功,但由于建筑设计院对整幢大楼的热冷负荷预测过于保守(最大负荷 2200kW,最大热负荷 7t/h,0.6MPa 饱和汽),目前医院最高用电负荷仅为 600kW,故该系统不能满负荷运行,造成所选用的装置容量偏大,不仅不能充分发挥该装置的优势,且长期在低负荷下运行,经济性差,达不到预期的经济效益,蒸汽也用不完,现向旁边的酒店供汽,但不能供电。

该系统现在发电成本为 0.50 元/(kW·h),如由上海供电局供电,电价则为 0.74~0.8 元/(kW·h),经济效益尚好,如能满负荷发电则更加可观。该系统的安装、调试、运行情况可说明:

1)以燃机为主的三联供机组在楼宇中占用建筑面积小。

2)主机自动化程度高,维护工作量低。调峰性能优于常规电站,发电质量好。常规电站扣去输电损耗,能源利用率小于 30%,而本系统能源利用率大于 60%。

3)以国产柴油为燃料,在质量上欠稳定,且价格多变(最高达 3500 元/t),影响了机组正常运行,也直接影响经济效益。只有当油价在 2200 元/t 以下时,才能和天然气价 1.9 元/m^3 时的燃料成本消耗达到基本一致。

4)燃机烟气排放 NO_x 低于 105mg/kg,是燃煤和燃油锅炉难以达到的。烟气排放还含有大于 16% 的氧,因此能采用补燃方式提高余热锅炉产汽量,可以取消或减少备用锅炉。

5)设计用电量和实际耗电量相差很大,影响经济效益,因此楼宇冷热电联供系统的设计一定要充分考虑负荷的变化以及冷、热、电负荷的匹配。

模块化的热电联产系统具有结构紧凑、经济性好的特点,这类系统容量范围为 20~650kW,利用发电机的余热提供热水。设计此类系统时,要注意系统大小的选择应以建筑物热水需求为主,适合此类系统的建筑物包括医院、餐厅、宾馆等长年具有热水、蒸汽负荷的地方,系统运行灵活,可以连续运行,也可以作为调峰用。目前有些公司开始设计生产面向单户居民的热电联产系统,此类系统容量为 10kW 左右,能够为单户居民提供电力和供热。

第十四章　暖通空调中的余热利用

第一节　空调系统的余热利用

热回收通风装置的推广应用不仅能够极大地提高室内空气品质，满足人们舒适性的要求，而且可以利用热交换器回收排风中的能量，减少新风负荷，是空调系统节能的一项有力措施。在排风中设置热交换器，最多可节约70%～80%的新风能耗，相当于节约10%～20%的空调总负荷，可见其节能潜力是相当可观的。当采暖或空调设备运行时，室内排风与室外新风存在一定的温度和湿度差（也即焓差），热回收装置正是利用二者的焓差进行能量交换，使送入室内的新风参数尽可能接近室内的空气状态点。目前热回收设备常见的有转轮式和板翅式全热交换器以及热管式和平板式显热交换器。排风系统回收包括冷量和热量的回收，其原理是相同的。以下主要以夏季冷量回收为例，对其结构和工作原理进行简单的介绍。

一、全热交换器

1. 回转型全热交换器（转轮换热器）

（1）转轮换热器简介　转轮式全热交换器主要有转轮、驱动电动机、机壳和控制部分组成。在转轮的中央有分隔板，将转轮隔成排风侧和新风侧，排风和新风气流逆向流动，如图14-1所示。空气以2.5～3.5m/s的速度经过热交换器。由于转轮材料和空气之间的温差和水蒸气分压力差而进行热湿交换。转轮以8～10r/min的速度缓慢旋转，把排风中的冷热量蓄存起来，然后再传给新风。如果转轮由吸湿材料组成，则不仅可以回收显热，也可以回收潜热，因此称全热交换器。

转轮式热交换器的特点为：热回收率高，$\eta = 70\%$～80%，节约空调负荷10%～20%，可以用比例调节转轮的旋转速度来调节转轮效率以适应室外空气参数的变化。因转轮交替逆向进风，故有自净作用，不易被尘埃等阻塞。

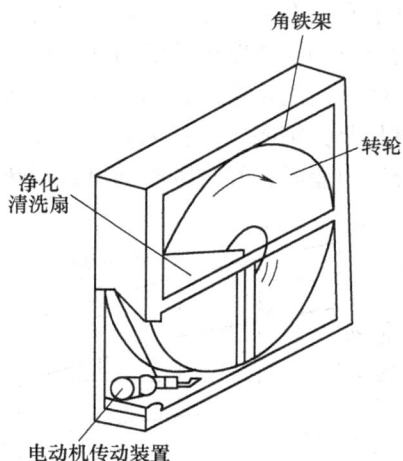

图 14-1　转轮全热交换器

（2）影响转轮换热器效率的因素

1）空气流速。空气流过转轮时的迎风面流速越大、效率越低，反之则越高（图14-2）。但转轮的断面积大时，一般认为技术经济流速为2～4m/s。

2）转速。转轮的转速与效率的关系如图14-3所示。当转速低于4r/min时，效率明显下降；当转速增大至10r/min时，效率几乎不再变化。

3）比表面积。转轮单位体积的换热表面积，通常称为比表面积。比表面积愈大，回收

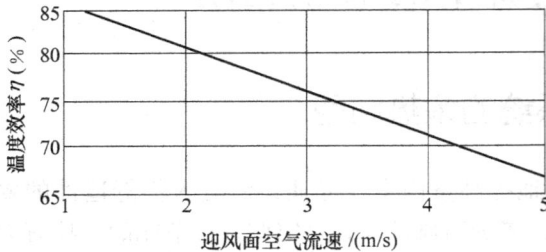

图 14-2　迎风面速度与效率的关系

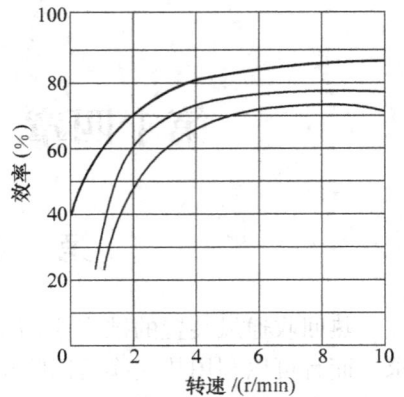

图 14-3　转轮的转速与效率的关系

效率愈高。随着比表面积的增加，空气流经转轮时的压力损失也将增大。一般认为经济的比表面积为 $2800 \sim 3000m^2$。

4）送风量与排风量比值。从进风侧效率考虑，当排风量小于进风量时，热、湿交换效率降低，当排风量大于进风量时，热、湿交换效率提高。图 14-4 所示为不同风量比（指送风量与排风量之比）对效率影响程度的一个实例。对于大多数转轮装置，在进、排风量相等时，其全热交换效率大约在 70% ~80% 左右。

2. 板翅式全热交换器

静止型板翅式全热交换器由如图 14-5 所示的单体和外壳组成。外壳一般由薄钢板制成，其上有四个风管接口，可分别与新风管、送风管、回风管、排风管连接。同时为了便于单体的定位和安装取出及清洁和更换，在壳体的内侧壁上设有定位导轨，并衬有密封填料，防止两股气流的短路混合而造成交叉污染。单体用特殊加工的纸或经过处理的其他纤维性多孔质材料及铝箔制成。新风和回风以交叉流的形式流经单体，同时当两者之间存在温差和水蒸气分压力差时，经过隔板即可进行热、湿交换。

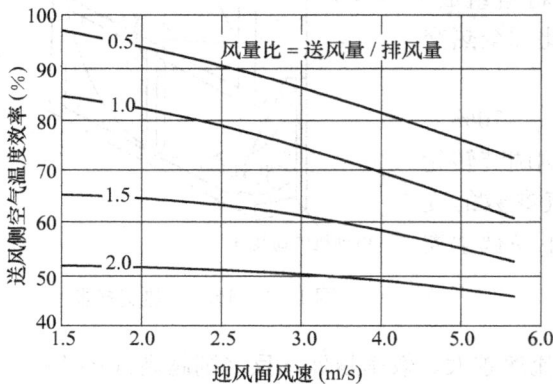

图 14-4　风量比与效率的关系

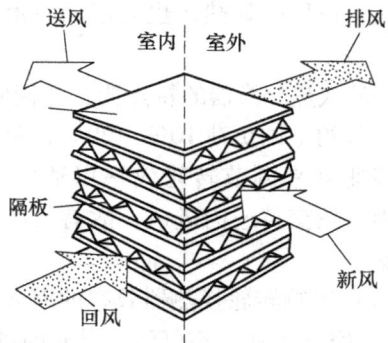

图 14-5　静止型板翅式全热交换器的构造原理图

在冬季使用静止型板翅式热交换器时。应避免在热交换器内结露或结霜现象的发生。在冬季使用中，其内部结露或结霜的原因主要是由于新风温度过低，从而使新风初状态点和排风初状态点的连线有一部分处于 h-d 图的饱和线下方。因此，有可能出现这种现象时，应在新风入口处增设或开启新风预热器。

3. 全热交换器运行中应注意的问题

1）由于单体中空气通路的当量直径比较小，一般为 1.5～2.5mm，因此为了防止通路的堵塞，对于静止型全热交换器一般都在进风侧安装空气过滤器，对于排风中含有油雾的还安装有高效空气过滤器。所以在换热器的运行中，应经常检查空气过滤器前后的压差，当空气过滤器的容尘量达到额定值，即其空气阻力为初阻力的 2 倍时，应对其进行更换。

2）为了使空调系统在过渡季节运行时能够采用全新风方式，达到节能降耗、降低运行费用的目的，一般在换热器处均设有旁通通路，以便让新风绕过换热器。因此，空调系统在过渡季节采用全新风运行方式时，应切断换热器通路，使用换热器的旁通通路。

二、显热交换器

1. 平板式显热换热器

平板式显热换热器多用金属制成，中间有金属和塑料制成的平行板，板间距 4～8mm。两种气流间有板相隔，传热通过隔板进行，如图 14-6 所示。其阻力约为 200～300Pa，热回收效率 η 为 40%～60%。

平板式显热换热器与板翅式全热交换器同属于板式换热器。这两种换热器均是间壁式换热器，新、回风互不接触，可防止空气污染；无转动部分，运行可靠；可通过改变风量来调节热回收效率。需注意的是，换热器一侧的气流温度不能低于另一侧气流的露点温度，否则会产生凝结水，甚至发生结冰现象，引起阻力增加，影响其使用寿命。

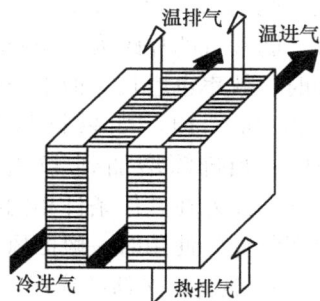

图 14-6 平板式显热换热器

2. 热管换热器

（1）热管换热器简介　热管是一种回收显热量（或显冷量）的空气—空气能量回收装置。一个单个热管是由铜铝等管材两头密封，经抽真空后充填相变工质制成。水平安装的热管，在管内装有紧贴管内壁的毛细芯层。热管的一端接触热源，另一端接触冷源，毛细芯是把放热冷凝的液态工质传输到受热蒸发端去的通道，见图 14-7。

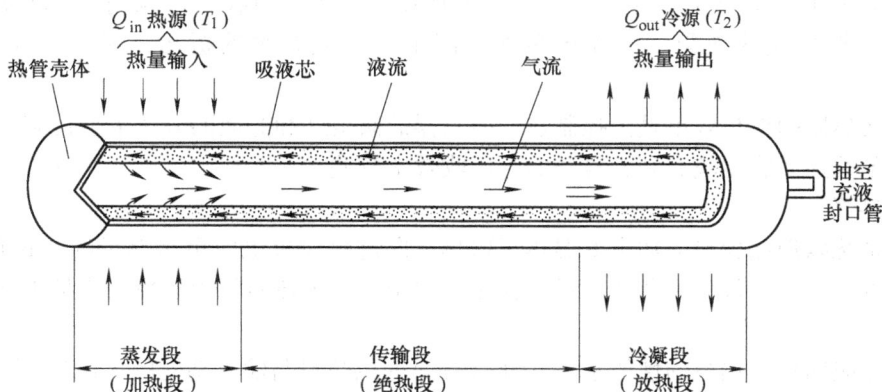

图 14-7　热管组成部分和工作原理

热能自高温热源（T_1）传入热管时，处于与热源端接触的热管内壁吸液芯中的饱和液体吸热汽化，蒸气进入热管空腔，该段称为蒸发段（也叫加热段或气化段）。由于蒸气分子不断进入气化段空腔，空腔内的压力不断升高，蒸气分子便由气化段经中间传输段（也叫绝热段）流向热管的另一端；蒸气在这里遇到冷源（T_2）凝结成液体，同时对冷源放出潜热，液体为吸液芯所吸收，这段叫冷凝段（也叫放热段或凝结段）。

由于热管内气相和液相工质同时存在，所以管内压力由气液分界面的温度所决定。如果热管的蒸发段和冷凝段由于外界的加热和冷却作用引起一个温差，而管内又存在这个气液分界层，那么两段之间的蒸气压力就会不同，在此蒸气压差的推动下，蒸气就从蒸发段流向冷凝段，从而完成一个循环，即通过工质在蒸发段吸热蒸发和冷凝段放热凝结，完成热的传递过程。

（2）热管换热器的特性　热管换热器的热交换效率与其面风速、换热面积和两侧气流的流量比等因素有关。图 14-8 是有代表性的热管换热器的热交换效率与其面风速、排深的关系曲线。此图的试验条件是两侧的气流为逆流且流量相等，肋片管的片距为 1.8mm。由图可见，当排深增加时，效率也增长，但增长率趋于缓慢。如在面风速为 3m/s 时，如果排深为 6 排，换热效率为 61%；当排深增加到 12 排时，换热效率提高到 75%。此外在其他条件相同时，面风速增加将会使效率降低。使用时一般面风速取 2~4m/s。

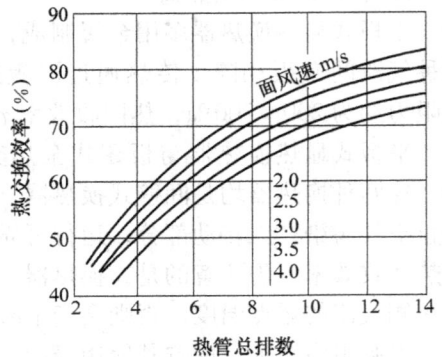

图 14-8　热管换热器的热交换效率与面风速、排深的关系

3. 热管换热器的应用

1）在空调的风管系统中连接热管换热器时，热管换热器必须水平安装或按设计要求保持一定的倾斜度。

2）热管换热器的两侧分别连接新风管/送风管和回风管/排风管，为了使其在高效率下工作，两侧气流应呈逆向流动状态。

3）当流经热管换热器的两股气流温差较大且其中有一股气流的含湿量较大时，在热管换热器表面上可能产生结露现象（主要出现在冬季热风回收的排风侧）。如果凝结水量适中时可以提高换热效果，但在更多的情况下会有凝结水的析出，因此应注意收集和排放。

热管换热器的换热效果是由控制热管换热器的倾斜度和旁通的方法来进行调节的。热管换热器对冬季热回收比较有利，夏季的冷回收效率较差。

三、热泵

制冷系统以消耗少量的功由低温热源取热，向需热对象供应更多热量的装置称为热泵。采用热泵供热可提高效率，节约能量。在暖通空调领域余热回收用热泵主要是指气源热泵和水源热泵。

在实际应用中，热泵的性能系数 COP（热泵的供热量与输入功能的比值）可达到 2.5 ~ 4 左右。也就是说，用热泵得到的热能是消耗电能热当量的 2.5 ~ 4 倍。

热泵取热的低温热源可以是室外空气、室内排气、排烟、土壤或地下水以及废弃不用的其他余热。

据估计，全世界在100℃左右低温用热的耗能量占总耗能量的一半左右，把石油、煤炭、天然气等高品位的一次能源和电能等高品位的二次能源无效降级而获得100℃左右的低位能，有效能损失太大。另一方面，接近环境温度的大量低温位能和余热没被利用。因为低位的余热用一般交换器回收，其效率是很低的。热泵可将不能直接利用的低位能余热提高热位后变为有用能。

所以，利用热泵是有效利用低位能的一种节能的技术手段，从这个角度，有人称热泵为"特殊能源"。

热泵一般有下列几种类型：

（1）空气源热泵　以室外空气为热源的热泵机组，如家用空调器、商用单元式热泵空调机组和风冷热泵冷热水机组。热泵空调器已占家用空调器销量的40%～50%，年产量为400余万台。在夏热冬冷地区，热泵冷热水机组得到了广泛的应用。它的优点是安装方便，使用简单，并可以冬夏两用（通过冷凝器和蒸发器的相互转换）。其主要缺点是室外空气温度愈低时，室内热需求量大，而机组的供热量反而减少，效率愈低。

在余热利用中采用热泵技术主要指以具有一定温度的排风、排水和排烟为热源。

采用气源热泵时，一般以排风和排烟为热源，通过热泵接受排风和排烟携带的能量，其基本原理和常规热泵无本质区别。但是，排风和排烟的温度通常远高于空气温度，因而，余热利用的热泵具有很好的工作条件，可以得到较高的COP。

（2）水源热泵　以低温热水为热源的热泵机组。以各种工厂废热水、生活污水等作为低温热源的水源热泵是暖通空调领域余热回收的一个重要分支，具有节省投资和运行费用的明显优势。

第二节　冷凝型锅炉系统的余热利用

锅炉的主要热损失之一是排烟热损失。排烟热损失包括烟气的物理显热和烟气中水蒸气携带的汽化潜热。长期以来，由于以煤和油为主的固体燃料和液体燃料中含硫，导致烟气的酸露点温度较高。为避免换热表面的酸腐蚀，排烟温度一般高于烟气酸露点温度30～50℃，烟气的物理显热回收受到限制，同时烟气中的潜热无法利用。近年来，为了保护环境与生态，以天然气为代表的清洁燃料正在广泛用于锅炉。与传统的固体燃料不同，天然气不仅硫含量极少，使燃烧产物中有害物质明显减少；而且，它的氢含量很高，燃烧产物中包含大量水蒸气，一般水蒸气的体积分数接近20%，为冷凝型锅炉系统创造了条件。近年来，为了减少有害物质的生成和烟气排放总量，一些学者提出了氧-燃料锅炉系统。由于助燃物质采用了纯氧，因而烟气中几乎不含氮成分，大幅度减少了烟气总量，同时提高了烟气中的水蒸气质量分数，因而烟气中潜热的回收利用对于提高锅炉热效率十分重要。

一、冷凝型锅炉

燃料中的主要可燃成分是碳和氢元素，而氢元素氧化的产物是水或水蒸气，同时参加燃烧的空气也携带一定的水蒸气，因而燃烧产物中烟气含有一定的水蒸气。如果烟气温度较低或烟气遇到温度很低的表面，烟气中呈过热状态的水蒸气将凝结而放出汽化潜热，将这部分热量加以利用的锅炉称为冷凝型锅炉，即冷凝型锅炉是指通过冷凝烟气中水蒸气，利用其汽化潜热，从而提高锅炉热效率的锅炉。

单位物量的燃料完全燃烧所释放出的热量称为燃料的发热量或热值，如果考虑了烟气中的水蒸气的汽化潜热，则称为高位发热量；如果不计水蒸气的汽化潜热，就称为低位发热量。传统锅炉的排烟温度较高，加之为避免尾部腐蚀，烟气中水蒸气仍呈过热状态，不出现凝结放热，因而传统的锅炉计算以燃料的低位发热量为基准。实际锅炉的热效率分为低位发热量热效率和高位发热量热效率。为与传统锅炉比较，冷凝型锅炉也采用低位发热量，因而热效率有可能超过100%，但是按高位发热量计算，则不足100%。因而冷凝型锅炉在国外也被称为高热值锅炉。

显然冷凝型锅炉最关键的是燃料特性与烟气温度或换热表面温度。下面对一般锅炉常用燃料进行分析：

（1）天然气　根据分析，天然气的主要成分是甲烷和少量其他碳氢化合物。与其他燃料比较，天然气含有相当数量的氢元素，一般接近25%，因而燃烧产物中水蒸气含量较高，在理论空气量下，烟气的水蒸气体积分数接近20%，对应的露点温度接近60℃。

（2）轻柴油　根据供热锅炉常用的燃油成分分析，燃油成分中氢元素含量低于天然气，其燃烧产物中水蒸气的含量在理论空气量下，体积分数接近13%。但是由于燃油中通常含有少量硫，烟气中存在二氧化硫，所以明显提高了烟气的露点温度。

（3）水煤浆　以煤为燃料的烟气中水蒸气含量很低。若水煤浆中水的比例较低，烟气的水蒸气含量亦不是很高，但是考虑煤中硫成分的存在，烟气露点温度将很高。

由以上分析可知，作为冷凝型锅炉，由于较强的低温腐蚀问题，最好的燃料是天然气。

二、冷凝型锅炉的分类

前面已述，冷凝型锅炉是将烟气中的水蒸气冷凝下来，回收利用水蒸气变为热水的汽化潜热，从而提高锅炉的热效率。所以，冷凝型锅炉都带有将烟气中的水蒸气凝结下来的换热器，称为冷凝换热器。冷凝式锅炉按冷凝换热器的形式与燃料的种类进行分类。冷凝换热器分为接触式、间壁式（非接触式）两种。燃料有天然气、油和煤三种。所以，冷凝式锅炉有接触式（燃气、燃油与燃煤）锅炉，间壁式（燃气、燃油与燃煤）锅炉，还有接触式与间壁式联合的（燃气、燃油与燃煤）锅炉。

1. 接触式换热器冷凝锅炉

图14-9所示为法国Gas de France公司生产的喷淋冷凝式锅炉，是接触式冷凝锅炉的代表。图中，锅炉本体的烟气在流经喷淋室时，喷淋水阶梯式下落穿过小孔与烟气逆向流动。由于烟气和水直接接触，使烟气降温，水受热升温40~45℃，再进入锅炉，在这一冷凝传热过程中可从燃料中获得15%~20%的热量。

图14-10所示为陕西省能源中心吴仰天高级工程师发明设计的一种特效节能天然气锅炉，可以说是属于接触式冷凝锅炉的另一种形式。其结构特点是，燃烧器的喷头从锅炉底部沿燃烧室内壁的切线方向喷入天然气燃烧。烟气经炉膛和对流受热面放热后流到锅炉侧上方的换热器，换热器中设有排烟口和进水管，进水管四周有多排小孔向烟气喷水，可使排烟温度降至25~75℃，锅炉的热效率可达100%以上。

2. 间壁式换热器冷凝锅炉

间壁式换热器的换热是非接触式，换热面一般为管式或板式。图14-11和图14-12所示为荷兰Remeha公司与Tricentrol公司生产的两种非接触式的冷凝式锅炉组成示意图。前一种

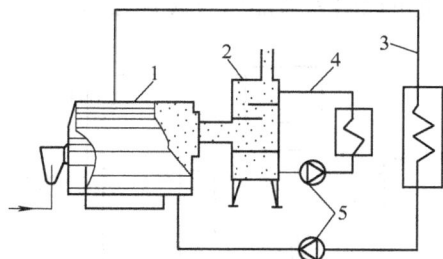

图 14-9　法国 Gas de France 公司生产
的喷淋冷凝式锅炉

1—锅炉本体　2—喷淋冷凝换热器　3—供暖系统
循环回路　4—二次热媒循环回路用于
游泳池水加热　5—泵

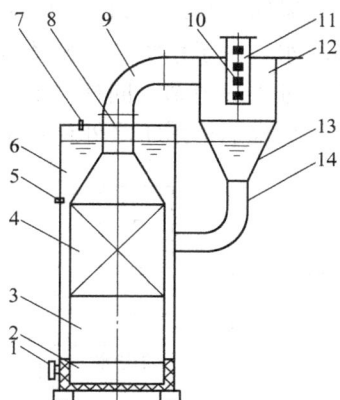

图 14-10　一种特效节能天然气锅炉

1—燃烧器　2—燃烧室　3—炉膛　4—对流受热面
5—出水管　6—锅炉壳体　7—排气管　8—排烟
管道　9—弯头　10—进水管　11—排烟口
12—换热器　13—圆锥体　14—连管

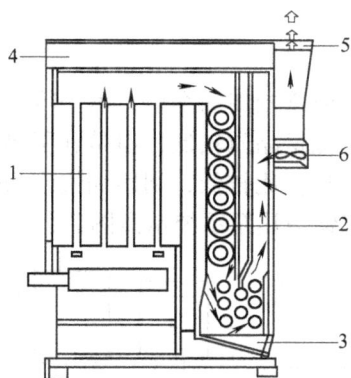

图 14-11　Remeha 公司开发的冷凝式锅炉

1—换热器1　2—换热器2　3—冷凝液收集装置
4—集水箱　5—排烟口　6—引风机

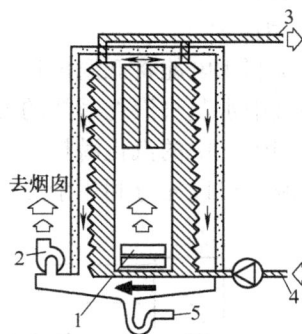

图 14-12　Tricentrol 公司开发的冷凝式锅炉

1—燃烧器　2—排烟风机　3—热水出口
4—回水进口　5—疏水口

锅炉的主换热器（换热器1）采用普通铸铁锅炉的设计，但是副换热器（换热器2）采用了
铝制光管和肋片管。后一种锅炉是一种独特的铸铝换热器冷凝式锅炉，热烟气在管内向上流
动，而被冷凝的烟气在管外向下流动。

三、冷凝型锅炉系统

冷凝型锅炉的特点与系统密不可分。下面分别介绍不同的冷凝型锅炉系统。

1. 热水锅炉系统

热水锅炉分为高温水锅炉系统与低温水锅炉系统。

为有效利用冷凝部分潜热，与烟气换热的工质温度应该较低。对于低温热水系统，如图
14-13 所示，由于回水温度较低，将其引入热能回收装置，被烟气加热后，再进入锅炉受
热。一般回水温度较低，可以实现烟气中水蒸气的部分凝结。

对于高温回水系统，如图 14-14 所示，通常是二次水系统，通过热力站，锅炉高温水加热系统循环水。由于系统二次循环水回水温度较低，在进入热力站之前，将其引入回收装置加热后，再进入热力站，同样是利用低温的二次水冷却了烟气，也可以实现部分水蒸气凝结。当然，如果锅炉系统之外存在温度较低的工质，也可以引入热能回收装置加热。

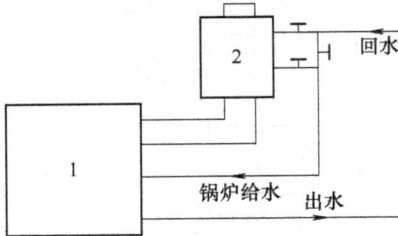

图 14-13　低温给水烟气冷凝燃气锅炉系统
1—锅炉　2—冷凝回收装置

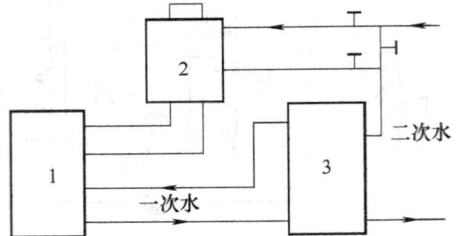

图 14-14　高温给水烟气冷凝燃气锅炉系统
1—锅炉　2—冷凝回收装置　3—换热站

2. 蒸汽锅炉

图 14-15 给出了蒸汽锅炉系统的一种建议。由于蒸汽锅炉凝结水温度较高，不宜直接引入热能回收装置，而是将蒸汽锅炉软化补水引入回收装置。如果锅炉系统凝结水不能回用，则与低温热水锅炉系统相同。

3. 热泵型锅炉

热泵系统利用电能将低温位热能输送到高温位，提供温度较高的介质。由于冷凝锅炉系统中利用烟气中水蒸气汽化潜热的温度较低，获得的工质能量品质较低，但是利用热泵系统可以有效利用烟气中的汽化潜热，因为热泵低温端的工作温度比较低，利用烟气作为热泵的低温系统热源，可以充分利用余热。图 14-16 所示为燃气锅炉热泵系统示意图。

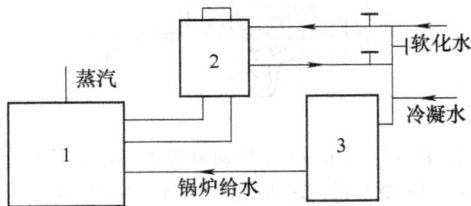

图 14-15　高温给水气冷凝燃气蒸汽锅炉系统
1—锅炉　2—冷凝回收装置　3—除氧系统

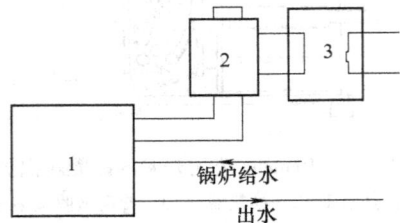

图 14-16　燃气锅炉热泵系统
1—锅炉　2—冷凝回收装置　3—热泵

四、冷凝型锅炉的应用

冷凝型锅炉系统具有很好的节能与环保效果，一般可以提高锅炉热效率 3% ~ 8%。由于锅炉热效率的提高，燃料消耗量降低，将明显减少污染物排放总量。此外，凝结液将吸收部分污染物，尤其是直接接触换热方式，排烟的污染物很少。冷凝型锅炉可以有广泛的应用。

1. 低温采暖

表 14-1 是 2.1MW 热水锅炉系统的热工测试结果。表 14-2 是 7MW 热水锅炉系统的热工测试结果。显然利用热能回收装置明显提高了系统热效率。热效率随给水温度的降低而提高。

表 14-1　2.1MW 热水锅炉系统热工测试结果

锅炉出力/MW	给水温度/℃	原锅炉热效率(%)	现锅炉(冷凝锅炉)热效率(%)	热效率提高(%)
1.89	40.8	90.05	95.81	5.76
1.89	46.6	89.14	92.75	3.43
1.89	53.3	88.57	90.69	2.12

表 14-2　7MW 热水锅炉系统热工测试结果

锅炉出力/MW	给水温度/℃	原锅炉热效率(%)	现锅炉热效率(%)	热效率提高(%)
53.7	61.9	89.9	92.15	2.25

2. 锅炉给水加热

表 14-3 是 3t/h 蒸汽锅炉系统的热工测试结果。表 14-4 是 6t/h 蒸汽锅炉系统的热工测试结果。显示的结果与热水锅炉系统基本一致。

表 14-3　3t/h 蒸汽锅炉系统热工测试结果

锅炉出力/(kg/h)	给水温度/℃	原锅炉热效率(%)	现锅炉(冷凝锅炉)热效率(%)	热效率提高(%)
2203	38.6	84.01	89.53	5.53

表 14-4　6t/h 蒸汽锅炉系统热工测试结果

锅炉出力/(kg/h)	给水温度/℃	原锅炉热效率(%)	现锅炉(冷凝锅炉)热效率(%)	热效率提高(%)
4300	37	85.9	90.2	4.03

显然冷凝型锅炉系统具有较高的热效率，能有效利用清洁能源，减少污染物总排放量。冷凝型锅炉可以用于热水锅炉，也可以应用于蒸汽锅炉。冷凝型锅炉系统增加的投资可以在较短的时间内回收。

五、冷凝式锅炉的特殊安全问题与预防

冷凝式锅炉特有的安全问题主要有两个：一个是冷凝式锅炉的腐蚀问题，另一个是烟道及烟囱内水蒸气凝结问题。

1. 冷凝式锅炉的腐蚀与预防

前面已述及冷凝式锅炉显著的特点是利用冷凝换热器降低烟气温度，利用烟气中水蒸气的潜热，同时也回收烟气降温的显热。无论是接触式换热器或间壁式换热器，都将锅炉烟气冷却到水和酸露点温度以下，烟气中的硫酸蒸气将凝结为硫酸腐蚀换热器及其尾部部件如引风机等，这主要从两个方面来预防和解决。

1）使用油、气燃料。目前烟气冷凝换热器主要应用在燃油燃气锅炉上，还没有真正成功地应用于燃煤锅炉。但是油、气燃料中硫含量虽然低于煤，也对冷凝换热器等有硫酸的腐蚀。

2）根据不同的冷凝式锅炉采用不同的方法来防止硫酸的腐蚀。间壁式冷凝锅炉的冷凝换热器通常为管式，这些管子衬有抗腐蚀涂层，可将其直接放置在烟气中，烟气与管子之间不直接接触，基本上无腐蚀。对于接触式冷凝锅炉，冷凝换热器的工作原理是直接通过水与烟气接触而使烟气中的水蒸气冷凝。水与烟气接触后会有一定的酸度。有一定酸度的水不能直接用于锅炉，一般可用二级换热器将回收的热量传给工艺流体。为防止换热器腐蚀，凡与冷凝液接触的部件均要由抗腐蚀材料制造，如不锈钢、陶瓷、纤维玻璃、塑料等。由于冷凝换热器下游的烟气是湿的，布置在下游（尾部）的部件必须耐腐蚀，如引风机的叶片应用不锈钢或纤维玻璃制作。但又要注意纤维玻璃不能承受145℃的高温，当冷凝式换热器发生故障时，烟气应从旁道通过。

2. 烟道中水蒸气的凝结与预防

烟气中的水蒸气达到了饱和状态后，水蒸气开始冷凝。随着热量交换的进行，烟气温度不断降低，水蒸气不断冷凝下来。如果将此时的烟气直接排入烟道、烟囱，烟温还会下降，还有一部分水蒸气会冷凝下来，此时对烟道烟囱也会发生腐蚀。因此，应当采取措施减少或避免烟道中水蒸气的进一步冷凝。目前，工业锅炉是在尾部压力通风系统中将来自冷凝器的烟气与新的预热空气或从旁路来的热烟气相混合，使烟气在进入烟道之后温度上升，烟气中的水蒸气不再冷凝产生腐蚀。

第十五章　低温热水地板辐射采暖技术

低温热水地板辐射采暖是以低于80℃的热水作热媒，将加热元件敷设于地板中的采暖方式，可作为全面采暖和局部采暖，适用于住宅、办公楼、体育建筑、商场以及游泳池、花卉大棚等场所。

第一节　概　　述

一、低温热水地板辐射采暖的特点

（1）舒适性强　辐射散热是最舒适的采暖方式，室内地表温度均匀，室温由下而上逐渐递减，给人以脚暖头凉的良好感觉；空气对流缓慢，室内十分洁净，温度梯度小；能改善血液循环，促进新陈代谢。

（2）不占用使用面积　室内取消了暖气片及其支管，增加了使用面积，便于装修和家具布置。

（3）高效节能

1）该系统可利用低温热水。

2）辐射供暖方式较对流供暖方式热效率高。如设计按16℃温度选用，可达到20℃的供暖效果。

3）热量集中在人体受益的高度内；热媒低温传送，传送热损失小。

（4）热稳定性好　由于地面层及混凝土层蓄热量大，热稳定性好；间歇供暖，室温波动小。

（5）可按户计量收费　地板供暖供回水为双管系统，只需在每户的分水器前安装热量表，即可实现按户计量。用户各房间温度可通过调节分、集水器上的环路控制阀门，方便地调节，有条件的用户可以采用自动温控。

（6）造价相对常规暖气片系统偏高

二、低温热水地板辐射采暖系统成立的技术基础

1）多数住宅已达到节能标准，总的热负荷降低，低温热水地板辐射采暖方式造价高的矛盾相对减少。

2）窗下不设散热器的条件已经形成。由于节能建筑的外窗、外墙、玻璃造成的冷辐射和窗框的冷风渗透大大改善，窗下需设散热器利用其对流散热进行抵消的必要性已经改变。

3）交联聚乙烯管的技术较为成熟。这种交联软管应用在供暖系统中，具有耐腐蚀、抗老化、成本低、地面下无接口、不易漏、不易结垢、水阻力及膨胀系数小等优点，采用交联管已有把握满足技术要求，可以不使用价格更高的管材，因而为降低造价打下了基础。交联管材是世界公认、可连续使用50年以上的材料。

4）小巧、可靠的转球阀门技术成熟。在室内为低温热水地板辐射采暖系统安装的分路阀门已有理想的产品选用，能满足室内布置和装修的需要。

第二节 低温热水地板辐射采暖的材料

一、管材

综合考虑使用年限、热媒的温度和工作压力、系统的水质要求、材料的供应条件、投资和费用等因素，可用作地板辐射采暖加热管的材料有：交联聚乙烯管（PEX）、聚丁烯管（PB）、三型聚丙烯管（PPR）、铝塑复合管（PEX/AL/PEX）以及铜管。

目前地板采暖管材应用状况见表 15-1，该表是 1997 年欧洲地板辐射采暖管材的统计资料。

表 15-1 各种管道统计　　　　　　　　　　（单位：万 m）

管　　道	铜　管	PEX	PPR	PB	PEK-AL
用　　量	1400	13300	1600	1000	1000
比例（%）	7	70	8	5	10

从上表可以看出，用于采暖的管材主要有交联聚乙烯管、三型聚丙烯管和铝塑复合管三大类。PP（聚丙烯）管目前价格较高，应用量占绝对优势的是 PEX 管。各种管材的物理力学性能应符合表 15-2 的规定。各种管材的外径、壁厚及公差应符合表 15-3 的规定。

表 15-2 管材的物理力学性能

项　　目	单位	指　　标				
		PEX 管	PB 管	PPR 管	PEX/AL/PEX 管	T2/TP2 管
密度	g/cm³	> 0.94	> 0.92	< 0.89	> 0.94	> 8.9
维卡软化点	℃	123	113	140	125	—
抗拉屈服强度（23±1）℃	MPa	>9	>17	>27	>23	>205
热导率	W/(m·K)	≥0.35	≥0.33	≥0.37	≥0.45	≥320
线胀系数	mm/(m·K)	0.200	0.130	0.180	0.025	0.016
适用温度范围	℃	−20～80	−20～90	−40～110	−40～95	液体不限
纵向长度回缩率	%	<3	<3	<3	<2	—
内压试验（常温）	MPa	1.0	1.0	1.0	1.50	—
允许工作压力（80±2℃）	MPa	1.0	0.0	1.20	1.0	2.90
蠕变特性（95℃）	应无拐点	50 年内	50 年内	30 年内	50 年内	—
交联度（化学交联）	%	≥65	—	—	≥65	—

注：1. 本表只列出与低温热水地板辐射采暖直接有关的项目和必须达到的指标。

　　2. 对铝塑复合（PEX/AL/PEX）管，还有以下要求：

　　（1）AL 层，最小抗拉强度 80MPa（23±1）℃，断裂延伸率大于等于 24%。

　　（2）胶粘层，胶粘剂熔点高于 20℃。

　　（3）胶粘强度，常温下剥离时均不得出现脱胶现象。

　　3. 三型聚丙烯（PPR）管应具有添加金属离子钝化剂（抑制剂）的证明文件。

表 15-3　管材的外径、壁厚及公差

名　称	公称外径 D_n	外径公差	壁　厚	壁厚公差
PEX 管	16	+0.30	2.0	+0.4
	20		2.0	
	25		2.3	+0.5
PB 管	16	+0.2	1.8	+0.2
	20		1.9	+0.2
	25		2.3	+0.3
PPR 管	16	+0.30	1.8	+0.4
	20		1.9	+0.5
	25		2.3	+0.5
PEX/AL/PEX 管	16	+0.3	2.0 (0.40+0.30+1.10)	+0.40
	20		2.0 (0.40+0.35+1.05)	+0.4
	25		2.5 (0.50+0.35+1.45)	+0.5
T2/TP2 管	16	±0.10	1.0	±0.13~0.15
	20		1.2	
	25		1.5	

注：本表仅列出适合低温热水地板辐射采暖使用的管材规格。

二、各种塑料管材的性能

在低温热水地板辐射采暖工程中，由于采暖散热管一次性埋在地板内（混凝土层），维修困难，因此对其质量要求特别严格，选择性能优良的管材是非常重要的一个环节。要求在 50 年的使用期内，必须保证管材在 55~70℃ 热环境中使用不出现故障。

理想的地暖管材应满足以下条件：①力学性能优良，耐热、耐低温、抗蠕变、耐压（工作压力 0.6MPa）；②耐老化，保证使用寿命 50 年，与建筑物使用寿命同步；③耐环境应力高，弯曲半径小，施工中既容易弯曲又不破坏管子的强度，布管灵活，安装方便；④导热性能好；⑤传输性能好，内壁摩擦系数小、不结垢、防腐、防霉变；⑥整体性好，埋管部分无接口，杜绝泄漏；⑦价格低，市场供应充足。

1. PE（聚乙烯）管材

PE 管材无毒、耐腐蚀、柔韧性好、耐低温性能好、施工安装方便，可采用多种方法连接，整体密封性能极佳。近几年在欧美一些发状国家，PR 管用量开始超过 PVC-U 管占据首位。PE 材料耐温性能不好，不能作为热水管使用，这使得 PE 管材应用受到限制。在国外主要作为燃气输送管。与其他热塑性塑料管材相比，PE 管材具有最佳的长期耐压能力和抗裂纹快速扩张性能。

2. PB（聚丁烯）管材

PB 管材卫生性能好，无毒无害，具有极佳的耐化学性，柔韧性好，耐高低温性好，抗蠕变性、抗环境应力开裂和耐磨性优异，目前市场供应量还不大。

3. PEX/AL/PEX 管材（铝塑复合管）

铝塑复合管是一种中间由薄铝板焊接成封闭管状，由热熔黏合剂将其与内外塑料层粘合成一体而制成的复合管材。除了具有其他塑料管相似的优点外，它还具有气体阻隔性好，无渗氧性，保护终端设备（如减轻碳钢锅炉的腐蚀），在施工中可以随意弯曲定形而不需另设弯头的独特优点。

4. PP（聚丙烯）管材

PP 管材性能优异，不仅具有较高的强度，还有一定的耐温性能。所以它是目前给水/热水管系统中最具前景的管材。按照 ISO/DIS 15874 标准，无论是均聚聚丙烯（PPH）、嵌段共聚聚丙烯（PPB）、还是无规共聚聚丙烯（PPR），均可用来加工给水管。PPH 抗低温性能不好；PPB 的长期静压性能，特别是高温下的静水压性能不好，若用于热水管并满足 50 年寿命，则必须增加壁厚，带来经济上的不利因素。综合性能较好的是 PPR 管材。

5. PEX（交联聚乙烯）管材

通过交联技术使 PE 改性，交联改变了 PE 分子间的作用力，PEX 在分子间架起了化学链桥，形成凝胶结构，使分子移动困难，交联度越高，凝胶含量越大。交联后的 PE 宏观性能发生了很大变化，主要体现在材料的耐蠕变、耐高低温、耐环境应力开裂、耐腐蚀、耐老化、耐辐射、耐磨性能及对缺口的敏感性等有了很大改进。特别是由于耐蠕变性能的提高，使得其静水压性能尤其是高温静水压性能大大改进，尺寸稳定。在施工中可以随意弯曲定形而不需弯头。按国际标准 ISO/DIS 15875—1999，PEX 管材可以在 70℃ 下连续使用 50 年，也可以在 70 ~ 110℃ 范围内使用，但温度升高后，使用寿命缩短。PEX 管与 PE 相比不但可以满足供冷水的要求，还可以满足供热水的要求。两者的性能比较见表 15-4。

表 15-4 PEX 与 PE 性能比较表

性能	密度 g/cm³	最高工作温度/℃	软化温度/℃	耐候性	耐老化	耐油性	低温脆化性
PE	0.92	75	105 ~ 115	差	一般	一般	一般
PEX	0.92	90	热固性	一般	优良	优良	优良

PEX 管材与 PVC 和 PE 管材相比，PEX 管不含增塑剂，不会霉变和滋生细菌，不含有害成分。符合 FDA 标准，可用于饮用水。与金属管材相比，PEX 管材质量轻，仅为金属的 1/8 左右；耐腐蚀、耐磨性好，磨损率不足钢管的 1/4，使用寿命是钢管的 2 ~ 6 倍；传输性好，流体的传输量比钢管增加 30% ~ 40%；安装方便，可以采用带扩口插管的卡套式锁紧连接。

综合以上条件及国外应用情况，PEX、PP、PB、铝塑复合管均可适应地板采暖工程要求。纯塑料管材由于巨大的分子结构，具有渗氧性，使用性能不如铝塑复合管，但铝塑复合管市场价格较高。低温热水地板辐射采暖散热管的布管方式采用双回字形，弯头较多，又要求无接头，因此要求管材柔韧性好，而 PP、PB 管材柔韧性远不如 PEX 管，且弯管时需借助于热风机；PEX 管材与 PE 管材相比，PEX 管不含增塑剂，不会霉变和滋生细菌。从以上比较可知，PEX 管材综合性能与价格比优异，因此用于低温热水地板辐射采暖首选 PEX 管材。

三、塑料管材采用的标准

管材检验标准有德国标准化协会 DIN 16892—2000《交联高密度聚乙烯管材的总体质量要求和测试标准》，国家推荐标准 GB/T 17219—1998《生活饮用水输配水设备及防护材料的安全性评价标准》。

目前塑料管材产品标准有国家推荐标准（GB/T），国家建材局推荐标准（JC/T），轻工行业标准（QB）、国际标准（ISO）、美国材料协会标准 ASTM，见表15-5。

表15-5 常用塑料管材所执行的标准及相关规定

管材类型		标 准 号	公称直径/mm	压力/MPa	温度/℃	最高使用年限/年
PE	HDPE	CB/T 13663—1992	16 ~ 315	1.0 ~ 0.25	≤45	未规定
	LLDPE/LDPE	QB 1930—1993	16 ~ 110	1.0 ~ 0.4	≤40	未规定
	PE	ISO 4427—1996	10 ~ 1600	1.6 ~ 0.32	≤40	50
PEX		ISO/DIS 15875—1998	10 ~ 160	1.0 ~ 0.4	≤70	50
PP		QB 1929—1993	16 ~ 630	2.0 ~ 0.25	≤60	50
		ISO/DIS 15874—1999	12 ~ 160	1.0 ~ 0.4	≤70	50
PB		ISO/DIS 15876—1998	10 ~ 160	1.0 ~ 0.4	≤70	50
铝塑复合管	PK-AL-PE	ASTMF 1282—1997	12 ~ 32	1.38 ~ 1.1	≤60	50
	PEX-AL-PEX	ASTMF 1282—1997	12 ~ 32	1.38	≤83	50
	PE(X)-AL-PE(X)	ASTMF 1335—1998	16 ~ 50	0.86	≤95	50
	PE-AL-PE	JC/T 108—1999	12 ~ 75	1.5 ~ 1.0	≤60	50
	PEX-AL-PEX	JC/T 108—1999	12 ~ 75	1.0	≤95	50

四、塑料管材的使用寿命

按 ISO 10508 标准的要求，冷热水输送系统用热塑性管材共分五级，每个级别均对应一个特定的应用范围及 50 年的设计寿命，见表15-6。

除此之外，影响管材长期寿命的其他因素还有管材在承压和温度作用条件下的长期蠕变性能，它涉及到原料配方体系、生产设备及加工工艺等，另外还有紫外光作用下管材的自然老化问题。从不同管材在水温为 70℃ 条件下的蠕变特性曲线可知，铝塑复合管的蠕变特性最好，聚丁烯管次之，最不好的是 PP-B 管。若管内输送热媒的温度提高时，塑料管材在同等压力条件下，温度每增加 10℃，其寿命以 2.5 倍的速率降低。

表15-6 管材的使用分级

使用条件等级	正常操作温度		最大操作温度		异常操作温度		典型应用范围（举例）
	/℃	时间/年	/℃	时间/年	/℃	时间/h	
1	60	49	80	1	95	100	供60℃热水
2	70	49	80	1	95	100	供70℃热水
3	30 40	20 25	50	4.5	65	100	地板下低温供热
4	40 60 20	20 25 2.5	70	2.5	100	100	地板下的供热和低温暖气
5	60 80 20	25 10 14	90	1	100	100	高温暖气

五、塑料管材的选择

塑料管材的选择其实是根据使用条件选择不同管材的壁厚，可以根据以下方法进行选择。

1）根据管材的使用条件，运行水温及频率，选择确定使用条件等级，参见表 15-6。使用条件等级不是硬性规定，是按特定地区气候条件和典型使用条件计算所得的推荐性标准，应加以分析。例如，北京地区的一般工程，暂按国际标准 ISO/10508—1995 的四级，即在共 50 年的总使用周期中，运行温度 20℃共历时 2.5 年，40℃共历时 20 年，60℃共历时 25 年，70℃共历时 2.5 年，100℃的意外运行条件不超过 100h。

2）根据初选管材材质，确定管材的许用设计环应力 σ_D。表 15-7 列出了加热管材的许用设计环应力。许用设计环应力对应于使用条件等级要求。在该等级多种运行水温的综合作用下，在要求的使用寿命年限内，避免发生不能满足工作压力的蠕变。由于使用条件等级不是硬性规定，因此，宜按实际要求的使用寿命年限，并根据使用情况，分析使用寿命年限内不同温度的频率，合理确定许用设计环应力。例如，实际使用寿命不需 50 年或使用温度较低，就有可能选择许用设计环应力较小的管材。

表 15-7　加热管材的许用设计环应力 σ_D （单位：MPa）

使用条件等级	1	2	4	5	20℃
PB 管	5.73	5.04	5.46	4.31	10.92
PEX 管	3.85	3.54	4.00	3.24	7.60
PPR 管	3.09	2.13	3.30	1.90	6.93

3）根据允许系统工作压力 P_D 和允许设计环应力计算出 $S_{CALC,MAX}$ 值，根据 S 值应小于 $S_{CALC,MAX}$ 的原则，初选管材系列 S。

管材的环应力和其所承受的压力之间的关系可用下式表示：

$$\frac{\sigma}{P} = \frac{D-e}{2e} = S \tag{15-1}$$

式中　σ——环应力（MPa）；

P——管内压力（MPa）；

D——管外径（mm）；

e——管壁厚（mm）。

由上式可见，S 值是管材环应力与承压力的比值，它仅与管道尺寸有关，不同管道尺寸的 S 值不同。

$S_{CALC,MAX}$ 值可用下式计算。

$$S_{CALC,MAX} = \frac{\sigma_D}{P_D} \tag{15-2}$$

式中　σ_D——允许设计环应力（MPa）；

P_D——系统工作压力（MPa）。

表 15-8 ~ 表 15-10 列出了 PEX 管、PB 管、PPR 管的 $S_{CALC,MAX}$ 值。

4）在所选管材系列中，按管材的公称外径，查表 15-8 ~ 表 15-10 确定所需最小壁厚。考虑管材生产和施工过程可能产生的缺陷，各类管材的壁厚均不宜小于 1.7mm。

5) 按壁厚检验初选管材是否合理。如不合理，则改选用其他材质并验算。

表 15-8　PEX 管的 $S_{CALC,MAX}$ 值和最小壁厚选择

适用于使用条件等级 1($\sigma_D = 3.85$MPa)				
系统工作压力 P_D/MPa	0.4	0.6	0.8	1.0
管材的 $S_{CALC,MAX}$ 值	7.6	6.4	4.8	3.8
应选的管材系列	S6.3	S6.3	S4	S3.2
	管材应选的最小壁厚/mm			
管材公称外径 D_n/mm	16	1.3	1.3	1.8	2.2
	20	1.3	1.5	2.3	2.8
	25	1.9	1.9	2.8	3.5

适用于使用条件等级 2($\sigma_D = 3.54$MPa)				
系统工作压力 P_D/MPa	0.4	0.6	0.8	1.0
管材的 $S_{CALC,MAX}$ 值	7.6	5.9	4.4	3.5
应选的管材系列	S6.3	S5	S4	S3.2
	管材应选的最小壁厚/mm			
管材公称外径 D_n/mm	16	1.3	1.5	1.8	2.2
	20	1.5	1.9	2.3	2.8
	25	1.9	2.3	2.8	3.5

适用于使用条件等级 4($\sigma_D = 4.00$MPa)				
系统工作压力 P_D/MPa	0.4	0.6	0.8	1.0
管材的 $S_{CALC,MAX}$ 值	7.6	6.6	5.0	4.0
应选的管材系列	S6.3	S6.3	S5	S4
	管材应选的最小壁厚/mm			
管材公称外径 D_n/mm	16	1.3	1.3	1.5	1.8
	20	1.5	1.5	1.9	2.3
	25	1.9	1.9	2.3	2.8

适用于使用条件等级 5($\sigma_D = 3.24$MPa)				
系统工作压力 P_D/MPa	0.4	0.6	0.8	1.0
管材的 $S_{CALC,MAX}$ 值	7.6	5.4	4.0	3.2
应选的管材系列	S6.3	S5	S4	S3.2
	管材应选的最小壁厚/mm			
管材公称外径 D_n/mm	16	1.3	1.5	1.8	2.2
	20	1.5	1.9	2.3	2.8
	25	1.9	2.3	2.8	3.5

表 15-9   PB 管的 $S_{CALC,MAX}$ 值和最小壁厚选择

适用于使用条件等级 1 ($\sigma_D = 5.78MPa$)				
系统工作压力 P_D/MPa	0.4	0.6	0.8	1.0
管材的 $S_{CALC,MAX}$ 值	10.9	9.5	7.1	5.7
应选的管材系列	S10	S8	S6.3	S5
	管材应选的最小壁厚/mm			
管材公称外径/mm 16	1.3	1.3	1.3	1.5
20	1.3	1.3	1.5	1.9
25	1.3	1.5	1.9	2.3
适用于使用条件等级 2 ($\sigma_D = 5.04MPa$)				
系统工作压力 P_D/MPa	0.4	0.6	0.8	1.0
管材的 $S_{CALC,MAX}$ 值	10.9	8.4	6.3	5.0
应选的管材系列	S10	S8	S6.3	S5
	管材应选的最小壁厚/mm			
管材公称外径/mm 16	1.3	1.3	1.3	1.5
20	1.3	1.3	1.5	1.9
25	1.3	1.5	1.9	2.3
适用于使用条件等级 4 ($\sigma_D = 5.46MPa$)				
系统工作压力 P_D/MPa	0.4	0.6	0.8	1.0
管材的 $S_{CALC,MAX}$ 值	10.9	9.1	6.8	5.4
应选的管材系列	S10	S8	S6.3	S5
	管材应选的最小壁厚/mm			
管材公称外径/mm 16	1.3	1.3	1.3	1.5
20	1.3	1.3	1.5	1.9
25	1.3	1.5	1.9	2.3
适用于使用条件等级 5 ($\sigma_D = 4.31MPa$)				
系统工作压力 P_D/MPa	0.4	0.6	0.8	1.0
管材的 $S_{CALC,MAX}$ 值	10.9	7.2	5.4	4.3
应选的管材系列	S10	S6.3	S5	S4
	管材应选的最小壁厚/mm			
管材公称外径/mm 16	1.3	1.3	1.3	1.8
20	1.3	1.3	1.5	2.3
25	1.3	1.5	1.9	2.8

表 15-10 PPR 管的 $S_{\mathrm{CALC,MAX}}$ 值和最小壁厚选择

适用于使用条件等级 1 ($\sigma_{\mathrm{D}} = 3.09\mathrm{MPa}$)				
系统工作压力 P_{D}/MPa	0.4	0.6	0.8	1.0
管材的 $S_{\mathrm{CALC,MAX}}$ 值	6.9	5.2	3.9	3.1
应选的管材系列	S5	S5	S3.2	S2.5
	管材应选的最小壁厚/mm			
管材公称外径 D_{n}/mm 16	1.8	1.8	2.2	2.7
20	1.9	1.9	2.8	3.4
25	2.3	2.3	3.5	4.2
适用于使用条件等级 2 ($\sigma_{\mathrm{D}} = 2.13\mathrm{MPa}$)				
系统工作压力 P_{D}/MPa	0.4	0.6	0.8	1.0
管材的 $S_{\mathrm{CALC,MAX}}$ 值	5.3	3.6	2.7	2.1
应选的管材系列	S5	S3.2	S2.5	S2
	管材应选的最小壁厚/mm			
管材公称外径 D_{n}/mm 16	1.8	2.2	2.7	3.3
20	1.9	2.8	3.4	4.1
25	2.3	3.5	4.2	5.1
适用于使用条件等级 4 ($\sigma_{\mathrm{D}} = 3.30\mathrm{MPa}$)				
系统工作压力 P_{D}/MPa	0.4	0.6	0.8	1.0
管材的 $S_{\mathrm{CALC,MAX}}$ 值	6.9	5.5	4.1	3.3
应选的管材系列	S5	S5	S3.2	S3.2
	管材应选的最小壁厚/mm			
管材公称外径 D_{n}/mm 16	1.8	1.8	2.2	2.7
20	1.9	1.9	2.8	2.8
25	2.3	2.3	3.5	3.5
适用于使用条件等级 5 ($\sigma_{\mathrm{D}} = 1.90\mathrm{MPa}$)				
系统工作压力 P_{D}/MPa	0.4	0.6	0.8	1.0
管材的 $S_{\mathrm{CALC,MAX}}$ 值	4.8	3.2	2.4	1.9
应选的管材系列	S3.2	S3.2	S2	无合适
	管材应选的最小壁厚/mm			
管材公称外径 D_{n}/mm 16	2.2	2.2	3.3	—
20	2.8	2.8	4.1	—
25	3.5	3.5	5.1	—

第三节 低温热水地板辐射采暖的设计

一、低温热水地板辐射采暖的主要技术参数及设计说明

1）地板采暖结构层厚度：公共建筑大于等于 90mm，住宅大于等于 70mm（不含地面层

及找平层）。

2）热媒温度小于等于65℃（最高水温80℃）。

3）供回水温差8～15℃。

4）交联聚乙烯（PEX）管工作压小于等于0.8MPa；铝塑复合管（PE/AL/PEX）工作压力小于等于2.5MPa。

5）地板采暖结构承受荷载小于等于2000kg/m²，若大于2000kg/m²，应采取相关措施。

6）在供水干管上应设过滤网，以防异物进入供暖系统内。

7）低温热水地板采暖散热量与地板材质、供回水温度、管间距、室内设计温度等因素有关。常规做法：管间距100～350mm；保温材料为20～30mm的复合聚苯板；平均水温35～55℃；室内温度为15～28℃。每平方米散热量：瓷砖类地面为60～240W/m²；塑料类地面为45～220 W/m²；木地板为45～170W/m²；地毯类为35～140W/m²。以上参数仅供参考，具体情况以厂家数据为准。

二、低温热水地板辐射采暖室内实感温度与采暖热负荷计算

1. 室内实感温度

在辐射采暖中，热量的传播主要以辐射的形式出现，但同时也伴随有对流形式的热传播，通常都以实感温度作为衡量辐射采暖的标准。

实感温度可以用黑球温度计来测量，也可以根据以下经验公式计算得出。

$$t_a = 0.52t_n + 0.48t_{pj} \tag{15-3}$$

$$t_{pj} = \frac{A_1 t_1 + A_2 t_2 + K + A_i t_i}{A_1 + A_2 + K + A_i} \tag{15-4}$$

式中　　　　　t_a——室内的实感温度（℃）；

t_n——室内的空气温度（℃）；

t_{pj}——室内围护结构的平均辐射温度（℃）；

A_1，A_2，…，A_i——室内各围护结构的表面积（m²）；

t_1，t_2，…，t_i——室内各围护结构的表面温度（℃）。

试验研究表明，在人体的舒适范围内，实感温度可以比室内环境温度高2℃左右。因此，在保持相同的舒适感的前提下，辐射采暖时的空气温度可比对流散热器采暖具有较高的采暖效率。

2. 房间热负荷

房间热负荷计算应按《采暖通风与空气调节设计规范》（GB 50019—2003）的规定进行。敷设加热管道的地面，不计算采暖热负荷。垂直相邻各层房间均采用地板辐射采暖时，除顶层以外，各层均应按房间采暖热负荷扣除来自上层的热量，确定房间所需的热量。来自上层的热量应根据上层楼面的构造、热媒平均温度计算确定或按图15-1查取。地板辐射用于房间全面采暖时，所需的热量宜取房间计算采暖热负荷的

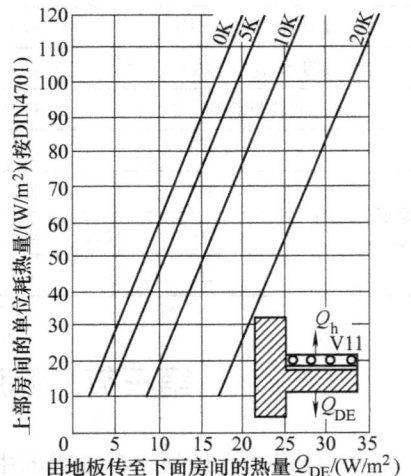

图 15-1　楼板向下传热量计算图

90%，或将房间温度降低2℃计算。采用集中热源分户热计量或采用分户独立热源的住宅，房间计算采暖热负荷应按不同热源，乘以下列修正系数：

1）集中热源（集中供热或个体锅炉房供热）系数为1.3。

2）分户独立热源（燃气壁挂炉）系数为1.5。

地板辐射用于房间局部区域采暖，其他区域不采暖时，地板辐射所需散热量可按全面辐射采暖所需散热量，乘以表15-11的计算系数确定。

表15-11　局部区域辐射采暖耗热量的计算系数

采暖区面积与房间总面积的比值	> 0.75	0.55	0.40	0.25	< 0.2
计算系数	1	0.72	0.54	0.38	0.30

注：采暖区面积比值为在0.20～0.75区间的其他数值时，按插入法确定计算系数。

进深大于6m的房间，宜以距外墙6m为界分区，当作不同的单独房间，分别计算采暖热负荷和进行地板辐射采暖设计。

三、地板表面与室内空气和其他围护结构表面的换热

对于地板表面，对流换热和辐射换热同时进行，由于室内空气不以散热、吸收和再发射等形式参与辐射，因此，对流换热和辐射换热可认为是相对独立的，可以按式（15-5）、式（15-6）计算。

辐射散热量：

$$q_f = 4.98 \left[\left(\frac{t_f + 273}{100} \right)^4 - \left(\frac{t_{af} + 273}{100} \right)^4 \right] \tag{15-5}$$

对流散热量

$$q_d = 2.17(t_f - t_n)^{1.31} \tag{15-6}$$

式中　t_{af}——室内受辐射墙面、顶棚面和室内物体的表面温度（℃）；

t_n——室内空气的平均温度（℃）；

t_f——室内地板表面温度（℃）。

上述式中可近似认为t_{af}与室内空气温度t_n相同。

对于地板表面层，其边界条件为

$$-\lambda \frac{\partial t}{\partial v} = 4.98 \left[\left(\frac{t_f + 273}{100} \right)^4 - \left(\frac{t_{af} + 273}{100} \right)^4 \right] + 2.17(t_f - t_n)^{1.31} \tag{15-7}$$

一般情况下，可用综合传热系数来考虑对流和辐射两方面的效应，即

$$\alpha = \alpha_c + \alpha_r \tag{15-8}$$

式中　α——综合传热系数 $[W/(m^2 \cdot K)]$；

α_c——表面传热系数 $[W/(m^2 \cdot K)]$；

α_r——辐射传热系数 $[W/(m^2 \cdot K)]$。

一般采暖条件下，平均的辐射传热系数和表面传热系数分别为6.2W/(m²·K) 和4.3W/(m²·K)，故地板表面的综合传热系数为10.5W/(m²·K)。则地板表面和房间的换热量可表示为

$$q = \alpha(t_f - t_n) \tag{15-9}$$

四、系统设计

低温热水地板辐射采暖系统热媒必须采用低温热水，供回水温度应计算确定，但不宜超

过60℃，供回水温差不宜超过10℃，供回水平均温度宜控制在35~55℃。同一热源输配系统的各房间，应按相同的水温计算。采用集中热源时，热媒的工作压力不宜大于0.8MPa。采用集中热源的低温热水地板辐射采暖系统，应安装热计量装置或预留安装热计量装置的位置。无论采用何种热源，低温热水地板辐射采暖热媒的温度、流量和压力等参数，都应和热源系统相匹配，并设置可靠的温度控制装置。热媒的供热量，应包括地板向房间的有效散热量和向下层（包括地面层）传热的无效热损失量。

地板辐射采暖的地板表面平均温度 t_b，不宜超过下列数值：

1）经常有人停留的地面：24~26℃。

2）短期有人停留的地面：28~30℃。

3）无人停留区域：35~40℃。

敷设加热管道的地板表面平均温度，可按式（15-10）计算。

$$t_b = t_n + 9(q/100)^{0.90} \tag{15-10}$$

式中　　q——地板散热量（W/m²）；

　　　　t_n——室内温度（℃）；

　　　　t_b——地板表面平均温度（℃）。

辐射地板的传热系数可按式（15-11）计算。

$$K = 2\lambda(A + B) \tag{15-11}$$

式中　　A——加热管间距（m）；

　　　　B——加热管上部覆盖材料的厚度（m）；

　　　　λ——加热管上部覆盖材料的热导率〔W/(m·K)〕；

　　　　K——辐射地板的传热系数〔W/(m²·K)〕。

加热管内热水的平均温度可按式（15-12）近似计算。

$$T_p = t_b + q/K \tag{15-12}$$

当加热管公称外径为20mm、填充层厚度为60mm、供回水温差为10℃时，不同的加热管间距、平均水温的地板散热量，可按表15-12~表15-15选用。

表 15-12　地面层为木地板的散热量

平均水温/℃	室温/℃	管道间距/mm									
		300	250	225	200	175	150	125	100	75	50
		散热量/（W/m²）									
35	15	61	66	68	71	73	76	78	80	83	84
	18	51	56	58	60	62	64	66	68	70	71
	20	45	49	51	53	55	56	58	60	61	63
	22	39	42	44	45	47	49	50	52	53	54
	24	35	35	35	37	38	40	42	43	45	46
40	15	76	83	86	89	92	95	98	101	104	106
	18	67	72	75	78	81	84	86	89	91	93
	20	61	66	68	71	73	76	78	80	82	84
	22	54	59	61	63	65	68	70	72	74	76
	24	48	52	54	56	58	60	62	64	65	67

（续）

平均水温/℃	室温/℃	管道间距/mm									
		300	250	225	200	175	150	125	100	75	50
		散热量/（W/m²）									
45	15	92	99	103	107	111	115	119	122	125	128
	18	82	89	93	96	100	103	106	110	112	115
	20	76	83	86	89	92	95	98	101	104	106
	22	70	76	79	82	84	87	90	93	95	97
	24	63	69	71	74	77	79	82	84	87	89
50	15	108	116	121	126	130	135	139	143	147	150
	18	98	106	110	115	119	123	127	131	134	137
	20	92	99	103	107	111	115	119	122	125	128
	22	85	93	96	100	103	107	110	114	117	119
	24	79	86	89	92	96	99	102	105	108	111
55	15	123	134	139	144	149	155	160	164	169	172
	18	114	123	128	133	138	143	147	152	156	159
	20	108	116	121	126	130	135	139	143	147	150
	22	101	109	114	118	122	127	131	135	138	141
	24	95	103	107	111	115	119	123	126	130	133

注：地面层热阻 $R = 0.1 \mathrm{m}^2 \cdot \mathrm{K/W}$。

表 15-13　地面层为水泥、陶瓷砖、水磨石或石料的散热量

平均水温/℃	室温/℃	管道间距/mm									
		300	250	225	200	175	150	125	100	75	50
		地板散热量/（W/m²）									
35	15	83	92	97	102	107	112	117	121	125	130
	18	70	78	82	86	90	94	98	102	106	110
	20	62	68	72	75	79	83	86	90	93	96
	22	53	59	62	65	66	71	74	77	80	83
	24	45	49	52	54	57	60	62	65	67	69
40	15	105	116	122	128	135	141	147	153	159	165
	18	92	102	107	112	118	123	129	134	139	144
	20	83	92	97	102	107	112	117	121	126	130
	22	75	82	87	91	95	100	104	109	113	116
	24	66	73	76	80	84	88	92	95	99	103
45	15	127	140	148	155	163	171	178	186	193	199
	18	114	126	134	139	146	153	160	166	173	178
	20	105	116	122	128	135	141	147	153	159	165
	22	96	106	112	117	123	129	135	140	146	151
	24	87	96	101	107	111	117	122	128	132	137
50	15	149	165	173	182	191	200	209	218	227	234
	18	136	150	158	166	174	182	191	199	206	213
	20	127	140	148	155	163	171	178	186	193	199
	22	118	130	137	144	151	159	166	173	179	185
	24	109	121	126	133	140	147	153	160	166	171

（续）

平均水温/℃	室温/℃	管道间距/mm									
		300	250	225	200	175	150	125	100	75	50
		地板散热量/（W/m²）									
55	15	171	189	199	209	220	230	241	251	261	270
	18	158	174	184	193	203	212	222	231	240	248
	20	149	165	173	182	191	200	209	218	227	234
	22	140	155	163	171	180	188	197	205	213	220
	24	131	145	152	160	168	176	184	192	199	206

注：地面层热阻 $R = 0.002 \text{m}^2 \cdot \text{K/W}$。

表 15-14　地面层为塑料类材料的散热量

平均水温/℃	室温/℃	管道间距/mm									
		300	250	225	200	175	150	125	100	75	50
		地板散热量/（W/m²）									
35	15	66	72	75	78	81	84	87	90	92	95
	18	56	61	64	66	69	71	74	76	78	80
	20	49	54	56	58	60	63	65	67	69	70
	22	42	46	48	50	52	54	56	58	59	61
	24	36	39	40	42	44	45	47	48	50	51
40	15	83	91	94	98	102	106	110	113	116	119
	18	73	80	83	86	90	93	96	99	102	105
	20	66	72	75	78	81	84	87	90	92	95
	22	59	65	67	70	73	75	78	81	83	85
	24	52	57	59	62	64	67	69	71	73	75
45	15	100	109	114	119	123	128	132	137	141	144
	18	90	98	102	106	111	115	119	123	126	129
	20	83	91	94	98	102	106	110	113	116	119
	22	76	83	87	90	94	97	101	104	107	110
	24	69	75	79	82	85	88	91	94	97	100
50	15	118	128	134	139	145	150	155	160	165	169
	18	107	117	122	127	132	137	142	146	150	154
	20	100	109	114	119	123	128	132	137	141	144
	22	93	102	106	110	115	119	123	127	131	134
	24	86	94	98	102	106	110	114	118	121	124
55	15	135	147	153	160	166	172	178	184	189	194
	18	125	136	141	147	153	159	164	170	175	179
	20	118	128	134	139	145	150	155	160	165	169
	22	111	120	126	131	136	141	146	151	155	159
	24	103	113	118	122	127	132	137	141	145	149

注：地面层热阻 $R = 0.75 \text{m}^2 \cdot \text{K/W}$。

表 15-15　地面层以上铺地毯的散热量

平均水温/℃	室温/℃	管道间距/mm									
		300	250	225	200	175	150	125	100	75	50
		地板散热量/(W/m²)									
35	15	52	56	58	60	61	63	65	67	68	69
	18	44	47	49	51	52	54	55	56	58	59
	20	39	42	43	44	46	47	48	50	51	52
	22	35	36	37	38	40	41	42	43	44	45
	24	35	35	35	35	35	35	35	36	37	38
40	15	65	70	72	75	77	79	82	84	86	87
	18	57	61	64	66	68	70	72	73	75	76
	20	52	56	58	60	61	63	65	67	68	69
	22	47	50	52	53	55	57	58	60	61	62
	24	41	44	46	47	49	50	52	53	54	55
45	15	79	84	87	90	93	96	98	101	103	105
	18	71	76	78	81	83	86	88	91	93	94
	20	65	70	72	75	77	79	82	84	86	87
	22	60	64	66	69	71	73	75	77	78	80
	24	54	58	60	62	64	66	68	70	71	73
50	15	92	99	102	105	109	112	115	118	121	123
	18	84	90	93	96	99	102	105	108	110	112
	20	79	84	87	90	93	96	98	101	103	105
	22	73	78	81	84	87	89	92	94	96	98
	24	68	73	75	78	80	83	85	87	89	91
55	15	105	113	117	121	125	128	132	135	138	141
	18	97	104	108	112	115	119	122	125	128	130
	20	92	99	102	105	109	112	115	118	121	123
	22	86	93	96	99	102	105	108	111	111	116
	24	81	87	90	93	96	99	102	104	106	109

注：地面层热阻 $R = 0.15\mathrm{m^2 \cdot K/W}$。

塑料加热管的沿程损失可按式（15-13）计算。

$$\Delta P_{\mathrm{m}} = \lambda \cdot 1/d \cdot \rho v^2/2 \tag{15-13}$$

$$\alpha = 0.3164 R_{\mathrm{e}}^{0.25}$$

$$R_{\mathrm{e}} = \nu d/v$$

式中　ΔP_{m}——加热管沿程的阻力损失（Pa/m）；

$\quad v$——加热管断面平均流速（m/s）；

$\quad d$——加热管计算内径（m）；

$\quad \rho$——流体密度（kg/m³）；

$\quad \lambda$——摩擦阻力系数；

$\quad R_{\mathrm{e}}$——雷诺数；

$\quad \nu$——流体的运动黏滞系数（m²/s）。

管道系统局部阻力按沿程水头损失的 25% ~ 30% 计算。加热管内热媒流速不应低于

0.25m/s，供回水阀门之间（含阀门、加热管和热媒集配装置等构件）的系统阻力，应进行计算，并不宜大于 30kPa。PEX 管及铝塑复合管的沿程水头损失可按表 15-16 计算。

表 15-16　60℃时管道单位长度的水头损失　　　　　　（单位：kPa/m）

流量/(L/s)	管材规格/mm（直径×厚度）						
	16×1.8	20×1.9	25×2.3	32×2.9	40×3.7	50×4.6	63×5.7
0.1	0.94	0.25					
0.2	3.26	0.84					
0.3	6.77	1.75	0.57				
0.35	11.39	2.31	0.76				
0.4		2.94	0.90				
0.45		3.63	1.18				
0.5		4.40	1.43				
0.6		6.11	1.99	0.57			
0.7		8.07	2.62	0.76			
0.8			3.34	0.96			
0.9			4.13	1.18			
1.0			4.99	1.43	0.49		
1.2			6.95	1.99	0.67		
1.4			9.18	2.63	0.90		
1.6				3.35	1.14		
1.8				4.14	1.30		
2.0				5.02	1.71	0.59	
2.5				7.53	2.56	0.89	
3.0					3.56	1.23	
3.5					4.71	1.63	0.54
4.0					6.01	2.08	0.67
4.5					7.45	2.57	0.85
5.0					9.02	3.12	1.02
6.0						4.35	1.44
7.0						5.75	1.90
8.0						7.33	2.42

五、热媒集配装置、加热管及附件的设计

　　低温热水地板辐射采暖系统应有独立的热媒集配装置，并应符合下列要求：每一集配装置的分支路不宜多于 8 个；住宅每户至少应设置一套集配装置；集配装置的直径不应小于总供水管径的 1.5 倍；集配装置应高于地板加热管，并应配置排气阀；总供回水管和每一供回水分支路，均应配置阀门；进水应设置过滤器；使用标准较高的房间，宜设置自动调节室温的控制器。

热媒集配装置的安装如图 15-2 所示。

低温热水地板辐射采暖地板的构造做法较多，不同国家、不同的经济发展水平，其做法也不同，所选用的材料也不尽相同。

欧洲国家较流行的做法有干式铺砌和湿式铺砌两种，见图 15-3 和图 15-4。不论干式还是湿式做法，加热管下均铺设铝导热板，这样更有利于地表面温度的均匀，提高地面的舒适度。隔热层一般也为异型材料，加热管镶嵌在隔热板内。

目前我国流行的做法较为简便，由地面

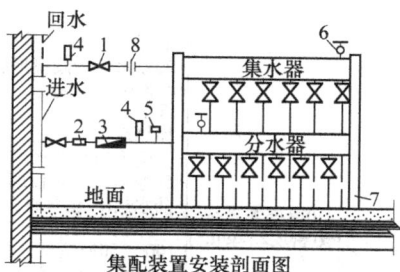

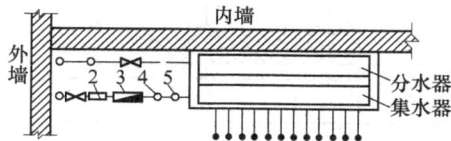

图 15-2 热媒集配装置安装简图
1—调节阀 2—除污器 3—流量表（热表）
4—温度计 5—压力表接头管帽 6—排气阀
7—支架 8—活接头

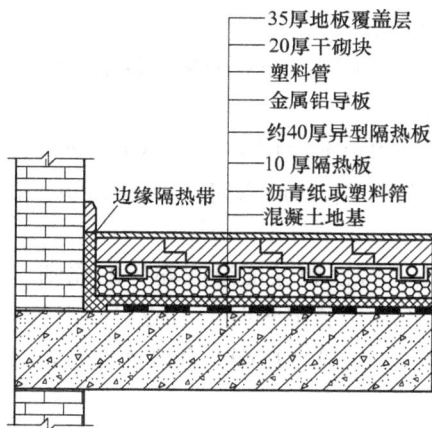

层、填充层、热绝缘层、防水层、找平层以及加热管、固定卡子组成，其构造做法参见图 15-5。

图 15-3 干式铺砌地板采暖做法

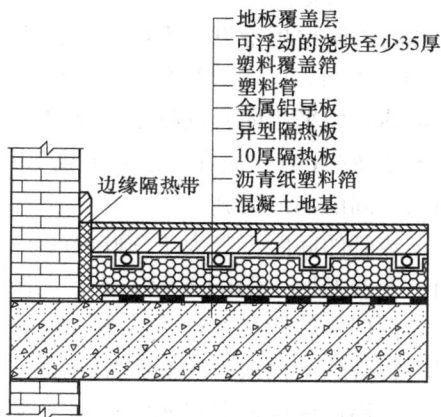

图 15-4 湿式铺砌地板采暖做法

同一热媒集配装置系统各分支路的加热管长度宜尽量一致，并不宜超过 120m。不同房间和住宅的各主要房间，宜分别设置分支路。

土壤上部、不采暖房间和住宅楼板上部的地板加热管之下，以及地板加热管沿外墙周边，应铺设热绝缘层，热绝缘层采用聚苯乙烯泡沫塑料板时，厚度不应小于下列要求。

1）楼板上部：30mm。

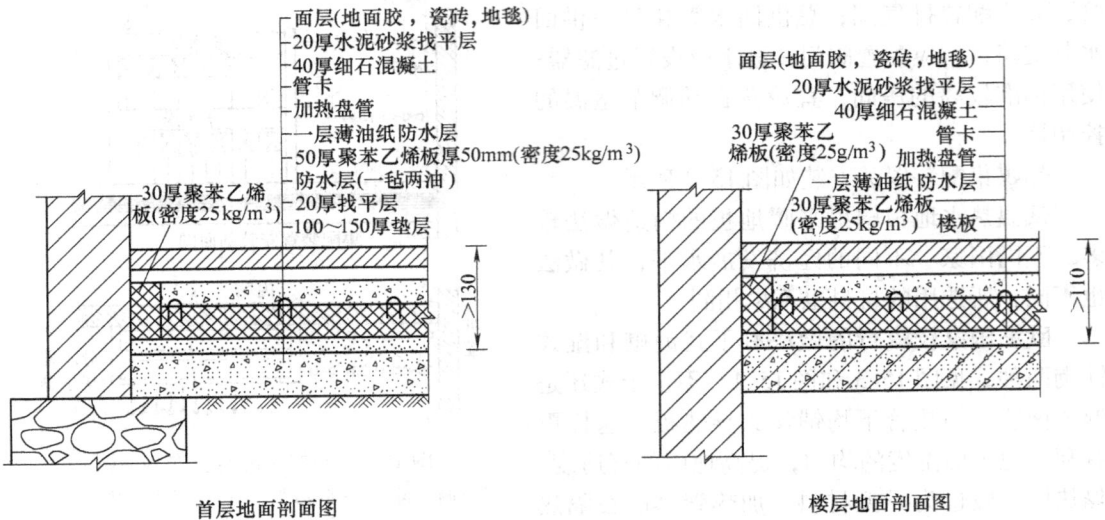

首层地面剖面图   楼层地面剖面图

图 15-5   地板采暖构造图

2）土壤上部：40mm。

3）沿外墙周边：20mm。

当采用其他热绝缘材料时，宜按等效热阻确定其厚度。

辐射采暖地板铺设在土壤上时，热绝缘层以下应做防水层。辐射采暖地板铺设在潮湿房间（如卫生间和厨房等）内时，热绝缘层以上应做防水层。

加热管应采用卵石混凝土填充层覆盖，加热管以上的填充层厚度不应小于 30mm。地板荷载大于 20kN 时，应在加热管上皮 10mm 处的填充层内，采取加双向间距为 150mm 的 Φ6 钢筋网加固的构造措施。

加热管的间距不宜大于 300mm。应根据房间的热工特性和保证温度均匀的原则，分别采用 S 形或双回字形的布管方式，如图 15-6 所示。采用 S 形布管时，为使房间温度均匀，应考虑供回水管倒换的措施。热损失明显不均匀的房间，一般宜将高温管段优先布置于房间热损失较大的外窗或外墙侧，如图 15-7 所示。

六、高层建筑低温热水地板辐射采暖的设计

总的说来，地板辐射采暖系统的承压能力较低，工作压力一般不大于 0.8MPa。在高层建筑地板辐射采暖的设计中应特别注意这一问题。采暖系统的竖向压力分区一般为 7 层，最多不超过 9 层，各采暖分区应完全独立，包括热源部分的热交换器、循环水泵、定压装置等设备。这一点设计人员都有足够的认识，但解决的方法却不见得合理。有一种错误的观念，认为铝塑复合管的承压能力比交联聚乙烯管要高，因此在高层建筑的地板采暖系统设计中在最下面的几层采用铝塑复合管，而采暖系统不做竖向分区。且不说市场上铝塑复合管的质量参差不齐，就是质量最好的铝塑复合管，其承压能力也仅与交联聚乙烯管相同，决不会比交联聚乙烯管高。在温度较低时，交联聚乙烯管具有比较高的工作压力，当高层建筑曾数较多

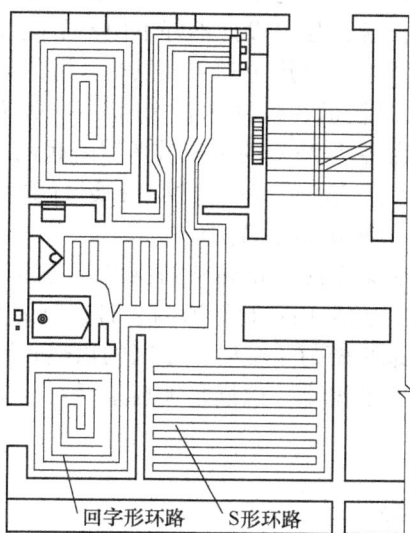

图 15-6 地板采暖布管示意图

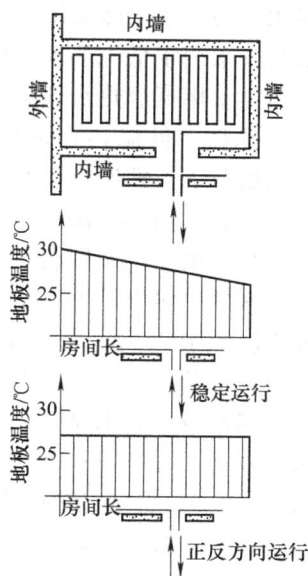

图 15-7 正反方向运行的热水地板采暖方式

（如多于 27 层）时，采暖系统分区过多，使得管路及热源设备布置复杂化，运行管理也麻烦。解决的方法是采用户用小型换热机组，其优点是：

1）一机两用，可以同时解决采暖和生活热水，取消建筑内集中的热水供应系统。地板采暖具有极大的热惰性，户用换热机组的设计可以采用生活热水优先的方案，即只采用一个换热器，通过自动控制措施，当打开热水管时，自动关断采暖环路，由于生活热水的使用时间是间断的，而且每次使用的时间较短，室内温度不会剧烈波动。当然采用两个换热器也是可以的。

2）隔断压力，使得在设计建筑的供热系统时不必考虑压力分区。

3）供暖和生活热水合二为一，但供热主管的设计必须合理考虑生活热水的负荷。

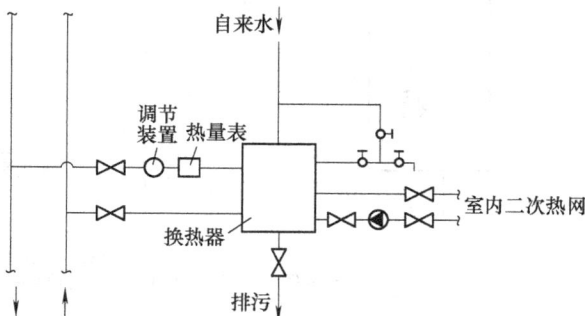

图 15-8 高层建筑地板采暖方式

4）室外管网和室内供热管主管道仍为高温热水，与直接供应 50～60℃ 的低温热水相比，循环水量小，管径小，如图 15-8 所示。

第四节　采用低温热水地板辐射采暖的住宅小区的热源及室外管网问题

一、室外管网

低温地板辐射采暖可以提高舒适水平是可以肯定的，但是否节能则与很多因素有关，因为低温热水地板辐射采暖系统只是供热系统的末端系统，在住宅小区供热系统的设计中不能简单地认为，采用了低温热水地板辐射采暖就节约了能源，如果设计不好不但不节能反而造成能源浪费。采用低温热水地板辐射采暖供暖的住宅小区，对热源和室外供热管网的设计应作技术经济比较。低温热水地板辐射采暖系统的水温较低，供回水温差小，一般为 8 ~ 10℃。相同负荷下，理论计算的循环水流量是供回水温差为 25℃ 的常规散热器采暖的 2.5 ~ 3.125 倍。循环水泵的功率增加，室外管网的管径增大，从而造成一次投资和运行费用的增加。因此，直接由供热站供出 50 ~ 60℃ 的低温水，一般来讲是不合适的。

住宅小区的供热设计无论是否采用低温热水地板辐射采暖，供热站的供水温度都不应太低，一般不应低于 95℃。采用分户计量的系统，户内管道采用塑料管道暗装时，应为 80℃，以满足塑料管道的使用寿命要求。因此，当采用热水地板辐射采暖时，小区的供热管网仍需按常规的低温水或高温水设计，而在楼内或户内转化为低温水，以满足地板采暖对水温的要求。可采用以下四种方案：

1）楼内设热交换站，户内为地板辐射采暖系统。

2）楼内设混水降温装置，户内为地板辐射采暖系统。

3）户内设小型的机电一体化的换热机组，同时满足户内的地板采暖和卫生热水供应。

4）户内设小型的机电一体化的混水降温装置，满足地板采暖系统对水温的要求，其原理如图 15-9 所示。

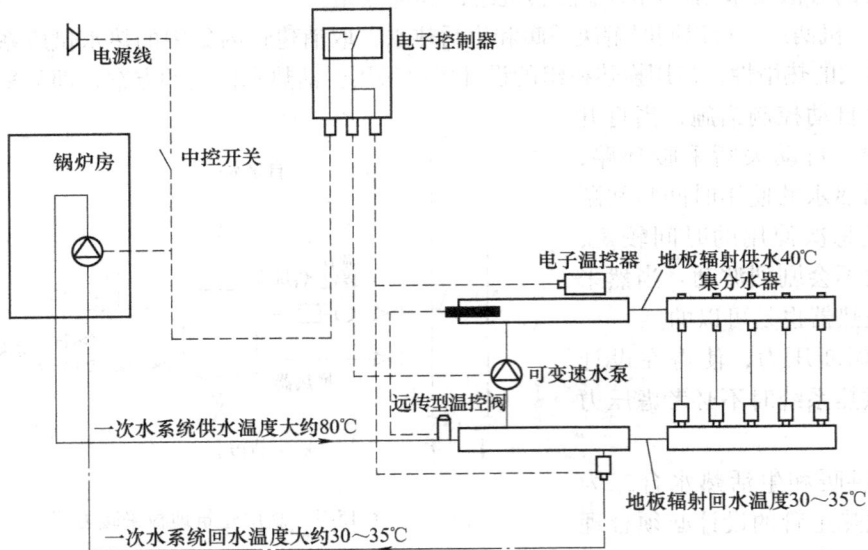

图 15-9 混水装置原理图

二、以热泵为热源的低温热水地板辐射采暖系统

低温热水地板辐射采暖的主要优点是地上无可见的散热器，系统的供回水温度也较低，由热泵供热时热水地板采暖的供水温度通常为 40 ~ 50℃，较采用风机盘管送热风时的供水温度低，从而降低了热泵机组的冷凝温度，提高了热泵机组的供热效率。

同时，由于地板巨大的热惯性，可以利用低品位热能，使得北方寒冷地区使用风冷热泵供热成为可能。风冷热泵的标定工况为 5 ~ 7℃，此时的电热转换系数为 1:2.75。在室外气温低于标定工况时，热泵的出力要下降，出水温度要降低，例如在室外温度为 −7℃ 的情况下，热泵的出力降低到标定值的 75%，出水温度降低为 30℃ 左右，这种热水再利用风机盘管供热会造成吹冷风的感觉。此外，当室外温度低于 5℃ 时，室外的冷凝器就会结霜，热泵就得除霜，除霜的时间通常为 5 ~ 10min，此时热泵停止供热。频繁的除霜会使得供热不连续。如果采用风机盘管供暖，会造成室内温度的剧烈波动，地板采暖可以弥补风冷热泵供热的不足，使得室内温度比较稳定。清华大学在北京回龙观云趣园作了太阳能辅助气—水热泵地板辐射采暖的试验，取得了成功。

为了调节地板辐射采暖装置的散热量，可以根据主要住房（典型房间）的室温，手工或自动调节热泵的回水温度见图 15-10。由于地板采暖装置有惯性，也可以根据室温，通过双位调节器启停压缩机进行调节。即使热泵停止时，热水循环泵仍要保持运转，以保持尽可能均匀的地板表面温度和避免压缩机过于频繁地启停。由于地板采暖装置的供水温度不超过 40 ~ 50℃，而且在春秋和冬季之间的供回水温差不大，电子调节器完全适用，因此可以根据外界温度来调节地板采暖装置的回水温度，见图 15-11。

控制热水循环分配管上的调节阀，可以使每个房间的地板采暖装置的放热量和预期的要求相适应。为了调节朝南并有大玻璃窗的房间的供热量，可以根据设定的温度，通过温度控制器控制热水分配管上的电磁阀，从而加大或关断热水供应。这样可以在日照强烈时，避免该房间过热，见图 15-12。

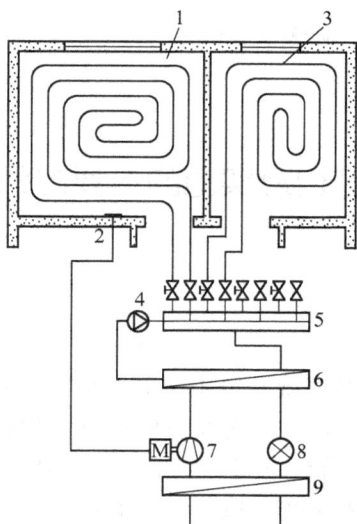

图 15-10 根据典型房间温度进
行调节的热泵热水地板采暖装置原理图
1—典型房间 2—房间恒温控制器 3—热水地板采暖管系
4—循环泵 5—热水循环分配管 6—冷凝器
7—压缩机 8—膨胀元件 9—蒸发器

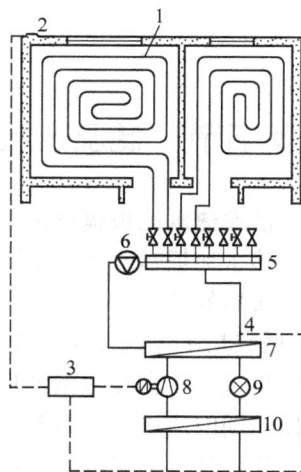

图 15-11 根据外界温度进行调
节的热泵热水地板采暖装置原理图
1—热水地板采暖管系 2—外界温度传感器
3—调节装置 4—回水温度传感器
5—热水循环分配管 6—循环泵
7—冷凝器 8—压缩机
9—膨胀元件 10—蒸发器

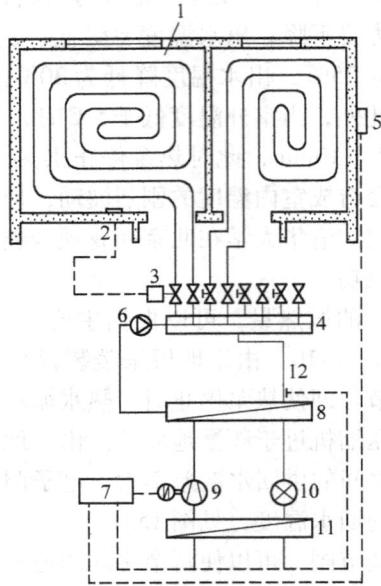

图 15-12　个别房间由电磁阀根据外界温度进行调节的热泵热水地
板采暖装置原理图

1—带大窗的朝南房间　2—房间恒温控制器　3—电磁阀
4—热水循环分配管　5—外界温度传感器　6—循环泵
7—调节装置　8—冷凝器　9—压缩机　10—膨胀元件
11—蒸发器　12—回水温度传感器

第五节　低温热水地板辐射采暖的结构及实施的主要问题

一、低温热水地板辐射采暖系统的结构

低温热水地板辐射采暖系统的结构如图 15-13 所示。

二、实施的主要问题

1）低温热水地板辐射采暖系统的造价高于一般采暖系统。由于目前地板辐射采暖的通水管国产化过程中存在着国产原材料供应断档，生产设备投资大及目前市场份额较小等因素，致使短期内通水管等关键部件尚需依赖进口，因此价位较高，应用范围受到一定限制。但通过优化设计，采用经济型设计方案，可将主材费减少 30% 以上，从而可形成一种经济型的地板采暖模式。

2）从技术方面看，地板辐射采暖在住宅中的应用需占用最小 60mm 的标高，建筑层高需要每层增加 60~100mm。

3）地板采暖属隐蔽性工程，可维修性较差，一旦通水管渗漏，需要专业公司用专业设备查漏和修复，因此必须把握好设计、选材、施工、成品保护四个环节。为克服这一弊端，《建筑给水排水及采暖工程施工质量验收规范》规定，埋入地面下的加热管，不应有接头。

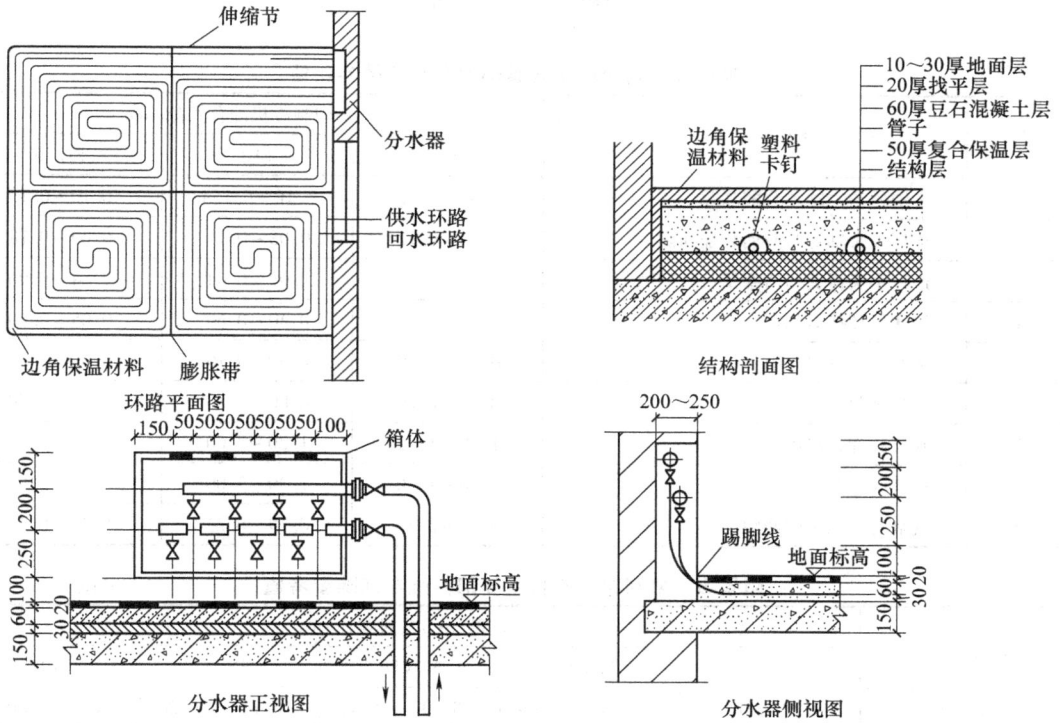

图 15-13　热水地板采暖系统结构

附　　录

附录 A　制冷机主要零部件装配间隙参考值

序号	配合部位	各系列制冷机配合间隙/mm		
		F7	F10	F12.5
1	主轴颈与主轴承装配间隙	0.08 ~ 0.12	0.10 ~ 0.154	0.10 ~ 0.15
2	连杆大头轴瓦与曲柄装配间隙	0.06 ~ 0.12	0.08 ~ 0.16	0.09 ~ 0.18
3	连杆小头衬套与活塞销装配间隙	0.015 ~ 0.03	0.02 ~ 0.04	0.04 ~ 0.06
4	活塞气环搭口间隙	0.30 ~ 0.45	0.40 ~ 0.60	0.05 ~ 0.70
5	活塞油环搭口间隙	0.40 ~ 0.50	0.50 ~ 0.70	0.60 ~ 0.80
6	气缸余隙	0.50 ~ 0.80	0.80 ~ 1.50	1.00 ~ 1.50
7	吸气阀片开启度	1.10 ~ 1.12	1.20 ~ 2.00	2.4 ~ 2.6
8	排气阀片开启度	1.10 ~ 1.20	1.20 ~ 2.00	2.4 ~ 2.6
9	气缸与活塞装配间隙	0.14 ~ 0.30	0.19 ~ 0.22	0.20 ~ 0.30

附录 B　氟利昂制冷机主要部件配合间隙参考值　　　（单位：mm）

配合部位	间隙（＋）或过盈（－）				
	2F4.8	2F6.5	3FW5B	4FS7B	4F10
气缸与活塞	+0.025 ~ 0.045	+0.03 ~ +0.09	+0.13 ~ +0.17	+0.14 ~ +0.20	+0.16 ~ +0.20
活塞上止点间隙（直线余隙）	+0.4 ~ +0.9	+0.6 ~ +1.0	+0.8 ~ +1.0	+0.5 ~ +0.75	+0.5 ~ +0.75
吸气阀片开启度	$0.45 {+0.05 \atop -0.05}$	$2.6 {+0.2 \atop -0.1}$	$2.2 {+0.1 \atop -0.1}$	1.10 ~ 1.28	$1.2 {+0.1 \atop -0.1}$
排气阀片开启度	±2	$2.5 {+0.2 \atop -0.1}$	$1.5 {+0.5 \atop -0.5}$	1.10 ~ 1.28	$1.5 {+0.5 \atop -0.5}$
活塞环销口间隙	+0.1 ~ +0.3	+0.1 ~ +0.25	+0.2 ~ +0.3	+0.28 ~ +0.48	+0.4 ~ +0.6
活塞环与环槽轴向间隙	+0.038 ~ +0.058	+0.02 ~ +0.045	+0.038 ~ +0.065	+0.018 ~ +0.048	+0.038 ~ +0.065
连杆小头衬套与活塞销配合间隙	+0.015 ~ +0.025	+0.015 ~ 0.035	+0.01 ~ +0.025	+0.15 ~ +0.03	+0.01 ~ +0.03
活塞销与销座孔间隙	+0.015 ~ +0.025	−0.015 ~ +0.005	+0.05 ~ +0.08	+0.052 ~ +0.12	+0.05 ~ +0.08
连杆大头灿瓦与曲柄销间隙	+0.03 ~ +0.06	+0.035 ~ +0.065	+0.05 ~ +0.08	+0.052 ~ +0.12	+0.05 ~ +0.08
主轴颈与轴承径向间隙	+0.02 ~ +0.05	+0.035 ~ +0.065	+0.04 ~ +0.065	+0.06 ~ +0.12	+0.05 ~ +0.08
曲轴与电动机转子间隙			0.01 ~ 0.054	0.04 ~ 0.06	
电动机定子与机体间隙			0.04 用螺钉一只	0 ~ 0.03	
电动机定子与电动机转子间隙			0.05	0.5 ~ 0.75	

附录 C 制冷机主要零件形状和相对位置偏差

零件名称	偏差名称	允许偏差
机体	安装主轴承用孔的同心度 安装气缸的配合平面与安装主轴承用孔的轴线平行度 整体机身中安装气缸套的孔中心线与安装主轴承孔的轴线垂直度	0.01/100 0.02/100 0.02/100
气缸	气缸镜面的椭圆度和圆锥度 气缸配合面对气缸镜面轴线的垂直度	二级精度直径公差之半 002/100
曲轴	主轴颈轴线与连杆轴颈线平行度 主轴颈表面对轴线的跳动量 主轴颈和连杆轴颈的椭圆度和圆锥度	0.02/100 0.03mm 二级精度直径公差之半
连杆	连杆大头和小头孔轴线的平行度 连杆大头孔的轴线与端面的垂直度 装配后连杆小头孔的椭圆度和圆锥度 连杆螺栓孔平行度 连杆螺栓孔与支承面的垂直度	0.03/100 0.05/100 二级精度直径公差之半 0.02/100 0.3/100
活塞	活塞销孔轴线对活塞轴线的垂直度	0.02/100
活塞销	外表面的椭圆度和圆锥度	二级精度直径公差之半
连杆螺栓	将标准螺母旋在螺栓上,其边缘诸点的误差 ≤15mm 的螺纹 >15mm 的螺纹	 0.05mm 0.10mm
连杆螺栓	螺栓头部支承面边缘诸点对螺杆表面的误差 ≤15mm >15mm	 0.02mm 0.10mm
连杆螺母	支承端面边缘对螺孔中心线的误差 ≤15mm >15mm	 0.05mm 0.10mm

附录 D 制冷机主要部位尺寸及偏差的测量方法

项目	技术要求	测量方法	附注
活塞与气缸之间的间隙	正常间隙约为气缸直径的 1/1000~2/1000,铝活塞的高转速制冷机采用较大间隙	用塞尺测量活塞与气缸直径的间隙,从气缸面上、中、下三个部位测量	间隙太小将引起干摩擦,间隙太大则漏气量增加、制冷效率降低,并使机械运动时产生撞击
气缸磨损	气缸磨损达气缸直径的1/200时,最好进行修理;磨损至1/150时,必须进行修理。气缸壁厚度磨损达壁厚的 1/10 时,最好更换,磨损至 1/8 时必须更换	用内径千分尺(量缸表)测量气缸内壁的磨损情况	如进行镗缸,则镗缸后剩下缸壁厚度应进行强度检验
气缸垂直度	顺轴中心线允许斜度,每1m长度不得超过 0.15mm,其倾斜方向应与轴的倾斜方向一致 气缸与活塞中心线倾斜度,不得大于气缸与活塞之间间隙的一半	用测锤和内径千分尺,先找准气缸顶中心点,再在气缸中部和下部,每隔90°平面测量气缸壁,即可得出气缸的垂直度	气缸倾斜过度时,活塞与气缸干摩擦,容易引起气缸拉毛
活塞销中心线、曲柄销中心与曲轴中心线之间的平行度允差	活塞销中心与曲柄销中心线的平行度,每 1m 销长度的误差不得超过 0.3mm 曲柄销中心线与曲轴中心线的平行度,每 1m 长度误差不得超过 0.2mm		

（续）

项　目	技术要求	测量方法	附　注
曲轴水平	每1m长度的倾斜度不得超过0.2mm	用方形水平仪放在外轴径或密封器轴颈测量，或在轴侧挂铅垂线，并用千分尺测量	
曲轴颈与曲柄销的圆度	曲轴颈的圆度为1/1500时，最好进行修理；在1/1250时必须修理 曲轴销的圆度为1/1500时，最好进行修理，在1/1000时必须修理 圆柱度不得超过圆度的0.5倍轴颈经多次车削、研磨后，其直径允许减小3%，超过此值应予更换	用外径千分尺测量曲轴的磨损情况	轴颈如有圆度，则轴在转动中由于轴的中心线位置变动而产生轴的径向振摆，不仅破坏了机器工作的稳定性，而且使主轴承加速磨损
主轴承和连杆轴衬的径向间隙与轴向间隙	主轴承的下部与轴颈120°包角内，应接触均匀、没有间隙。连杆轴衬的上部同轴颈100°包角内亦没有间隙	主轴承的径向间隙及各轴承的轴向间隙，用塞尺测量	轴颈间隙过大，油压不容易形成，运转时机器有振动和不正常声响
活塞圆度	新活塞的圆度不得超过其直径的1/1500 使用过的活塞，最大允许磨损圆度约为1/1000~1.5/1000	用外径千分尺或千分表装在专用支架上，测量活塞磨损情况	
活塞销和连杆小头衬套的径向间隙	衬套直径60mm，径向间隙0.05~0.07mm；衬套直径60~100mm，径向间隙0.07~0.09mm；衬套直径110~150mm，径向间隙0.09~0.12mm	用塞尺测量径向间隙	
活塞销的圆度	活塞销的圆度应在销子直径的1/1200以内	用外径千分尺测量活塞销磨损情况	活塞销在衬套内接触均匀，接触角度为60°~70°
活塞环的间隙	活塞环与环槽高度之间的正常间隙为0.05~0.08mm，如超过0.15~0.2mm时应更换 环槽的正常深度比环的宽度大0.3~0.5mm 活塞环的搭口约为环直径的5/1000，搭口的极限间隙不得超过活塞环直径的15/1000 新活塞环与气缸的接触，不得小于活塞环圆周的2/3，在整个圆周内，径向间隙不多于两处，并距离搭口大于30°，每处径向间隙的弧长不大于45°，间隙不大于0.03mm	用塞尺测量各部位的间隙，用灯光漏光的情况测定环与气缸的接触情况，用塞尺测量环与缸壁的间隙	

（续）

项　　目	技　术　要　求	测　量　方　法	附　　注
主轴承和连杆轴衬的径向间隙与轴向间隙	主轴承的上瓦与轴颈之间，以及连杆轴衬下瓦与曲柄销之间的径向间隙，一般等于轴颈直径的1/1000。轴颈直径80mm，最大间隙0.11mm，最小间隙0.09mm 轴颈直径80～180mm，最大间隙0.11～0.15mm，最小间隙0.09～0.13mm，轴颈直径180～200mm，最大间隙0.15～0.20mm，最小间隙0.13～0.17mm 主轴承的正常轴向间隙为0.4～1mm 连杆大头轴衬的正常轴向间隙为0.4～0.5mm	连杆轴衬的径向间隙，用分别测量连杆轴衬内径及曲柄销外径尺寸的方法求得	轴向间隙过大，转动时曲轴容易产生轴向移动，轴承端面磨损较大，轴封的密封性也易受到影响
活塞顶与气缸安全块之间的余隙	一般的余隙约为1～1.5mm，活塞顶端制成凹形时0.5～1.3mm	用软铅丝放在活塞顶部，装好安全块，转动飞轮，使活塞升至上止点，将铅丝压扁，用外径千分尺测量取出的软铅丝厚度，即得余隙数值	测量倾斜的气缸时，注意将软铅丝放妥并固定好，以免落入气缸与活塞之间的间隙内
吸、排气阀门的开启度及关闭的严密性	制冷机转速在500r/min以下，阀片的开启度约2～2.5mm；转率在500r/min以上，阀片的开启度约为1.5～2mm 当阀片有轻微磨损或划伤时，应重新研磨和检修 当阀片磨损使其厚度比原来标准尺寸小0.15mm时应更换	阀片开启度的测量用深度尺或塞尺均可 阀片严密性的检查，可用煤油作渗漏试验	开启度过大，则阀片运动速度过大，阀片容易击碎；开启过小，则制冷剂蒸气通过阀片的阻力增大，影响吸、排气效率
制冷机安全阀	安全阀在1618.1kPa表压时开启	用压缩空气进行校验	
飞轮振摆度	飞轮转动时，其振摆度不应超过1mm	用千分表及支承架，放在飞轮外侧测量	
制冷机轴封	轴封装置良好时，不需拆卸。因轴封零件每拆一次就变动一次位置，加之轴封橡胶圈被冷冻油浸泡发胀，拆后不能恢复原尺寸 轴封换油，可拆卸轴封室上、下接头，直接灌油清洗 轴封装置内两摩擦面平行度偏差超过0.015～0.02mm时，应检修或更换 轴封漏油每小时超过10滴时，应拆卸检查，并仔细研磨密封面。对于橡胶圈因老化、干缩变形、丧失弹性和密封能力时，应更换		

（续）

项　　目	技　术　要　求	测　量　方　法	附　　注
卸载机构	在拆卸气缸套时,必须检查气缸套转动环的顶杆是否能灵活上下滑动。转环锯齿形斜面是否磨成凹坑,有轻微磨损用锉刀修正,伤痕太大,应更换 推杆凸圆磨损比原尺寸少0.5mm时,应更换		

参考文献

[1] 李援瑛. 空调系统运行管理与维护 [M]. 北京：人民邮电出版社，2004.
[2] 付小平. 中央空调系统运行管理 [M]. 北京：清华大学出版社，2001.
[3] 何天祺. 供暖通风与空气调节 [M]. 重庆：重庆大学出版社，2002.
[4] 戴元熙. 纺织厂空气调节 [M]. 上海：东华大学出版社，2001.
[5] 陆耀庆. 实用供热空调设计手册 [M]. 北京：中国建筑工业出版社，1993.
[6] 戴永庆. 溴化锂吸收式制冷空调技术实用手册 [M]. 北京：机械工业出版社，1999.
[7] 曹德胜. 制冷空调系统的安全运行、维护管理及节能环保 [M]. 北京：中国电力出版社，2003.
[8] 谈向东. 制冷装置的安装运行维护 [M]. 北京：中国轻工业出版社，2005.
[9] 王寒栋，等. 泵与风机 [M]. 北京：机械工业出版社，2003.
[10] 石兆玉. 供热系统运行调节与控制 [M]. 北京：清华大学出版社，1999.
[11] 郭传顺. 工业锅炉运行与安全技术 [M]. 哈尔滨：哈尔滨工程大学出版社，1998.
[12] 全国化学标准化技术委员会水处理剂分会. 循环冷却水水质及水处理剂标准应用指南 [M]. 北京：化学工业出版社，2003.
[13] 程广振. 热工测量与自动调节 [M]. 北京. 中国建筑工业出版社，2005.
[14] 李明忠，孙兆礼. 中小型冷库技术——原理、安装、调试、维修、管理 [M]. 上海：上海交通大学出版社，1995.
[15] 张时善，刘金升，等. 工业制冷与空调作业 [M]. 北京：气象出版社，2003.
[16] 张萍. 制冷工艺设计 [M]. 北京：中国商业出版社，1997.
[17] 韩宝琦，李树林. 制冷空调原理及应用 [M]. 北京：机械工业出版社，1996.
[18] 李建华，王春. 冷库设计 [M]. 北京：机械工业出版社，2003.
[19] 中国建筑科学研究院. JGJ 26—1995 民用建筑节能设计标准（采暖居住建筑部分）[S]. 北京，中国建筑工业出版社，1995.
[20] 潘宗羿. 制冷技术 [M]. 北京：机械工业出版社，1997.
[21] 国家经贸委安全生产局. 工业制冷与空调作业 [M]. 北京：气象出版社，2002.
[22] 国家《特种作业人员安全技术培训大纲及考核标准》起草小组专家. 制冷空调设备维修与操作 [M]. 北京：中国劳动社会保障出版社，2005.
[23] 徐洪池. 一起制冷压缩机事故的分析 [J]. 制冷与空调，2005 (1).
[24] 中国制冷学会科普工作委员会. 制冷系统原理、运行、维修 [M]. 北京：中国宇航出版社，1988.
[25] 张建一. 制冷装置节能技术 [M]. 北京：机械工业出版社，2000.
[26] 邬振耀，等. 制冷空调——原理、构造、调试、维修 [M]. 上海：上海交通大学出版社. 1991.
[27] 王鹏翼. 最新供热空调系统运行管理与节能诊断技术及常用数据速查实用手册 [M]. 长春：吉林电子出版社，2005.
[28] 李先瑞. 供热空调系统运行管理节能诊断技术指南 [M]. 北京：中国电力出版社，2004.
[29] 沈志相，曾伟城，等. 试论新型节能型冷水机组 [J]. 制冷技术，2003 (4)：39-42.
[30] 魏兵. 溴化锂吸收式制冷机组的应用分析 [J]. 节能技术，2002，113 (3)：30-32.
[31] 张天彬，李冰，等. 电机特性曲线分析与电机节能 [J]. 节能，2007，296 (3)：44-46.
[32] 李德兴. 冷却塔与节能 [J]. 工业用水与废水，2003，37 (增刊)：21-24.
[33] 毛亚红，毛联杰，等. 变频器在风机节能改造中的应用 [J]. 设备节能，2007 (1)：29-31.
[34] 严俊杰，黄锦涛，何茂刚. 冷热电联产技术 [M]. 北京：化学工业出版社，2006.

［35］ 丰防震. 分布式冷热电联产系统应用于建筑节能的技术经济分析［J］. 能源工程，2006.

［36］ 孙建国. 冷热电联产系统的发展及前景［J］. 燃气轮机技术，2006.

［37］ 袁旭东，柯莹，等. 空调系统排风热回收的节能性分析［J］. 制冷与空调，2007，7（1）：76-81.

［38］ 陈欣，李建树，等. 高效节能冷凝型天然气锅炉系统［J］. 节能与环保，2003（1）：28-31.

［39］ 何天荣. 冷凝式锅炉［J］. 工业锅炉，2004，85（3）：6-9.

［40］ 周丽春. 低温热水地板辐射采暖的特点［J］. 科技信息（科学教研），2007.

［41］ 李清林. 浅谈低温热水地板辐射供暖［J］. 黑龙江科技信息，2007.

［42］ 张敏. 浅谈低温地面热水采暖的施工技术［J］. 黑龙江科技信息，2007.

［43］ 杨晓明. 我国低温热水地板辐射采暖系统的现状与发展［J］. 郑州轻工业学院学报（自然科学版），2006.

［44］ 郭卫国. 低温热水地板辐射采暖的实用性研究［J］. 低温建筑技术，2004.